国家社科基金项目《西部集中连片特困区绿色发展与脱贫攻坚协同推进的机制创新与利益补偿研究》结题成果。

　　"汉江水源保护与陕南绿色高质量发展"陕西高校青年创新团队研究成果。

　　"陕南绿色发展与生态补偿研究中心"陕西（高校）哲学社会科学重点研究基地研究成果。

　　"汉江水源保护与陕南绿色发展"陕西（高校）新型智库研究成果。

国家社科基金丛书
GUOJIA SHEKE JIJIN CONGSHU

西部地区生态环境保护与乡村振兴协同推进的机制创新研究

Research on Mechanism Innovation of Collaborative Promotion of Ecological Environment
Protection and Rural Revitalization in Western Regions

胡仪元　等著

人民出版社

目　　录

前　言

一、研究背景与目的

2021 年,国家确定 160 个乡村振兴重点帮扶县,全部在西部地区,使其成为乡村振兴帮扶的重点区域。必须协同推进生态环境保护与乡村振兴,以秦巴山区为例构建乡村振兴战略下持续发展的长期机制。本研究的目的是:为西部地区生态环境保护与乡村振兴协同推进提供理论支持和政策设计,培植乡村振兴帮扶县自我发展能力,实现生态环境保护与经济社会的协同、持续发展,支撑国家乡村振兴战略实施、助力乡村现代化目标实现。

二、研究内容与框架

本书通过区域利益补偿机制创新,构建动态、长期、综合的生态环境保护与乡村振兴协同推进机制,推动其同步共同富裕、实现农村现代化。在生态环境保护现状和乡村振兴战略等研究考察的基础上,总结了协同推进理论依据与理论框架构建,从政策措施创新的角度提出了四个创新,构建了协同推进机制和综合补偿机制两个机制,是对西部地区生态环境保护与乡村振兴协同推进的系统设计。其总体框架如图 0-1。

第一章西部地区生态环境现状与绿色发展绩效评价。在国内外研究现状和国内生态环境保护政策及演进历程梳理基础上,结合陕南地区生态环境与

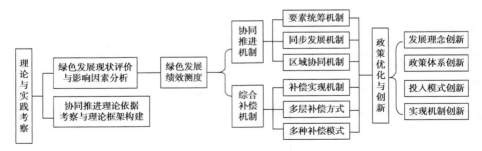

图 0-1　研究框架图

绿色发展状况,从绿色经济效益、绿色资源禀赋、绿色生态环境和绿色生活质量四个维度构建了陕南绿色发展评价指标体系,实证评价了其绿色发展状况,发现有 R&D 经费投入额占比、人均 GDP 等十大主要影响因素,据此提出陕南地区绿色发展路径优化的对策建议:强化绿色环保意识形成全民共建共享、促进生态资源资本化提升经济支撑力、提高资源保护利用效率实现持续发展、增强绿色公共服务供给夯实共富基础、构建绿色创新体系谋取高质协同推进。作为协同推进另一极即生态环境与绿色发展的现状测度与绩效评价,为后续协同发展机制构建、政策创新等研究提供实证素材。

　　第二章西部地区生态环境保护与乡村振兴协同推进的理论依据。系统研讨了其协同推进的五大理论依据,其中系统论理论是其协同推进机制的理论前提支撑,强调要对其协同推进进行系统、全面、动态、长效的思定和设计,形成全方位的、立体式的理论构架和链条化的施策机制;协同发展理论、协作生产理论、协调发展理论是其协同推进机制的理论核心支撑,强调要以绿色产业为核心把生态环境保护与乡村振兴统筹起来,实现可持续的长效的绿色发展,通过相互支撑、相互促进、共同发展的协同机制,使有限资源集中集约、综合高效使用,充分发挥资源的规模效应和综合效益,让西部地区人民"在共建共享发展中有更多获得感,朝着共同富裕方向稳步前进";可持续发展理论是其协同推进机制的理论目标支撑,协同解决当下急需(以乡村振兴为核心的经济发展,消解长期累积的经济社会发展滞后问题)和长远发展(以生态环境保护为核心的长期、协调、可持续发展)要求,为落后区域提供持续发展动力、绿色产业深度植入、可持续的长期发展机制,实现经济、社会、生态三个可持续发展的系统推进。

第三章西部地区生态环境保护与乡村振兴协同推进的理论框架。通过分析其协同推进机制的主客体要素、运行机制和支撑体系,为其协同推进提供范畴界定、要素体系解析和运行机制构建,提供一个系统性、理论性的框架体系,使其在生态环境保护基础上促进乡村振兴和农村现代化建设,实现二者的协调发展、系统推进,实现生态环境与经济增长的同步发展、生态保护与经济发展的同步推进、生态资源与经济增量的相互促进、发展滞后与生态脆弱的持续改善。协同推进的根本路径是转换发展模式,通过西部地区生态环境保护与乡村振兴协同推进的机制创新,通过绿色产业发展、生态环境保护和优美生态资源共建共享,形成动态、长期、输血式与造血式结合的利益补偿机制,通过有效的乡村振兴帮扶机制解决其长期累积的落后地位的持续改善问题。

第四章西部地区生态环境保护与乡村振兴协同推进的机制构建。从要素统筹机制、同步发展机制、区域协同机制三个方面构建了其协同推进的实现机制。通过要素统筹机制聚集协同推进要素提高各协同要素的单体和整体效能;通过同步发展机制实现生态环境保护与乡村振兴的同步推进、同步发展,及其长期持续的互动、互促发展;通过区域协同机制实现区域间的资源共享、平台共用、政策互通、设施联通,跨区协同发展做大规模、做大市场、做强产业。

第五章西部地区生态环境保护与乡村振兴协同推进的利益补偿。西部地区的生态位势高、发展水平低、区域差异大,在此情况下实现其协同推进存在三个难题:区域差异下的要素统筹难题、落后条件下的经济生态协同发展难题、生态脆弱与经济落后交织难题,利益补偿是破解难题、联结生态环境保护与乡村振兴实现协同推进的核心纽带。因此,必须探索分类补偿模式,构建多主体多层次多模式的综合补偿机制,为其协同推进搭建持续保护与永续发展的利益保障机制。在协同推进利益补偿重要性、必然性、现实性和可行性分析基础上,探讨了由动力、运行、评估、管理和保障组成的利益补偿实现机制。构建了多元主体、多层方式、多种模式的综合利益补偿机制,即政府、企业、社会多元参与的利益补偿主体,区间对口支援、产业跨区合作、利益跨区共享、生态共建共享等多层次实现的补偿方式;财政转移、政策倾斜、市场交易、移民搬迁、绿色金融、教育人才培训、基础设施建设等多种补偿模式。

第六章西部地区生态环境保护与乡村振兴协同推进的政策措施。这是能否统筹解决西部地区生态环境保护与乡村振兴,达成共同富裕和乡村现代化的政策支持,是其生态环境保护、同步发展、同质现代化及其长效机制构建落到实处、取得实效,实现其协同推进目标的根本保障。主要从四个创新角度探究了其协同推进的政策支持措施,一是发展理论创新,生态环境保护与乡村振兴协同推进是新发展理念在西部乡村振兴重点帮扶县区的具体运用、实践推动;二是政策体系创新,结合西部地区实际,必须构建和完善财税政策、绿色金融、扶贫政策保障、生态利益补偿政策等政策创新体系;三是投入模式创新,就是要形成多元补偿主体协同助力聚合效应、多层体系的多方式补偿联动作用合力,形成多种模式的全方位补偿网络互补格局、组织实施机构的统筹协调效能;四是实现机制创新,就是要突破教育发展、体制机制创新、绿色产业发展、健全生态补偿机制、构建灾害风险防治体系、基础设施与服务设施保障等六个关键节点。

三、主要观点与创新

(一) 主要观点

1. 生态建设是长远大计,必须消除把经济发展、乡村振兴与生态环境保护割裂、对立起来的做法,构建西部地区生态环境保护与乡村振兴协同推进机制,建设人与自然和谐共生的中国式乡村现代化。

2. 守住生态环境保护和不发生规模性返贫两个"底线"、补齐经济发展落后和生态环境脆弱两个"短板",统筹双碳战略与乡村振兴两个政策利好,立足于生态资源可持续承载、区域自我发展能力培育,实现乡村持续发展和人民共同富裕,建设以人民为中心全体人民共同富裕的农业农村现代化。

3. 生态环境保护与乡村振兴协同推进必须构建要素统筹、同步发展、区域协同三个机制,从而把协同推进的理念构想、政策要求,以及协同机制理论构建推向实践应用,形成资源统筹使用、经济与生态同步发展、区际区内协同发展的合力。

4. 西部地区的乡村振兴和现代化必须有外部助力,通过构建多元补偿主体、多层补偿方式和多种补偿模式的综合利益补偿机制,破解西部地区协同推进的三个难题,搭建生态资源持续保护与经济社会永续发展的利益保障机制。

5. 政策推动是西部地区同步发展、农业农村现代化的根本保障,推动发展理论、政策体系、投入模式和实现机制四个创新,突破教育发展、体制机制创新、绿色产业发展、健全补偿机制、构建风险防治体系、基础设施与服务设施保障六个关键节点,形成政策支持的聚合效应,为协同推进提供政策保障,确保其落实、见效。

(二) 主要创新

1. 牢抓"协同推进"。消除把经济发展、乡村振兴与生态环境保护割裂、对立起来的思想,系统研究了西部地区生态环境保护与乡村振兴协同推进的实践和理论基础、机制构建和政策建议。

2. 着眼可持续的长效机制构建。统筹双碳战略与乡村振兴政策利好,立足于生态资源可持续承载、区域自我发展能力培育,实现经济增长、乡村持续发展和人民共同富裕。

3. 突出实践应用与现实操作性。从生态补偿研究提升到全面的利益补偿,以及由此牵引的协同推进,实现生态环境与经济社会发展同步,开展两个测度、构建三个机制、提出四个创新对策,通过协同推进为西部地区同步发展、农业农村现代化提供路径指引和对策建议。

（三）突出特色

1.鲜明的区域特色。研究视域范围集中在西部秦巴山区,是生态功能区、革命老区和山区,乡村振兴帮扶县比较集中,有水源保护与生态功能区建设及其他生态补偿政策支持,也有乡村振兴重点帮扶政策与资金支持,研究其协同推进就是解决生态环境保护与经济社会发展双重难题、统筹各项政策支持利好。

2.人才培养成效显著。课题组三位校内核心成员先后晋升教授职称;一位成员获得陕西省"特支计划"区域发展人才、陕西省高校"青年杰出人才支持计划"、"陕西省教科文卫体系统五一巾帼标兵"称号。

3.三个结合的研究方法。一是实证与理论相结合的研究方法。通过预调研和多次实地调研准确掌握现实状况;对相关研究进行了学术史考察、对生态环境保护等问题进行政策演变梳理,做到立足现实与站在学术前沿开展研究。二是当下急需与长远发展相结合构建机制。生存与发展是当下强烈需求,生态建设是长远发展大计,守住生态环境保护和不发生规模性返贫两个"底线"、补齐经济发展落后和生态环境脆弱两个"短板",保护生态又不忽视或剥夺当地人生存和发展权,实现生态环境保护与乡村振兴协同推进。三是外部扶持与自我发展相结合的政策建议。自我发展能力培育是立足点,但必须有外部帮扶,多主体多层次多模式的生态补偿机制构建就成为关键,据此提出了四个创新的政策建议。

4.理论构建与实践操作相结合的系统性研究。围绕协同推进主题,按照为什么要协同推进、协同推进什么和如何形成协同推进格局的逻辑进路展开研究,逻辑结构严谨、体系完整。

（四）主要建树

1. 开展了两个测度：构建多维贫困指标体系和绿色发展水平评价指标体系，分别对陕南地区的脱贫绩效和绿色发展绩效进行实证测度。

2. 构建了两个机制：一是构建了由要素统筹机制、同步发展机制、区域协同机制组成的协同推进机制；二是构建了由多元利益补偿主体、多层利益补偿方式和多种利益补偿模式构成的综合利益补偿机制。

3. 进行了一个理论分析：分析了生态环境保护与乡村振兴协同推进的五个理论依据，和主客体要素、支撑体系、运行机制三大协同推进理论分析框架。

4. 提出了一个政策建议：协同推进必须坚持发展理论创新、政策体系创新、投入模式创新和实现机制创新，探索其协同推进的理论依据和理论框架，促进西部地区绿色产业发展、生态环境保护和优美生态资源共建共享。

第一章　西部地区生态环境现状与
绿色发展绩效评价

在国内外关于生态环境评价与绿色发展研究现状梳理的基础上,本章系统考察了新中国成立以来国内生态环境保护政策演进的四个阶段,以陕南片区为例,构建了绿色发展评价指标体系,并进行了实证研究,提出了发展绿色产业,推动生态环境保护与乡村振兴协同发展的路径对策,为后续协同发展机制构建等研究提供实证素材。

第一节　生态环境评价与绿色发展研究现状

在国内外关于生态环境评价与绿色发展研究现状梳理的基础上,本节考察了国内生态环境保护政策的演进历程。

一、国内外生态环境质量评价的研究现状

自然资源和生态环境是人类生存、生产、发展的物质基础,没有资源和生态支撑人类就无法生存,更别说生产和发展了,但是,只有资源和生态没有人也是毫无意义的,因此,不是资源与生态丰裕或贫乏的问题,也不是人口多或少的问题,而是二者的平衡与协调发展问题。生态环境质量评价是实现生态

环境保护、生态修复和人与自然共生发展的基本前提,有助于掌握当前资源消耗、环境破坏程度,及其对经济社会发展的支撑能力,并据此确定科学的发展道路和政策措施。通过整理相关研究文献资料,了解和认识当前国内外关于生态环境质量评价的研究进度和动态趋势,以期为后续研究奠定基础。

(一) 国外生态环境质量评价的研究现状

国外积极研究和探索生态环境质量评价问题,尤其是美国在 1969 年发布的《国家环境政策法》中增加了环境评价制度条款,为国外学者全面深入研究生态环境污染或环境风险评价问题提供了新机遇。[①] 随着遥感技术的发展,20 世纪 80 年代末到 90 年代初,美、英、法、德、日、澳等国纷纷利用 RS(遥感技术)和 GIS(地理信息系统)技术进行生态环境质量评价研究。[②] 其研究内容主要集中在评价指数或指标体系、评价方法手段和评价对象等方面。

1. 评价指数或指标体系的研究

在生态环境质量评价指标体系方面,学者们从经济、环境、政策或林地、牧场、水域或不同区域特性的生态环境等方面构建指标体系,对凯恩戈姆山、大湄公河次区域、俄罗斯萨马拉地区等开展实证性研究。克拉布特里(Crabtree)等人采用 PSR 模型,从经济、环境、政策三方面构建了一套可持续性指标,实证评价了凯恩戈姆山(位于苏格兰东北部生态和经济脆弱的山区)的生态环境质量。[③] 托马斯(Thomas)等将 RS 和 GIS 技术相结合,在状态—压力—响应(PSR)模型框架下,从林地、牧场和水域三方面构建了评价指标体系,实证评

---

① 宋静、王会肖、王飞:《生态环境质量评价研究进展及方法评述》,《环境科学与技术》2013 年第 S2 期。

② 颜梅春、王元超:《区域生态环境质量评价研究进展与展望》,《生态环境学报》2012 年第 10 期。

③ Crabtree B., Bayfield N., "Developing Sustainability Indicators for Mountain Ecosystems: a Study of the Cairngorms, Scotland", *Journal of Environmental Management*, Vol.52, No.1, 1998, pp. 1-14.

价了哥伦比亚河流域内部的生态完整性。① 雷扎（Reza）等人从碎片化（frag-
mentation）、生态脆弱性（ecosystem sensitivity）、景观连通性（landscape connec-
tivity）、代表性保护区（representativeness of protected areas）等四类代表性区域
构建了区域综合生态指数（RIEI），成为区域生态系统综合评价和可持续管理
最适恰的评价方法。② 吴君军（Junjun Wu）等人运用遥感 PSR 模型构建了定
量评价生物廊道建设成果和生态环境状况的指标体系，实证评价了大湄公河
次区域的生态环境质量。③ 博瑞（Boori）等人运用遥感和 GIS 技术，在 PSR 模
型下构建遥感生态指数（RSEI）和生态环境指数（EI），实证评价了俄罗斯萨马
拉地区的生态环境质量。④

2. 生态环境质量评价方法研究

在评价方法上，国外学者运用景观生态学法、空间多层次分析法等方法构
建评价标准，开展实证评价研究。丹尼尔（Daniel）等人运用景观生态学方法，
实证评价了滕萨斯河（Tensas River）生态环境状况。⑤ 杨森（Janssen）等人通
过专家生态信息知识和空间多层次分析方法相结合形成新的评价标准，评价得
出的生态质量信息在土地利用规划中发挥了重要作用。⑥ 拉赫曼（Rahman）等

①　Thomas M. Quiqley, Richard W. Haynes, Wendel J. hann, "Estimating Ecological Integrity in
the Interior Columbia River Basin", *Forest Ecology and Management*, Vol. 153, No. 1 - 3, 2001, pp.
161-178.

②　Reza M. I. H., Abdullaha S. A., "Regional Index of Ecological Integrity：A Need for Sustainable
Management of Natural Resources", *Ecological Indicators*, Vol. 11, No. 2, 2011, pp. 220-229.

③　Junjun Wu, Xin Wang, Bo Zhong, et al., "Ecological Environment Assessment for Greater Me-
kong Subregion Based on Pressure-State-Response Framework by Remote Sensing", *Ecological Indica-
tors*, 2020, 117：106521.

④　Boori Mukesh Singh, Choudhary Komal, Paringer Rustam, Kupriyanov Alexander, "Eco-envi-
ronmental Quality Assessment Based on Pressure-state-response Framework by Remote Sensing and
GIS", *Remote Sensing Applications：Society and Environment*, 2021, 100530.

⑤　Daniel T. H., Curtis M. E., Anne C. N., et al., "A Landscape Ecology Assessment of the Tensas
River Basin", *Environmental Monitoring and Assessment*, Vol. 64, No. 1, 2000, pp. 41-54.

⑥　Janssen R., Arciniegas G. A., Verhoeven J. T. A., "Spatial Evaluation of Ecological Qualities to
Support Interactive Land-Use Planning", *Environment and Planning B：Urban Analytics and City Sci-
ence*, Vol. 40, No. 3, 2013, pp. 427-446.

人运用空间多层次评价方法,按照区域环境质量综合指数,从很差到很好将区域环境质量划分为五个层级,然后结合 RS 和 GIS 技术建立区域环境可持续性评价标准,通过 AHP 法赋权开展区域生态环境质量评价。[1]

3. 生态质量评价应用对象研究

在生态环境质量评价的应用对象上,国外学者应用评价研究所取得的研究方法、评价标准成果,对日本霞浦湖、加拿大铀矿、荷兰氮管理、海洋生态系统、巴西半干旱地区荒漠化地区、新疆巴音布鲁克等地的生态环境质量进行了评估评价研究。戈达(Goda)等人对日本霞浦湖生态系统多样性进行了评估评价。[2] 汤普森(Thompson)等人对加拿大铀矿开采和选矿活动中金属和放射性元素的生态风险进行了评估评价。[3] 兰格维尔德(Langeveld)等人运用荷兰氮管理经验,对农业生态环境进行了评估,发现集约型农业对生态环境有着严重影响。[4] 隆鲍茨(Rombouts)等人评估评价了海洋生态系统质量。[5] 西尔瓦(Silva)等人对巴西半干旱地区荒漠化地区的生态环境质量进行了评价。[6] 刘琴(Liu)等人采用空间主成分分析法,结合空间数据分析和地理探测器模型,

① Md.Rejaur Rahman, Z.H.Shi, Cai Chongfa, "Assessing Regional Environmental Quality by Integrated Use of Remote Sensing, GIS, and Spatial Multi-criteria Evaluation for Prioritization of Environmental Restoration", *Environmental Monitoring and Assessment*, Vol.186, No.11, 2014, pp.6993-7009.

② Goda T., Matsuoka Y., "Synthesis and Analysis of a Comprehensive Lake Model—with the Evaluation of Diversity of Ecosystems", *Ecological Modelling*, Vol.31, No.1-4, 1986, pp.11-32.

③ Thompson P.A., Kurias J., Mihok S., "Derivation and Use of Sediment Quality Guidelines for Ecological Risk Assessment of Metals and Radionuclides Released to the Environment from Uranium Mining and Milling Activities in Canada", *Environmental Monitoring and Assessment*, Vol.110, No.1-3, 2005, pp.71-85.

④ Langeveld J.W.A., Verhagen A., Neeteson J.J., et al., "Evaluating Farm Performance Using Agri-environmental Indicators: Recent Experiences for Nitrogen Management in The Netherlands", *Journal of Environmental Management*, Vol.82, No.3, 2007, pp.363-376.

⑤ Rombouts I., Baugrand G., Artigas L.F., et al., "Evaluating Marine Ecosystem Health: Case Studies of Indicators Using Direct Observations and Modeling Methods", *Ecological Indicators*, No.24, 2013, pp.353-365.

⑥ Silva R.M., Santos C.A., et al., "Geospatial Assessment of Eco-environmental Changes in Desertification Area of the Brazilian Semi-arid Region", *Earth Sciences Research Journal*, Vol.22, No.3, 2018, pp.175-186.

对世界自然遗产地巴音布鲁克的生态环境质量进行了探索性评估。[①]

（二）国内生态环境质量评价的研究现状

我国从 20 世纪 80 年代末到 90 年代初开始生态环境质量评价研究,随着居民环保意识增强和生态文明建设战略的实施,国内学者在该方面的研究成果不断涌现,同国外学者的研究方法大致相同,也主要集中在评价指标体系、评价方法与评价对象等方面。

1. 生态质量评价指标体系研究

国内学者在生态环境质量评价指标体系构建研究方面,主要构建了综合性生态环境质量评价指标体系和不同地貌的生态环境质量评价指标体系,如山区、森林、矿山等生态环境质量评价指标体系,实证研究了北京山区、河北山区森林、甘肃省和长江经济带的生态环境质量。李晓秀从广义山区生态环境质量内涵出发,构建了涵盖自然环境总体质量指标、生态环境质量指标两个方面的山区生态环境质量评价体系,以定性与定量相结合的方法确定各指标分值,实证研究了北京山区生态环境综合质量。[②] 王让会等人构建了水资源、土地资源、生物资源、环境四个系统 20 个指标组成的生态环境综合评价指标体系,并对新疆塔里木河流域生态脆弱带进行了实证评价研究。[③] 黄国胜等人从森林生态环境背景、生长状态、自然属性三个方面构建了森林生态环境质量评价指标体系,并结合 AHP 法、生态因子质量等级评分法、加权综合质量指数法进行赋权,实证研究评价了河北山区森林生态环境质量。[④] 邹长新等人从

① Qin Liu, Zhaoping Yang, Fang Han, et al., "Ecological Environment Assessment in World Natural Heritage Site Based on Remote-Sensing Data: A Case Study from the Bayinbuluke", *Sustainability*, Vol.11, No.22, 2019, pp.6385-6385.

② 李晓秀:《北京山区生态环境质量评价体系初探》,《自然资源》1997 年第 5 期。

③ 王让会、宋郁东、樊自立等:《新疆塔里木河流域生态脆弱带的环境质量综合评价》,《环境科学》2001 年第 2 期。

④ 黄国胜、王雪军、孙玉军等:《河北山区森林生态环境质量评价》,《北京林业大学学报》2005 年第 5 期。

生态和环境两个要素出发,构建了矿山生态环境质量评价指标体系①,以反映矿山生态环境质量及其生态修复和污染治理成效,有助于全过程监管矿产资源开发及其生态环境状况。李斌从矿山生态环境的水资源、大气环境、土地资源和噪声四方面污染问题出发,构建了由生态要素和环境要素两个方面10个指标组成的矿山生态环境质量评价指标体系。② 成金华等人从水环境质量、水生生态安全、人居安全三方面构建了矿业城市水生态环境质量评价指标体系,实证评价了长江经济带矿业城市的水生态环境质量。③ 韩君从气候变化、土地退化、植被覆盖、水环境和环境质量五个方面,构建了生态环境质量评价指标体系,实证测算和评价了甘肃省生态环境质量。④

2. 生态环境质量评价方法研究

用什么方法来进行生态环境质量的评价呢? 国内学者探讨了一系列评价方法,其中最主要的是综合评价法和指数评价法。

(1)生态环境质量的综合评价法

生态环境质量综合评价的主要方法还是层次分析法,被认为是适用于影响因素较多的复杂系统的多目标决策分析方法。⑤ 傅伯杰运用AHP法对我国各省区的生态环境质量进行了综合评价。⑥ 郑宗清运用AHP法,从自然、社会、经济层面对广州生态环境质量进行评价,将评价结果分为好、较好、较差、差四类,提出了相应整改对策。⑦ 朱晓华等人运用AHP法,由环境资源状

① 邹长新、沈渭寿、刘发民:《矿山生态环境质量评价指标体系初探》,《中国矿业》2011年第8期。
② 李斌:《矿山生态环境质量评价指标体系探讨》,《住宅与房地产》2021年第7期。
③ 成金华、王然:《基于共抓大保护视角的长江经济带矿业城市水生态环境质量评价研究》,《中国地质大学学报(社会科学版)》2018年第4期。
④ 韩君:《区域生态环境质量的评价模型与测算》,《统计与决策》2016年第3期。
⑤ 姚建:《AHP法在县域生态环境质量评价中的应用》,《重庆环境科学》1998年第2期。
⑥ 傅伯杰:《中国各省区生态环境质量评价与排序》,《中国人口·资源与环境》1992年第2期。
⑦ 郑宗清:《广州城市生态环境质量评价》,《陕西师大学报(自然科学版)》1995年第S1期。

况、生物状况、生态状况和环境污染 4 个子体系组成生态环境质量体系对农业
生态环境质量进行评价。① 仲夏从生态学角度,运用 AHP 法和 Fuzzy 综合多
级评价模型,构建了涵盖自然、社会、经济、生态等内容的城市生态环境质量评
价指标体系。② 李崧等人通过 AHP 法,从经济发展、社会进步、生态环境保护
与建设等方面构建了由系统层到指标层的递阶层次结构组成的黑龙江省生态
省建设指标体系。③ 王永瑜等人运用 AHP 法,构建了甘肃省生态环境质量综
合评价体系,其中,要素层包括气候、水环境、植被、土壤、污染负荷等指标,指
标层包括森林覆盖率、水土流失率、土地荒漠化率、化肥使用强度、废水废气排放
总量等 15 个指标,赋权采用专家调查法。④ 雷波等人运用 AHP 法构建了城市
生态环境质量评价体系,实证研究了重庆市主城区的城市生态环境质量。⑤

(2)生态环境质量的指数评价法

从指数评价法角度对生态环境质量评价进行了研究。赵长森等人采用生
物学指数法与水生物指示环境法相结合,构建了能反映评价水体污染程度、生
态系统稳定性和河流健康程度的水生态环境质量评价指标,实证研究了淮河
流域的水生态环境质量。⑥ 王宏伟等人借助 GIS 技术,运用综合指数评价方
法,实证研究评价了伊犁河流域内县级行政单元的生态环境质量。⑦ 徐涵秋
从绿度、湿度、热度、干度四个层面,结合主成分分析法,构建了评价生态环境

① 朱晓华、杨秀春:《层次分析法在区域生态环境质量评价中的应用研究》,《国土资源科技管理》2001 年第 5 期。
② 仲夏:《城市生态环境质量评价指标体系》,《环境保护科学》2002 年第 2 期。
③ 李崧、邱微、赵庆良等:《层次分析法应用于黑龙江省生态环境质量评价研究》,《环境科学》2006 年第 5 期。
④ 王永瑜、王丽君:《甘肃省生态环境质量评价及动态特征分析》,《干旱区资源与环境》2011 年第 5 期。
⑤ 雷波、周谐、吴亚坤等:《重庆市主城区生态环境质量评价及对策建议》,《环境科学与技术》2012 年第 4 期。
⑥ 赵长森、夏军、王纲胜等:《淮河流域水生态环境现状评价与分析》,《环境工程学报》2008 年第 12 期。
⑦ 王宏伟、张小雷、乔木等:《基于 GIS 的伊犁河流域生态环境质量评价与动态分析》,《干旱区地理》2008 年第 2 期。

质量的遥感生态指数。① 吴可人等人通过遥感影像提取绿度、湿度、干度和热度等指标，运用主成分分析法，构造遥感生态指数，实证研究了石家庄地区的生态环境质量。② 张小丽等人提出引力指数公式，通过巢湖流域及河北坝上地区的实证研究结论检验，确认了该评价公式的有效性。③ 林和山等人运用 AMBI 和 M-AMBI 指数法对厦门五缘湾海域海底生态环境质量进行了实证评价。④ 李恺从生物丰度、水网密度、植被覆盖、土地退化和污染负荷五个方面构建了生态环境质量综合评价指标体系，通过 AHP 法确定权重，实证评价了云南省的生态环境质量。⑤ 魏伟等人利用 GIS 技术构建了生态环境综合评价指数，结合 AHP 法和熵权法进行组合赋权，实证评价了石羊河流域各县区生态环境质量，发现其生态环境质量较低。⑥ 王法涞等人通过 Landsat 系列遥感数据，计算出遥感生态指数，结合趋势线分析法，实证研究了阿伯德尔国家公园 1987—2018 年间的生态环境质量变化。⑦ 张华等人运用 GEE（Google Earth Engine）平台，通过遥感影像数据，计算出遥感生态指数，实证评价了祁连山国家公园生态环境质量。⑧ 程琳琳等人在采用熵权法计算权重并用指数法计算出遥感生态指数，实证研究了北京市门头沟区生态环境变化及原因。⑨

---

① 徐涵秋：《城市遥感生态指数的创建及其应用》，《生态学报》2013 年第 24 期。

② 吴可人、高祺、王让会等：《基于 RSEI 模型的石家庄生态环境质量评价》，《地球物理学进展》2021 年第 3 期。

③ 张小丽、李祚泳、汪嘉杨：《基于指标规范值的生态环境质量评价的引力指数公式》，《环境工程》2014 年第 S1 期。

④ 林和山、俞炜炜、刘坤等：《基于 AMBI 和 M-AMBI 法的底栖生态环境质量评价——以厦门五缘湾海域为例》，《海洋学报》2015 年第 8 期。

⑤ 李恺：《层次分析法在生态环境综合评价中的应用》，《环境科学与技术》2009 年第 2 期。

⑥ 魏伟、石培基、周俊菊等：《基于 GIS 和组合赋权法的石羊河流域生态环境质量评价》，《干旱区资源与环境》2015 年第 1 期。

⑦ 王法涞、何晓宇、方泽兴等：《基于长时间序列遥感数据的阿伯德尔国家公园生态环境质量评价》，《地球信息科学学报》2019 年第 9 期。

⑧ 张华、宋金岳、李明等：《基于 GEE 的祁连山国家公园生态环境质量评价及成因分析》，《生态学杂志》2021 年第 6 期。

⑨ 程琳琳、王振威、田素锋等：《基于改进的遥感生态指数的北京市门头沟区生态环境质量评价》，《生态学杂志》2021 年第 4 期。

（3）生态环境质量其他评价方法

除此之外,学者们还研究了生态环境质量评价的其他方法,如模糊评价法①、灰色聚类分析法②、灰色系统评价法③、人工神经网络评价法④、生态景观评价法⑤等。集合多种评价方法开展生态环境质量评价,形成了综合性评价研究,熊鹰等人从自然、社会、经济、环境污染等方面,结合 GIS 技术与 AHP 评价法,构建了生态环境质量综合评价指标体系,实证研究了湖南生态环境质量⑥;李峰等人从生态敏感性、生态恢复力、生态压力 3 个层面,结合层次分析法和主成分分析法,运用 AHP-PCA 权重模型法赋权,构建了煤炭工业城市生态环境质量综合评价指标体系⑦。

3.生态质量评价应用对象研究

除前述评价指标体系和评价方法研究成果被应用于相关对象进行实证研究外,学者们在评价对象方面还开展了以下研究:宁小莉等人从资源禀赋、环境质量、生态效益方面,定量评价了包头市的生态环境质量,就其人居环境质量改善与提升提出了对策建议⑧;万本太等人从城市生态系统构成与格局、功能特征、环境健康等角度出发,构建了生态服务用地指数、人均公共绿地指数、

① 雷国平、代路、宋戈:《黑龙江省典型黑土区土壤生态环境质量评价》,《农业工程学报》2009 年第 7 期。

② 刘新卫:《长江三角洲典型县域农业生态环境质量评价》,《系统工程理论与实践》2005 年第 6 期。

③ 郝永红、周海潮:《区域生态环境质量的灰色评价模型及其应用》,《环境工程》2002 年第 4 期。

④ 李丽、张海涛:《基于 BP 人工神经网络的小城镇生态环境质量评价模型》,《应用生态学报》2008 年第 12 期。

⑤ 张永彬、乔敏、宇林军等:《生态景观特征的村镇聚落分类和生态环境质量评价:以北京市为例》,《测绘科学》2021 年第 10 期。

⑥ 熊鹰、王克林、黄道友:《GIS 支持下的湖南省生态环境质量综合评价》,《水土保持学报》2004 年第 5 期。

⑦ 李峰、刘小阳、于雪涛等:《基于 AHP-PCA 模型的煤炭城市生态环境质量评价》,《矿业安全与环保》2017 年第 5 期。

⑧ 宁小莉、周璇、朱丽:《包头市城市人居环境中生态环境质量评价》,《内蒙古农业大学学报(自然科学版)》2014 年第 1 期。

物种丰富指数等在内的 10 类指数,形成了一套城市生态环境质量评价指标体系,由专家经验赋权法确定各指数权重,按东部、西部、中部地区选取了七个试点城市进行生态环境质量的实证评价①;李永霞等人通过重金属含量分布分析,实证评价了埕岛油田海域的生态环境质量②。董思宜等人综合评价了永定河流域(河北—北京段)的生态环境质量③;姚爱冬等人实证研究了邵武至光泽高速公路的生态环境质量评价④;徐满厚等人实证研究了山西吕梁连片特困区山区生态环境质量的评价问题⑤。

二、国内外关于绿色发展问题的研究现状

面对发展欠发达与生态脆弱的双重难题,必须积极应对经济社会发展与生态环境保护的双重挑战,通过绿色发展把二者协同起来。那什么是绿色发展? 如何推动绿色发展? 如何评价绿色发展程度与成效? 国内外学者从理论到行动进行了大量的理论研究和实证分析,形成了丰富的研究成果,推动着世界范围内的绿色发展从提出到实践的巨大飞跃。通过对国内外绿色发展相关研究文献的梳理,分析当前国内外研究现状和有待完善之关键点,为进一步推动我国绿色发展理论研究和实践发展奠定基础。

(一) 国外绿色发展的研究现状

国外有关绿色发展问题的研究,主要体现在"绿色经济(green economy)"

---

① 万本太、王文杰、崔书红等:《城市生态环境质量评价方法》,《生态学报》2009 年第 3 期。
② 李永霞、郑西来、孙娟:《埕岛油田海域重金属含量分布与生态环境质量评价》,《海洋环境科学》2012 年第 2 期。
③ 董思宜、杨熙、王秀兰:《永定河流域生态环境质量评价》,《中国人口·资源与环境》2013 年第 S2 期。
④ 姚爱冬、管文科、冯益明:《基于 Landsat 8 遥感影像的邵武至光泽高速公路生态环境质量评价研究》,《环境监测管理与技术》2017 年第 5 期。
⑤ 徐满厚、杨晓艳、张潇月等:《山西吕梁连片特困区生态环境质量评价及其经济贫困的时空分布特征》,《江苏农业科学》2018 年第 6 期。

"绿色增长（green growth）"等研究内容中，各相关概念均是从经济发展与环境保护关系出发，围绕绿色发展的内涵、评价与实现路径等内容展开探讨和研究，寻求二者协同共生的可持续发展道路。

1. 绿色发展概念和内涵研究

"绿色经济"一词最早由英国经济学家戴维·皮尔斯（David Pearce）等在《绿色经济蓝图》书中提出，强调的是一种在自然环境可承受范围内实现经济增长的新发展模式[1]；加拿大学者布莱恩·米勒尼（Brian Milani）指出，在后工业时代绿色经济意味着直接关注满足人类和环境需求，并且需要采取行动，使得与自然系统相协调的发展[2]；联合国环境规划署（UNEP）认为，绿色经济是低碳、资源高效和社会包容的经济[3]；经合组织（OECD）认为，绿色增长"是促进经济增长和发展，同时确保自然资产继续提供我们福祉所依赖的资源和环境服务，要实现这一目标，它必须促进投资和创新，这将支撑持续增长，并带来新的经济机遇"[4]；阿斯塔迪·潘加尔索（Astadi Pangarso）等人认为绿色经济是一个经济概念，使环境可持续性成为实现可持续发展目标的重要组成部分[5]。国际维基大百科全书在绿色经济条目下将其定义为："为了整个人类与我们行星的共同利益，而伦理地、理智地和生态地对精神财富和物质财富做出可持续的创造和公平合理的分配"[6]。可见，"绿色经济""绿色增长"等概念

① Pearce D.W., Markandya A., Barbier E.B., *Blueprint for a Green Economy: A Report*, London: Earthscan, 1989.

② Brian Milani, "Getting Ready for Change: Green Economics and Climate Justice ‖ What Is Green Economics?", *Race, Poverty&the Environment*, Vol.13, No.1, 2006, pp.42−44.

③ Borel−Saladin, J.M., Turok, I.N., "The Green Economy: Incremental Change or Transformation?", *Environmental Policy and Governance*, Vol.23, No.4, 2013, pp.209−220.

④ Loiseau E., Saikku L., Antikainen R., et al., "Green Economy and Related Concepts: An Overview", *Journal of Cleaner Production*, No.139, 2016, pp.361−371.

⑤ Astadi Pangarso, Kristina Sisilia, Retno Setyorini, et al., "The Long Path to Achieving Green Economy Performance for Micro Small Medium Enterprise", *Journal of Innovation and Entrepreneurship*, Vol.11, No.1, 2022, pp.1−19.

⑥ 周惠军、高迎春：《绿色经济、循环经济、低碳经济三个概念辨析》，《天津经济》2011年第11期。

的提出,就是要解决经济发展与环境保护之间不协调、不兼容、不平衡的矛盾,实现二者协同推进、同步发展,其目标的实现必须依靠绿色发展这种新型经济发展模式。

2.绿色发展评价与测度研究

绿色发展的评价和测度,既能反映绿色发展水平、进程与成效,又能探根寻源找到关键制约因素和影响因子,寻求针对性和有效性的发展对策与建议,因而成为众多学者研究的重点和关注焦点。其研究主要包括三个方面:一是运用综合指数或指标体系进行测度。联合国开发计划署(UNDP)提出的人类发展指数[1]、耶鲁大学提出的环境绩效指数EPI[2]、经合组织(OECD)提出的绿色增长指标体系[3]、联合国环境规划署(UNEP)提出的绿色经济指标体系[4]等,都是评价和测度绿色发展程度的综合性指数或指标体系。二是通过绿色国民经济核算进行衡量和测度。挪威的自然资源核算[5]、美国的综合经济与环境卫星账户IEESA[6]、德国的环境经济核算体系GEEA[7]等都是把绿色经济纳入国民经济总体核算体系进行测度和衡量。三是通过其他测度方法进行衡量和测度。加拿大哥伦比亚大学魏克内格(Wackernagel)提出用生态足迹法[8]、

---

[1] UNDP, *Human Development Report*, New York: Oxford University Press, 1990.

[2] Yale Center for Environmental Law and Policy, *Environmental Performance Index*, New Haven: Yale University, 2018.

[3] OECD, "Fostering Innovation for Green Growth", *Sourceoecd Environment & Sustainable Development*, No.12, 2011, pp.108-119.

[4] UNEP, *Measuring Progress Towards an Inclusive Green Economy*, Nairobi: United Nations Environmental Programme, 2012.

[5] Alfsen K.H., Bye T.A., Lorentsen L., *Natural Resource Accounting and Analysis: the Norwegian Experience 1978-1986*, Oslo: Central Bureau of Statistics, 1987.

[6] Carson C.S., "Integrated Economic and Environmental Satellite Accounts", *Natural Resources Research*, Vol.4, No.1, 1995, pp.12-33.

[7] 吴优:《德国的环境经济核算》,《中国统计》2005年第6期。

[8] Wackernagel, *Our Ecological Footprint: Reducing Human Impact on the Earth*, Philadelphia, A: New Society Publishers, 1996.

冯（Ferng）提出用能源足迹情景分析法①等开展绿色经济发展测度。

3. 绿色发展的实现路径研究

国外学者对如何实现绿色发展进行了大量的理论研究和实证分析。一是探讨了绿色技术对绿色发展的推动作用。韦弗（Weaver）认为绿色创新是实现可持续发展的核心要素②；皮埃尔-安德烈·朱韦塔（Pierre-André Jouveta）等人认为绿色技术的创新发展可以推动绿色增长③，实现绿色发展；罗伯特·博格（Robert Bogue）提出机器人技术在绿色经济的三个关键部门（可再生能源、回收和废物管理、可持续运输）中发挥着关键和日益重要的作用④；哈尼扎姆（HA Nizam）等研究认为使用绿色技术对一个国家实现长期可持续增长具有至关重要的作用⑤。二是探讨了市场手段和经济政策对绿色发展的推动作用。威廉·布莱斯（William Blyth）等探讨了鼓励金融服务对绿色发展的作用⑥；郑富利（Cheng F.Lee）⑦、诺鲁兹尼玛（Norouzi Nima）⑧等探讨了

---

① Ferng J., "Toward a Scenario Analysis Framework for Energy Footprints", *Ecological Economics*, No.40, 2002, pp.53−70.

② Weaver P.M., "National Systems of Innovation", In Hargroves K.C., Smith M.H., eds., *The Natural Advantage of Nations: Business Opportunities, Innovation and Governance in the 21st Century*, London: Earthscan / James & James, 2005.

③ Pierre-André Jouveta, Christian de Perthuis, "Green Growth: From Intention to Implementation", *International Economics*, No.134, 2013, pp.29−55.

④ Robert Bogue, "The Role of Robots in the Green", *Industrial Robot: An International Journal*, Vol.49, No.1, 2021, pp.6−10.

⑤ HA Nizam, K.Zaman, KB Khan, R.Batool, et al., "Achieving Environmental Sustainability Through Information Technology: 'Digital Pakistan' Initiative for Green Development", *Environmental Science and Pollution Research*, Vol.27, No.9, 2020, pp.10011−10026.

⑥ William Blyth, Derek Bunn, "Coevolution of Policy, Market and Techbical Price Risks in the EU ETS", *Eneegy Policy*, Vol.39, No.8, 2011, pp.4578−4593.

⑦ Cheng F.Lee, Sue J.Lin, Charles Lewis, Yih F.Chang, "Effects of Carbon Taxes on Different Industries by Fuzzy Goal Programming: A Case Study of the Petrochemi Cal−related Industries", Taiwan, Energy Policy, No.35, 2007, pp.4051−4058.

⑧ Norouzi Nima, Fani Maryam, Talebi Saeed, "Green Tax As a Path to Greener Economy: A Game Theory Approach on Energy and Final Goods in Iran", *Renewable and Sustainable Energy Reviews*, Vol.156, 2022, p.11968.

征收绿色税收实现可持续发展手段在绿色发展中的重要作用。除此之外，尼尔斯·德罗斯特（N.Drostea）①等学者研究了政府干预对绿色发展的推动效应，维斯·克里斯蒂娜（Veith Cristina）②等学者研究了共享经济对绿色发展的推动作用。

（二）国内绿色发展的研究现状

国内关于绿色发展的研究虽然比国外起步较晚，但发展迅速、成果丰富。在概念与内涵研究、影响因素和测度评价探讨、实现路径探索和机制构建等方面形成了相对完整的系统研究成果。

1.绿色发展概念和内涵研究

20世纪80年代到90年代，改革开放使我国经济社会飞速发展，随之而来的是生态环境和自然资源出现严重破坏与损耗，如何破解高投入高消耗低效率困局呢？国内学者借鉴国外绿色发展理论和实践经验，开展国内绿色发展理论研究。周立三从我国人口资源与生态环境的国情分析入手，率先关注到了经济与环境间的紧张关系。③ 在绿色发展概念和内涵研究中，国内学者的研究大致可分为三个阶段：一是从兼顾经济发展与环境保护的角度，认为绿色发展就是同时兼顾经济发展与环境保护的发展模式。熊映梧研究指出，海南应当选择绿色发展道路，从工业化之初就要兼顾经济发展和环境保护，兼顾当代繁荣和后代发展。④ 二是以经济、社会及生态或自然

---

① N.Drostea, B.Hansjürgensa, P.Kuikmanb, et al., "Steering Innovations Towards a Green Economy: Understanding Government Intervention", *Journal of Cleaner Production*, No. 135, 2016, pp. 426-434.

② Veith Cristina, Vasilache Simona Nicoleta, Ciocoiu Carmen Nadia, et al., "An Empirical Analysis of the Common Factors Influencing the Sharing and Green Economies", *Sustainability*, Vol.14, No.2, 2022, P.771.

③ 周立三：《从人口资源与生态环境的观点分析我国国情与农村经济发展》，《地理学报》1990年第3期。

④ 熊映梧：《选择绿色发展的道路——海南与台湾产业政策比较分析》，《科技导报》1994年第12期。

协调为重点开展绿色发展研究,认为绿色发展就是经济、社会和自然生态协调发展的发展模式。如杨涛等人强调"生态经济"就是充分考虑生态资源和环境承载能力,走经济、社会与生态协调、持续的发展道路①;胡鞍钢等人从功能角度界定了绿色发展,认为绿色发展强调的是经济、社会和自然三个系统间的整体性和协调性,构建了绿色发展的"三圈模型"②。三是从"两山"理念出发研究人与自然间的和谐共生关系,把绿色发展就是人与自然和谐共生的发展模式。如许宪春等人提出绿色发展实质上就是要把握好"两山"之间的平衡关系,在经济社会发展与资源环境保护间形成相互促进的发展关系③;方世南认为绿色发展的根本要义就是促进人与自然和谐共生④。

2.绿色发展影响因素和测度评价研究

绿色发展在全球的实践推进,给众多学者的实证研究提供了实践案例和深研对象,人们率先在某区域或绿色发展的某些领域开展测度和评价研究,总结实践经验、发掘制约因素、提出发展对策建议。主要研究内容集中在三个方面:一是绿色发展综合指数及其测度评价研究。北京师范大学构建了由 12 个元素指标构成的人类绿色发展指数,对 123 个国家的绿色发展状况进行了测算和排序⑤;李琳等人构建区域产业绿色发展指数,对我国 31 个省区市的产业绿色发展状况进行了评估和动态比较研究⑥;田金平等人构建绿色发展指

---

① 杨涛、王开明:《建设生态经济走绿色发展道路》,《发展研究》1995 年第 7 期。

② 胡鞍钢、周绍杰:《绿色发展:功能界定、机制分析与发展战略》,《中国人口·资源与环境》2014 年第 1 期。

③ 许宪春、任雪、常子豪:《大数据与绿色发展》,《中国工业经济》2019 年第 4 期。

④ 方世南:《从人与自然和谐共生视角领悟绿色发展的要义》,《观察与思考》2021 年第 5 期。

⑤ 李晓西、刘一萌、宋涛:《人类绿色发展指数的测算》,《中国社会科学》2014 年第 6 期。

⑥ 李琳、楚紫穗:《我国区域产业绿色发展指数评价及动态比较》,《经济问题探索》2015 年第 1 期。

数,对我国国家级经开区的绿色发展水平进行了实证测度评价①;赵领娣等人构建了绿色发展绩效指数 GDPI,实证研究了"大西北和黄河中游经济区 62 个地级以上城市的绿色发展状况,发现以城镇化率 77.3% 与 93.4% 为门槛值,城镇化对绿色发展绩效的影响分为前期消极抑制、中期微弱促进、后期积极促进三个阶段"②;边恕等人构建重工业城市人类绿色发展指数,结合辽宁省发展特征和实证数据对其 2009 — 2019 年的人类绿色发展指数水平进行了测度③。

二是绿色发展评价指标体系构建及其实证测度研究。袁文华等人从多维视角构建了城市绿色发展评价指标体系,实证研究了山东省 17 个地级市的绿色发展水平④;朱帮助等人引入定基极差法构建绿色发展指标体系,实证研究了广西省的绿色发展水平⑤;刘明广从绿色生产、绿色生活、绿色环境与绿色新政四个维度构建了省域绿色发展指标体系,通过实证研究发现"中国省域绿色发展水平呈现两大聚集区域",即"由新疆、青海和甘肃组成的绿色发展水平 HH 型聚集区"和"由山东、河南、湖北、湖南与安徽组成的绿色发展水平 LL 型集聚区"⑥;欧阳志云等人从环境治理投资等七个维度构建指标体系,对我国城市绿色发展水平进行实证评价,发现城市间的绿色发展水平不平衡,"沿海城市和发达大城市在绿色发展方面存在自然和经济上的优越性"⑦;杨

① 田金平、臧娜、许杨等:《国家级经济技术开发区绿色发展指数研究》,《生态学报》2018年第 19 期。

② 赵领娣、袁田、赵志博:《城镇化对绿色发展绩效的门槛效应研究——以大西北、黄河中游两大经济区城市为例》,《干旱区资源与环境》2019 年第 9 期。

③ 边恕、王智涵:《人类绿色发展指数测度与分析——以辽宁省为例》,《林业经济》2021 年第 9 期。

④ 袁文华、李建春、刘呈庆等:《城市绿色发展评价体系及空间效应研究——基于山东省17 地市时空面板数据的实证分析》,《华东经济管理》2017 年第 5 期。

⑤ 朱帮助、张梦凡:《绿色发展评价指标体系构建与实证》,《统计与决策》2019 年第 17 期。

⑥ 刘明广:《中国省域绿色发展水平测量与空间演化》,《华南师范大学学报(社会科学版)》2017 年第 3 期。

⑦ 欧阳志云、赵娟娟、桂振华等:《中国城市的绿色发展评价》,《中国人口·资源与环境》2009 年第 5 期。

新梅等人从绿色生产、生态与生活维度构建城市绿色发展指标体系,实证研究了我国 286 个地级以上城市 2003—2019 年的绿色发展水平及其演变规律[1];学者们还实证评价了广州市[2]、黄山市[3]等城市的绿色发展水平。张乃明等人从"生态空间优化、生态环境良好、生态经济发展、生态生活满意"维度构建了 12 个指标组成的区域绿色发展指标体系,对云南省 11 个县(市、区)的绿色发展水平进行了实证研究。[4] 从产业的角度上看,苏利阳等[5]、卢强等[6]、徐成龙等[7]、鹿晨昱等[8]等学者研究了工业绿色发展水平测度问题;张乃明等[9]、贾云飞等[10]、敬莉等[11]、黄少坚等[12]、谭淑[13]等学者实证

① 杨新梅、黄和平、周瑞辉:《中国城市绿色发展水平评价及时空演变分析》,《生态学报》2023 年第 4 期。

② 黄羿、杨蕾、王小兴等:《城市绿色发展评价指标体系研究——以广州市为例》,《科技管理研究》2012 年第 17 期。

③ 黄素珍、鲁洋、杨晓英等:《安徽省黄山市绿色发展时空趋势研究》,《长江流域资源与环境》2019 年第 8 期。

④ 张乃明、张丽、卢维宏等:《区域绿色发展评价指标体系研究与应用》,《生态经济》2019 年第 12 期。

⑤ 苏利阳、郑红霞、王毅:《中国省际工业绿色发展评估》,《中国人口·资源与环境》2013 年第 8 期。

⑥ 卢强、吴清华、周永章等:《工业绿色发展评价指标体系及应用于广东省区域评价的分析》,《生态环境学报》2013 年第 3 期。

⑦ 徐成龙、庄贵阳:《供给侧改革驱动中国工业绿色发展的动力结构及时空效应》,《地理科学》2018 年第 6 期。

⑧ 鹿晨昱、成薇、黄萍等:《中国工业绿色发展水平时空综合测度及影响因素分析》,《生态经济》2022 年第 3 期。

⑨ 张乃明、张丽、赵宏等:《农业绿色发展评价指标体系的构建与应用》,《生态经济》2018 年第 1 期。

⑩ 贾云飞、赵勃霖、何泽军等:《河南省农业绿色发展评价及推进方向研究》,《河南农业大学学报》2019 年第 5 期。

⑪ 敬莉、冯彦:《黄河流域农业绿色发展水平测度及耦合协调分析》,《中南林业科技大学学报(社会科学版)》2021 年第 5 期。

⑫ 黄少坚、冯世艳:《农业绿色发展指标设计及水平测度》,《生态经济》2021 年第 5 期。

⑬ 谭淑:《黄河流域农业绿色发展效率的水平测度及时空特征分析》,《四川农业与农机》2022 年第 3 期。

研究了农业绿色发展水平测度问题。李师源①、高赢②、杜莉等③④等学者研究了"一带一路"沿线国家的绿色发展绩效评价;郭艳花等人从"国土空间优化、自然资本利用、经济发展质量、社会福祉进步及环境污染治理"五个维度构建了绿色发展指标体系,实证研究了吉林省限制开发生态区的绿色发展水平⑤;张旖琳等人从"绿色生产、绿色生活、绿色生态"维度构建了绿色发展指标体系,实证研究了我国"北方森林湿地生态功能区及毗邻地区"的绿色发展水平⑥。

三是运用生态效率测度循环经济和绿色发展的研究。诸大建等人通过物质循环六项指标的分析评价发现物质循环抑制自然资源消耗目的(DMI)和物质循环减少环境负荷目的(DPO)两个生态效率指标是合适测度循环经济发展程度的重要指标⑦;李子豪等人运用"反映区域经济发展和生态环境状况的生态效率"指标实证研究了我国 2000—2014 年省际区域绿色发展水平⑧。岳书敬等人采用 SBM 方向距离函数从产业集聚视角,对我国 96 个地级市的绿色发展效率进行了实证研究,发现我国绿色发展效率的空间特征非常明显:东部城市的绿色发展效率最高、中西部的相对较低,"产业集聚和绿色发展效率

① 李师源:《"一带一路"沿线国家绿色发展能力研究》,《福建师范大学学报(哲学社会科学版)》2019 年第 2 期。

② 高赢:《"一带一路"沿线国家低碳绿色发展绩效研究》,《软科学》2019 年第 8 期。

③ 杜莉、马遥遥:《"一带一路"沿线国家的绿色发展及其绩效评估》,《吉林大学社会科学学报》2019 年第 5 期。

④ 杜莉、马遥遥:《"一带一路"沿线国家的绿色发展绩效及驱动因素研究》,《四川大学学报(哲学社会科学版)》2022 年第 1 期。

⑤ 郭艳花、佟连军、梅林:《吉林省限制开发生态区绿色发展水平评价与障碍因素》,《生态学报》2020 年第 7 期。

⑥ 张旖琳、吴相利:《国家重点生态功能区城市与毗邻非生态功能区城市绿色发展水平测度与时空差异研究》,《生态学报》2022 年第 14 期。

⑦ 诸大建、邱寿丰:《生态效率是循环经济的合适测度》,《中国人口·资源与环境》2006 年第 5 期。

⑧ 李子豪、毛军:《地方政府税收竞争、产业结构调整与中国区域绿色发展》,《财贸经济》2018 年第 12 期。

呈 U 形关系"①;谢里等人运用"非径向方向距离函数数据包络(NDDF-DEA)技术"评价了我国东、中、西部地区的工业绿色发展效率②;何爱平等人运用方向性距离函数(SBM-DEA)实证研究了我国省域绿色发展的效率③;刘儒等人"采用全要素非径向方向距离函数和 SBM-DEA 模型"实证研究了我国 285 个地级市绿色发展的效率,发现"地方绿色发展效率具有较强的空间自相关性",有明显的空间集聚特征④;赵晓霞等人运用超效率 DEA Malmquist 指数,实证研究了长江流域 18 个地区的绿色发展效率,发现技术是地区绿色发展效率的主要制约因素⑤;王青等人运用非导向 Super-SBM 模型实证研究了华北平原 57 座城市的绿色发展效率⑥;郭付友等人"构建了黄河流域绿色发展效率投入产出指标体系",实证研究了黄河流域 61 个地级市的绿色发展效率⑦。

3. 绿色发展实现路径或机制构建研究

绿色发展路径或机制构建是推动绿色发展由理论框架走向实践应用的桥梁,国内学者围绕绿色发展的实现路径和机制构建进行了多视角研究。一是不同区域、不同层面的具体实现路径探索。诸大建从新一轮西部大开发视角提出了绿色发展战略的四个路径:解决两类不同的环境问题(已有人为生态破坏和未来发展中的环境问题)、突破环境库兹涅茨曲线制约、发展环境友好

————————

①　岳书敬、邹玉琳、胡姚雨:《产业集聚对中国城市绿色发展效率的影响》,《城市问题》2015 年第 10 期。

②　谢里、张斐:《电价交叉补贴阻碍绿色发展效率吗——来自中国工业的经验证据》,《南方经济》2017 年第 12 期。

③　何爱平、安梦天:《地方政府竞争、环境规制与绿色发展效率》,《中国人口·资源与环境》2019 年第 3 期。

④　刘儒、卫离东:《地方政府竞争、产业集聚与区域绿色发展效率——基于空间关联与溢出视角的分析》,《经济问题探索》2022 年第 1 期。

⑤　赵晓霞、傅春、王宫水:《基于超效率 DEA Malmquist 指数的长江流域绿色发展效率评价》,《生态经济》2019 年第 8 期。

⑥　王青、肖宇航:《华北平原城市绿色发展效率时空演变趋势及影响因素》,《城市问题》2021 年第 10 期。

⑦　郭付友、高思齐、佟连军等:《黄河流域绿色发展效率的时空演变特征与影响因素》,《地理研究》2022 年第 1 期。

技术优化产业结构、推动制度创新①;刘纪远等人提出西部绿色发展战略框架,探讨了资源生态环境与经济社会发展互促机制,定位其"生态友好、社会包容和内生增长"绿色发展战略目标,强调生态环境保护与扶贫开发相结合,要加大人力资本投入、强化绿色基础设施建设、扩大生态服务供给、发展区域特色性新型绿色产业②。张宇等人认为实施乡村振兴战略必须突破当前农村生态环境的三大约束,以绿色发展为导向,在"强化空间优化、推进绿色产业、优化政策体系和构建科技创新体系"等领域率先突破。③ 付伟等人从"大农业"整体推进角度探讨了农业绿色发展的实现路径,即"供给侧结构性改革、农业现代化、乡村振兴"④。覃瑞生等人从双碳战略视角,探讨了西部乡镇产业的绿色发展实现路径,即"引入先进技术及经验、加大环境整治力度、合理规划产业布局、强化激励营造氛围"⑤。二是基于绿色发展影响因子的绿色发展对策研究。李光龙等人从地方政府竞争角度实证研究了环境分权与绿色发展关系,强调要"合理划分中央和地方的环境保护事权与管理权、合理引导地方政府行为、完善环境事务激励与约束机制"⑥,以促进我国绿色发展。谢宜章等人实证研究发现不同环境规制对我国工业绿色发展的效应不同,因此"必须形成多元环境规制手段,并逐步实现环境规制由命令控制型向经济激励型转变"⑦。三是国外绿色发展实践经验的国内借鉴与启示研究。黄娟等

---

① 诸大建:《对西部开发实施绿色战略的思考》,《探索与争鸣》2000 年第 6 期。

② 刘纪远、邓祥征、刘卫东等:《中国西部绿色发展概念框架》,《中国人口·资源与环境》2013 年第 10 期。

③ 张宇、朱立志:《关于"乡村振兴"战略中绿色发展问题的思考》,《新疆师范大学学报(哲学社会科学版)》2019 年第 1 期。

④ 付伟、罗明灿、陈建成:《农业绿色发展演变过程及目标实现路径研究》,《生态经济》2021 年第 7 期。

⑤ 覃瑞生、温其辉:《西部地区"双碳"目标下乡镇产业绿色发展研究》,《辽宁经济》2022 年第 1 期。

⑥ 李光龙、周云蕾:《环境分权、地方政府竞争与绿色发展》,《财政研究》2019 年第 10 期。

⑦ 谢宜章、邹丹、唐辛宜:《不同类型环境规制、FDI 与中国工业绿色发展——基于动态空间面板模型的实证检验》,《财经理论与实践》2021 年第 4 期。

人考察了北欧国家绿色发展经验,即"提倡绿色生产方式、构建绿色产业结构、支持绿色企业发展、培养绿色消费习惯"①,提出了促进我国绿色发展的对策建议;徐宜雪等人考察了"丹麦卡伦堡、加拿大伯恩赛德、日本北九州、德国鲁尔和韩国"等国家的工业园区绿色发展经验,提出了"创新绿色发展政策机制、构建园区工业共生体系、创新园区管理运作模式、推动静脉产业发展、鼓励公众参与"等园区绿色发展对策建议②;杜志雄等人考察了美国、荷兰与日本等国的农业现代化、绿色化发展经验,提出了我国农业绿色发展的目标和对策③。四是绿色发展实现机制构建研究。刘若江等人就沿黄河流域 9 省区绿色发展的实现机制进行了研究,强调要"加强顶层设计、形成联治机制、营造绿色环境、发展绿色生产、提升环境治理水平"等绿色发展实现机制建设。④陈军等人从区域生态文明协同发展动力机制角度,强调要加强"市场机制、空间组织机制、合作互助机制、援助扶持机制和复合治理机制"等区域生态文明动力机制建设。⑤

三、国内生态环境保护政策及其演进历程

作为我国"五位一体"总体布局的重要内容,生态文明建设是必须长期持续推进的战略任务,更是中华民族和整个人类社会永续发展的千年大计。随着国民经济与社会的蓬勃发展,我国生态环境保护事业同样取得了巨大成就,牢固树立"绿水青山就是金山银山"理念,走出了一条生态优先、绿色发展道路。新中国成立以来国家出台了一系列相关法律法规和政策措施,推动生态

①　黄娟、王幸楠:《北欧国家绿色发展的实践与启示》,《经济纵横》2015 年第 7 期。

②　徐宜雪、崔长颢、陈坤等:《工业园区绿色发展国际经验及对我国的启示》,《环境保护》2019 年第 21 期。

③　杜志雄、金书秦:《从国际经验看中国农业绿色发展》,《世界农业》2021 年第 2 期。

④　刘若江、金博、贺姣姣:《黄河流域绿色发展战略及其实现机制研究》,《西安财经大学学报》2022 年第 1 期。

⑤　陈军、王小林:《我国生态文明区域协同发展的动力机制研究》,人民出版社 2020 年版,第 25—27 页。

保护与绿色发展,其政策演进历程可分为四个阶段。

(一) 国内生态环境保护的探索阶段(1949—1972 年)

新中国成立初期,一方面,国家百废待兴,其首要任务就是恢复和发展经济,致力于改变社会存在的普遍贫困问题;另一方面,当时国内整体上经济发展与环境保护的矛盾尚不突出。[①] 在这样的背景下,生态环境保护政策未能也不需要系统提出,只是针对某些具体生态保护问题提出倡导,以引导鼓励为主,相对分散且原则性较强。例如 1958 年,中国共产党中央委员会、国务院出台了《关于除四害讲卫生的指示》,其中就强调"讲求环境卫生和个人卫生"以消除疾病,保护人民生命和健康。但随着国民经济发展,尤其是工业化的大规模推进,加之国际社会对于传统工业经济所引发的经济发展与环境矛盾关系问题的深思,党和国家对生态环境保护问题逐渐开始重视,特别是工业化进程中出现的"三废"污染问题,于是在 1971 年专门成立了"三废"综合利用领导小组办公室,以进行专项整治与管理。

(二) 国内生态环境保护的起步阶段(1973—1991 年)

这一时期,国外环境保护运动不断发展,我国针对环境污染与生态破坏问题苗头,越来越多的人意识到,在经济发展过程中必须重视环境保护工作。1973 年,国务院召开了首次全国环境保护会议,强调"保护环境,造福人民"。1974 年,国务院成立环境保护领导小组办公室。此时,生态环境及其保护问题成为全国普遍关注的重点领域之一,积极推动生态环境保护工作。

1979 年,全国人民代表大会常务委员会审议通过的《环境保护法(试行)》明确规定,我国环境保护法的任务是合理利用环境,防治污染和破坏,以

---

① 王金南、董战峰、蒋洪强等:《中国环境保护战略政策 70 年历史变迁与改革方向》,《环境科学研究》2019 年第 10 期。

保障社会主义现代化建设,促进经济发展。随后,全国人民代表大会常务委员会先后颁布了《中华人民共和国海洋环境保护法》《中华人民共和国水污染防治法》《中华人民共和国草原法》《中华人民共和国大气污染防治法》《中华人民共和国水法》《中华人民共和国环境保护法》《中华人民共和国水土保持法》等一系列生态环境保护相关法律,初步形成了生态环境保护法律体系架构。特别是《中华人民共和国环境保护法》对环境监督管理、保护和改善环境、防治环境污染和其他公害及其法律责任等方面作出了系统规定。

1981 年,《国务院关于在国民经济调整时期加强环境保护工作的决定》强调:"环境和自然资源,是人民赖以生存的基本条件",要求严格防止新污染的发生、抓紧解决突出的污染问题、制止对自然环境的破坏、搞好北京等重点城市环境保护。1984 年,在《国务院关于环境保护工作的决定》中明确提出,"保护和改善生活环境和生态环境,防治污染和自然环境破坏,是我国社会主义现代化建设中的一项基本国策",并成立国务院环境保护委员会,负责统筹规划、领导协调环境保护工作。1990 年,《国务院关于进一步加强环境保护工作的决定》对工业、城市、资源开发、宣传教育、科学技术、国际合作、环境保护目标责任制等方面做出了明确规定。同时,有关生态环境保护的内容要求在国家"六五""七五"计划中独立成篇,成为此后每个发展阶段的重点工作之一。国家保护和改善生态环境等内容被写入 1982 年宪法,成为国家根本大法的基本要求。

这一阶段,民众的生态环境保护意识明显提高,开始出台独立性的生态环境保护政策,并趋向体系化。生态环境保护系列法律法规的出台,为我国生态环境保护政策的制定和落实提供了法律依据和制度保障。在此基础上,国家针对突出的生态环境问题,从组织机构到行动方案再到目标责任进行了专门的部署和规划(见表 1-1)。

表 1-1　我国生态环境保护政策的起步阶段（1973—1991 年）

法规政策	主要内容
《关于保护与改善环境的若干规定（试行草案）》（1973）	为保护和改善环境,各地区、各部门、各单位都要在党委统一领导下,以路线为纲,深入进行政治思想路线教育,发动群众,贯彻执行"全面规划,合理布局,综合利用,化害为利,依带群众,大家动手,保护环境,造福人民"的环境保护方针
《中华人民共和国环境保护法（试行）》（已废止）（1979）	明确了《中华人民共和国环境保护法》的任务,即保证在社会主义现代化建设中,合理地利用自然环境,防治环境污染和生态破坏,为人民造成清洁适宜的生活和劳动环境,保护人民健康,促进经济发展
《关于在国民经济调整时期加强环境保护工作的决定》（1981）	要求要认真贯彻执行《中华人民共和国环境保护法（试行）》,千方百计把这项工作抓紧抓好
《国务院关于开展全民义务植树运动的决议》（1981）	植树造林,绿化祖国,是建设社会主义,造福子孙后代的伟大事业,是治理山河,维护和改善生态环境的一项重大战略措施
《第五届全国人民代表大会第五次会议对〈关于第六个五年计划的报告〉的决议》（1982）	要求制止对自然环境的破坏,防止新污染的发展,努力控制生态环境的继续恶化,抓紧解决突出的污染问题,继续改善北京和杭州、苏州、桂林等一批重点风景游览城市的环境状况。新建工程的防止污染和其他公害的设施,必须坚决按照国务院规定,与主体工程同时设计、同时施工、同时投入运行;各种有害物质的排放,必须符合国家规定的标准,避免和制止新的污染源产生。分期分批地抓好老企业污染的治理,努力提高工业"三废"处理能力和资源综合利用水平。要加强环境保护的计划指导,合理解决资金渠道。各主管部门都要拟定企业整顿改组、技术改造和控制污染相结合的总体规划。加强环境监测和环境科研工作,争取尽快把全国环境监测总站和 64 个重点站装备起来,"六五"计划期间基本建成中国环境科学研究院,并有重点地装备一批地方科研所。搞好环境保护的立法、执法
《中华人民共和国海洋环境保护法》（1982）	立法目的是保护海洋环境及资源,防止污染损害,保护生态平衡,保障人体健康,促进海洋事业的发展
《关于环境保护工作的决定》（1984）	强调保护和改善生活环境和生态环境,防治污染和自然环境破坏,是我国社会主义现代化建设中的一项基本国策。成立国务院环境保护委员会,其办事机构设在城乡建设环境保护部
《中华人民共和国宪法》（1984）	指出国家要保护和改善生活环境和生态环境,防治污染和其他公害
《中华人民共和国水污染防治法》（1984）	明确立法目的是为了防治水污染,保护和改善环境,以保障人体健康,保证水资源的有效利用,促进社会主义现代化建设

续表

法规政策	主要内容
《中华人民共和国草原法》(1985)	为加强草原的保护、管理、建设和合理利用,保护和改善生态环境,发展现代化畜牧业,促进民族自治地方经济繁荣,适应社会主义建设和人民生活的需要
《中华人民共和国国民经济和社会发展第七个五年计划》(1986)	指出到 1990 年,使工业的主要污染物有 50%—70% 达到国家规定的排放标准;保护江河、湖泊、水库和沿海的水质;保护重点城市的环境;保护农村环境;改善生态环境
《中华人民共和国大气污染防治法》(1986)	明确立法目的是为了防治大气污染,保护和改善生活环境和生态环境,保障人体健康,促进社会主义现代化建设的发展
《中华人民共和国水法》(1988)	明确立法目的是为了合理开发利用和保护水资源,防治水害,充分发挥水资源的综合效益,适应国民经济发展和人民生活的需要
《中华人民共和国环境保护法》(1989)	立法目的是保护和改善生活环境与生态环境,防治污染和其他公害,保障人体健康,促进社会主义现代化建设的发展
《国务院关于进一步加强环境保护工作的决定》(1990)	一、严格执行环境保护法律法规;二、依法采取有效措施防治工业污染;三、积极开展城市环境综合整治工作;四、在资源开发利用中重视生态环境的保护;五、利用多种形式开展环境保护宣传教育;六、积极研究开发环境保护科学技术;七、积极参与解决全球环境问题的国际合作;八、实行环境保护目标责任制
《中华人民共和国国民经济和社会发展十年规划和第八个五年计划纲要》(1991)	提出要加强自然资源管理和环境保护,抑制自然生态环境恶化的趋势,并使一些重点城市和地区的环境质量有所改善
《中华人民共和国水土保持法》(1991)	立法目的是预防和治理水土流失,保护和合理利用水资源,减轻水、旱、风沙灾害,改善生态环境,发展生产

（三）国内生态环境保护的发展阶段(1992—2011 年)

1992 年,联合国环境与发展大会发布《21 世纪议程》,提出可持续发展战略,我国主动响应并积极承诺践诺,在《关于出席联合国环境与发展大会的情况及有关对策的报告》中提出了"中国环境与发展十大对策",在党的十四大报告中强调要努力改善生态环境。1994 年,国务院发布《中国 21 世纪议程——中国 21 世纪人口、环境与发展白皮书》,提出可持续发展战略的发展对策和行动方案,其中专门设置了"改善人居生态环境"部分。同年出台了《中华人民共和国自然保护区条例》,对自然保护区的建设和管理等要求作出了明确规定。

在法律法规方面,根据经济社会发展需要和生态环境保护工作实践要求,全国人民代表大会常务委员会对有关生态环境保护的法律法规进行了系统修改和完善,包括《中华人民共和国大气污染防治法(1995 年)》《中华人民共和国水污染防治法(1996 年修正)》《中华人民共和国海洋环境保护法(1999 年修订)》《中华人民共和国水法(2002 年修订)》《中华人民共和国草原法(2002 年修订)》《中华人民共和国节约能源法(2007 年修订)》等,这些修订适应了新形势下对生态环境保护和可持续发展的要求。

在规划纲要方面,1996 年,《中华人民共和国国民经济和社会发展"九五"计划和 2010 年远景目标纲要》,首次在五年规划纲要中提出实施可持续发展战略;1997 年,国家环境保护总局发布《中国自然保护区发展规划纲要(1996—2010 年)》,旨在制定一个符合国情的全国统一的自然保护区发展规划,国务院办公厅在此基础上出台了《国务院办公厅关于进一步加强自然保护区管理工作的通知》(1998 年);2000 年,国务院发布《全国生态环境保护纲要》,涵盖了全国生态环境保护的主要内容和工作要求;2001 年,《中华人民共和国国民经济和社会发展第十个五年计划纲要》提出"要把改善生态、保护环境作为经济发展和提高人民生活质量的重要内容",国家环境保护总局随后在 2002 年出台的《全国生态环境保护"十五"计划》中对生态环境保护的主要任务作出了进一步的明确规定。2011 年,《中华人民共和国国民经济和社会发展第十二个五年规划纲要》提出,要促进生态保护和修复,在生态安全屏障、生态保护与治理、生态补偿机制等方面做了详细规定;《国家环境保护"十二五"规划》强调保护环境是我国的基本国策,为"十二五"期间建设资源节约型、环境友好型社会提供了指导。

　　这一阶段,我国经济高速发展的同时环境压力剧增,不得不大力开展生态环境保护工作,也使环境保护事业取得了巨大成就。一是为贯彻可持续发展战略,提出生态文明、生态保护以及科学发展等新概念,强调经济系统、社会系统与生态系统的有机协调和持续发展。二是生态环境问题得到了越来越多的重视和整治,不仅出台生态环境领域的保护纲要和专门计划,不断完善相关法律法规和政策措施;施策方略也从过去重污染防治的末端治理向生态保护与修复的源头把控转变,探索并形成了统筹解决生态环境保护与经济社会发展的有效路径(见表1-2)。

表 1-2　我国生态环境保护政策的发展阶段(1992—2011 年)

法规政策	主要内容
《外交部、国家环保局〈关于出席联合国环境与发展大会的情况及有关对策的报告〉》(1992)	中国环境与发展十大对策:1.实行持续发展战略;2.采取有效措施,防治工业污染;3.深入开展城市环境综合整治,认真治理城市"四害";4.提高能源利用效率,改善能源结构;5.推广生态农业,坚持不懈地植树造林,切实加强生物多样性的保护;6.大力推进科技进步,加强环境科学研究,积极发展环保产业;7.运用经济手段保护环境;8.加强环境教育,不断提高全民族的环境意识;9.健全环境法制,强化环境管理;10.参照环境与发展大会,制定我国行动计划
《加快改革开放和现代化建设步伐夺取中国特色社会主义事业的更大胜利——在中国共产党第十四次全国代表大会上的报告》(1992)	要增强全民族的环境意识,保护和合理利用土地、矿藏、森林、水等自然资源,努力改善生态环境
《中国 21 世纪议程——中国 21 世纪人口、环境与发展白皮书》(1994)	提出要改善人居生态环境,主要内容包括增强人口、资源、环境协调发展意识,转变生活方式和生产方式,保护重点区域生态环境
《中华人民共和国自然保护区条例》(1994)	明确立法目的是为了加强自然保护区的建设和管理,保护自然环境和自然资源

法规政策	主要内容
《中华人民共和国大气污染防治法（1995年修正）》（1995）	提出国家要采取有利于大气污染防治以及相关的综合利用活动的经济、技术政策和措施
《国务院关于环境保护若干问题的决定》（1996）	从明确目标、突出重点、严格把关、限期达标、采取有效措施、维护生态平衡、完善环境经济政策、严格环保执法、积极开展环境科学研究和加强宣传教育等方面进行了部署和安排
《中华人民共和国国民经济和社会发展"九五"计划和2010年远景目标纲要》（1996）	提出要实施可持续发展战略，推进社会事业全面发展，从国土资源保护和开发、环境及生态保护等方面进行了强调
《中国自然保护区发展规划纲要（1996—2010年）》（1997）	为进一步加强自然保护区建设，将自然保护区的建设和管理纳入国民经济和社会发展计划，并制定符合国情的全国自然保护区发展规划
《国务院办公厅关于进一步加强自然保护区管理工作的通知》（1998）	为保障自然保护区事业的健康发展，必须采取有效措施，切实解决自然保护区"批而不建、建而不管、管而不力"等问题，出台了进一步加强自然保护区保护、管理和建设工作的五条规定
《中华人民共和国海洋环境保护法（1999年修订）》（1999）	立法目的是保护和改善海洋环境，保护海洋资源，防治污染损害，维护生态平衡，保障人体健康，促进经济和社会的可持续发展
《全国生态环境保护纲要》（2000）	明确全国生态环境保护的主要内容与要求，加强重要生态功能区生态环境保护、重点资源开发的生态环境保护和生态良好地区的生态环境保护
《中华人民共和国国民经济和社会发展第十个五年计划纲要》（2001）	提出要加强生态建设，保护和治理环境。要把改善生态、保护环境作为经济发展和提高人民生活质量的重要内容，加强生态建设，遏制生态恶化，加大环境保护和治理力度，提高城乡环境质量
《全国生态环境保护"十五"计划》（2002）	全面贯彻《全国生态环境保护纲要》，切实做好重要生态功能区、重点资源开发区、生态良好区的生态保护，力争在生态功能保护区建设、资源开发的生态保护监管、生物安全管理、农村环境保护上取得新进展。主要从加强重要生态功能区的保护、提高生物多样性保护能力、加强自然资源开发的生态环境保护、推进生态良好地区的生态保护示范和加快农村环境保护步伐

法规政策	主要内容
《国务院关于落实科学发展观加强环境保护的决定》（2005）	七项重点任务：以饮水安全和重点流域治理为重点，加强水污染防治；以强化污染防治为重点，加强城市环境保护；以降低二氧化硫排放总量为重点，推进大气污染防治；以防治土壤污染为重点，加强农村环境保护；以促进人与自然和谐为重点，强化生态保护；以核设施和放射源监管为重点，确保核与辐射环境安全；以实施国家环保工程为重点，推动解决当前突出的环境问题
《中华人民共和国节约能源法（2007年修订）》（2007）	提出节约资源基本国策，强调国家要实施节约与开发并举、把节约放在首位的能源发展战略
《全国人民代表大会常务委员会关于积极应对气候变化的决议》（2009）	指出必须按照"把建设资源节约型、环境友好型社会放在工业化、现代化发展战略的突出位置"和"加强应对气候变化能力建设，为保护全球气候作出新贡献"要求，坚定不移地走可持续发展道路，从我国基本国情和发展的阶段性特征出发，采取有力的政策措施，积极应对气候变化
《关于加强环境保护重点工作的意见》（2011）	要全面提高环境保护监督管理水平，主要包括严格执行环境影响评价制度、继续加强主要污染物总量减排、强化环境执法监管和有效防范环境风险和妥善处置突发环境事件。要着力解决影响科学发展和损害群众健康的突出环境问题，主要包括切实加强重金属污染防治、严格化学品环境管理、确保核与辐射安全、深化重点领域污染综合防治、大力发展环保产业、加快推进农村环境保护和加大生态保护力度。提出了要改革创新环境保护体制机制，具体包括继续推进环境保护历史性转变、实施有利于环境保护的经济政策、不断增强环境保护能力、健全环境管理体制和工作机制与强化对环境保护工作的领导和考核
《国家环境保护"十二五"规划》（2011）	本规划的目的是为推进"十二五"期间环境保护事业的科学发展，加快资源节约型、环境友好型社会建设
《中华人民共和国国民经济和社会发展第十二个五年规划纲要》（2011）	要促进生态保护和修复，要坚持保护优先和自然修复为主，加大生态保护和建设力度，从源头上扭转生态环境恶化趋势，具体包括构建生态安全屏障、强化生态保护与治理、建立生态补偿机制

（四）国内生态环境保护的生态文明建设阶段（2012年至今）

2012年，党的十八大报告提出全面落实经济建设、政治建设、文化建设、社会建设、生态文明建设"五位一体"总体布局，将生态文明建设放在与经济、政治、文化、社会同样重要的高度和位置，回应了人民群众的热切期望，展示了党和国家保护生态环境的坚强决心。2013 年,《中共中央关于全面深化改革若干重大问题的决定》提出,要用制度保护生态环境,建立包括自然资源资产产权制度和用途管制制度、生态保护红线、资源有偿使用制度和生态补偿制度、生态环境保护管理体制在内的系统完整的制度体系。2014 年,《中共中央关于全面推进依法治国若干重大问题的决定》明确,要"用严格的法律制度保护生态环境"。2015 年,《关于加快推进生态文明建设的意见》要求,"坚持把节约优先、保护优先、自然恢复为主作为基本方针""坚持把绿色发展、循环发展、低碳发展作为基本途径";《生态文明体制改革总体方案》更是从顶层设计到具体制度框架进行了生态文明建设的全面部署和安排。2017 年,党的十九大报告中强调,建设生态文明是中华民族永续发展的千年大计,要建设"美丽中国",这进一步凸显着党中央对生态文明建设的高度重视。[①] 2018 年,将"生态文明"写入了 2018 年修订的宪法中。

在法律法规制定与完善方面,2014 年,全国人民代表大会常务委员会修订了《中华人民共和国环境保护法》,以国家法律形式确定了保护环境的基本国策。随后又颁布了一些系列法律法规,包括《中华人民共和国土壤污染防治法》《中华人民共和国生物安全法》《中华人民共和国湿地保护法》《中华人民共和国噪声污染防治法》等,使国家层面的生态环境保护法律制度建设更加健全。

在执法监督方面,2019 年,《中央生态环境保护督察工作规定》强调,中央实行生态环境保护督察制度,设立专职督察机构,对省、自治区、直辖市党委和政府、国务院有关部门以及有关中央企业等机构单位开展生态环境保护的工作情况进行督察。2020 年,《国务院办公厅关于生态环境保护综合行政执法有关事项的通知》梳理、规范了生态环境保护领域依据法律、行政法规设定的行政处罚和行政强制事项,以及部门规章设定的警告、罚款的行政处罚事项,

---

① 郑石明、彭芮、高灿玉:《中国环境政策变迁逻辑与展望——基于共词与聚类分析》,《吉首大学学报(社会科学版)》2019 年第 2 期。

并强调将按程序进行动态调整。

在规划纲要方面,2015 年,《中共中央关于制定国民经济和社会发展第十三个五年规划的建议》提出,要坚持绿色发展,着力改善生态环境。2016年,《中华人民共和国国民经济和社会发展第十三个五年规划纲要》发布,强调要解决生态环境突出问题。2021 年《中华人民共和国国民经济和社会发展第十四个五年规划和 2035 年远景目标纲要》强调,要促进绿色发展和人与自然和谐共生,"坚持节约优先、保护优先、自然恢复为主",全面建设美丽中国。①

在行动方案方面,2017 年,中共中央办公厅、国务院办公厅联合印发《建立国家公园体制总体方案》,从事权分配与管理、资金保障、自然生态系统保护以及社区协调等方面进行了制度安排。2018 年,国务院出台《打赢蓝天保卫战三年行动计划》,专项治理大气污染问题。2021 年,为贯彻落实"双碳"战略,积极践行中国承诺,出台了《2030 年前碳达峰行动方案》,要求将碳达峰贯穿经济社会发展全过程和各方面,重点实施十大碳达峰行动;出台《"十四五"节能减排综合工作方案》,要求大力推动节能减排工作,加快建立健全绿色低碳循环发展经济体系,推进经济社会发展全面绿色转型,助力实现碳达峰、碳中和目标。

2022 年,中共中央办公厅、国务院办公厅出台《全民所有自然资源资产所有权委托代理机制试点方案》在"全民所有的土地、矿产、海洋、森林、草原、湿地、水、国家公园等 8 类自然资源资产"中开展"自然资源资产所有权委托代理"试点。生态环境部等部门联合出台《农业农村污染治理攻坚战行动方案(2021—2025 年)》着力解决农业农村的突出环境问题,强化源头减量、资源利用、减污降碳和生态修复,支撑乡村生态振兴发展。出台《生态环境损害赔偿管理规定》规范生态环境损害赔偿工作,明确了生态环境损害赔偿范围和

---

①　王金南:《全面推进美丽中国建设》,《红旗文稿》2023 年第 16 期。

程序。出台《减污降碳协同增效实施方案》推动减污降碳的协同推进。出台《黄河生态保护治理攻坚战行动方案》和《深入打好长江保护修复攻坚战行动方案》，维护长江、黄河生态安全，推进协同治理、共同大保护。实施最严环境保护政策，出台《生态保护红线生态环境监督办法（试行）》要求"生态保护红线内，自然保护地核心保护区原则上禁止人为活动，其他区域严格禁止开发性、生产性建设活动，在符合现行法律法规前提下，除国家重大战略项目外，仅允许对生态功能不造成破坏的有限人为活动"。2023 年，出台《中共中央、国务院关于全面推进美丽中国建设的意见》，要求美国中国建设必须实现"全领域转型、全方位提升、全地域建设、全社会行动"。

这一阶段，坚持"生态优先"发展战略成为我国环境保护事业和经济社会发展的前提与基础。我国生态环境保护政策从"最严格的制度、最严密的法治"到完备的执法监督环节进行了体系化的部署，为我国实现绿色发展、高质量发展、治理体系和治理能力现代化建设提供了系统而全面的指导和基本遵循（见表 1-3）。

表 1-3 我国生态环境保护政策的生态文明建设阶段（2012 年至今）

法规政策	主要内容
《坚定不移沿着中国特色社会主义道路前进 为全面建成小康社会而奋斗——在中国共产党第十八次全国代表大会上的报告》（2012）	要求全面落实经济建设、政治建设、文化建设、社会建设、生态文明建设"五位一体"总体布局，不断开拓生产发展、生活富裕、生态良好的文明发展道路
《中共中央关于全面深化改革若干重大问题的决定》（2013）	提出要加快生态文明制度建设，强调必须建立系统完整的生态文明制度体系，具体包括健全自然资源资产产权制度和用途管制制度、划定生态保护红线、实行资源有偿使用制度和生态补偿制度和改革生态环境保护管理体制
《中华人民共和国环境保护法（2014年修订）》（2014）	提出保护环境是国家的基本国策，强调国家要采取有利于节约和循环利用资源，保护和改善环境。促进人与自然和谐的经济、技术政策和措施，使经济社会发展与环境保护相协调

续表

法规政策	主要内容
《中共中央关于全面推进依法治国若干重大问题的决定》(2014)	提出要用严格的法律制度保护生态环境,要建立健全自然资源产权法律制度,完善国土空间开发保护方面的法律制度,制定完善生态补偿和土壤、水、大气污染防治及海洋生态环境保护等法律法规,促进生态文明建设
《中共中央关于制定国民经济和社会发展第十三个五年规划的建议》(2015)	提出要坚持绿色发展,着力改善生态环境,具体包括促进人与自然和谐共生、加快建设主体功能区、推动低碳循环发展、全面节约高效利用资源、加大环境治理力度和筑牢生态安全屏障
《中共中央　国务院关于加快推进生态文明建设的意见》(2015)	提出基本方针是要坚持把节约优先、保护优先、自然恢复为主,基本途径是绿色发展、循环发展、低碳发展,目标是形成节约资源和保护环境的空间格局、产业结构、生产方式
《生态文明体制改革总体方案》(2015)	主要从健全自然资源资产产权制度、建立国土空间开发保护制度、建立空间规划体系、完善资源总量管理和全面节约制度、健全资源有偿使用和生态补偿制度、建立健全环境治理体系、健全环境治理和生态保护市场体系、完善生态文明绩效评价考核和责任追究制度等方面提出保护生态环境的实施对策
《中华人民共和国国民经济和社会发展第十三个五年规划纲要》(2016)	提出要加快改善生态环境,具体包括加大环境综合治理力度、加强生态保护修复、积极应对全球气候变化、健全生态安全保障机制和发展绿色环保产业
《决胜全面建成小康社会　夺取新时代中国特色社会主义伟大胜利——在中国共产党第十九次全国代表大会上的报告》(2017)	提出要坚持人与自然和谐共生,强调建设生态文明是中华民族永续发展的千年大计,要求要树立和践行绿水青山就是金山银山的理念,系统治理山水林田湖草,实行最严格的生态环境保护制度,形成绿色发展方式和生活方式,建设美丽中国
《建立国家公园体制总体方案》(2017)	从总体要求,科学界定国家公园内涵,建立统一事权、分级管理体制,建立资金保障制度,完善自然生态系统保护制度,构建社区协调发展制度等6个方面进行方案设计
《中共中央　国务院关于全面加强生态环境保护坚决打好污染防治攻坚战的意见》(2018)	强调良好的生态环境是实现中华民族永续发展的内在要求,是增进民生福祉的优先领域。提出要全面加强生态环境保护,打好污染防治攻坚战,提升生态文明,建设美丽中国
《中华人民共和国宪法（2018 年修正)》(2018)	指出要推动物质文明、政治文明、精神文明、社会文明、生态文明协调发展,把我国建设成为富强民主文明和谐美丽的社会主义现代化强国,实现中华民族伟大复兴

法规政策	主要内容
《打赢蓝天保卫战三年行动计划》（2018）	明确计划制定的目的是加快改善环境空气质量,打赢蓝天保卫战,进而满足人民日益增长的美好生活需要,实现全面建设小康社会和建设美丽中国的目标
《全国人民代表大会常务委员会关于全面加强生态环境保护 依法推动打好污染防治攻坚战的决议》（2018）	指出各级人大及其常委会作为国家权力机关,要坚决贯彻落实党中央关于生态文明建设的决策部署,全面有效推动生态环境保护法律制度实施,要充分发挥人民代表大会制度的特点和优势,履行宪法法律赋予的职责,用法治的力量保护生态环境,为全面加强生态环境保护、依法推动打好污染防治攻坚战作出贡献
《中华人民共和国土壤污染防治法》（2018）	明确了立法目的是为了保护和改善生态环境,防治土壤污染,保障公众健康,推动土壤资源永续利用,推进生态文明建设,促进经济社会可持续发展
《中央生态环境保护督察工作规定》（2019）	提出中央实行生态环境保护督察制度,设立专职督察机构,对省、自治区、直辖市党委和政府、国务院有关部门以及有关中央企业等组织开展生态环境保护督察
《国务院办公厅关于生态环境保护综合行政执法有关事项的通知》（2020）	明确了《生态环境保护综合行政执法事项指导目录》的制定依据、主要内容、动态调整程序、社会公众监督途径等
《中华人民共和国生物安全法》（2020）	明确了立法目的是为了维护国家安全,防范和应对生物安全风险,保障人民生命健康,保护生物资源和生态环境,促进生物技术健康发展,推动构建人类命运共同体,实现人与自然和谐共生
《关于全面推行林长制的意见》（2021）	为全面提升森林和草原等生态系统功能,进一步压实地方各级党委和政府保护发展森林草原资源的主体责任,现就全面推行林长制提出以下意见
《排污许可管理条例》（2021）	为了加强排污许可管理,规范企业事业单位和其他生产经营者排污行为,控制污染物排放,保护和改善生态环境,根据《中华人民共和国环境保护法》等有关法律,制定本条例
《中华人民共和国国民经济和社会发展第十四个五年规划和 2035 年远景目标纲要》（2021）	第十一篇　推动绿色发展　促进人与自然和谐共生 第三十七章　提升生态系统质量和稳定性 第三十八章　持续改善环境质量 第三十九章　加快发展方式绿色转型
《2030 年前碳达峰行动方案》（2021）	将碳达峰贯穿经济社会发展全过程和各方面,重点实施能源绿色低碳转型行动、节能降碳增效行动、工业领域碳达峰行动、城乡建设碳达峰行动、交通运输绿色低碳行动、循环经济助力降碳行动、绿色低碳科技创新行动、碳汇能力巩固提升行动、绿色低碳全民行动、各地区梯次有序碳达峰行动等十大碳达峰行动

续表

法规政策	主要内容
《国务院办公厅关于鼓励和支持社会资本参与生态保护修复的意见》(2021)	为进一步促进社会资本参与生态建设,加快推进山水林田湖草沙一体化保护和修复,经国务院同意,现提出以下意见
《中华人民共和国湿地保护法》(2021)	为了加强湿地保护,维护湿地生态功能及生物多样性,保障生态安全,促进生态文明建设,实现人与自然和谐共生,制定本法
《中华人民共和国噪声污染防治法》(2021)	第一章　总则 第二章　噪声污染防治标准和规划 第三章　噪声污染防治的监督管理 第四章　工业噪声污染防治 第五章　建筑施工噪声污染防治 第六章　交通运输噪声污染防治 第七章　社会生活噪声污染防治 第八章　法律责任 第九章　附则
《"十四五"节能减排综合工作方案》(2021)	贯彻落实党中央、国务院重大决策部署,大力推动节能减排,深入打好污染防治攻坚战,加快建立健全绿色低碳循环发展经济体系,推进经济社会发展全面绿色转型,助力实现碳达峰、碳中和目标
《全民所有自然资源资产所有权委托代理机制试点方案》(2022)	开展"建立全民所有自然资源资产所有权委托代理机制"试点,为"落实和维护国家所有者权益、促进自然资源资产高效配置和保值增值、推进生态文明建设提供有力支撑",在"全民所有的土地、矿产、海洋、森林、草原、湿地、水、国家公园等8类自然资源资产"中开展试点工作
《国务院关于支持宁夏建设黄河流域生态保护和高质量发展先行区实施方案的批复》(2022)	要求"完整、准确、全面贯彻新发展理念,加快构建新发展格局""把系统观念贯穿到生态保护和高质量发展全过程,坚持以水定城、以水定地、以水定人、以水定产,坚定不移走绿色低碳发展道路,打好环境问题整治、深度节水控水、生态修复攻坚战,扎实推进黄河大保护,确保黄河安澜,建设人与自然和谐共生的美好家园"
《国务院办公厅关于印发新污染物治理行动方案的通知》(2022)	以有效防范新污染物环境与健康风险为核心,以精准治污、科学治污、依法治污为工作方针,加强新污染物治理,切实保障生态环境安全和人民健康。实行六项行动举措:一是完善法规制度,建立健全新污染物治理体系;二是开展调查监测,评估新污染物环境风险状况;三是严格源头管控,防范新污染物产生;四是强化过程控制,减少新污染物排放;五是深化末端治理,降低新污染物环境风险;六是加强能力建设,夯实新污染物治理基础
《尾矿污染环境防治管理办法》(2022)	要求加强尾矿污染防治,凡是"产生尾矿的单位应当建立健全尾矿产生、贮存、运输、综合利用等全过程的污染防治责任制度"、建立尾矿环境管理台账等

续表

法规政策	主要内容
《生态环境部、农业农村部关于加强海水养殖生态环境监管的意见》(2022)	要"协同推动生态环境保护和海产品保供,助力美丽海湾保护与建设,促进海水养殖业高质量发展"。要求"严格环评管理和布局优化""实施养殖排污口排查整治""强化监测监管和执法检查""加强政策支持与组织实施"
《农业农村污染治理攻坚战行动方案(2021—2025年)》(2022)	解决农业农村的突出环境问题,强化源头减量、资源利用、减污降碳和生态修复,支撑乡村生态振兴发展。主要任务:推进农村生活污水垃圾治理;开展农村黑臭水体整治;实施化肥农药减量增效行动;实施农膜回收行动;加强养殖业污染防治
《生态环境损害赔偿管理规定》(2022)	为规范生态环境损害赔偿工作,推进生态文明建设,建设美丽中国,"构建责任明确、途径畅通、技术规范、保障有力、赔偿到位、修复有效的生态环境损害赔偿制度",持续改善环境质量,维护国家生态安全,不断满足人民群众日益增长的美好生活需要,建设人与自然和谐共生的美丽中国,对"生态环境损害赔偿"的范围、程序等进行了明确规定
《减污降碳协同增效实施方案》(2022)	按照碳达峰碳中和部署、生态文明建设要求,"协同推进减污降碳,实现一体谋划、一体部署、一体推进、一体考核"。强化源头防控:实现生态环境分区管控、加强准入管理、推动能源绿色低碳转型、形成绿色生活方式;突出重点领域:推进工业、交通运输、城乡建设、农业、生态建设五个领域的协同增效;优化环境治理:推进大气污染、水环境治理、土壤污染、固体废物污染的防治协同控制。开展区域、城市、产业园区、企业减污降碳协同创新
《黄河生态保护治理攻坚战行动方案》(2022)	维护黄河生态安全,推进协同治理、共同保护,统筹水资源、水环境和水生态,加强综合治理、系统治理、源头治理,筑牢流域生态安全屏障。在9省区范围内开展流域生态保护治理行动,主要包括五大行动:河湖生态保护治理行动;减污降碳协同增效行动;城镇环境治理设施补短板行动;农业农村环境治理行动;生态保护修复行动
《深入打好长江保护修复攻坚战行动方案》(2022)	包括长江经济带11省(直辖市)及长江干流、支流和湖泊形成的集水区域所涉及青海、西藏、甘肃、陕西、河南、广西相关县级行政区域。 持续深化水环境综合治理,开展饮用水安全保障、城镇污水垃圾处理、工业污染、农业绿色发展和农村污染、磷污染、锰污染、尾矿库污染、塑料污染等污染治理,开展船舶与港口、涉镉涉铊涉锑等重金属、地下水等污染防治,开展长江入河排污口整治。深入推进水生态系统修复,建立健全长江流域水生态考核机制,推进水生生物多样性恢复,实施林地、草地及湿地保护修复,自然岸线生态修复,推进生态保护和修复重大工程建设,加强重要湖泊生态环境保护修复,开展自然保护地建设与监管

续表

法规政策	主要内容
《生态保护红线生态环境监督办法（试行）》(2022)	实施最严环境保护政策，要求"生态保护红线内，自然保护地核心保护区原则上禁止人为活动，其他区域严格禁止开发性、生产性建设活动，在符合现行法律法规前提下，除国家重大战略项目外，仅允许对生态功能不造成破坏的有限人为活动"
《中共中央　国务院关于全面推进美丽中国建设的意见》(2023)	美丽中国建设目标：全领域转型、全方位提升、全地域建设、全社会行动。"本世纪中叶，生态文明全面提升，绿色发展方式和生活方式全面形成，重点领域实现深度脱碳，生态环境健康优美，生态环境治理体系和治理能力现代化全面实现，美丽中国全面建成"。 打造美丽中国建设示范样板：建设美丽中国先行区、美丽城市、美丽乡村，开展创新示范

梳理自新中国成立以来关于生态环境保护法律法规与政策，可以看出，我国生态环境保护政策从无到有、从分散到系统，形成了一个逐步完善的过程。在思想上，发生了从无知无畏到人与自然和谐共生的显著变化[①]；在内容上，随着国民经济与社会发展的需要、人民群众的期盼，逐渐涉及生态环境的各个系统和全部要素，并趋向于综合治理和整体性整治；在方式上，从单一的末端治理到注重源头保护和修复，探索出了一条尊重自然规律、符合发展规律的"人与自然和谐共生"的绿色发展道路。

第二节　陕南地区生态环境与绿色发展状况

为准确分析西部地区生态环境与绿色发展状况，我们以乡村振兴重点帮扶县聚集的陕南地区为例进行了实证研究，在其生态环境质量与绿色发展状况分析的基础上，构建了陕南绿色发展指标体系，以2018—2020年陕南实证数据为依据，从绿色经济效益、绿色资源禀赋、绿色生态环境和绿色生活质量四个维度进行了评价分析，提出了陕南绿色发展的五大对策建议。

---

① 侯鹏、高吉喜、陈妍等：《中国生态保护政策发展历程及其演进特征》，《生态学报》2021年第4期。

一、陕南地区生态环境质量状况概述

以乡村振兴帮扶县最集中的陕南地区为例,分别介绍了汉中、安康、商洛三市的生态环境质量状况。《陕西省国民经济和社会发展第十四个五年规划和二〇三五年远景目标纲要》强调要推动陕南绿色循环发展,建设"陕南绿色清洁能源基地";建设"汉中经开区组团,重点发展高端装备制造、现代材料、生物医药等产业";陕南三市"重点发展山水旅游、生态康养、特色民宿、文化创意等产业"。《"十四五"陕南绿色循环发展规划》要求,陕南建设国家重要生态安全屏障、国家优质生态产品供给基地、国家绿色旅游和康养旅游示范基地、区域重要交通物流枢纽。明确的发展目标和战略定位,为陕南绿色发展奠定了坚实的发展。

(一) 汉中市生态环境质量状况

汉中市以建设"生态经济强市"为目标,着力打造国家生态文明建设示范市、国家绿色制造业示范基地、西部幸福产业发展示范区、世界汉文化旅游目的地。2020 年,汉中全市空气质量优 116 天、良 199 天、轻度污染 41 天、中度污染 6 天,重度污染 4 天,优良天气占比 86.1%。空气质量综合指数 4.08,吸入颗粒物(PM_{10})平均浓度为 45 微克/立方米,符合国家二级标准,同比下降28.6%;细颗粒物($PM_{2.5}$)平均浓度为 28 微克/立方米,符合国家二级标准,同比下降 28.2%。空气质量排名位居全省第四,改善幅度排名为全省第十位。地表水水质优良率为 100%,汉江出境断面水质保持在国家 II 类标准;国考断面水质稳定达到或优于地表水 II 类标准,城市集中式饮用水水源地水质达标率为 100%;汉中城市水环境质量指数为 3.5445,现状排名居全省第二位,改善幅度排名为全省第十二位。出台《汉中市汉江流域水环境保护条例》《汉中市大气污染防治条例》等地方法规,形成用制度管生态局面;秦岭、巴山"五乱"问题得到有效整治,森林覆盖率提高到 63.79%。

2021 年,汉中市围绕"绿色循环·汉风古韵"战略定位和建成"国家生态文明建设示范市"目标,坚持生态保护优先,推动山水林田湖草沙系统治理,深入打好污染防治攻坚战,以良好的生态环境厚植绿色发展的基础和优势,成功创建国家卫生城市、国家森林城市、生态园林城市。全市水体优良率达100%,汉江、嘉陵江出境水质达Ⅱ类标准,年平均空气质量优良率 96.4%,森林覆盖率维持在 63.79%,林地面积居全省前列。积极探索生态产品价值实现,壮大"美丽经济",推动经济与生态协调发展促进生态环境"高颜值"与经济发展"高质量"有机融合,构建"制度更严、治污更细、产业更富、人居更美、文化更活的生态文明建设新格局"①。

2022 年,汉中全域生态环境质量持续向好,空气质量改善幅度全省第一,水环境质量保持全省前列,汉江(汉中段)入选首批全国美丽河湖案例,椒溪河、上南河入选陕西省幸福河湖名单,朱鹮、秦岭石蝴蝶珍稀濒危物种保护成功入选 2022 年生物多样性优秀案例。土壤环境总体良好,声环境质量稳定优良。积极落实和推进生态环境损害赔偿制度,为汉中绿色发展提供助力,先后出台《汉中市生态环境损害赔偿资金管理办法(试行)》《汉中市生态环境损害赔偿磋商办法(试行)》《汉中市生态环境损害鉴定评估管理办法(试行)》《关于加强检察公益诉讼与生态环境损害赔偿制度改革工作联动的意见》等制度性文件,近 3 年筛查核查案件线索 170 余条,办理生态环境损害赔偿案件 5起,累计索赔金额 5477.6 万元。汉中市积极培育环保产业链,强化链主企业培育、搭建产业交流平台、创新环境治理模式,组织开展环保管家、EOD 模式等试点。积极践行"绿水青山就是金山银山"的理念,探索绿色发展路径,推动生态产品价值转化与实现。②

---

① 汉中市生态环境局:《陕西汉中:厚植秦巴生态底蕴　加快绿色循环发展》,见 http://www.xinhuanet.com/city/20221102/8ee1820797be4931915c50ef8331d5cf/c.html。

② 王宇婷:《开启绿色循环发展新征程　谱写生态汉中建设新篇章》,《三秦都市报》2021年 3 月 25 日。

（二）安康市生态环境质量状况

安康市坚持"生态立市"战略,积极建设汉江生态经济带绿色发展先行区,全国生态康养旅居体验基地。2020 年,安康全市空气质量优 146 天、良 200 天、轻度污染 18 天、中度污染 2 天,重度污染 0 天,优良天气占比 94.5%。空气质量综合指数 3.3,吸入颗粒物(PM_{10})平均浓度为 53 微克/立方米,符合国家二级标准,同比下降 17.2%;细颗粒物($PM_{2.5}$)平均浓度为 32 微克/立方米,符合国家二级标准,同比下降 17.9%。空气质量排名位居全省第一,改善幅度排名为全省第一位。地表水水质优良率为 100%,汉江出境断面水质保持在国家 Ⅱ 类标准;国考断面水质稳定达到或优于地表水 Ⅱ 类标准,城市集中式饮用水水源地水质达标率 100%;安康城市水环境质量指数为 3.2702,现状排名居全省第一位,改善幅度排名为全省第八位。全市森林覆盖率为 68%。制定并严格落实烟花爆竹燃放管理、化龙山保护、硒资源保护、汉江水质保护等地方性法规,秦岭安康境内违建别墅等生态问题得到彻底整治,中心城区和县城生活污水、生活垃圾无害化处理实现全覆盖,土壤环境质量达到国家二级标准。

2020 年,习近平总书记考察平利县女娲凤凰茶业现代示范园区,强调要坚定不移走生态优先、绿色发展之路。园区落实总书记要求,积极发展绿色产业,2021 年,"蒋家坪村新增种植'陕茶一号' 350 亩,改造茶田 300 亩,已经拥有 2700 亩茶田。户均 2 亩茶,人均年收入近万元,是 2019 年脱贫时的 2 倍";推动"茶旅融合",创建 4A 级景区,探索"以绿生金"发展方式,推动山货、蔬菜、粮食、饮用水等富硒产业发展;促进"青山经济",开发出了紫阳富硒茶、平利绞股蓝、汉阴油豆皮等富硒食品。①

2022 年,安康市水环境质量指数 3.3358,平均改善指数 3.31%,排名均为

---

① 初杭、薛天、张晨俊:《绿色的振兴——来自秦巴山区腹地的发展速写》,2021 年 7 月 25 日,见 https://hbj.ankang.gov.cn/Content-2281431.html。

全省第一。全市地表水水质优良率保持在100%，县级以上集中式饮用水水源地水质达标率100%。建立汉中安康两市跨区协同保护制度，实现汉江水质保护协同立法，共同修订形成《汉中市汉江水质保护条例》《安康市汉江水质保护条例》；全面落实环境风险防范与应急处置联动机制；推广河湖长制工作机制和经验做法，平利石牛河、汉阴观音河被命名为"陕西省幸福河湖"①。

积极探索生态产品价值实现的"安康路径"，改善农村人居环境，农村生活垃圾收运处置体系自然村全覆盖；提高农业绿色发展水平，粪污资源化综合利用达88%，规模养殖场粪污处理设施配套率100%，测土配方施肥覆盖率93.12%，秸秆综合利用率91.6%，废旧农膜回收率82.2%；加强生态保护与修复，治理恢复遗留矿山91公顷，水土流失治理342.69平方公里，营造绿化林累计64.29万亩；推动生态价值转换，各县（区）均注册挂牌"两山资源公司"，累计认证绿色食品101个，发展特色经济林累计930余万亩产值100亿元以上，建设林业产业园区465个，创建省市级林业龙头企业108个。② 绿色发展铸就生态底色，坚持"生态经济化、经济生态化"发展道路，促进生态优势向高质量发展优势转换，推动经济社会绿色可持续发展。全力打好蓝天、碧水、净土保卫战，土壤环境质量达到国家Ⅱ级标准，水环境质量和中心城市空气环境质量保持全省前茅，空气质量达到国家标准，确保"一泓清水永续北上"；出台《关于加快推进富硒产业高质量发展的决定》《安康市"十四五"富硒产业发展规划》文件，打好"富硒牌"发展富硒产业，建设"中国硒谷·生态安康"，把绿水青山转化为金山银山，探索生态产品价值实现机制，不断提升生态颜值和绿色优势。③ 成功创建国家森林城市，岚皋县获得国家"绿水青山就是金山银山"实践创新基地，汉阴县获得"全国村庄清洁行动先进县"称号，镇坪县获得

① 《安康市2022年水环境质量和平均改善幅度位列全省双第一》，见 https://hbj.ankang.gov.cn/Content-2510139.html。

② 刘秀丽、杨升：《我市高质量推进生态振兴》，《安康日报》2023年1月6日。

③ 李莹：《绿色崛起引领安康高质量发展》，2022年3月4日，见 https://www.ankang.gov.cn/Content-2377159.html。

省级"生态强县"称号,紫阳县获得省级"森林城市"称号,宁陕县入选全省乡村振兴生态振兴类典型案例并在全国宣传推广。

(三) 商洛市生态环境质量状况

商洛市坚持"生态优市"战略,打造全国优质生态产品供给基地、绿色循环新材料基地、中国气候康养之都、大秦岭最佳旅游目的地。围绕"中国康养之都"建设目标,开展高品质城市建设,发展全域旅游,培育千亿级康养产业集群,推动矿业"规模化、绿色化、延链化、数字化、安全化"五化转型,实现绿水青山"好颜值"向金山银山"好价值"转变,让绿色低碳生活成为商洛人的习惯。2020 年,商洛全市空气质量优 114 天、良 233 天、轻度污染 17 天、中度污染 2 天、重度污染 0 天,优良天气占比 94.8%。空气质量综合指数 3.4,吸入颗粒物(PM_{10})平均浓度为 51 微克/立方米,符合国家二级标准,同比下降 7.9%;细颗粒物($PM_{2.5}$)平均浓度为 30 微克/立方米,符合国家二级标准,同比下降 9%,空气质量排名位居全省第二,改善幅度排名为全省第十三位。丹江出省断面水质稳定达到国家地表水 Ⅱ 类标准,主要河流水质优良,商洛城区水环境质量指数为 3.7747,现状排名居全省第三位,改善幅度排名为全省第十一位。全面整治秦岭违规建筑和生态环境突出问题,整治"五乱"问题 526 个,拆除违规建筑 9.53 万平方米,复土复绿 101.28 万平方米,信息化网格化监管实现全覆盖。修编出台秦岭生态环境保护规划,将每年 4 月 20 日确定为"商洛秦岭生态卫士行动日"。"河长制"通过国家评估,"绿色矿山"创建率达 12.5%,在全省率先实现农村清洁工程全覆盖。森林覆盖率 70%、野生动植物保护率 100%、城镇污水处理率 98.81%、生活垃圾无害化处理和村镇饮用水卫生合格率均 100%。

生态环境保护人才队伍建设取得实效,先后出台《商洛市生态环境系统青年干部后备人才库实施方案》《商洛市生态环境系统在职干部职工学历学位教育实施办法》《县区环境局及下属单位领导班子和干部研判办法》等制度,建立专业人才信息库和年轻干部后备人才库。2022年,引进生态环境系统专业人才37人,网络培训180人次,生态环境保护业务培训760人次,111人取得环境监测上岗证,为当好秦岭生态卫士、打好污染防治攻坚战奠定人才队伍基础①。2022年,全市生态环境工作呈现出"十大亮点":大气环境质量稳步提升、水环境质量持续为优、土壤环境安全稳定、环境执法监测提质增效、中央和省环保督察交办信访件办理实现"清零"、减污降碳协同增效明显、服务高质量发展坚实有力、生态文明示范创建初见成效、生态环境风险安全可控、干部作风建设持续提升。②

党的十八大以来,坚持习近平生态文明思想,贯彻"绿水青山就是金山银山"理念,筑牢生态屏障,当好秦岭生态卫士,生态环境质量明显改善。③ 一是打好蓝天保卫战:牢抓"减煤、控车、抑尘、治源、禁燃、增绿、治污"重点工作,开展铁腕治霾、科学治霾、协同治霾,打响"商洛蓝"名片,中心城区空气质量优良天数连续8年保持全省第一,连续5年进入全国空气质量达标城市行列。二是打好碧水保卫战:健全工作机制推进河长制建设,建立问题断面、重点工作周调度督导帮扶推进机制,推动上下游联防联控、左右岸协同治理;强化水源保护,排查整治水源地环境问题,建设集中式规范化饮用水水源地9个,确保饮用水安全;加大污水收集管网建设力度,中心城区和县城生活污水处理率达96.59%、94.71%,污水处理厂污泥无害化处置率100%;协同推进流域治理,排查整治166个入河排污口,治理水土流失330平方公里,测土配方施肥222.45万亩。④ 三是当好秦岭卫士:构建市、县、镇、村四级林长制,实行秦岭

①　井家林:《我市扎实推进生态环境人才队伍建设》,2023年1月17日,见http://sthjj.shangluo.gov.cn/pc/index/article/326723。

②　《2022年全市生态环境保护工作十大亮点》,2023年1月4日,见http://sthjj.shangluo.gov.cn/pc/index/article/325075。

③　《党的十八大以来商洛生态环境保护工作综述》,2022年10月19日,见http://sthjj.shangluo.gov.cn/pc/index/article/301942。

④　汪杰:《我市水生态环境质量持续改善》,《商洛日报》2022年12月30日。

网格化保护,开展秦岭"五乱"整治,拆除违建别墅 97 栋、没收 52 栋,退还集体用地 47.57 亩,恢复植绿 58.66 亩;整治"小水电"101 座;累计投资 2 亿元开展矿山裸露区域生态植修复,形成了边开发边修复长效机制。① 商州区、柞水县入选国家生态文明建设示范区,柞水获全国"绿水青山就是金山银山"实践创新基地。

陕南三市的生态环境优越,作为秦巴生态功能区,其生态资源丰富,秦岭、巴山生态地位重要;水资源丰富,有汉江、嘉陵江两大长江支流,汉江、丹江成为南水北调中线工程水源地;森林资源、矿产资源、旅游资源、历史文化资源非常丰富。为保护秦岭祖脉、中央水塔,保护南水北调中线水源,强化了污染治理和生态建设。但是,作为曾经的贫困集中地,其生态保护与建设的自我投资能力不足,长期持续保护动能有限,必须把生态保护与产业发展结合起来,寻求二者协同推进的路径和手段,真正把绿水青山的生态环境质量优势转变为经济社会发展优势。

二、陕南地区绿色发展基本状况分析

以陕南乡村振兴帮扶县集中的汉中市、安康市、商洛市为例,陕南地区绿色发展在"十三五"期间取得了显著成效,"以生态环境保护为前提,立足优势资源禀赋,构建资源循环型产业体系,打造产业链绿色发展引擎,高水平推进重点项目建设,装备制造、现代材料、生物医药、绿色食品、文旅康养等产业初具规模,经济社会绿色转型持续推进,高质量发展迈出坚实步伐"②。

(一) 汉中市绿色发展状况

2020 年以来,汉中经济稳步增长、创新正在形成新的发展驱动力,生态环

---

① 王婕妤、王晨曦:《秦岭,商洛这样守护》,《陕西日报》2022 年 7 月 15 日。
② 《"十四五"陕南绿色循环发展规划》(陕发改区域〔2021〕1633 号),2021 年 10 月 28 日,见 http://sndrc.shaanxi.gov.cn/fgwj/2021nwj/N7Fnua.htm。

境保护与绿色发展成效显著。2020—2022 年,汉中战略性新兴产业增加值增长率分别为 8.1%、9.3%、3.5%。2022 年,汉中生产总值达到 1905.45 亿元,成为历史新高;特色农业快速增长,农林牧渔业总产值 514.97 亿元,较上年增长 4.2%,其中,中药材 23.20 万吨较上年增长 11.8%,茶叶 5.57 万吨较上年增长 7.2%。成功获批国家创新型城市并通过评估验收,大力实施知识产权战略,加快创新驱动步伐,技术合同及其交易额、高新技术企业、授权专利稳定增长,2022 年,科学研究和技术服务业投资较上年增长 51.6%。① 蓝天、碧水、净土和青山保卫战取得阶段性成果,超额完成能耗强度降低和主要污染物减排任务。成功创建"国家森林城市"、"国家园林城市"和"省级环保模范城市",中心城区"美丽城市"建设项目投资 157.5 亿元,新增公园绿地面积 53.09 公顷。②

汉中绿色发展成效显著。一是坚持"绿色循环,汉风古韵"战略定位,依托生态资源优势,以资源高效和循环利用为核心,坚持走生态优先、绿色发展之路,构建现代产业体系,形成了"企业小循环—园区中循环—产业链大循环"发展模式。根据《汉中市生态产品价值核算报告(2021)》核算,汉中市 2021 年的生态系统生产总值(GEP)达到 2913.25 亿元,绿水青山蕴含的巨大经济价值为"两山"转化、经济发展与生态环境保护协同推进提供了基础保障和条件。③ 二是产业体系不断完善,打造重点产业链 16 条,2021 年,装备制造产值 518.79 亿元较上年增长 19.3%,高品质食药产值 502.05 亿元较上年增长 15.3%,现代材料产值 603.66 亿元较上年增长 11.1%,高新技术产值 469.85 亿元较上年增长 20.3%;2022 年,装备制造产值 546.05 亿元较上年增长 6.6%,高品质食药产值 515.39 亿元较上年增长 1.9%,现代材料产值

---

① 李小伟、梁逸晨:《我市举行去年经济运行情况新闻发布会》,《汉中日报》2023 年 1 月 20 日。

② 数据来源:调研数据、国民经济和社会发展统计公报。

③ 杨露雅:《汉中市生态产品价值实现工作成果发布》,《陕西日报》2023 年 6 月 16 日。

630.08 亿元较上年增长 3.8%,高新技术产值 493.24 亿元较上年增长 6.6%。三是园区承载作用凸显,全面推行"管委会+公司"模式,建立了园区"1+N"创新发展政策体系。汉中航空产业园入选国家五星级新型工业化产业示范基地,宁强循环工业园获批省级高新区,三合循环经济产业园等 4 个园区被评为省级特色专业园区。四是县域经济发展壮大,"一县一策"全覆盖,形成特色鲜明、错位发展的县域经济格局。2021 年,城固进入全省"十强县",宁强、略阳荣膺"争先进位县",城固、洋县、宁强荣获"工业强县",留坝县入选"生态强县"。五是绿色低碳循环发展,积极开展大宗固体废弃物综合利用示范,成功入选国家大宗固体废弃物综合利用示范基地。坚持绿色低碳发展,推进固废处置减量化、资源化、无害化,汉中钢铁集团、尧柏水泥被国家工信部评为绿色工厂。城固、留坝、宁强、佛坪四县的绿色发展实践成为国家绿色发展示范案例。

(二) 安康市绿色发展状况

2020 年以来,安康市经济稳定增长,生产总值分别达到 1088.78 亿元、1209.49 亿元、1268.65 亿元;"六大绿色工业"产值突破 1100 亿元,占规模以上工业 80% 以上;非公占比达到 60% 以上。创新驱动造就发展新动能,技术合同、专利授权量、高新技术企业数稳定增长。2022 年,高技术产业投资较上年增长 9.5%、高技术产业投资占比 6.1%;工业战略性新兴产业总产值占规上工业总产值 13.3%;数字经济发展迅速,网络销售增长 49.1%。[①] 生态建设成效显著,成功创建"国家森林城市";平利和镇坪县获评全国"绿水青山就是金山银山"实践创新基地,成为陕西省美丽乡村建设规范地方标准;岚皋县获"国家生态文明建设示范县",森林覆盖达到率 68%。[②]

[①] 安康市统计局:《2022 年安康市经济运行情况》,2023 年 1 月 20 日,https://www.ankang.gov.cn/Content-2511691.html。

[②] 数据来源:调研数据、国民经济和社会发展统计公报。

安康绿色发展成效显著。坚持走"生态经济化、经济生态化"高质量发展之路,推动绿色发展,共享绿色"福利"、激活绿色契机、迈向绿色富民,让"秦巴明珠"大放异彩,探索出了欠发达地区高质量发展的样本。按照"一张清单(安康生态产品清单)、一个规范(安康生态产品价值核算规范)、一份报告(生态产品总值核算报告)、一批案例(生态产品价值实现机制典型案例)、一个平台(全市 GEP 自动化核算平台)"的生态产品价值核算研究成果,核算出安康市 2020 年生态"身价",即生态系统生产总值为 2024 亿元,"当期地区生产总值的 1.86 倍"[1]。宁陕县森林覆盖率 92.8%,每年兑现公益林生态效益补偿 230.66 万亩 3079.885 万元、退耕还林补助 200 万元、库区搬迁补助 86 万余元、耕地保护补助 430 万元,使参与生态保护的 1400 名群众年人均增收 7000元。瀛湖治理,投入 1.5 亿元取缔了 3.4 万口网箱养鱼,让渔民把生计从水中转到了山上,转型茶叶种植和特色林果。2021 年,安康茶园总面积达 109.6万亩,茶叶产量达 4.72 万吨,综合产值突破 280 亿元。建设国家 A 级旅游景区 43 家,全国乡村旅游重点镇 1 个,全国乡村旅游重点村 4 个。2021 年接待国内旅游人数 2935.87 万人次,较上年增长 44.4%;国内旅游收入 163.81 亿元,较上年增长 117.3%。安康立足富硒自然资源,大力发展生猪、魔芋、茶叶、渔业、核桃五大富硒特色产业,建设"源头减量控害、过程清洁生产、终端循环利用"现代农业园区,打造"发展主体小循环、农业园区中循环、立体布局大循环"生态系统和"人养山、山养人""人养水、水养人"的良性循环体系。《发展现代生态循环农业　建设西北生态经济强市》获得"2020 全国绿色农业十佳发展范例"。平利、岚皋绿色发展实践成为国家绿色发展示范案例。

(三)　商洛市绿色发展状况

2020 年以来,商洛生产总值由 700 多亿元增长到 902.56 亿元,增长了

---

① 　陈嘉:《安康给好生态算"身价"》,《陕西日报》2023 年 4 月 23 日。

22%。2022年,非公有制经济增加值占生产总值比重56.5%,三大支柱工业产业中绿色食品增长7.7%。建成秦创原商洛创新驱动网络平台和飞地孵化器,柞水创成全国首批、全省唯一国家创新型县,商南、镇安获评全国科普示范县。柞水县获评"国家全域旅游示范区",商南、山阳、镇安、丹凤创建为省级全域旅游示范区;商洛市获评"中国最佳康养休闲旅游市"、省级"森林旅游示范市",成功创建"国家森林城市""国家卫生城市",荣获首个"中国气候康养之都"称号,通过"国家园林城市"技术初验。山阳县和柞水县获评陕西省首批县域"经济发展和城镇建设试点县";法官庙村和金丝峡镇创建为全国乡村旅游重点村镇,金丝峡游客服务中心入选国家级文化和旅游公共服务机构功能融合试点单位。①

商洛绿色发展成效显著,商洛是全省唯一全域处于秦岭生态保护范围的地级市,肩负着"当好秦岭生态卫士"与"实现新时代追赶超越"的双重使命,承担着"一江清水供京津"的职责。商洛市破解生态产品价值实现的"度量难、交易难、变现难、抵押难"四难问题,统一生态产品价值度量标准,建立生态产品价值信息库、展示平台,开展生态产品价值一键自动核算。形成了商洛生态产品价值实现创新典型案例:一是实现GEP自动核算,着力破解"度量难"——生态产品价值核算案例。2020年,商洛生态产品价值3132亿元,是同期GDP的4.2倍,碳汇总量280万吨,为同期碳排放的80%。二是"落后村"向"网红村"的华丽转身——生态经济双向增值案例。牛背梁、终南山寨等境内景区景点2021年接待游客410万人次、旅游综合收入11亿元,带动群众发展农家乐216家,户均增收15万元以上;智能化发展金木耳、黑木耳40万袋,年收入130余万元,村人均收入24227元,是全县农村居民人均收入的2倍,实现了生态与经济的"双向增值"。三是"生态茶+文旅康养"——生态产品价值实现路径案例。生态茶园种植25万亩,达到了"人均一亩茶"。茶叶

---

① 数据来源:调研数据、国民经济和社会发展统计公报。

年产量近 2 万吨产值 20 亿元,茶叶吸收二氧化碳年均 8 万吨;依托金丝峡 5A 级景区龙头带动,建成 4A 级茶海公园、3A 级北茶小镇,打造集生态休闲旅游观光、文化传承为一体的旅游示范点;茶产业带动旅游综合收入超过 25 亿元。四是牵住生态"牛鼻子",厚植绿色"摇钱树"——生态养殖产品价值实现案例。全县范围内推行集中生态养殖模式,建成生态养殖示范园 4 个,规模养殖场 115 个,现代农业产业园 56 个;建成国家级一村一品示范村镇 4 个。荣获国家特色农产品优势县称号。五是从"废弃厂房"到"绿色新城"——生态工业园助生态产品价值实现。昔日工业"废墟"成为绿水青山生态景区,植被覆盖率由 42% 提高到 69%,单位水土流失面积降低 80%。通过龙头企业招商建园、产业链延伸创新,实现总产值 67 亿元,上缴税收 1.28 亿元,提供就业岗位 2400 余个,区域土地增值 300% 以上。六是打好生态牌,做足林文章——"林业+"促进生态产品价值实现案例。推动"一镇一业、一村一品",探索林药、林菌、林养立体复合种植模式,建设四大绿色产业长廊。推动"林业+旅游康养"融合发展,促进农产品精深加工。持续实施生态修复,林业面积达 440 万亩,有机碳总价值 126.42 亿元,可用于碳汇交易的森林 112 万亩,碳汇价值 29.87 亿元。七是打造生态绿,品味中国红——三产融合实现生态产品溢价案例。丹凤全县葡萄种植面积 1.5 万亩,在域外宁夏建设葡萄种植基地 2 万亩,共注册葡萄酒、果酒企业 9 家,年生产能力达 2.5 万吨,产值达 4.5 亿元。培育发展葡萄酒木塞企业 4 家、电商服务中心 3 家,新增就业岗位 3000 个,镶嵌群众 2000 户,带动县域经济持续发展。[①]

　　陕南三市的绿色发展取得了显著成效,但目前仍属于经济落后的乡村振兴帮扶县集中区域,发展不平衡、不充分问题十分突出,生态良好但环境承载能力较脆弱,区位优越但对外开放水平不高,绿色资源富集但势能转化不足,居民收入总体水平偏低,民生保障与社会建设还有较大提升空间。

---

　　① 何欣:《陕西省商洛市生态产品价值实现创新典型案例》,2022 年 4 月 28 日,见 ht-tp://www.ce.cn/xwzx/gnsz/gdxw/202204/29/t20220429_37543641.shtml。

三、绿色发展与环境质量关系分析

陕南生态环境质量优势和绿色发展基础成为其突破发展瓶颈、实现高质量发展的条件,二者相互支撑形成互动互促发展,造就协同推进态势和格局。

(一) 生态环境优势为陕南绿色发展提供条件支撑

区域经济发展与生态环境保护间是相互影响、相辅相成的关系,生态环境为区域经济发展提供资源和空间保障,没有良好的生态环境支撑,经济发展将无以为继,因此,经济发展必须建立在"维护环境的生产能力、恢复能力和补偿能力,合理利用资源"①基础上,消解脆弱生态对经济社会发展的约束,满足生态修复与环境改善的需要。陕南地区有优越的自然资源和生态环境,其南屏巴山、北靠有"中央水塔""中华祖脉"之称的秦岭,降水充裕、气候温润,空气负氧离子高,动植物药材资源丰富,盛产稻谷、果蔬、茶叶等富硒有机产品,是"全国三大富硒地"之一,不少地方还保存着原生态的山水胜景,优越生态环境为其绿色发展转型奠定了良好基础。"十三五"期间,陕南地区的循环产业核心聚集区和县域工业园区承载服务能力不断加强,以绿色、循环、低碳为标志的生态友好型产业在经济结构中比重不断提升,工业化进程持续加快。建成国家级高新区 1 家、经开区 1 家,省级高新区 4 家、经开区 2 家。规模以上工业总产值达到 3866.24 亿元,培育规模以上工业企业达到 1820 个。"十四五"以来,陕南围绕秦岭重点保护区和一般保护区产业准入清单制度,建设"数字秦岭",推动秦岭常态化、长效化保护,构建自然保护地体系强化生物多样性保护,实施国家储备林建设项目和秦岭"绿色矿山"建设行动;推动水生态修复与综合治理,建立跨界流域联防联控和协同保护机制,确保汉江、丹江出境水质达标;建设生态产品价值实现先行区,摸排生态产品数量、质量底数,

---

① 胡仪元:《环境与经济发展关系论析——生态经济发展的哲学思考》,《乌鲁木齐成人教育学院学报》2003 年第 2 期。

搭建生态产品交易平台,探索多元化、市场化生态产品价值实现路径,推动中药材、茶叶等特色绿色产业快速发展。[①]

(二)绿色发展好助推陕南生态环境质量持续提升

人类的经济发展方式会影响生态环境质量,粗放的、不考虑环境承载力的发展模式将会为破坏生态环境而付出代价,《寂静的春天》《增长的极限》等都已很清晰地向我们描述了可能出现的不利境况。法国经济学家勒内·帕塞指出,"我们要维持环境的运作状态,因为生命,特别是人类生命,以及经济活动,都有赖于环境。你若破坏环境,你就毁灭一切,包括经济。破坏环境的经济体系必将自取灭亡"[②]。传统经济模式下,经济发展与生态环境是负回馈关系,生态贫困和"贫困—人口增长—环境退化"恶性循环的"PPE怪圈"是典型表现。在生态破坏与环境污染状态下,人类生产不仅要支付生产成本,还要支付环境成本,如污染治理成本、生态修复成本和环境耗费成本等。因此必须坚持绿色发展理念,这是生态环境容量和资源承载能力范围内的可持续发展模式[③],注重经济活动与生态环境保护的协同推进,在经济发展与生态环境间建立起一种正回馈关系,既要绿水青山又要金山银山,在经济发展的同时提升生态环境质量。陕南"十二五"开始循环经济聚集区建设布局,"十三五"时期开始制定绿色循环发展规划,推进区域绿色转型发展,十多年的建设和发展使陕南生态环境质量得到了大幅提升,重点流域水环境质量显著改善,空气质量优良天数常年位于全省前列,污染防治攻坚战取得突出成效。整个陕南片区关停污染企业370多个,控制污染面积500多平方公里;累计治理小流域470

---

① 杨晓梅、赵玉洁:《"十四五",陕南绿色循环发展开新局》,《陕西日报》2021年11月19日。

② 《法国经济学家勒内·帕塞访谈录,破坏环境的经济体系必将自取灭亡》,《共鸣》2002年第11期。

③ 张水平、张小珩、宋雨飞:《多维度空间视角下绿色金融支持低碳发展效果评价》,《当代金融研究》2022年第1期。

条,治理水土流失面积 1.3 万平方公里,汉江、丹江出境断面水质保持在国家 Ⅱ 类标准;退耕还林超过 1000 万亩,完成营造林 1171 万亩,森林覆盖率 66.8%。"十四五"以来,陕南推动生态环境保护与产业融合发展,实现"产业生态化、生态产业化"的全产业链发展,促进生态资源产业化、价值化转化,推动其数字化转型和产业融合发展。培育壮大高效生态农业,推动其特色优势农产品聚集发展,围绕药、茶、菌、果、菜打造现代农业产业园区、优质绿色农产品基地。推动工业绿色低碳发展,促进装备制造业高端化、绿色化、智能化发展,打造装备制造业集群,延伸航空产业链,建设"西汉蓉"航空产业带;打造新材料产业聚集区,建设绿色新材料科技产业园、生物医药产业园,促进镇巴油气田、页岩气资源开发,实现天然气资源就地转化。发展文旅康养产业,打造"历史文化游""自然生态游"旅游精品线路和品牌康养基地;建设汉中空港国际智慧物流园、秦巴(安康)现代物流港、商洛陆路货运口岸,打造陕鄂川渝区域重要物流集散中心。①

第三节　绿色发展评价指标构建与实证分析

为精准掌握陕南地区绿色发展水平,课题组从绿色经济效益、绿色资源禀赋、绿色生态环境和绿色生活质量四个维度构建了绿色发展评价指标体系,进行了模型化处理,运用陕南 2018—2020 年的实证调研和统计数据,进行分维度的空间分布、时序对比分析,提出了加快生态资源资本化等发展对策建议。

一、绿色发展评价指标体系构建

充分总结国内外关于绿色发展评价评估研究的最新成果,借鉴经济合作

---

① 注:以上数据由调研、政府官网查询或部门提供。

与发展组织（OECD）、联合国环境规划署（UNEP）、世界银行（WB）及国际绿色经济协会（IGEA）等国际权威组织机构建立的绿色发展评价指标体系，结合陕南绿色发展指标数据的统计标准，构建了绿色发展评价指标体系，主要涵盖绿色经济效益、绿色资源禀赋、绿色生态环境和绿色生活质量等四个评价维度（见表1-4）。

表1-4　绿色发展水平评价指标体系

维度	具体指标	单位	单位	属性
绿色经济效益	经济增长	人均GDP（X_{11}）	元	正
		GDP增速（X_{12}）	%	正
		居民人均可支配收入（X_{13}）	元	正
		第三产业增加值占比（X_{14}）	%	正
	科技创新	R&D经费投入额占比（X_{15}）	%	正
		万人发明专利拥有量（X_{16}）	件	正
绿色资源禀赋	资源保有量	粮食作物播种面积（X_{21}）	千公顷	正
		森林覆盖率（X_{22}）	%	正
	资源使用	空气质量优良天数（X_{23}）	天	正
		单位GDP能源消耗量降低（X_{24}）	%	正
		旅游收入（X_{25}）	亿元	正
		单位GDP建设用地使用面积下降率（X_{26}）	%	正
绿色生态环境	环境承载	工业废气排放总量（X_{31}）	亿立方米	负
		工业废水排放总量（X_{32}）	万吨	负
		工业固体废物产出量（X_{33}）	万吨	负
	环境治理	生活垃圾无害化处理率（X_{34}）	%	正
		城镇污水处理率（X_{35}）	%	正
		工业固体废弃物综合利用率（X_{36}）	%	正

续表

维度	具体指标	单位	单位	属性
绿色生活质量	绿色生活	清洁燃料占比(X_{41})	%	正
		万人公交车拥有量(X_{42})	辆	正
		旅客周转量(X_{43})	亿人公里	正
		农村自来水普及率(X_{44})	%	正
	绿色家园	建成区绿化覆盖率(X_{45})	%	正
		人均公园绿地面积(X_{46})	平方米	正

（一）绿色经济效益维度

经济永远是一个社会发展的基础,恩格斯曾指出:"马克思发现了人类历史的发展规律……人们首先必须吃、喝、住、穿,然后才能从事政治、科学、艺术、宗教等等;所以,直接的物质的生活资料的生产,从而一个民族或一个时代的一定的经济发展阶段,便构成基础,人们的国家设施、法的观点、艺术以至宗教观念,就是从这个基础上发展起来的"[1],经济基础决定上层建筑,是整个社会发展、科技创新和生态环境保护的根本保障。作为区域绿色发展的关键指标,经济发展不仅要看"量",更要重"质",需要从经济发展结构和质量两个方面进行表征。陕南绿色经济效益评价需要兼顾经济发展速度和质量,重点发展低碳环保、可持续的产业,推动科技创新,提升高附加值产业与高新技术在国民经济中的占比。所以此维度的评价指标主要包括经济增长和科技创新两个方面,经济增长方面包括人均GDP、GDP增速、居民人均可支配收入和第三产业增加值占比四个指标,表征陕南绿色经济的结构特征;科技创新方面包括R&D经费投入占比和万人发明专利拥有量两个指标,表征陕南绿色经济的发展质量。

---

① 《马克思恩格斯文集》第3卷,人民出版社2009年版,第601页。

（二）绿色资源禀赋维度

自然资源禀赋是经济可持续发展的前提，自然资源禀赋状态决定了区域产业发展的方向和特色，先天自然禀赋"即自然资源的拥有规模，如美国拥有大量的可耕地使其在农业生产上具有优势，中东是石油的丰产地"，后天资源禀赋"即后天所获得的资源禀赋，如日本没有多少自然资源优势，但通过节约和积累资本以及建造大型工厂，获得了像钢材这样需要大量资本才能生产的物品的生产优势"①。资源禀赋是绿色发展的基础，其支持区域绿色经济发展的考量主要从资源保有量和资源使用两个方面进行，陕南绿色发展水平评价需要从合理优化控制自然资源的消耗，提高资源储量上来考虑。鉴于陕南地处秦巴山区，土地资源稀缺，所以选择粮食作物播种面积、森林覆盖率两个指标表征资源保有量。使用空气质量优良天数、单位 GDP 能源消耗量降低、单位 GDP 建设用地使用面积下降率和旅游收入四个指标表征陕南绿色经济发展的资源使用特征。

（三）绿色生态环境维度

保持和维护良好的生态环境是绿色发展的根本要求。良好生态就是资源，就是资产，就是金山银山，保护好生态就是保护和发展生产力，就是实现高品质的可持续发展。2021 年，汉中市的装备制造、现代材料、高品质食药三大支柱产业产值占规模以上工业总产值的 88.2%；安康市的清洁能源、富硒食品、纺织服装、新型材料、装备制造、生物医药六大支柱及特色工业产值较上年增长 14.1%；商洛市的矿产建材、生物医药、绿色食品三大支柱或特色产业产值较上年分别增长 26.1%、8.5% 和 31.5%。其中的装备制造、材料产业、矿产建材、生物医药等产业不仅需要大量消耗资源，而且还会造成持久的环境污

---

①　胡仪元：《开发绿色生产力、实现西部经济发展的理论基础》，《广州大学学报（社会科学版）》2003 年第 5 期。

染。绿色生态环境维度主要包括环境承载和环境治理两个方面,环境承载方面主要用工业废气排放总量、工业废水排放总量、工业固体废物产出量进行表征,这是经济发展对生态环境所带来的负面影响,从而设为逆向指标。而环境治理有助于持续改善生态环境,使用生活垃圾无害化处理率、城镇污水处理率和工业固体废弃物综合利用率三个指标表征,因为其对生态环境保护具有积极作用,故设为正向指标。

（四）绿色生活质量维度

居民生活质量提高是社会发展的核心目标。解放和发展生产力就是为了把人从繁重的劳动中解放出来,形成更多的物质财富,让人获得更大的自由,让人们的生存质量、生活品位和社会尊严不断提高、持续向好。生活质量主要从人居条件改善角度来体现,主要包括居住环境、基础设施等。虽然有很多指标都可以反映居民生活质量,但从生态生活角度出发,需要同时考虑城乡发展,兼顾全体公众,故从绿色家园和绿色生活两个方面进行表征。其中,绿色生活方面使用清洁燃料占比、万人公交车拥有量、旅客周转量和农村自来水普及率四个指标表征,反映经济发展对居民生活质量提高的积极影响或效应;绿色家园方面则使用建成区绿化覆盖率与人均公园绿地面积来表征,反映绿色经济发展对居民生活环境改善所形成的积极作用或效应。①

二、绿色发展水平综合评价模型

灰色关联分析是定量分析方法,能有效分析系统发展变化的态势。在标准灰色关联度的计算中,各评价指标权重相同,不能体现出各指标间的差异。熵值法具有透明、再现评价过程,不带有任何主观评价色彩的特点,能更客观地说明各评价指标的重要程度,为此,陕南绿色发展水平评价首先使用熵权法

---

① 张佳玮、姚柳杨:《绿色经济发展绩效评价体系构建研究——以陕西省研究为例》,《商业会计》2021 年第 19 期。

确定出各评价指标的权重,再综合计算得出各评价对象基于面积的加权灰色关联度,从而建立起熵权—灰色关联分析的绿色发展水平综合评价模型。

(一) 评价指标矩阵构建

绿色发展水平综合评价模型指标矩阵构建的思路是:假设有评价对象 m 个,评价指标 n 个,矩阵 $X = [x_{ij}]_{m \times n}$ 就是由评价指标的原始数据构成的评价指标矩阵,其中 x_{ij} 表示第 i 个对象在第 j 项指标上的值。

(二) 原始数据的预处理

主要是对冗余数据和异常值进行预处理。对指标数据归一化处理以消除各指标间的量纲影响,得到矩阵 $R = [r_{ij}]_{m \times n}$,原始指标数据处理公式如下:

成本型指标:
$$r_{ij} = \frac{\max(x_{ij}) - x_{ij}}{\max(x_{ij}) - \min(x_{ij})} \tag{1-1}$$

效益性指标:
$$r_{ij} = \frac{x_{ij} - \min(x_{ij})}{\max(x_{ij}) - \min(x_{ij})} \tag{1-2}$$

其中, $i = 1, 2, \cdots, m$; $j = 1, 2, \cdots, n$ 。

(三) 各指标权重的设定

使用熵值法计算得出每个指标的权重,计算公式如下:

$$H_j = -\frac{1}{\ln m} \sum_{i=1}^{m} f_{ij} \cdot \ln f_{ij} \tag{1-3}$$

$$\omega_j = \frac{1 - H_j}{\sum_{j=1}^{n} (1 - H_j)} = \frac{1 - H_j}{n - \sum_{j=1}^{n} H_j} \tag{1-4}$$

其中, $f_{ij} = \dfrac{r_{ij}}{\sum\limits_{i=1}^{m} r_{ij}}$ 。

（四）灰色关联系数计算

使用基于面积的灰色关联度进行评价,计算得出各个比较数列 C_i 对参考数列 C_0 在评价指标 j 上的关联系数,其计算公式如下:

$$S_i(j) = \frac{|x_0(j) - x_i(j)| + |x_0(j+1) - x_i(j+1)|}{2} \tag{1-5}$$

$$\xi_i(j) = \frac{\min\limits_{i} \min\limits_{j} |S_i(j)| + \rho \max\limits_{i} \max\limits_{j} |S_i(j)|}{|S_i(j)| + \rho \max\limits_{i} \max\limits_{j} |S_i(j)|} \tag{1-6}$$

其中, $i = 1, 2, 3$; $j = 1, 2, \cdots, n$ 。 ρ 为分辨系数,一般在 0 — 1 取值,通常取 $\rho = 0.5$ 。

（五）加权关联度的计算

灰色关联系数是将各个指标上比较序列和参考序列的关联程度进行量化,但是由于信息分散而不能进行整体比较,同时需要考虑各个评价指标间的差异程度,因此,这里使用灰色加权关联评价值来表征陕南地区绿色发展水平,其计算公式如下:

$$r_i = \sum_{j=1}^{m} \omega_j \xi_i(j) \tag{1-7}$$

其中, ω_j 是由公式（1-4）计算得出的第 j 项评价指标的权重, $j = 1, 2, \cdots, n$ 。

r 的数值越大越接近 1,说明该城市对应的评价数据序列与参考序列的相关性越高,绿色发展水平也就越高;反之则越低。依据灰色关联加权评价值的大小进行排序,以此反映出陕南地区绿色发展状况的优劣。

三、陕南绿色发展水平实证分析

根据汉中、安康、商洛三市官方数据,运用所构建的熵权—灰色关联分析综合评价模型,开展了2018—2020年度陕南绿色发展的时空总体变化和分维度的时空变化分析,量化分析了陕南绿色发展的影响因素,并提出了发展对策建议。

(一) 数据来源情况的说明

本研究以陕南地区的汉中、安康、商洛三市为对象,整理了2018—2020年三市的统计年鉴、水资源和环境统计公报、政府工作报告及陕西省统计年鉴等资料,获取实证分析评价指标体系各指标所需的基础数据,对于极个别的缺失数据,采用插值法进行了估测、补充。

(二) 评价指标权重的确定

应用本研究所建立的熵权—灰色关联分析综合评价模型对陕南地区三个城市在2018—2020年的绿色发展水平进行评价。首先使用熵权法对各评价指标的权重进行计算,其结果如表1-5所示。

表1-5 各评价指标权重值

评价指标	熵权值	评价指标	熵权值
x_{11}	0.0350	x_{31}	0.0735
x_{12}	0.0477	x_{32}	0.0339
x_{13}	0.0459	x_{33}	0.0353
x_{14}	0.0419	x_{34}	0.0335
x_{15}	0.0440	x_{35}	0.0530
x_{16}	0.0534	x_{36}	0.0406
x_{21}	0.0350	x_{41}	0.0457
x_{22}	0.0345	x_{42}	0.0407
x_{23}	0.0335	x_{43}	0.0446
x_{24}	0.0340	x_{44}	0.0414
x_{25}	0.0351	x_{45}	0.0500
x_{26}	0.0340	x_{46}	0.0339

（三）时空变化的总体分析

以2018—2020年陕南三市官方数据为依据,进行了三市间横向对比的空间分布分析和纵向演变的时序变化分析。

1.空间分布分析

从2018—2020年按年度对陕南地区三个城市之间进行横向对比评价,通过空间分布分析以比较城市间绿色发展水平的空间差异性,其测算结果如表1-6、图1-1所示。

表1-6　2018—2020年陕南地区绿色发展水平评价空间分布结果

年份 城市	汉中	安康	商洛
2018	0.6294	0.5804	0.5382
2019	0.7669	0.5845	0.4507
2020	0.6129	0.6026	0.4844

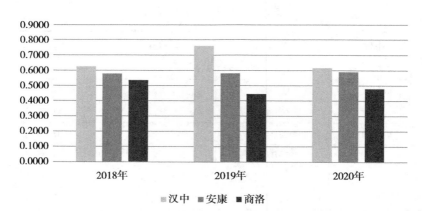

图1-1　2018—2020年陕南地区绿色发展水平空间变化图

从三个城市2018—2020年横向比较的关联度评价结果和分年度绿色发展水平的空间对比变化图可以看出,2018—2020年,陕南绿色发展水平综合评价排序稳定,其序次始终为:汉中市>安康市>商洛市。其中,2018年,三市绿色发展水平比较均匀,相互间的差距小;2019 年的绿色发展水平差距明显,汉中市明显高于其他两市,商洛市的差距显著拉大;2020 年,安康和商洛两市的绿色发展增效显著,汉中市与安康市间的差距缩小,商洛市的绿色发展水平依然有所滞后。

2. 时序变化分析

分别对三个城市从 2018—2020 年的绿色发展水平进行时序变化分析,以研究各城市绿色发展在时间演变上的差异性,其测算结果如表 1−7、图 1−2 所示。

表 1−7 2018—2020 年陕南地区绿色发展
水平评价的时序变化测算结果

年份 城市	2020	2019	2018
汉中市	0.7292	0.5811	0.4357
安康市	0.7115	0.5453	0.4701
商洛市	0.7091	0.5396	0.4197

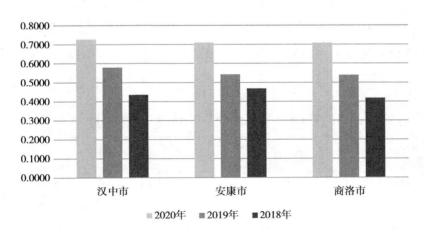

图 1−2 2018—2020 年陕南各市绿色发展水平时序变化图

从 2018—2020 年三个城市各自纵向比较的关联度评价结果和各市绿色发展水平的时序对比变化图可以看出,2018—2020 年,三个城市绿色发展水平均呈现稳定增长趋势,其中,汉中市三年的绿色发展比较稳定,安康市和商洛市 2019 年的绿色发展都较缓慢,2020 年三市都出现了相对于 2019 年度的大幅提升。

（四）时空变化分维度分析

按照经济增长、资源禀赋、生态环境和生活质量四个维度对陕南三市的绿色发展水平进行了空间分布分析和时序对比分析。

1. 分维度空间分布分析

从 2018—2020 年按年度在不同维度上,对陕南三市间的绿色发展水平进行了横向对比评价,用以比较城市间在不同维度上绿色发展水平的空间差异性。

从 2018 年陕南三市绿色发展各维度评价的分布结果及其绿色发展水平分维度对比变化图可以看出（见表 1-8、图 1-3）,汉中市经济发展状况明显优于其他两市,商洛市的自然资源禀赋最好,安康市的生态环境保护和治理成效最显著,安康市和汉中市在生活质量方面基本持平,都优于商洛市。

表 1-8　2018 年陕南地区各市绿色发展水平分维度评价结果

维度 ＼ 城市	汉中	安康	商洛
经济增长	0.9304	0.4865	0.3697
资源禀赋	0.5259	0.4190	0.9036
生态环境	0.4581	0.7520	0.4655
生活质量	0.5994	0.5982	0.5259

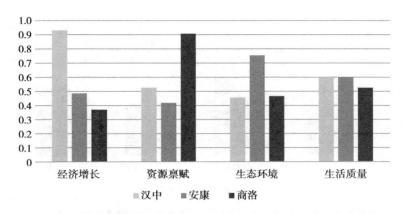

图1-3　2018年陕南地区各市绿色发展水平分维度评价对比图

从2019年陕南三市绿色发展分维度评价的分布结果及其绿色发展水平分维度评价对比变化图可以看出(见表1-9、图1-4),汉中经济发展状况依然显著优于其他两市,但与安康的发展差距在缩小,两市与商洛的差距在拉大;汉中市的资源存量和利用得到了较大提升,安康市在该维度上明显落后于其他两市;安康市的生态环境保护和治理成效依然保持了较高水平,位居三市第一;安康市和商洛市在生活质量方面基本持平,但均显著落后于汉中市。

表1-9　2019年陕南地区各市绿色发展水平分维度评价结果

维度＼城市	汉中	安康	商洛
经济增长	0.8224	0.6279	0.3909
资源禀赋	0.8226	0.4124	0.5942
生态环境	0.6799	0.8405	0.3682
生活质量	0.8285	0.4762	0.4539

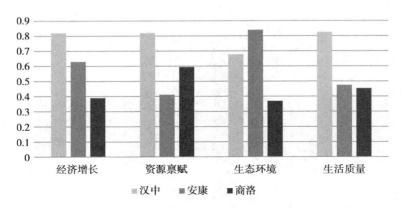

图 1-4　2019 年陕南地区各市绿色发展水平分维度评价对比图

从 2020 年陕南三市绿色发展分维度评价的分布结果及其绿色发展水平分维度对比变化图可以看出（见表 1-10、图 1-5），汉中市经济发展状况依然良好，经济增长维度显著优于另外两市，但安康市与商洛市的经济发展差距在缩小；安康市的资源存量和利用得到了较大幅度提升，显著优于其他两市；安康市的生态环境保护和治理成效依然保持了较高发展态势，汉中市的生态环境不良状况相比其他两市拉开了差距，处于最劣势；安康市在生活质量方面相比商洛市有所提升，但两市依然落后于汉中市。

表 1-10　2020 年陕南地区各市绿色发展水平分维度评价结果

维度＼城市	汉中	安康	商洛
经济增长	0.8374	0.4217	0.3875
资源禀赋	0.6081	0.7255	0.5320
生态环境	0.3680	0.8258	0.5511
生活质量	0.6546	0.4880	0.4611

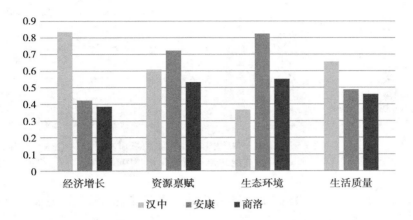

图 1-5　2020 年陕南地区各市绿色发展水平分维度评价对比图

2. 分维度时序对比分析

从纵向角度分别对陕南三市从 2018—2020 年进行分维度绿色发展水平的时序变化分析,用以研究各城市在不同维度的绿色发展时间演变差异性。

从汉中市绿色发展分维度时序变化测算结果和汉中市绿色发展水平分维度时序评价及变化趋势图可以看出(见表 1-11、图 1-6),汉中市 2018—2020年经济增长、生态环境和居民生活质量三个维度均呈上升趋势,属于稳步增长态势,其中,2020 年在经济增长和生活质量两个维度上的绿色发展水平出现了较大幅度提升;2019 年的资源存量和使用状况最好,2020 年反而出现发展水平下滑情况。

表 1-11　2018—2020 年汉中市绿色发展水平的分维度时序变化结果

年份 维度	2018	2019	2020
经济增长	0.3922	0.5744	0.8235
资源禀赋	0.4686	0.7106	0.5414
生态环境	0.4788	0.6446	0.7278
生活质量	0.4355	0.5340	0.8176

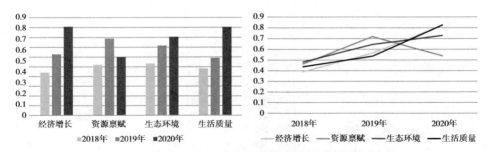

图 1-6　2018—2020 年汉中市绿色发展水平
分维度时序评价及变化趋势图

从安康市绿色发展分维度时序变化测算结果和安康市绿色发展水平的分维度时序评价及变化趋势图可以看出(见表 1-12、图 1-7),安康市 2018—2020 年资源禀赋和生态环境维度的绿色发展水平均呈上升趋势,尤其是生态环境质量在 2020 年有了很大改善;2019 年经济增长维度的绿色发展水平最好,2020 年有所下滑;居民生活质量在 2019 年有所降低,但在 2020 年又有小幅改善和提高。

表 1-12　2018—2020 年安康市绿色发展水平的分维度时序变化结果

维度 ＼ 年份	2018	2019	2020
经济增长	0.3855	0.7485	0.6509
资源禀赋	0.4861	0.5553	0.6895
生态环境	0.3333	0.4881	1.0000
生活质量	0.6514	0.4711	0.5687

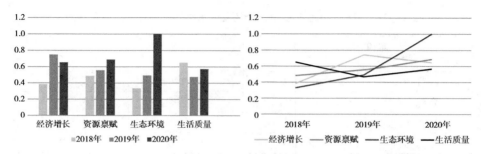

图 1-7　2018—2020 年安康市绿色发展水平
分维度时序评价及变化趋势图

从商洛市绿色发展分维度时序变化测算结果和商洛市绿色发展水平的分维度时序评价及变化趋势图(见表 1-13、图 1-8)可以看出,商洛市从 2018 年到 2020 年,资源禀赋、生态环境和居民生活质量三个维度的绿色发展水平均呈上升趋势,尤其是生态环境上在 2020 年较前两年有了非常大的改善;2019年的经济发展虽然相较于 2018 年有较大增长,但在 2020 年又开始出现下滑。

表 1-13 商洛市绿色发展水平分维度时序变化结果

年份 维度	2018	2019	2020
经济增长	0.4359	0.6939	0.5962
资源禀赋	0.4414	0.5305	0.7135
生态环境	0.3967	0.4257	0.8099
生活质量	0.3913	0.6332	0.7478

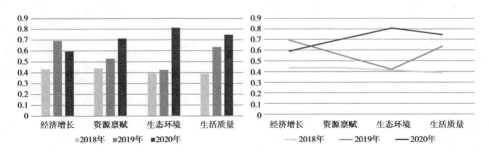

图 1-8 2018—2020 年商洛市绿色发展水平
分维度时序评价及变化趋势图

第四节 陕南绿色发展影响因素与对策建议

根据陕南绿色发展水平综合评价模型,四个维度 24 个指标的纵横向测度,通过各指标贡献度提取前 10 个指标作为陕南绿色发展水平的影响因素,并进行各影响因素的量化分析,在此基础上提出陕南绿色发展的对策建议,为陕南在发展滞后约束下实现绿色转型突破走上生态环境保护与乡村振兴协同推进道路提供思路与参考。

一、陕南绿色发展影响因素的量化分析

将陕南三市2018—2020年的统计数据进行主成分分析,前三个特征因子累计贡献率达80%,对排名前三位的特征因子的影响指标进行统计分析,按贡献率排序选取了前10个评价指标,进行简单的影响因素量化分析(见表1-14、表1-15)。

表1-14　方差解释　　　　　　　　　　　　（单位:%）

序号	初始特征值			提取载荷平方和		
	总计	方差百分比	累积百分比	总计	方差百分比	累积百分比
1	8.248	35.861	35.861	8.248	35.861	35.861
2	6.142	26.706	62.567	6.142	26.706	62.567
3	3.895	16.935	79.503	3.895	16.935	79.503
4	1.963	8.537	88.040	1.963	8.537	88.040
5	1.309	5.689	93.729	1.309	5.689	93.729

表1-15　按贡献率排序挑选的评价指标　　　　（单位:%）

序号	评价指标	成分贡献率
1	清洁燃料占比(X_{41})	0.939
2	粮食作物播种面积(X_{21})	0.919
3	R&D经费投入额占比(X_{15})	0.888
4	人均GDP(X_{11})	0.878
5	万人公交车拥有量(X_{42})	0.843
6	居民人均可支配收入(X_{13})	0.713
7	万人发明专利拥有量(X_{16})	0.654
8	GDP增速(X_{12})	0.544
9	单位GDP能源消耗量降低(X_{24})	0.519
10	旅游收入(X_{25})	0.390

从统计结果可以看出,影响陕南绿色发展水平的主要因素中,经济增长维度有五个指标,即 R&D 经费投入额占比、人均 GDP、居民人均可支配收入、万人发明专利拥有量、GDP 增速,占该维度评价指标数的 83%,说明经济发展仍然是影响陕南绿色发展的核心因素;资源禀赋维度有三个指标,即粮食作物播种面积、单位 GDP 能源消耗量降低、旅游收入,占该维度评价指标数的 50%,说明资源保有量和资源使用情况对地处秦巴生态功能区的陕南绿色发展有着重要影响,生态保护对其经济发展具有十分重要的意义;居民生活质量维度有两个指标,即清洁燃料占比、万人公交车拥有量,占该维度评价指标数的 33%,涉及居民的吃和行,是影响陕南绿色发展的两个重要短板,尤其是清洁燃料占比位居十大影响因素之首,说明其不仅是影响人们生活质量的重要指标,更是影响生态环境的重要因素;由于陕南地区的自然环境状况良好,三个城市的环境治理工作都做得比较好,所以没有涉及这个维度的指标,对该区域绿色发展评价的影响反而不太大。

二、陕南绿色发展路径优化的对策建议

要提升陕南地区的绿色发展水平,提高发展质量及其可持续性,不仅需要在社会层面营造绿色发展氛围,快速形成全民参与的绿色发展布局,还要完善绿色发展政策体系,加强源头管理,加快产业的转型升级,推动绿色产业高端植入,全面推进高效高质的经济增长,构建绿色技术创新体系激发社会的发展动力,使良好生态环境成为提升居民生活质量和社会健康持续发展的支撑点。基于陕南绿色发展水平评价和影响因素分析结果,提出以下陕南绿色发展对策建议。

(一) 强化绿色环保意识形成全民共建共享

思想是行为的先导,要推动陕南地区生态环境保护与乡村振兴的协同发展,必须加强环保教育,强化绿色环保意识,塑造共建共享理念,造就良好的绿色发展氛围。居民良好的绿色环保意识是绿色发展的思想观念基础,目前,陕

南民众都能认识到资源与生态环境保护的重要意义,但多数人不能在实际的生产生活中真正付诸实施,在生态环境保护上总是"调子高、行动慢、效果差",这是因为现有的良好生态环境还未对其生存、生活和发展形成制约,在其发展实惠中的体会还不够实在、深刻,这就需要进一步加强绿色环保的宣传和教育力度,让大家既要尝到保护生态实现绿水青山就是金山银山的"甜头",又要看看那些破坏生态案例带来恶果影响发展的"苦头",引导公众自我约束,自觉行动。结合陕南地区的具体民情,采用群众听得明白、喜闻乐见的形式加强宣传,不仅可以通过开展环保知识讲座、张贴环保标示、投放公益广告等传统形式,还可以利用 VR、AR 等更生动形象的先进技术,引导公众环保意识的切实转变和具体过程实施;落实生态文明建设教育要求,通过学校教育,在国民教育体系中纳入绿色环保意识的培养,让孩子从小就树立正确的绿色生态环保观念。

(二) 促进生态资源资本化提升经济支撑力

乡村振兴帮扶县面临的首要问题还是经济发展问题,这既是脱贫、共富发展的需要,又是生态环境保护、污染治理和生态修复的强大支撑,更是山区县域实现中国式现代化的必要前提。因此,必须加快生态资源的资本化、资产化、价值化,使生态优势变成经济优势,把人们常常视为发展阻力的生态环境保护变成经济社会发展的助力。陕南地区丰富的生态资源还没有充分转化为经济价值,必须通过生态产品价值实现机制[1],让当地丰富的生态资源优势,通过完善自然资源产权制度、建立健全生态产品价值核算与实现机制、创新绿色金融产品及服务、强化科技创新支撑等措施[2],大力发展绿色化的农业、工

---

[1] 雷小青:《乡村振兴战略背景下陕南山区生态产品价值实现路径研究》,《安徽农业科学》2023 年第 6 期。

[2] 高晓龙、张英魁、马东春等:《生态产品价值实现关键问题解决路径》,《生态学报》2022 年第 20 期。

业、旅游、服务业等绿色产业,提升其自我发展能力,以生态产品价值实现为契机和催化剂,将陕南地区的绿水青山转变为金山银山,实现长期的可持续发展,提升区域经济整体实力,实现生态保护下的经济、社会与生态同步发展。

(三) 提高资源保护利用效率实现持续发展

生态保护既要保基数,不欠生态新账,不断减少污染旧账,把保护放在首位;更要提高资源利用效率,让有限资源发挥更大效应形成更多产出,还要加强资源使用效率和循环利用率,减少污染生态环境的废物排放,从生产的源头把控生态保护质量。"绿水青山就是金山银山"理念已成为全社会的共识和行动指引,生态本身就是经济,保护生态就是保护和发展生产力。在发展过程中,陕南地区不能因为拥有良好的生态资源优势就粗放式生产、肆意浪费,而更要倍加珍惜和强化保护,要意识到生态资源优势是最大的发展优势,只有持续不断的加强生态资源保护,厚植绿色根底,才能实现经济的高质量发展和可持续发展,实现人与自然的和谐共生。具体可以采取提高清洁能源使用占比、切实保护耕地等自然资源、降低单位GDP能源消耗量等措施推动其资源利用效率。同时,要切实提高生产生活中资源的利用效率,一方面,提升企业生产管理水平和革新生产技术,提高企业产品附加值,优化装备制造工艺,达到技术研发应用与提高经济效益相统一;另一方面,加快建立废旧物循环利用体系,推进区域资源总量管理、合理配置、循环使用,促进废弃物回收及其资源化、再利用,减轻环境承载负荷。

(四) 增强绿色公共服务供给夯实共富基础

作为山区城市,陕南地区在脱贫攻坚和乡村振兴两个帮扶下,其公共基础设施建设虽有大幅提升,但仍然存在不能满足发展需要的大缺口,因此必须提高基本公共服务供给,筑牢共同富裕硬件设施保障。陕南地区必须通过提高基本公共服务及基础设施建设均等化和全面推进乡村振兴帮扶等方式来提高当地人民的生活质量,缩小其与其他区域的差距,推动其在共同富裕道路上前进。在提高基本公共服务供给方面,可以采取以下措施:一是要加大对陕南地区普惠性人力资本投入,提升其人民群众的受教育水平,增强其自我发展能力;二是要完善陕南地区医疗保障体系,最大限度减轻当地人民群众看病成本,提高人民群众身体素质和健康素养;三是要加大陕南地区基础设施的建设力度,特别是新基建、高铁高速路网,尽快缩小区域数字鸿沟,为陕南山区县域的共同富裕和同步现代化奠定物质基础。

(五) 构建绿色创新体系谋取高质协同推进

陕南生态环境保护与乡村振兴协同推进就是要站在新的起点、新的高度、新的模式上,跨越只污染不修复、边污染边治理的传统工业发展模式及其阶段,直接走上生态保护与经济发展同步推进的人与自然和谐共生的高质量发展轨道。陕南绿色发展的核心目标是转变经济增长方式、优化产业结构、追求经济发展质量,以及区域经济发展与生态环境保护的协调协同,新模式、新发展目标就必须有新支撑,通过构建绿色创新体系,实现依靠科学技术驱动经济社会创新发展。陕南地区必须加强 R&D 经费投入、建设创新平台、聚集创新人才,高效整合、应用创新资源,构建富有活力的绿色创新体系,以此在新一轮经济发展中实现追赶超越。具体来说,首先,重视创新人才队伍建设。建立合理的人才引进、培养机制,完善人才评价体系,构建能充分体现创新要素贡献的利益分配制度,要引得进来、留得下去、出得成果、推动发展,实现商资同招、才智双引、创新创业同步、研发与成果转化紧密联结。其次,要加大区域研发投入,推动绿色技术的快速发展。一方面,要加强对高端装备制造业、新型绿色材料、绿色食药等重点领域绿色技术创新的支持,推动其关键核心技术、未来技术和"卡脖子"技术研发,支撑产业创新发展能力;另一方面,要构建以企业为创新主体,以市场为导向的绿色创新联合体,着力研发不破坏生态环境、不影响产品质量的生产技术、生态修复技术、清洁生产技术,鼓励支持"零排放"和延长产业链技术发展。再次,要提升科技管理效能。不断优化科技创新政策、系统布局大型公共创新平台体系建设、提高研发费用加计扣除政策落实力度,着力减轻企业绿色技术创新的投入负担,维护绿色技术创新投资者、经营者和消费者合法权益,造就有利于促进绿色技术创新、应用推广的良好氛围和发展环境。①

---

① 高星、陈军:《以绿色技术创新推进绿色发展》,《光明日报》2019 年 12 月 17 日。

第二章　西部地区生态环境保护与乡村振兴协同推进的理论依据

西部地区生态环境保护与乡村振兴协同推进的理论依据为其何以能够进行协同推进提供理论支撑,通过系统论理论、协同发展理论、协作生产理论、协调发展理论与可持续发展理论的内涵、特征及其如何支撑协同推进的理论探讨,彰示出生态环境保护与乡村振兴协同推进的内在理论逻辑。

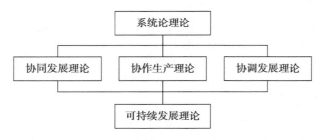

图 2-1　生态环境保护与乡村振兴协同推进理论依据逻辑关系

如图 2-1 所示,系统论理论是西部地区生态环境保护与乡村振兴协同推进机制的前提性理论支撑。协同推进机制就是要把西部地区的自然、生态、资源等优势因素,以及绿色发展、生态保护和乡村振兴的政策支持因素结合起来,加以综合利用、统筹考虑和系统设计,以此为出发点推动其在保护生态与发展经济上的互动互促、持续推进。

协同发展理论、协作生产理论、协调发展理论是西部地区生态环境保护与乡村振兴协同推进机制的核心性理论支撑。协同推进重在一个"协"字,那就是各个因素、各种力量、各种工具手段、各种政策措施的相互配合、共同作用、形成合力,就西部地区的绿色发展、生态保护与乡村振兴而言,就是影响其绿色发展、生态保护与乡村振兴的各个因素、推动绿色发展和乡村振兴的各种力量、科学技术与货币金融等各种工具手段,及中省市各项限制与激励政策措施的相互支撑、相互促进,共同为西部地区的生态环境保护与乡村振兴协同推进提供推动力量。其中,协同发展理论为其统筹规划、优势互补、大市场大规模发展提供理论依据,说明只有西部地区联合起来共同发展才是根本出路,各自为政的市场争夺与产业同质化竞争必然带来相互制约和短视化发展的损失;协作生产理论为其产业合作、区域内分工与差异化发展提供理论依据,打破地域限制才能做大规模、提高市场份额,推动西部地区整体发展和全面提升;协调发展理论为其区际合作与区域平衡发展提供理论依据,尤其是乡村振兴帮扶集中区必须整体、系统地推进,不然就可能带来扶了东家降低了西家的收入,产生"跷跷板"效应,据此也会带来部分居民以被帮扶为荣,抢夺帮扶资源的不正常现象。

可持续发展理论是西部地区生态环境保护与乡村振兴协同推进机制的目标性理论支撑。乡村振兴促进发展作为西部地区的当下急需,是基本的生存和发展需求,生态环境保护就是落实"生态宜居"要求,通过协同推进机制和绿色发展抓手把生态环境保护纳入乡村振兴的内在体系,其目标就是乡村振兴及其现代化不能以生态环境损失为代价、乡村振兴战略及其之后依然需要持续发展,因此,可持续发展理论的长期、可持续发展要求把生态环境保护及其绿色发展内化为西部地区乡村振兴及其现代化的内在需求与长期发展目标,通过人与自然和谐共生的永续发展,实现人与自然和谐共生的现代化。

第一节 系统论理论依据

长期以来我们都是局部思维模式或点状思维模式,把我们的思维聚在某个点、某个面、某个段或某个位上,导致"只见树木不见森林"的判定和施策,于是出现了"脚痛医脚、头痛医头"的片面或短视行为。因此,需要以系统论理论为指导,进行系统、全面、动态、长效的思定和设计,形成全方位的、立体式的理论构架和链条化的施策机制。

一、系统范畴及其特征功能

(一) 概念解析

系统论属于系统科学的范畴,就是研究系统问题的理论或科学,其核心思想就是系统整体观,核心概念就是系统。系统一词源于古希腊语,意指部分构成了整体。贝塔朗菲把"系统"定义为:"相互作用的诸元素的综合体"①;我国著名学者钱学森指出,"系统是由相互作用相互依赖的若干组成部分结合而成的,具有特定功能的有机整体,而且这个有机整体又是它从属的更大系统的组成部分"②。可见,系统就是指各个要素或部分相互作用而形成的一个整体。

(二) 特征功能

系统具有整体性、层级性、关联性、结构性等特征功能。

1.系统的整体性特征

每个系统都是由要素组成的一个整体,没有要素不能构成系统,即使只有

---

① [奥]贝塔朗菲:《一般系统论》,林康义等译,清华大学出版社1987年版,第3页。
② 钱学森:《论宏观建筑与微观建筑》,杭州出版社2001年版,第56页。

一个要素的极端情形（应该是不存在的），那么要素也就是系统，各个要素的相互作用而使其具有了不同于各个要素、各个部分的功能，这个功能是整体性地发挥作用，而不是各个要素的简单相加。

2. 系统的层级性特征

系统与要素具有相对性，一个系统在更大的层级中可能仅仅是一个要素，而一个要素可能就是一个系统，往往我们觉得再也无法细分的要素，在科技进步条件下会越来越深入的剖析、细解，推动其不断进步和深化，就像人们对物质结构层次的认识一样，逐步地由物质认识到了分子、原子，甚至质子、中子、电子、原子核等。这样就形成了系统—要素（系统）—要素（系统）—要素……即系统套系统、"要素"（次级系统）含要素的层级性结构。

3. 系统的关联性特征

组成系统的各要素间肯定有某种关联性，而不管其关联性是已知的还是未知的。但是，毫不相关的要素就难以形成某种我们可以利用、想要得到的系统或结构，然而，如果我们找到其中的某种关联性或特性，就可以利用其特性建立起某种联系，如散沙建不起房屋，但加上水泥就能实现；水无形，但要是装入各种形状的容器中，就能组成各种形状的水，也可以冻结成各种形状的冰。因此，物物之间必有联系，关键在于联系的中介或介质是什么？中介链条的长短如何等，要素构成系统就是通过这些中介或中介链所组成的关联性建立起来的。

4. 系统的结构性特征

要素组成系统，但相同要素组成的系统却不一定相同，这是因为时序和要素数量组合的差异，导致了不同要素组成不同系统的格局，相同要素也可能组成不同系统或物质，就像碳元素构成了石墨和金刚石两种完全不同的物质，从而构成了丰富多彩的物质世界。系统结构决定了系统功能，从而使其在要素功能基础上有了结构功能，用公式来表示：

$$E = \sum_{i=2}^{n} e_i + P \qquad (2-1)$$

其中,E:系统的整体功能;e:系统各组成要素的功能;P:各要素所组成的结构功能。其中,$P \neq 0$,$P>0$ 是结构优化效应,说明系统的功能出现了优化,系统功能优于各要素的功能;$P<0$ 是结构弱化效应,说明系统的功能未充分发挥出来,要素之间出现了功能抵消和相互抵消、相互制约。

二、协同推进的系统论依据

系统论是西部地区生态环境保护与乡村振兴协同推进的理论依据,生态环境保护及其绿色发展是一个由多要素组成的子系统,乡村振兴也是一个多因素组成的子系统,两个子系统相互作用实现了二者的同步推进、协同发展。

(一) 西部地区的生态环境保护是系统工程

生态环境保护本身就是一个系统工程,是解决"要素(生态环境保护子系统)的要素"的整合能力与协同发展能力。党的十八大报告指出:"把生态文明建设放在突出地位,融入经济建设、政治建设、文化建设、社会建设各方面和全过程"[1]。西部地区的生态环境保护必须融入经济、政治、文化、社会等各个方面,进行系统性建设。

1. 系统理论支撑西部地区全面发展的观念变革

牢固树立西部地区推进生态环境保护就是惠及民众、促进发展的观念。正如习近平总书记所指出的:"保护生态环境就是保护生产力,改善生态环境就是发展生产力。良好生态环境是最公平的公共产品,是最普惠的民生福祉。"[2]推动传统观念变革既是一个长期过程又是一个系统工程,必须从系统

---

[1] 胡锦涛:《坚定不移沿着中国特色社会主义道路前进　为全面建成小康社会而奋斗——在中国共产党第十八次全国代表大会上的报告》,《求是》2012 年第 22 期。

[2] 《习近平在海南考察时强调　加快国际旅游岛建设　谱写美丽中国海南篇》,《人民日报》2013 年 4 月 11 日。

理论出发,扭转长期以来形成的高能耗、高污染、低产出、低效率的粗放式生产观念,转向可持续的绿色发展道路,要形成地方政府、生产者、消费者各方主体转变发展观念的共识,还要防止旧生产方式和消费方式的反复,把观念变革放在首位,形成全面系统建设观念,推动其持续发展。

2. 系统理论支撑西部地区生态环境保护的路径探索

西部地区生态环境保护的路径探索也是一个系统工程,必须全面性布局、系统化推进。西部地区的生态环境保护受制因素颇多,生态问题类型也多,因此,既需要系统设计绿色发展路径,统筹考虑各因素束缚,形成政策支持、惠及群众的最大公约数;又需要一区一策、一类生态问题一种发展策略,"推进生产和生活系统循环链接,加大废弃物资源化利用"①,"推进能源资源梯级利用、废物循环利用和污染物集中处置"②,尤其是要系统处理好脆弱生态如何围绕生态修复与生态环境治理发展绿色产业、优势生态如何在保护前提下开发生态资源发展绿色产业。既要紧抓传统产业的转型与升级,以产业改造、转型走上生态环境保护之路;又要充分抓住生态环境保护和乡村振兴政策机遇,全面布局乡村振兴帮扶县的产业结构,把生态环境保护厚植在区域产业布局上,实现其生态环境保护的全面推进、持续推进。

3. 系统理论支撑西部地区生态环境保护的保障体系构建

西部地区生态环境保护的实现也存在路径依赖,发展路径选择、实现路径保障、开展路径修复与变更等,每个环节都要受到多种因素的相互作用,各个环节间也存在相互的制约和衔接联系,这就需要从系统理论出发构建一个保障体系,综合考虑路径选择的最优和次优方案,路径实现中的各要素协同用力,以及实践进程中的路径修复与变更,并作出选择、推进与变更方案的成本

---

① 《中华人民共和国国民经济和社会发展第十三个五年规划纲要》,《人民日报》2016年3月18日。
② 《中华人民共和国国民经济和社会发展第十四个五年规划和2035年远景目标纲要》,《人民日报》2021年3月13日。

与收益分析,从而为西部地区生态环境保护提供最佳实现方案,因为生态环境保护与建设投入的长期性会抑制当地人们的投资积极性,必须通过产业化措施和协同推进机制,边投资边取得回报,以减轻持续投入压力。

4. 系统理论支撑西部地区绿色发展的长效机制构建

绿色发展本身就是基于资源环境约束提出来的可持续发展机制,是发展的长效机制。因此,必须从系统理论出发,结合西部地区的当前急需与长远发展要求,进行绿色发展长效机制构建,以巩固拓展脱贫攻坚成果,衔接乡村振兴战略,推动其在乡村振兴战略下的持续发展①,及其后续发展中建设人与自然和谐共生的乡村现代化。

(二) 西部地区的乡村振兴是系统工程

西部地区的乡村振兴也是一个系统工程,也是解决"要素(乡村振兴子系统)的要素"的整合能力与协同发展能力问题。中共中央、国务院《关于做好2023 年全面推进乡村振兴重点工作的意见》强调:"全面建设社会主义现代化国家,最艰巨最繁重的任务仍然在农村"、"强国必先强农,农强方能国强",农业强国建设必须做到"供给保障强、科技装备强、经营体系强、产业韧性强、竞争能力强"。必须继续"巩固拓展脱贫攻坚成果",要求"研究过渡期后农村低收入人口和欠发达地区常态化帮扶机制"。可见,乡村振兴前接"巩固脱贫攻坚成果",后续"农业农村现代化"建设,更是一个长期、持续的系统性工程。

1. 帮扶区域聚集需要区域联动协同推进

西部地区曾经是集中连片特困区最集中的区域,现在又是乡村振兴帮扶县区的集中区域,160 个国家级乡村振兴帮扶县全部集中在西部地区,这就需要区域协同治理、联动推进、整体提升。一是聚集资源,让同区域的优先资源、特色资源集中起来,统筹谋划、共同开发利用,以形成乡村振兴发展的资源合

---

① 董帅兵、郝亚光:《后扶贫时代的相对贫困及其治理》,《西北农林科技大学学报(社会科学版)》2020 年第 6 期。

力;二是统一市场,对接全国统一大市场建设,开展联合共建区域性市场,扩大特色产品市场半径,推动特色产品品牌化发展,提高市场影响力、市场占有率;三是集中人才,消解人才短缺弊端,破解引才难、留才更难困局,搭建邻域相互支持支撑的人才平台、技术市场,形成互为所用的人才支撑体系,提高被帮扶区产业的科技含量、产品的生态含量,助推其走上高质量发展轨道。三个联动协同打破过去的资源分散、市场狭小、人才紧缺局限,形成资源聚合开发、市场扩容增量、人才集中配置,推动特色产业规模化生产经营、品牌化营销、高质量发展。

2.农业强国建设需要系统性的政策支持

农业强国建设是一项系统工程,围绕"五强"目标,必须"加强乡村振兴统计监测。制定加快建设农业强国规划,做好整体谋划和系统安排,同现有规划相衔接,分阶段扎实稳步推进",这就需要系统性的政策设计、统筹布局和全面推动。首先要强化农村基层组织建设,提高农村基层治理能力,形成乡村振兴的强大组织保障。其次是以农村集体经济组织为依托,适应并村扩容、远距离生产、机械化程度提高和数字经济发展等新变化,加强生产性服务、市场性服务和生活保障性服务体系建设,提高农村自我发展能力、治理水平和社会水平,建设美丽乡村和宜居乡村。再次是强化农村居民教育,树牢社会主义核心价值观,树牢新发展理念,树牢中国式现代化奋斗目标。最后是形成协调协同发展机制,打通邻域间的藩篱,形成区际协同发展的政策机制。

(三) 两个系统的协同推进具有结构效应

系统的重要特性是具有结构效应或系统效应,这种结构效应基于系统要素,但又不完全等同于系统要素,是不同于系统要素的一种新功能或效能,是单个要素所不具有的新功能,这才是要素组成系统的真正原因和根本必然性。马克思指出,"协作、分工、机器的使用,可以增加一个工作日的产品,同时可以在互相联系的生产行为中缩短劳动期间。……在某些部门,可以单纯通过协作的扩大而缩短劳动期间;动用大批工人,并在许多地点同时施工,就可以缩短一条铁路建成的时间"①,这就是系统有别于要素功能而形成的特殊效应——结构效应。西部地区生态环境保护与乡村振兴具有相互正向或负向推进的效能。所谓正向推进效能就是生态环境保护成为乡村振兴的推动力量,促进其经济社会发展和生态环境状况两个方面都得到不断改善,以生态文明建设为抓手推动乡村振兴和农业农村现代化建设;所谓负向推进效能就是生态环境保护与乡村振兴工作相互掣肘,生态环境保护与建设投入加大加重了人们的收入负担,也容易造成资源依赖,出现对生态资源的过度开发和生态环境的破坏,结果出现经济发展了生态脆弱性却加剧了的局面。西部地区充分利用生态环境保护与乡村振兴协同推进的结构效应才能真正实现二者的协同推进②,这种协同推进就是要把生态环境保护作为推动经济增长的内生力量和地方经济社会发展的内在需求。

1. 生态资源开发时间序列统筹上的结构效应

生态资源的开发必须考虑成本、收益和利润,绝不能今天开发获利明天就得用更大代价、更多资源去修复,这就是亏损的。生态资源中的可再生资源还可以通过培植、修复和重置再次得到,而不可再生资源则只有终止消费或寻求替代品。对可再生资源而言,其培植、修复的速度小于消耗速度,就会出现资源存量的绝对减少,如果存量资源无法满足当代人生产生活需要,抑或不可再生资源消耗殆尽又无可替代资源,人类就会陷入停滞的危机状态。可见,生态资源的开发成本必须包括当期各类资源的货币成本、修复或重置成本、资源稀缺性成本、替代培植与重置的时间成本。综合考虑这些成本,然后进行时间序列上的现期价值、预期价值现值与修复成本现值比对,以确定我们今天的生态资源开发是否具有长周期的盈利能力并保持资源的可持续利用。某项生态资

---

① 《资本论》第 2 卷,人民出版社 1972 年版,第 262 页。
② 唐萍萍、胡仪元:《绿色发展与脱贫攻坚协同推进的结构效应研究——以西部集中连片特困区为例》,《人民论坛·学术前沿》2019 年第 7 期。

源开发的现期收益若低于未来开发可获得的预期收益现值,就必须保护以使其未来有更大价值和更多收益;即使现期收益大于未来预期收益现值,但如果该生态资源是人类生存必备条件,今天消耗了明天还得恢复、修复和重置,若其修复成本现值高于现期收益也必须进行保护而不能开发或破坏。因此,西部地区以生态资源开发助力乡村振兴和农业强国建设就必须综合权衡生态资源现期价值、未来预期价值与生态修复成本,实现其开发时间序列上的结构效应,通过资源开发的时间序列规划,形成先开发与后开发、边开发边培植、先保护后开发、只保护不开发等各时间序列的合理搭配,组成优化结构,形成良好的生态资源开发结构效应。

2.生态资源共生共建共享发展上的结构效应

生态资源有其各自的生长规律,又存在相互间的协同共生。[①] 破坏其本身自有的生长规律,主观人为地增量或减量都难以成功,"拔苗助长"故事就是例子。因此,生态资源必须坚持保护与开发并重,以满足人类发展需要及其持续供给为前提,过度使用和开发就会使其存量绝对地减少,一旦减少到无法承载人类生产与发展的最低需求限量时就会出现危机,可见,生态资源开发要遵循规律循序推进,一定要在最低保有量基础上有条件地开发利用。从生态资源的共生性来看,有些关键性生态资源虽然数量充裕但也不能过度开发,这是因为该资源的存在是其他共生资源存在和发展的条件,削弱了就必然引致其共生资源恶性增长或衰退、消亡,如澳大利亚的兔灾。因此,生态效应是以结构性模式整体性地推进和发挥的,缺少其中任何一个环节、一个物种,或者某物种在其系统结构中处于劣势地位,都会像系统中缺少某个要素那样不能正常发挥效能,使生态资源的整体效能下降或衰弱。所以,生态资源开发既要考虑时序动态结构平衡,又要保证各生态资源的种群结构平衡,以使其发挥出共生共建共享发展上的结构效应。

---

① 胡仪元等:《流域生态补偿模式、核算标准与分配模型研究——以汉江水源地生态补偿为例》,人民出版社 2016 年版,第 189—191 页。

3.生态保护与乡村发展互动互促的结构效应

保护生态与发展经济这个看似两难选择,如果把生态保护本身作为产业来发展,就能既解决就业问题又解决收入问题,让绿水青山变成乡村振兴帮扶区、被帮扶户的金山银山,形成生态环境保护与乡村振兴互动互促局面,这就产生了生态环境保护与乡村发展协同推进的结构效应。西部地区的生态环境保护产业化发展有三种模式选择:第一,生态资源产业化开发。实际上,生态环境引起的经济发展落后有两种情形:一是生态脆弱性制约,生态环境恶劣造成了其生存、生产、生活困境,其解决之法一靠移民搬迁,换个地方生存发展;二靠"补短板",修复生态、改善环境或植入新资源,让其能够养活一方人。事实上,即使人搬走了,地理空间和生态环境还是在那里,不"补"终究是问题和短板,"补短板"就要资本投入、耗费劳动,就有了收入并形成收入效应,推动区域发展,改善和消除落后状况。二是优势生态的发展制约,由于长期的经济社会发展滞后,大量的生态资源没有开发没有污染,"存下了绿水青山",这就需要将其转化为金山银山。这些资源需要生态补偿以维护、保持其生态优势,提供持续性生态服务;对部分丰裕资源还可以适度开发,如开发水电、发展瓶装水和旅游产业等,其产业化开发带来了经济效益,解决了就业和收入,实现了保护与开发的并重发展①,有助于形成绿色可持续发展。第二,生态管护职业化。生态资源修复和管护既要投入资本,更要投入人力,尤其是专业化、职业化的劳动投入,结合生态资源管护与乡村振兴,就近就地雇佣家庭困难的被帮扶户为护林员、河道清理工等,能降低管护成本,节约工资投入及其管护者的交通和生活费用;又能提高受雇者的收入助力其解决生存生活困难;还能提高当地居民保护生态环境的责任心、主动性和积极性;职业化管护还有助于提高管护效率,获得资源综合效益②。第三,生态修复专门化。生态修复有两种

---

① 彭峰、刘耀彬:《内源性绿色减贫的治理逻辑与实现路径》,《学术论坛》2020年第5期。
② 万健琳、杜其君:《生态扶贫的实践逻辑——经济、生态和民生的三维耦合》,《理论视野》2020年第5期。

模式:自我修复和人工修复,前者是依靠生态自身的调节和恢复功能进行自我调节、自我修复;后者就是让人主动参与到生态修复中去,实施人为影响和人工修复措施。其中,自然修复是生态修复的前提与基础,人工修复必须建立在充分利用自然规律进行自然修复的基础上;而人工修复也是必不可少,因为生态环境达到需要修复的程度也就意味着其已经失去了自我修复能力,无法完成自我修复,或者自我修复无法跟上其破坏(衰退、消耗)速度,导致其在相对减少基础上的绝对减少,甚至最终消失。因此,必须紧密结合自然修复和人工修复两种手段。人工修复需要专门知识、掌握修复对象的基本规律和技术,发展生态人工修复,实现其专门化、职业化就能实现就业、增收与致富,以及其在乡村振兴下持续发展的有机结合。

4.生态资源开发与保护同步发展的结构效应

生态资源也存在因过多而出问题情形,以至于必须人工干预,矿物质丰富对人的健康有益,但过多就可能中毒或生病;有害生物能抑制某些生物生长而打破物种平衡,凤眼蓝就是"世界百大外来入侵种之一"。可见,部分生态资源必须施加人工影响以符合人的价值导向和利益需求,因为物的价值必须"满足主体的需要、符合人的利益"①,才是真正地发挥作用。因此,必须强化生态资源培植、修复与开发的技术支撑,形成资源开发和保护同步的结构效应。一是富裕、优质生态可以开发。可持续发展要求人与自然和谐共生,让自然生态服务于人类发展。以科学技术的力量让富裕、优质的生态资源服务于乡村振兴战略和农业强国建设,服务于全面现代化和人类可持续发展。加强人类对自然的科学探索,掌握其规律、把握其效能,开发有益生态资源、抑制有害生态;科学合理规划、布局生态资源利用,使其既满足当下需求,又不削弱后代人满足其自身需要的能力;推动优质生态资源价值转化的技术开发,按时序、有节制地规范开发,提升产品效能、提高其附加值,增加开发者收益。二是

---

① 汪信砚:《生态平衡与和谐社会的哲学价值论审视》,《社会科学辑刊》2006年第3期。

脆弱、受损生态必须培植修复。大自然或生物体有自我平衡和相互制衡的生态链,但破坏了生态链就无法自我修复,因为"对于一个已经被破坏的环境与生态就不能完全依赖于自然本身的自我修复,因为它们的修复功能连同它们本身一起被破坏和削弱了,要满足人类及其相应的经济增长的需要,就必须快速地修复自然,并提升其自我维持的能力和对人类的承载力"①,因此脆弱或受损生态必须注入人工培植和修复效能。

综上所述,生态资源开发能带来劳务收入和生态产品收益,能有效改善乡村振兴帮扶区的经济发展状况;脆弱或受损生态的培植和修复能带来劳务收入,连同其中生态产品开发收益,成为西部地区改善其经济发展状况的有效措施;加上技术进步带来的经济增长贡献,使生态资源培植、修复与开发产生了劳务收入、生态产品收益和技术开发收益,实现生态环境保护与乡村振兴的协同推进,产生了资源开发与保护同步发展上的结构效应。

第二节　协同发展理论依据

改变生态环境保护与经济发展割裂状态,让其内在地统一起来,就需要以协同理论为指导,以绿色发展为指向,把生态环境保护与乡村振兴统筹起来,形成二者相互支撑、相互促进、共同发展的协同机制。

一、协同发展及其特征功能

(一) 概念解析

"协同"一词源于古希腊语,有"同步、和谐、协调、协作、合作"之意,《说文解字》讲:"协,众之同和也。同,合会也"。协同是协同理论的基本范畴,是指两个或两个以上协同要素,协调一致地完成某个目标或某项任务的活动或过程。

---

① 胡仪元:《西部生态经济开发的利益补偿机制》,《社会科学辑刊》2005 年第 2 期。

协同理论又称为"协同学",属于系统科学的分支理论,是 20 世纪 70 年代发展起来的新兴学科。德国斯图加特大学教授,世界著名物理学家哈肯率先提出"协同"概念,认为世界存在有序和无序两种现象。首先,有序和无序两种现象是普遍存在的,其中,无序就是一种混沌状态,有序就是一种协同状态。其次,是相互转化的,无序向有序转化,使各协同要素相互配合、形成一个系统,产生一种更大力量、更大效应的结构效能;有序向无序转化,就使原来的结构(系统)崩溃,协同要素之间相互制约、功能相互抵消,出现内耗,不但没有整体效能,就连各要素的效能也无法充分发挥,这时就需要打破旧的结构或系统体系,组建新的协同体。最后,组建协同体,推动有序发展是自然界和人类社会发展的必要条件,相互协作才能使人类生产发展到越来越高的水平和层次,尤其是在当今社会,没有协同就没有人类社会的存在,孤独的个人难以存活和延续。哈肯的《协同学导论》和《高等协同学》著作成为该理论的奠基之作,研究了远离平衡态的开放系统从无序到有序的演变过程,揭示出了以自组织理论为核心的演化规律,即协同规律。打破了各学科间的界限,发现了学科间存在共性和相互融合规律,并以这种共性建立多角度的处理方式,提出了多维相空间理论。①

(二) 特征功能

生态环境保护与乡村振兴协同推进的协同发展理论依据具有协同要素决定协同类型、共同利益是联系纽带、制度安排决定协同效率等特征功能。

1. 协同要素是协同类型的决定因素

协同首先必须要有协同要素,单一要素因为没有协同对象而不存在协调一致问题,也就没有协同问题;多个互不相干的要素也无法协调一致或统一起来完成某个目标任务,因为协同要素之间必须要有可协同的依据、共性或条

---

① 张纪岳、郭治安、胡传机:《评〈协同学导论〉》,《系统工程理论与实践》1982 年第 3 期。

件,也就是说,协同必须是各协同要素所组成的协同体内进行的协同,不在一个协同体内就无法形成协同。协同要素决定了协同类型,根据协同要素的不同,可以把协同类型区分为同质要素协同和异质要素协同两种类型。

同质要素协同,是指需要协同发展的各个要素是相同的或近似的,是具有相同发展属性要素的协同。如秦巴山区既是过去的集中连片特困区、现在的乡村振兴重点帮扶集中区,又是秦巴生态功能区,有丰富的生态资源,这些同质的生态资源需要整合起来、协同起来发展,把区域间产业同质化造成的恶性竞争转换成协同发展的规模经济优势。① 因此,同质要素协同实际上是打破区域壁垒所形成的规模生产,依据规模经济效应实现既定资源下的产出最大化。

异质要素协同,是指需要协同发展的各个要素是完全不同的,是具有差异属性要素的协同。一个产业的发展必然是多种要素相互作用的结果,资源是前提,没有资源就没法生产;投资是纽带,是各个生产要素组合的黏合剂;劳动是根本,是生产由要素到产品的形成过程,是产品的创造过程;制度是保障,是一切经济秩序的规范与规则,是持续生产的保障条件。还有知识、技术等一系列要素,这些异质要素的相互组合才能形成相应的产出。异质要素协同是要素间的优势互补,能够产生结构效应和品牌效应。

2.共同利益是协同一致的联系纽带

协同体的组建必须围绕一个共同的目标和共同的利益,这是把各个要素统筹、协同起来的唯一纽带。第一,利益一致性是协同各方的出发点和归宿,没有利益激励就不可能实现协同。追求利益和利益最大化是每一个人或组织的本能,是其永恒性追求。司马迁在《史记·货殖列传》中就讲:"天下熙熙,皆为利来;天下攘攘,皆为利往"。追求利益是人类一切社会活动的动因,马

---

① 王红霞、谭建国:《产业集群与跨境电商协同发展的机理与路径研究——以长三角制造业产业集群为例》,《对外经贸》2023 年第 9 期。

克思强调:"人们奋斗所争取的一切,都同他们的利益有关"①,并说"'思想'一旦离开'利益',就一定会使自己出丑"②。西部地区的协同发展存在较大难度,必须有足够的、一致性的利益激励才能产生作用和效能。

第二,协同后的利益改善或收益增加是组建协同体的共同目标。协同效益的最终体现是协同前后的利益变化,这种变化必须出现帕累托优化:一种情况是在总收益不变的情况,通过优化利益分配方案,让一部分人在不降低其他人的收益和福利水平条件下,得到改善和提高。另一种情况则是总收益的增加,协同发展的根本利益在于协同后所产生的规模效应,通过集中资本、劳动力、土地等资源,把特色做成品牌、把规模做到最大,并以此带动周边农户发展。让协同后的利益改善或收益增加成为协同体的共识和共同目标,才能把低收入者吸引到协同体中来,也才能壮大协同体规模。

第三,均衡利益分割是协同体持续存在和发展的保障。孔子在《论语》中讲"不患寡而患不均,不患贫而患不安",分配不公降低了部分人积极性,利益均衡有助于激励绝大多数人努力。在西部地区,尤其是乡村振兴帮扶县集中区,制约发展的因素很多,收入增长难和条件改善缓慢,更需要建立利益均衡分割机制,确保不同区域间的协作、农户家庭间的协作、农民个人间的协作,形成生态环境保护与乡村振兴协同推进的利益均衡机制,因为"利益均衡是社会和谐发展的合理诉求,也是社会环境治理的价值所在"③,是西部乡村振兴帮扶区区际协同发展的持续存在和激励推进保障。

3. 制度安排是协同效率的决定因素

协同效率的改善与提高必须在既定目标任务下,依靠制度安排协同关联要素形成结构性合力。首先要围绕目标任务挑选协同要素,让关联的甚至是

---

① 《马克思恩格斯全集》第 1 卷,人民出版社 1956 年版,第 82 页。
② 《马克思恩格斯文集》第 1 卷,人民出版社 2009 年版,第 286 页。
③ 梁甜甜:《多元环境治理体系中政府和企业的主体定位及其功能——以利益均衡为视角》,《当代法学》2018 年第 5 期。

关键要素协同一致完成共同的目标任务,其他次要的、辅助的要素则做好支撑、配合工作,发挥出辅助和推动效能。其次是要统筹、协调好各协同要素,让各协同要素形成更加紧密的作用发挥机制,否则,即使是高度关联的要素也无法形成协调一致的效能。最后,协同要素共同作用所组成的协同体,实际上就是系统的结构效应,协同要素协调一致可能产生正向激励效应,同样也可能产生反向激励效应,这既取决于目标一致性认同,又取决于内在制度安排,好的制度安排能激励各个协同要素产生相互配合作用,形成协作共赢局面。

制度安排至关重要,作为正式制度安排和刚性激励机制,制度安排是协同效率的决定性因素。首先,是各个要素协同机制的制度性安排。区域协同发展以及土地、资源、财政、资金、税收、人力资源等各项协同要素的统筹必须得到制度允许和规范,使其"得以协同"和"能够协同",否则,要么是违反制度规定不允许的,要么是停留在纸面上无法实现的,尤其是土地资源问题,耕地红线和生态红线是不允许触碰的,即使规划、设计得再好,如果没有土地资源,所有规划和项目都将是空中楼阁,无法落地、无法实现,区域间的协同发展和要素间的统筹支配都是空话而已。因此,制度安排是协同得以实现的前提,是协同机制的正式安排与官方构建,在此基础上才有协同效率的产生与提高问题。其次,是对协同各方的有效激励与约束。制度性安排必定明确规定鼓励提倡什么和禁止限制什么,如果不把生态环境保护和乡村振兴发展纳入强制性的制度约束,那生态保护与生态修复就不可能得到强制性执行;同样,农业农村现代化和乡村振兴也只能缓慢推进。以共同的制度安排能在跨区域、跨主体合作上形成共识和共同目标,为其协同推进提供制度保障,能降低协同推进和要素统筹的制度摩擦与地方利益保护障碍,提高协同的意愿达成效率和机制运行效率。再次,是制度安排有利于考核和综合评判。所有投入都应该有产出,所有投入产出和政策措施都应该有效率评价,而效率评价的首要依据就是事前性的制度安排。其优势在于目标明确、标准既定、事前确定,从而能有效凝聚力量按制度安排推进西部地区生态环境保护与乡村振兴的协同发展,减少了发展探索中所遇到的各种障碍和制度调整所造成的各种不确定性成本。但是,制度安排本身的合理性是其能否协同起来、改善和提高协同效率的关键,一般来说,任何制度都存在弊端和有需要完善的地方,而总体上好的制度具有更多的正向激励效应,从而起到推动工作、增强激励、提高效率的作用。因此,西部地区生态环境保护与乡村振兴的协同推进需要相应的制度安排,以激励各主体的积极性,推动投资、市场等外部环境秩序的改善和优化,也为其协同效率的考核和综合评判提供有效量纲。

二、协同推进的协同论依据

协同理论是西部地区生态环境保护与乡村振兴协同推进的理论依据,生态环境保护与经济能够协调发展必须建立在一定经济发展水平基础上,"当人们的收入水平很低的时候,温饱是第一位的,生活质量在其次,而一旦收入水平提高,就必然对生活质量提出巨大和更高要求。在当前生态供给越来越困难的条件下,对生态资源的占有、对绿色产品的需求就是生活质量提高最集中的体现"[1]。西部地区需要协同理论指导,走"科技强农、组织联农、城市带农、绿色兴农"的道路[2],统一生态环境保护与经济发展问题,使其小资源、小市场、小区域统筹联动发展,提高其资源、市场与区域整合能力;把农户的零星、少量、分散、短期资金统筹起来使用,提高资金供给能力与抗风险能力;把生态保护与产业发展统筹起来,形成相互支撑、相互促进的协同推进机制。

(一) 市场协同聚集资源做强规模优势

西部地区资源的重要特点是种类丰富,但单一品种的资源规模小。以秦

---

① 胡仪元等:《流域生态补偿模式、核算标准与分配模型研究——以汉江水源地生态补偿为例》,人民出版社 2016 年版,第 177 页。

② 刘明辉、乔露:《农业强国目标下乡村产业振兴的三重逻辑、现实难题与实践路径》,《当代经济研究》2023 年第 9 期。

巴山区为例,其矿产资源与动植物资源储量种类多,但储量小,大规模开采加工、种植开发的少。汉中是天麻的原产地,也是全国野生变家栽技术的发源地,全市培植天麻230万窝,年产量20万公斤,占全国46%以上,其天麻素含量高达1.5%,比国家药典0.92%高出63%,以汉中2018年30元/斤价格计算,才0.12亿元产值,占全市当年GDP1471.88亿元的比重仅0.008%,无法成为区域发展的产业支柱。

秦巴山区特色资源开发受限的原因有三:一是生态约束,由于地处秦巴生态功能区和南水北调中线工程水源区,生态环境保护的意义重大,要求严格,具有污染性的矿产资源开发受到限制、减少生态资源存量的行为受到限制、源头截流开发受到限制,始终得把保生态、保水资源供给放在首位,产业发展必须坚持"生态优先"原则。二是产业规模约束,资源种类多但每一种资源的产出规模小,无法进行大规模生产。三是土地资源约束,秦巴无闲草,每类资源都有其独特优势、都可以成为独具优势的竞争性产品,却因土地资源数量约束,单一品种资源都难以大规模种植,更别说多种资源的同时耕种、全面开花了。其破局之策只能是市场协同,聚集资源统筹使用:让每种优势资源都选择一个主产地,其他区域配合,从而形成优势资源产出向一个个主产区集中,形成规模生产、种养加工与销售一体化的发展格局,这种错位发展有助于消除市场和产品同质竞争带来的弊端。

(二) 能力协同积少成多破解发展难题

从经济发展能力角度看,西部地区的发展受限主要基于两个重要难题:投资能力弱和抗风险能力弱。投资能力弱体现为其自有资本缺乏、弱小、分散,无法完成自我筹资、聚资、融资的任务;自有资本不足难以吸引外部资本注入,从而筹资比较艰难。抗风险能力弱是由资本弱小市场竞争能力低下引起的。因为资本弱小经不起市场冲击,一旦市场需求减少和商品价格下降,农户的投资就会受损;作为小资本投资,市场风险带来的损失必然在其总资本中占据较大份额,相对于稳定投资和其他职业性投资,损失比率高或收益率低就会导致其投资方向发生转移,这就是西部地区本来就少的资本还大量外流的原因。2022年,汉中"年末金融机构各项人民币存款余额3034.60亿元",而贷款余额仅为1293.42亿元,存贷差达1741.18亿元①,"长期过度资金外流,既不符合国家倡导服务当地、服务'三农'的目标,也不利于机构获取长期利益"②;农户小资本投资也无法同大资本竞争,从而处于市场竞争劣势,从而使农户农业投资的抗风险能力进一步弱化。

化解西部地区农户投资能力弱和抗风险能力弱难题的出路在于:能力协同,具体包括三个协同。一是积少成多资本集中起来,实现发展资本运用协同。建立投资风险兜底机制,把农户的小资本集中起来,有效消解资本短缺与资本外流共存的不正常现象,让小资本共同使用、规模经营、共担风险,那就能带动一大片农户共同参与乡村振兴。二是统一经营农户联合起来,实现农户生产行为协同。要把农户联合起来,首先是把土地集中起来,让部分人种地、部分人加工贸易、部分人劳务输出、部分人享受政府低保,就能在政府帮扶、自我发展和相互扶持的基础上实现共同发展。农户生产行为的协同,让职业农民种地、有经营管理才能的人办企业搞加工和销售、有一技之长的劳动者劳务输出、一般劳动者进厂做工人,实现劳动力资源的最大化使用,农户整体收入水平就能提高,才能推动西部地区乡村振兴帮扶县集中区农户的振兴发展与现代化建设。三是通盘布局区域协作起来,实现区间协同。在乡村振兴重点帮扶集中区率先开展村级区划调整和土地的统筹规划,把更大区域的土地集中起来使用,实现特色资源开发与优势产业发展的规模化和高质化。实现"农民专业化、农业规模化、农村合作化"。首先是农民专业化,通过培训和职

---

① 汉中市统计局、国家统计局汉中调查队:《汉中市2022年国民经济和社会发展统计公报》,《汉中日报》2023年3月31日。

② 谭燕芝、刘旋、赵迪:《农村金融网点扩张与县域资金外流——基于2005—2012年县域经验证据》,《中国经济问题》2018年第2期。

业教育双措并举,造就一支有文化、有技术、有职业资格的新型农业生产者队伍——职业农民,让职业农民开展农业生产,全面改造传统农业,有效提高产品质量、产出效率和市场收益。其次是农业规模化,彻底打破土地碎块化状态,通过土地集中实现农业生产的规模化经营,也可以跨区域合作,让更多的村加入到某一品牌产品的生产经营中来,使农业生产也得到规模经济效益回报。最后是农村合作化,分散的小农经济已经严重不适应现代经济社会发展的需要,须走有组织化、规模化的农业生产道路——把分散的农户组织起来,形成专业合作社,实现规模生产经营;开展产业合作,以科学合理的区域产业分工,实现区际间的产业分工合作,有效避免产业的同质化竞争;开展生产环节合作,把一二三产的生产统筹起来,在初级的种养基础上开展农产品的深度加工,建立数字经济平台,把绿色、健康、无污染的优质绿色产品远销到大城市和海外市场,建立集生产、深加工、仓储物流和营销于一体的产业融合发展模式;开展区域与主体间的合作,建立优质种养基地、联营加工企业和定向销售市场或客户群体,实现区际合作,以及生产基地、加工企业与销售市场间的合作。化解两个能力弱难题,实现协同解决生态环境保护与乡村振兴问题,可以暂定“三个80%”的近期目标:第一个80%,就是把80%的农户组织起来,建立专业合作社,通过分工协作,让农民工人化、专业化生产,造就一批职业农民;第二个80%,就是把80%的土地集中起来,通过土地的统筹规划与合理布局,实现规模化生产,以及种养、加工、销售一体化发展;第三个80%,就是把80%的资本利用起来,有效解决西部地区发展的资本短缺问题。

(三) 产业协同推动生态经济同步发展

党的十八大以来,建设生态文明和美丽中国快速推进,“绿色发展成效明显,生态环境质量持续改善”[①]“生产方式和生活方式绿色化转型取得重要突

---

① 董峻、高敬:《生态环境质量持续改善美丽中国建设日新月异——党的十八大以来我国生态文明建设成就综述》,《光明日报》2018 年 5 月 23 日。

破",有力地支撑了高质量发展。① 但是,西部地区在生态环境保护上还存在两类突出情形:一是历史遗留下来的生态脆弱与环境恶劣,如西北干旱生态脆弱区、西南石灰岩山地脆弱区②等,历史累积的生态问题,让其不仅自身生存条件恶劣,还给周边带来不断恶化的生态影响,不加以人为干预难以遏制其漫延势头,这类生态脆弱地区需要的是生态修复型保护,如毛乌素沙漠的治理使其变成了"毛乌素绿洲",成为了西北最重要的生态屏障。③ 二是好的生态环境的保护问题,这是一类"后污染"或没有来得及污染的地区④,在不可预知(不能精准预期到破坏生态带来的影响到底有多大和修复破坏生态需要多大成本)和不可破坏的背景下,还没有开发的生态资源不得开发和破坏,并要稳步加强其生态功能。秦巴山区的大部分生态环境问题都属于这种情形,尤其是作为南水北调中线工程水源地的陕南地区,一方面是优美的生态、丰富的生物多样性、充足的水源;另一方面却属于秦巴山区和川陕革命老区,全陕西省乡村振兴帮扶县都集中在陕南,乡村振兴帮扶任务极重、保护好水源的任务也一样重。要把生态环境保护与乡村振兴的双重任务统筹起来解决,以生态补偿为抓手⑤,通过产业协同推动生态与经济同步发展,走上绿色发展轨道,具体包括三个协同。

1. 生态之间的协同

生态资源间具有共生性,包含了区域间的共生、种群间的共生、人类社会

---

① 郑振宇:《党的十八大以来生态文明建设的主要成效与基本经验》,《福建省社会主义学院学报》2020 年第 5 期。

② 兰岚:《中国西部生态脆弱区的空间格局及其现状研究》,四川大学硕士学位论文,2005 年。

③ 龚仕建:《"毛乌素绿洲"的生态奇迹》,《人民日报》2020 年 5 月 14 日。

④ 胡仪元:《西部经济跨越式发展的模式选择——生态学的视角》,《西南交通大学学报(社会科学版)》2004 年第 5 期。

⑤ Yu Yuyang, Li Jing, Han Liqin, Zhang Shijie, "Research on Ecological Compensation Based on the Supply and Demand of Ecosystem Services in the Qinling-Daba Mountains", *Ecological Indicators*, 2023, Vol.154.

的共生、人与自然的和谐共生四个方面,使生态资源间形成"相互依存、依赖、共同成长、进化"的共生关系。① 在西部地区要系统解决其生态环境保护与乡村振兴问题,就必须要有人力介入:修复脆弱或破坏的生态环境,或者保护良好生态环境不被破坏。以生态保护、生态修复为主的人力介入,如果能够发展为参与者的工作职业和乡村振兴发展的手段,就能把生态环境保护与乡村振兴协同起来推进。

　　人力介入的主动生态保护行为,如何根据生态资源间的共生性,实现生态间的协同发展呢?首先是协调生态资源物种间的平衡。各生物物种间是相互依存的,每一种生物物种都无法离开其他生物而单独存在、繁衍和发展,如蜜蜂依靠果树花粉酿蜜,果树也因蜜蜂传递花粉而提高果子结实率;当然生物世界也存在相生相克的现象,通过抑制某些有害生物而维持着生物间的平衡。因此,无论是修复受损生态环境还是保护良好生态环境都应该尊重生态资源本身的成长规律、掌控生物资源间的习性,根据物种的习性和相互关系进行科学培植,实现各生物资源间的相生相宜相促发展,以提高生态资源的整体效益。其次是协调生态环境区域间的平衡。区域间也是相互依存的,即使处于生态资源优势区位,也必须与劣势区位合作,否则,生态劣势区位因"'无力修复'所造成的生态危机也会被其他区位无可避免地'共享',就像黄沙可以蔓延到北京一样被'共享'"②,统筹区域规划与土地资源利用,让相邻区域的生态资源能够相互促进,把一片一片小区域的生态资源连结起来,只有足够大面积和足够多数量的生态资源才能有效发挥生态效应,这就是"独木难成林"的道理,一棵树不但挡不住风沙还会被风沙吞噬。最后是协调生态修复与生态保护的关系。破坏生态必须修复,因为破坏了的生态,必须有人力的外部作用

---

　　① 胡仪元等:《流域生态补偿模式、核算标准与分配模型研究——以汉江水源地生态补偿为例》,人民出版社 2016 年版,第 189 页。
　　② 胡仪元:《西部经济跨越式发展的模式选择——生态学的视角》,《西南交通大学学报(社会科学版)》2004 年第 5 期。

修复以使其恢复到能够自我发展的程度,由于破坏生态的影响让人们看得到、感受得到,也容易达成生态修复共识;但是,良好生态的保护问题往往被忽视,因为其破坏性和消极影响还没有发生,或者未被人们感受到,而其破坏后的影响和修复成本都是难以预期和估量的,因此必须提前介入、提早保护;如果等到汉江上游的生态破坏了、水断流了才来保护,那下游和庞大的南水北调中线工程就无法承受其影响了,所以,生态修复与生态保护必须共同发展、共同进步,才能实现生态资源间的协同发展。

2. 产业之间的协同

按照循环经济发展方式统筹布局秦巴山区的产业发展,合理布局产业、推动各产业间的协调发展。首先,在矿产资源开发上坚持资源开发与生态修复同步。秦巴山区有丰富的矿产资源,以汉中为例,境内已探明储量的矿产 62种,产地 293 处。其中有 9 种矿产资源居全国前十位,玻璃用石英岩储量17448 万吨、石棉储量 45392 万吨、海泡石储量 2860 万吨、化肥用蛇纹岩储量42007 万吨、冶金用白云岩储量 43207.5 万吨、镍矿储量 297347 万吨、冶金用石英岩储量 4752 万吨、锰矿储量 1167 万吨、膨润土储量 6292.6 万吨,勉县、略阳与宁强"金三角"地区,被李四光先生誉为"中国的乌拉尔",是全国五大黄金生产基地之一。矿产资源开发是当地的重要产业和国民收入之一,但是,其开发必然带来生态环境破坏,尤其是植被破坏和土壤的金属污染。因此,必须严格执行"三同时"要求,在开发时同步开展生态修复,如矿坑回填、植被恢复、土壤污染治理、尾矿处置等,只有同步推进生态资源开发与生态环境修复才能实现生态环境保护与乡村振兴的协同推进,实现绿色发展。

其次,在绿色工业发展上坚持技术进步与污染治理并举。国务院《工业转型升级规划(2011—2015 年)》要求"促进工业绿色低碳发展",实现"设计开发生态化、生产过程清洁化、资源利用高效化、环境影响最小化"[1]目标;《中

---

[1] 《国务院关于印发工业转型升级规划(2011—2015 年)的通知》,《中华人民共和国国务院公报》2012 年第 4 期。

国制造 2025》为如何发展绿色工业提出了量化要求;国家环境保护部于 2015 年 9 月 9 日发布《新常态下环保对经济的影响分析》报告,分析了环保产业四重利好,即"直接拉动经济增长""驱动产业转型升级""带来新的经济增长点""减少因污染造成的健康和经济损失"。国家发展和改革委员会印发《丹江口库区及上游地区经济社会发展规划》,基于丹江口库区上游地区产业发展基础,提出了"逐步形成以生态农业为基础、制造业为主体、服务业为支撑的环境友好型产业体系"的产业发展目标。"三线建设"以来,汉中等汉江上游地区逐步形成了比较完整和规模较大的工业体系,为国家和区域经济社会发展提供了强有力的支撑。但是,适应国家"十三五"规划关于绿色发展和生态文明建设与"十四五"规划关于"协同推动生态环境保护和经济发展,打造人与自然和谐共生的美丽中国样板""推动经济社会发展全面绿色转型,建设美丽中国"要求,必须进行产业转型升级,走绿色工业道路。要实现绿色工业发展,除了把好新建企业环境保护要求门槛外,更多更大的问题是旧企业的绿色转型。企业发展离不开技术创新,这是企业竞争力,甚至是其生存的根本保障;但是,除提高效率的技术创新外,还需要污染治理和绿色环保技术的创新,把生产环节的环境污染消化在企业内部,实现绿色工业发展上技术进步与污染治理的并举。

再次,在生态农业布局上坚持区域分工与适度规模协调。生态农业是西部地区绿色发展,尤其是水源区绿色发展的必然要求和根本发展方向,但是,受地理环境约束和生态环境保护要求,秦巴山区的大部分山地都是 25 度以上坡地,都属于退耕还林还草范围,耕地面积也将会随退耕还林还草而减少,这就让任何品牌的农产品规模生产都成为难题。因此,需要按照总部经济模式,在乡村振兴建设和培育经济总部,让同一产品向一个个总部集中,通过强有力的区域分工规划,把即使地理特性相同、相似的不同区域打造成经济发展的一个个极点,以极点带动周边区域发展,从而形成区域分工与适度规模协调发展的格局。①

---

① 任阳军、田泽、梁栋等:《产业协同集聚对绿色全要素生产率的空间效应》,《技术经济与管理研究》2021 年第 9 期。

最后,在生态旅游发展上坚持环境容量与发展规模适应。人类的生存与发展需要物质资料和活动空间保障,没有物质资料,人就没有了进行物质能量交换的对象,作为物质体也就无法存在;人作为物质体也必然经历时间、占用空间,时间和空间的占用是人自身存在性的外在证明。对于生态环境而言,每一个人的生存也需要自然生态系统提供相应的生态位置,就是"生态占用"或"生态足迹",既保证维持人生存所需要的最低生态资源供给,又为人消费的生活废弃物提供吸纳场所。在西部地区有优美的生态环境,发展生态旅游成为众多县区的首选产业,也成为近年来旅游业发展的热点,但是,随之而来的是"拥堵"问题——车的拥堵、人的拥堵和消费垃圾的堆积,导致旅游消费满意度下降,人为的环境损害加大。作为西部重点发展的产业之一,生态旅游必须推动高质量旅游,充分利用现代技术,控制好旅游人口流量,让人口流量与环境容量相和谐、相适应,如通过网络预约均匀分配客流量;同时,综合设计、全域规划、配套齐全,让游者的吃、住、行、游、玩与旅游商品消费同步发展,做亮品牌让老游客带来新游客,形成口碑消费效应。

3. 生态与经济协同

人类社会的可持续发展必须建立在自然可持续发展、人口可持续发展、经济可持续发展的基础上,以及在此基础上的人与自然、生态与经济的协调发展,对于西部地区而言,生态与经济的协调发展已经不够了,而必须是二者都要发展、都要提升,形成二者同步、共进的发展格局,形成协同发展局面。

首先,经济发展要建立在生态环境承载力基础上。超越生态环境承载能力的发展肯定是不可持续的,在人口膨胀、经济发达、科技进步的今天,可以说人类足迹已经遍及了其所能达到的最大限度,因此,也就不存在经济发展低于和刚好匹配生态环境的承载能力状况,而是经济发展能力超越了生态环境的承载能力,大中城市拥挤不堪的交通和居住条件充分地展现了这种状况。但是,在西部地区却不同,所面临的首要问题是经济发展不充分的问题,也就是说,必须在自然资源承载能力限度内尽快提高经济增长总量,从而建立一个围绕自然资源承载能力及其不断强化提升的经济增长机制。

其次,生态环境需要培植以提升其整体生态效能。生态与经济的协同发展必然是一个互促机制:经济对生态发展的促进、生态对经济发展的促进,如果一味地降低经济发展能力以被动适应生态环境的承载能力,那是消极的、被动的和不切实际的,我们要的不仅是经济的发展,还要提升生态环境本身的承载能力,以使其能够承载越来越庞大的经济发展能力。对于西部地区而言,必须从总体效应上把控其生态环境承载,一要加快生态修复,补齐生态环境资源短板。按照"木桶原理",一个木桶所能盛装的最大水量由其最短的木板决定,对于西部地区的那些生态脆弱地带,其发展受制于生态环境的脆弱或恶化,恶化的生态环境就是其经济社会发展的短板,不加强其生态修复连人的生活生存环境都十分恶劣,更无法承载起经济发展推动乡村振兴的生态需求;生态修复补齐了脆弱生态的短板,也就强化了其整体生态承载能力,并对邻域产生好的生态效应辐射,强化周边生态效能或推动其生态修复。二要保护优势生态资源,最大限度地发挥其效能。价值是属人的,即使是原始的大自然、生态生物资源,具有与生俱来的满足人需要的特性,但是,"其满足人类需要的属性、方式、方法、程度等等,都要依赖于人的发掘、赋予和实践"①,因此,优质生态资源就必须要让其发挥效应,在保护的同时最大限度地满足人的发展需要。人的发展集中体现在人对工具的创造能力、自然的驾驭能力和财富的生产能力,开发物的有用属性满足人的需要本身就是人类进步的体现,人对自然创造能力的提升创造了大量的物质财富和精神财富,并通过工具进步让人不断从繁重的体力劳动中解放出来。对于西部地区那些生态资源富足、优质的区域而言,生态保护能力与开发能力应同步发展,让生态资源变成经济资源、让生态价值转换成经济价值、让绿水青山变成金山银山,这样才能实现把生态环境保护与乡村振兴真正协同起来、可持续性的发展。三要不断更新生态资

---

① 胡仪元:《生态补偿理论基础新探——劳动价值论的视角》,《开发研究》2009 年第 4 期。

源,提高生态资源综合效能。物的利用需要人的发掘,生态资源本身虽有自适应能力,能够随着环境、气候变化而不断成长和进化,提高自身的生存适应能力。但是,这个自我进化过程比较缓慢,尤其是适应人口的快速增长与人类生产力发展的需要显得那么不协调,这就需要人类技术进步在生态资源更新上发挥效能,就像水稻的亩产变化一样,袁隆平院士培育的杂交水稻达到了超1000公斤的亩产水平,创造了世界纪录。生态资源的生态效能也需要在科学技术推动下进行更新,让其综合效能提升,无论是生态修复、生态资源培育还是现有生态资源更新,都应该有科学技术的支撑,让重置或更新的生态资源在效能上远远高于已有生态资源,才能促使其通过更强大的生态效能释放承载更多的人口和经济社会发展。尤其是在汉江水源区,必须要有更能涵养水源的林木树种,否则,即使提高了森林覆盖率,也不一定能涵养住水源、保障南水北调中线工程水质与水量。

最后,生态培植投入与经济发展抑制损失须补偿。资源耗竭、环境污染和生态破坏是制约经济社会可持续发展的关键瓶颈,"靠山吃山靠水吃水"的传统资源消耗式生产方式已经不能继续,必须保住绿水青山这个最大的资源。因此,西部地区的乡村振兴帮扶必须在生态保护这个前提下进行,这就需要通过协同推进,既培植生态又抑制因经济发展带来的生态破坏,从而形成"同步推进、协调发展、和谐共生的共时性局面"①。生态培植就需要成本投入,就会抑制经济发展,尤其是杜绝污染性企业落地就必然遭受经济损失,这些成本投入和发展机会损失成本就应得到相应补偿。没有外部资本注入的生态补偿,秦巴山区乡村振兴重点帮扶县的生态还存在进一步恶化的可能性,因此,阻断生态破坏链条传递需要生态补偿资金的"四两拨千斤"效应。

---

① 刘金海:《中国式农村现代化道路探索——基于发展观三种理念的分析》,《中国农村经济》2023 年第 6 期。

第三节　协作生产理论依据

　　资源多但不成规模、地广人稀却适宜耕种的土地少、资金和劳动力外流严重、基础设施建设滞后,使西部地区的生态环境保护与乡村振兴更需要协同发展,因此,需要以协作生产力理论为指导,统筹资源、资本和劳动力,推动区域、资本与劳动力的协作生产,形成有限资源的集中、综合使用,发挥资源的规模效应和综合效益。

一、协作生产及其特征功能

(一) 概念解析

　　亚当·斯密在探讨劳动分工效率时实际上就研究了协作生产力问题,他指出:"一个工人,如果没有受过这种职业(分工的结果,使制针成为一种专门职业)的相当训练,也不知道怎样使用它的机械(发明这种机械估计也是分工的结果),那么即使再努力工作,一天也许也造不出一枚针,当然更不可能造出 20 枚了。但是现代商业已经使这种工作成为专门职业,并且将这种工作分成若干工序,其中大多数也同样成为专门的职业。……如果他们不分工合作,不由每个人专门操作某道工序,那么不论他们怎样努力,一天也不可能造出 20 枚针,说不定连 1 枚也造不出来。他们不但造不出今天由适当分工合作而造成的数量的 1/240,就连 1/4800,估计也制造不出来。"马克思在《资本论》中引用亚当·斯密观点后指出"在他那时候,10 个男人分工合作每天能制针 48000 多枚。但是现在,一台机器在一个十一小时工作日中就能制针 145000 枚。一个妇女或少女平均可以看管 4 台这样的机器,因此,她用机器每天可以生产针近 60 万枚,每星期就可以生产 300 多万枚"[①],并据此提出了协作生产

---

　　① ［英］亚当·斯密:《国民财富的性质和原因的研究》,郭大力等译,商务印书馆 1997 年版,第 67 页。

力理论。

什么是协作生产力？马克思说："许多人在同一生产过程中，或在不同的但互相联系的生产过程中有计划地一起协同劳动，这种劳动形式叫做协作"，"在所有这些情形下，结合工作日的特殊生产力都是劳动的社会生产力或社会劳动的生产力。这种生产力是由协作本身产生的"①。马克思在《资本论》中引用约翰·贝勒斯《关于创办一所劳动学院的建议》说："一吨重的东西，一个人举不起来，10个人必须竭尽全力才能举起来，而100个人只要每个人用一个指头的力量就能举起来"②，因此，"结合劳动的效果要么是单个人劳动根本不可能达到的，要么只能在长得多的时间内，或者只能在很小的规模上达到。这里的问题不仅是通过协作提高了个人生产力，而且是创造了一种生产力，这种生产力本身必然是集体力"③。可见，协作创造了一种新的生产力——协作生产力④，就是很多人有计划、有组织地协同劳动所产生的能够超出个体劳动者劳动能力与劳动效率的生产能力。

（二）特征功能

生态环境保护与乡村振兴协同推进的协作生产理论依据具有分工的协同劳动、系统结构正效应、要素生产能力提高、依赖管理制度效力效能等特征。

1. 协作生产力的前提是分工基础上的协同劳动

协作生产力首先是多人的合作与协作劳动，许多人是其前提，否则谁跟谁协作？就没有了主体。有了许多人才能分工，有了分工才需要进行协同劳动。

首先，协作劳动的主体是协作团队。它解决的是谁来协作，以及跟谁协作的问题。这些人还必须是一个整体或团队，他们的区别在于团队既要有负责

---

① 《资本论》第1卷，人民出版社2004年版，第529页。
② 《资本论》第2卷，人民出版社2004年版，第378、57页。
③ 《资本论》第1卷，人民出版社2004年版，第378页。
④ 胡仪元：《生产力的系统结构——兼论协作的生产力性质》，《怀化学院学报（社会科学）》2003年第1期。

人,又要有共同的工作目标和行为准则,就是团队负责人带领团队成员为一个共同目标而努力奋斗,如果一个工厂是一个团队,那工厂负责人就是团队的负责人、工厂的产出和企业的生存发展就是团队的工作目标。团队也像系统一样有大有小,大团队中有小团队,一个企业的生产部门、销售部门、技术部门也就是一个个的小团队。因此,团队作战的关键是带头人,以及由此所形成的共同目标、管理机制和利益激励。否则,就是一群人而已,没有战斗力的一盘散沙。

其次,协作是分工的联结纽带。协同劳动必然在分工基础上进行,一个人可以"时而缝时而织",把自己的劳动区分为不同的种类,但是,这并不是社会分工,因为"这两种不同的劳动方式只是同一的个人劳动的变化,还不是不同的人的专门固定职能,正如我们的裁缝今天缝上衣和明天缝裤子只是同一个人的劳动的变化一样"①。社会分工是在不同人之间,把每一个人的劳动变成一个部门的劳动、一种新的劳动形式。这样一来,每一个个人的劳动就只能是社会总劳动中的一部分,不同的劳动和不同环节的劳动必须配合、协调起来才能完成一个总的劳动或整体性劳动,配合或协调的效率效果决定着最后的总体效率效果,如果给 12 毫米的螺杆造一个 13 毫米的螺帽,肯定是无法使用的。因此,分工才有必要把处于各个部分或环节上的劳动协同起来,协作是各分工劳动的纽带。

最后,共同目标是协作劳动努力的方向。协作劳动是把同一个劳动区分为各个不同的环节或部分,这个同一劳动就是整体劳动或总体劳动,这里既要明确总体劳动是什么? 用共同的生产目标和质量标准把这个总劳动统筹起来,才能形成步调一致的劳动结果;又要合理地进行劳动分割,能够把一个劳动分割为不同的部分,否则,让一个人完成该项工作可能比分工劳作的效率还要高,分割的各个劳动环节通过有效的工序界定和严格的产品标准,把各环节

① 《资本论》第 1 卷,人民出版社 1972 年版,第 57 页。

得以统筹起来，否则，一个产品的问题是出在哪个环节上都可能不知道；还要从总体效率出发确定其劳动协作，每一个零部件即使都是最好的，组装起来的电脑也不一定就是最好的，其总体效率取决的是各部分间的匹配程度，这才是协作劳动共同努力的方向。

2.协作生产力的实质是系统中的结构正效应

根据系统理论原理，系统功能除了由其要素决定外，还会产生一个重要的功能——结构功能，各协作要素的组合形成系统结构，结构功能所产生的效应有两种：结构优化效应和结构弱化效应。协作生产力之所以产生是因为协作的各要素组合产生了结构性效应，其实质是系统的结构正效应，也就是系统结构的优化效应。

首先，系统结构负效应不能产生协作生产力效应。系统结构负效应就是结构的弱化效应，是要素之间的制约或内耗，导致整体效应低于要素效应之和，也就是说，协同起来的各要素效应还不如让要素个体发挥作用，即使是一个系统也没有协同起来的必要。过去"一大二公"的体制在农业生产上就是因为出现了结构弱化效应，个人无视集体利益甚至出现投机行为，导致集体利益的流失或损耗，联产承包责任制让每一个人的利益与其劳动投入和产出效益挂钩，适应了当时生产力发展水平，调动了大家的生产积极性。因此，系统结构负效应的各要素没有协作的必要，也就不可能产生协作生产力效应。

其次，系统结构正效应才是协作生产力效应发生的真正原因。协作生产力所产生的那个不同于协作要素的新生产力——"集体力"来自于哪里呢？就是系统结构正效应的结果，单独的沙子和水泥都建不起房子，但是，把二者放在一起就能造出最美的房屋，但这个效应不是沙子的也不是水泥的，而是二者结合起来才有的。可见，对于协作生产力而言，必然是各要素协作之后产生了新的效能，这是决定其能否被协作，以及协作后能否达到预期效果的关键，凡能产生不同于各要素效应简单加总的新效应，即在各协作要素组成的系统中产生了结构正效应的那个"新效应"或"新能力"就是协作生产力。

最后，协作生产力效力取决于系统结构正效应的大小。既然协作生产力是系统结构正效应的结果，那么，其正效应的大小就决定了协作生产力效力的大小，效应越大协作价值越大，产生的结果越好。因此，要想得到好的协作效力，就必须组建一个好的系统结构，在这个系统结构中能够让各个协作要素充分发挥效能并实现相互配合、相互支撑、相互促进。

3. 协作生产力的实现是要素生产能力的提高

协作生产力的实现基于协作要素，又高于协作要素，其实现结果必然是协作要素生产力的提高。但要实现这个目标必须具备一定的条件和要求。

首先，取决于协作要素效能。"种瓜才能得瓜，种豆必然得豆"，没有要素就没法协作、没有好的要素也不会有好的协作效果，因此，协作生产力的效率首先取决于协作要素的效率，优质要素才能取得好的协作效果，否则，就像一个好的发动机却没有好的轮胎，组装不了好的汽车，甚至根本就跑不起来。同质要素协作能够壮大生产规模，拥有相同知识结构的人合作能够进行有效沟通、促进相互交流与合作；但是，异质要素协作很关键，正是不同要素的组合和相互配合才能生产出一个产品，同样，团队工作更需要不同知识结构的人相互配合才能完成一项工作任务，每个人都在这个团队结构中发挥了不可替代的作用。

其次，取决于协作目标明确。协作必定是为了某一目标的协作，这是大家共同用力的方向。西部地区的协作发展无非是要解决两个难题：生态环境保护与乡村振兴和农业农村现代化建设问题。要完成这个大目标就必须分解为一个个的小阶段和具体目标，每个小目标的实现都是对整个目标任务的细化分解，是对总目标的无限接近和实现。但是，作为协作共同体的首要目标是利益与价值，一个能够按照市场经济等价交换规律和足够保本、维持协同体正常运行的利益机制，在其前提下完成产品研发、资源开发等一系列具体目标。

再次，取决于运行机制顺畅。协作要素必须有效配合才能产生系统结构正效应，也才能产生一种新的"集体力"，各协作要素的高效配合有赖于管理机制的构建。一是明确主体，确定到底是谁跟谁协作，以及协作者之间的主次关系;二是统筹协作对象,让西部地区可协作的资源与对象能够综合性地、集中地,成规模、成体系地发挥作用和效能;三是建立检查、监督、反馈机制,确保其生态环境保护与乡村振兴协同发展能按计划有步骤地持续推进。

最后,需要科学技术支撑。科学技术是第一生产力,创新是引领发展的第一动力,创新发展是第一发展理念,因此,协作生产的效率也须有科学技术的支撑。一是科学规划统筹布局。全面、系统地规划西部地区的资源和区域布局,尤其做到"国民经济和社会发展规划、城市总体规划、土地利用规划"三规合一,生态功能区建设、退耕还林还草工程、乡村振兴、乡村现代化建设等各项政策利好能够有效协作、配合,通过政府主导的"顶层设计、资源配置与实施推动"①,形成多重政策相互配合的合力。二是科学管理与充分的市场研究。西部地区需要更多的区域合作,包括临近区域合作和跨区飞地建设,因此,必须加强跨区规划管理,形成更加科学合理的管理机制;同时,要加强市场研究,做好市场预测、市场细分和管理,绝不能让好不容易发展起来的产业因市场变化而面临新的市场风险,让凝聚起来的力量变得脆弱和涣散。三是加强技术研发与科技创新。让西部地区的产业发展和特色产品开发建立在科学技术支撑基础上,能够依靠科学技术在市场竞争中取得优势地位。

4. 协作生产力依赖于管理制度的效力效能

管理制度能对协作生产力的作用发挥进行规范、定向、调整,这种效能是通过制度本身所作的管理对象界定为其协作效能发挥提供依据、运行机制和效率激励。

首先,管理制度效力效能决定了协作的依据。管理制度界定了管理对象,是针对管理对象的指向界定和管理结果的目标界定,从而限定了"管理什么""管理到什么程度",为西部地区的协作生产提供依据和标准。

其次,管理制度效力效能决定了协作的机制。管理制度规定了管理主体、

---

① 郑方辉:《全面乡村振兴:政府绩效目标与农民获得感》,《中国社会科学》2023 年第 3 期。

管理对象、职责范围、考核标准、保障措施等,为怎么进行协作生产提供了运行机制。效力效能越好的管理制度其运行效率越好,协作生产结果越好。

最后,管理制度效力效能决定了协作的效率。协作生产必须要有顺畅的管理制度,让其运行能够更为有效,相互制约或利益摩擦必然导致其协作效率降低。实际运行中,往往不在于制度对各个方面界定的科学性、完整性,而在于执行中的偏离程度与纠偏机制是否建立;同时,需要更好的激励机制,因为一切制度的执行效率都取决于执行者,执行者的素质和工作投入是最关键的制约因素,一个全心全力为西部地区乡村振兴和农业农村现代化建设而努力的人,一定会排除一个个困难为被帮扶者找资源、找市场,争取政策和资金投入,破解发展难题,形成共同富裕格局。

二、协同推进的协作论依据

西部地区尤其是乡村振兴帮扶县集中区域,存在多因素交织的发展制约和限制,单个区域或个体都难以摆脱长期的落后制约困境,必须协作起来做大市场、做强产业、开展区域协作,全面提升区域发展能力,因此,协作生产理论成为西部地区协作发展的理论依据。

(一) 全面的生产要素协作,提升西部地区协作要素效率

协作生产的整体效率不仅取决于其结构,而且取决于其要素质量及其协作效率。

首先,协作要素本身的质量决定了协作生产效率。通过协作实现产业聚集,进而使各产业间进行协调合作与互补融合,形成"1+1>2"的协同效应。产业聚集先对生产中的各个要素产生影响,并通过技术创新提高其生产能力和企业创新发展效率。[1] 按照系统论观点和前述分析,协作体的性质和效能取

---

① 邓晶、张敏杰、华潮:《基于空间视角下产业协同集聚对区域创新的影响》,《数学的实践与认识》2021 年第 4 期。

决于其要素的性质与效能,要素是协作体性质的"基质",决定了其协作的"是什么"。因此,其要素的效能即质量也就决定了协作体的效能或质量。在西部地区,人力和资本要素处于劣势地位,出现人才外流和资本外流。同样,一个资本短缺的地方也成了资本供给地,存款余额远远大于贷款余额,吸引外资难,这就是其现实困境。这里的资源实际上是双重的:大部分地方是没有啥特色资源的,生态资源还是生态脆弱与生态富集并存,陕北有丰富的"煤、油、气"资源也有大量的黄沙地;陕南有丰富的水资源、生物资源和生态资源,但也有地质灾害易发和山高坡陡不适宜人居住的地方。所以,西部地区的协作要素质量并不存在优势。

其次,要素协作效率决定了协作生产的整体效率。协作体的效率与协作要素效率之间并不是一一对应的正相关关系,因此,选用合适的要素组合,促进功能互补的要素配合可能是最佳的选择。根据"次优理论",即使不是最优质的协作要素仍然可以组成最佳的协作体,产生良好的协作效率。在西部地区需要一个机制:能够把各种要素统筹起来的机制,让这些协作要素发挥出整体效能,最大限度地服务于乡村振兴、生态环境保护与中国式现代化建设。

(二) 大规模开展区域协作,提高西部地区协作生产范围

区域间协同发展必须有区域间的协作,尤其是西部地区的区域协作需求显得极为迫切,其区域协作主要包括三种类型。

一是开展邻域合作。就是在西部地区,由村开始逐步扩大,开展村村合作、镇镇合作、县(区)县(区)合作,把同一地理位势所具有的资源优势充分发掘出来,如陕西的苹果基地、大枣基地,更大规模的陕北煤化基地等,通过协作形式大规模生产以提高规模经济效益、推动三产融合发展。

二是深化跨区合作。全面建立和优化东西部对口协作机制,在资金投入、技术支持和人才培养基础上,让发达的东部与西部协作省份之间形成更加紧密的产业、技术梯度转移机制,使西部成为东部产业、技术转移的承接地;也在

协作省份间建立市场合作机制,实现两地间的市场分割和互补发展。

三是建设飞地经济。让协作省(自治区、直辖市)间建立双向互动飞地经济区,让西部地区的特色产品、旅游资信、技术合作意向、各种需求信息等能够在发达省(自治区、直辖市)展示,以"飞地"这个小窗口展现其资源优势和发展潜力,展示两地协作的成果成就;发达省(自治区、直辖市)的产品需求、劳动力需求、技术知识、发展模式等信息能展示、推送给西部地区,助力其乡村振兴。

(三) 全力推进技术合作,提高西部地区持续发展动能

西部的优势资源需要技术支撑,传统产业升级改造需要技术突破、矿产资源开发的污染治理需要技术支持、大宗特色优势资源的开发需要技术支撑,但是,西部地区的技术水平也很落后,需要在自主研发基础上引入科学技术,植入其经济社会发展的内在机体中,实现其长期持续发展。

首先,强化人才平台支撑,激励自主技术研发。习近平总书记2019年1月17日在天津考察时指出,"自主创新是推动高质量发展、动能转换的迫切要求和重要支撑"①,西部地区生态环境保护与乡村振兴的协同推进必须统筹布局区域创新体系,深入推进创新驱动经济社会发展,以教育人才和创新引领发展。国家对西部的创新发展给以倾斜,支持其建立研发平台、引进高端人才、组建科技创新团队;鼓励东部发达地区到西部独立或联合建立研发平台,鼓励高素质人才到西部创新创业和从事管理工作。让西部地区拥有结合自己资源优势、生产经营实际开展技术研发的能力和实力。

其次,加强技术联合开发,推动联合技术研发。西部地区的自主研发能力弱,即使在国家支持和东部帮扶下建立起了自主研发平台、引进了高端人才,但是,没有强有力的政策引领、浓厚的创新氛围,难以形成不断推陈出新的良好创新局面。因此,需要加强技术的联合开发,把西部的技术需求委托给东部

---

① 《稳扎稳打勇于担当敢于创新善作善成 推动京津冀协同发展取得新的更大进展》,《人民日报》2019年1月19日。

和西部的专门研发机构完成,本土技术人员可以参与专门研发团队工作,再把技术成果带回到西部生根、发展,由本土技术人员开展技术培训和指导,从而形成技术联合开发的有效协作,技术研发与技术应用的有机衔接。

最后,在技术引进上倾斜,共享技术进步成果。技术引进比自主研发具有成本低的优势,"研究表明95%的研发项目没有产生任何结果,只有5%的项目最后成为可以申请专利的技术……购买的成本大约相当新技术发明成本的1/3"①。但是,作为西部的乡村振兴帮扶区,生产发展还处在依靠资源开发的阶段,工业化水平低,部分地区还是牛耕人犁的传统农业生产模式,加上思想观念束缚,对技术创新带来的巨大效应认识不足,没有资本引进技术,即使有资本其技术引进动能也不足。因此,需要有一个技术植入机制,建立低成本甚至免费技术推广平台,从共性技术到专业技术一步一步地向西部地区引进,尤其是那些在发达地区看来已经是过时了的技术,但在西部可能还是比较先进的技术,能够带来更大产出效应的技术,以及全国失去保护期的适用专利,通过其转移和引进,形成技术和产业的梯次转移,让西部共享全国技术进步成果,最终提高全国的整体技术水平、产业层次与发展质量。

(四) 有效地推动政策统筹,提高西部地区综合施策效能

秦巴山区实际上已经拥有四个方面的国家政策支持:一是生态功能区政策支持。秦巴生态功能区是国家首批设立的生态功能区,重在保护其生物多样性,涉及湖北、重庆、四川、陕西、甘肃5省(直辖市)46个县区140000多平方公里面积和1500多万人口。生态功能区建设有"中央对地方重点生态功能区转移支付"资金支持。二是南水北调中线工程水源保护政策支持。陕南是南水北调中线工程水源区,国家先后出台《丹江口库区及上游水污染防治和水土保持规划》《丹江口库区及上游地区经济社会发展规划》,实施了《丹江口

---

① 林毅夫:《后发展优势与后发劣势》,《经济学季刊》2002年第4期。

库区及上游水污染防治和水土保持"十二五"规划》和《丹江口库区及上游水污染防治和水土保持"十三五"规划》,编制了丹江口库区及上游水污染防治和水土保持"十四五"规划,建立了"丹江口库区及上游地区对口协作"机制①,国家和对口协作单位对位于丹江口库区上游的汉中、安康、商洛等秦巴生态功能区给予了政策倾斜和资金支持②。三是乡村振兴帮扶政策支持。在前期的脱贫攻坚战中,国家确定了"发展生产脱贫一批,易地搬迁脱贫一批,生态补偿脱贫一批,发展教育脱贫一批,社会保障兜底一批"的精准脱贫要求,确定了产业扶贫、就业扶贫等帮扶措施,补齐贫困地区交通、水利等基础设施短板,强化财政投入、金融扶贫、土地政策支持、人才和科技扶贫、对口协作和支援等扶贫支撑保障措施;《关于建立贫困退出机制的意见》确立了脱贫退出认定程序与标准,广西探索出了贫困户"八有一超"、贫困村"十一有一低于"、贫困县"九有一低于"的脱帽标准③。中央财政设立专项扶贫资金支持,建立了单位帮扶机制和扶贫责任制,有效地推动了扶贫脱贫攻坚工作。在乡村振兴阶段国家进一步加大了脱贫攻坚与乡村振兴衔接和推动乡村振兴发展的政策支持力度,中共中央、国务院印发《关于全面推进乡村振兴加快农业农村现代化的意见》《关于实现巩固拓展脱贫攻坚成果同乡村振兴有效衔接的意见》;中共中央办公厅、国务院办公厅印发《关于加快推进乡村人才振兴的意见》《数字乡村发展战略纲要》,国家发展与改革委员会、国家数据局联合印发《数字经济促进共同富裕实施方案》要求"推动数字红利惠及全民,着力促进全体人民共同富裕,推动高质量发展",以数字产业助推共同富裕实现。中央网信办、农业农村部等10部门联合出台《数字乡村发展行动计划(2022—

① 国家发展和改革委员会、南水北调办:《丹江口库区及上游地区对口协作工作方案》,2015年7月15日,见 https://www.ndrc.gov.cn/fggz/dqzx/dkzyyhz/201507/t20150715_1083736.html。
② 程伟:《苏陕协作向全方位战略合作升级》,《陕西日报》2022年2月16日。
③ 《广西壮族自治区人民政府办公厅关于进一步调整精准脱贫摘帽标准及认定程序的通知》,《广西壮族自治区人民政府公报》2017年第9期。

2025 年)》,打造数字乡村建设 2.0;国家发展和改革委员会等部门出台《"十四五"支持革命老区巩固拓展脱贫攻坚成果衔接推进乡村振兴实施方案》,国家乡村振兴局、民政部联合出台《社会组织助力乡村振兴专项行动方案》,中国科协、国家乡村振兴局联合实施"科技助力乡村振兴行动",人力资源和社会保障部出台《关于加强国家乡村振兴重点帮扶县人力资源社会保障帮扶工作的意见》,从就业帮扶、技能帮扶、社保帮扶、人才人事帮扶、东西部人社协作五个方面提出了支持措施。四是川陕革命老区政策支持。国家发展和改革委员会制定《革命老区重点城市对口合作工作方案》对革命老区进行帮扶。陕南片区还属于川陕革命老区,《川陕革命老区振兴发展规划》《关于加大脱贫攻坚力度支持革命老区开发建设的指导意见》对川陕革命老区给以政策性支持,中央财政设立了"革命老区转移支付资金"支持,产生了重要的共同富裕效应。[①] 作为秦巴生态功能区、南水北调水源区、川陕革命老区和曾经的集中连片特困区"四区汇聚"的特殊区域,必须有效统筹这些政策利好,让各项政策措施协同发挥效能,增强乡村振兴内生驱动力[②],更有效地解决其生态环境保护与乡村振兴协同推进及其效率问题。

第四节　协调发展理论依据

党的十八届五中全会强调要"坚持共享发展",党的十九大确立了实施区域协调发展战略。没有西部地区的发展就无法实现协调发展和共享发展任务,因此,必须以协调发展理论为指导,推动区域间的差距逐步缩小,让西部地区人民"都过上幸福美满的好日子,一个都不能少,一户都不能落"[③]。

---

① 刘奥、张双龙:《革命老区振兴规划实施的共同富裕效应——基于城乡收入差距视角》,《中国农村经济》2023 年第 3 期。
② 姚林香、卢光熙:《革命老区振兴规划实施的乡村振兴效应——基于对省界毗邻地区县域样本的分析》,《中国农村经济》2023 年第 3 期。
③ 习近平:《论"三农"工作》,中央文献出版社 2022 年版,第 44—45 页。

一、协调发展及其特征功能

（一）概念解析

协调就是"配合得适当"，是两个或两个以上主体之间配合得当、相得益彰的状态。协调发展是两个或两个以上主体（区域）之间的同步、并行、配合发展，首先，协调发展包含经济协调发展，但不仅仅是经济协调发展，也包括自然、社会、文化等各个方面的发展，是各主体、各区域、各要素间的全面发展。其次，协调发展是各主体间的同步发展、并行发展和配合发展，是全体人民的共同发展，不是把一个主体的发展建立在其他主体的不发展，甚至牺牲发展的基础上。再次，协调发展是不同于协同发展的发展，协同发展强调的是区域之间、主体之间、系统之间发展的相互支撑、相互促进，否则就没有必要进行协同；而协调发展强调的是每一个区域、每一个主体都有发展的权力，都不能牺牲别人的发展来发展自己。最后，协调发展也不一定是平衡发展、平均发展和均衡发展，追求平衡发展和均衡发展是理想性的，每一个主体和区域都想让自己追上，甚至超越别的主体和区域的发展，但事实上，发展永远是有先有后、有快有慢、有高有低，只要先发展的、快发展的、高发展的主体或区域不是建立在牺牲别人发展的基础上就是合理的，同时，后发展的、慢发展的、低发展的主体或区域不成为别人发展的障碍、不拖别人发展的后腿就是合理的，也就是协调的发展；平均发展具有统计学意义，因为，既然是平均，那就必然有高有低，即使都是优秀的，也有最后一名；如果追求平衡发展、平均发展和均衡发展，那么就会使想发展、能发展的发展不起来，发展能力本来就弱的更发展不起来了；协调发展也需要先发展带后发展，需要一部分主体、一部分地区先发展起来。

（二）特征功能

生态环境保护与乡村振兴协同推进的协调发展理论依据具有区域全面发

展、同步发展、公平发展等特征。

1. 协调发展是各区域的全面发展

"一花独放不是春,百花齐放春满园",协调发展必须是各个区域都得到发展,落下一个地区都不是协调发展。也只有所有区域都发展了,整体经济社会发展实力也就提高了。在这里,"好的发展弱化不得、差的发展慢不得"。其中,"好的发展弱化不得"是说,已经发展起来和正在良好发展的区域也必须发展,这些区域的发展能够发挥引领作用,能带动其他区域,尤其邻域的发展;就其自身而言,发展是永无止境的、永不停歇的过程,自我停滞不前必然带来别人的超越,以前位居前列的发展优势可能就会转变为落后、转变为劣势。"差的发展慢不得"是说发展差的区域必须有更高的发展速度,作为追赶者没有速度优势永远追赶不上,不仅如此,在相对速度作用下,发展慢了会使差距拉得更大。因此,协调发展要求各个区域都要发展,"好的发展"区域要继续发展,"差的发展"区域更要加快发展,才能逐步形成平衡、均衡、追赶和超越发展的局面,以及竞相发展的良好格局。

2. 协调发展是各区域的同步发展

协调发展强调的是各个区域都在发展、差距不断缩小的发展,而不是一个发展一个不发展、差距越来越大的发展。对于西部地区而言,除了整体发展实力弱外,内部也存在发展不平衡。根据《中国县域发展监测报告 2023》,2023年的综合竞争力百强县中,"东部地区 72 个、中部地区 18 个、西部地区 9 个、东北地区 1 个",其中江苏 24 个、浙江 23 个、山东 15 个分别居前三位。在西部的 9 个中,内蒙古占 2 个(准格尔旗 33、伊金霍洛旗 42)、云南占 1 个(安宁市 84)、贵州占 1 个(仁怀市 38)、四川占 3 个(西昌市 88、仁寿县 89、彭州市 91)、陕西占 2 个(神木市 17、府谷县 81),其余均未有上榜县市。要实现不同层级县(区、市)之间的协调发展,在发展基数约束下,就需要有发展速度上的差异,欠发达县区必须有足够的发展速度保证,否则即使在相同速度下也只会把发展差距拉大、实力悬殊扩大。因此,对于欠发达地区,尤其是西部地区的欠发达县区,协调发展就意味着追赶超越,意味着需要更大的赶超动能。

二、协同推进的协调论依据

《中共中央　国务院关于建立更加有效的区域协调发展新机制的意见》提出"在建立区域战略统筹机制、基本公共服务均等化机制、区域政策调控机制、区域发展保障机制等方面取得突破,在完善市场一体化发展机制、深化区域合作机制、优化区域互助机制、健全区际利益补偿机制等方面取得新进展,区域协调发展新机制在有效遏制区域分化、规范区域开发秩序、推动区域一体化发展中发挥积极作用。"八个机制共同推进区域协调发展。《国务院办公厅关于支持贫困县开展统筹整合使用财政涉农资金试点的意见》要求通过试点形成"多个渠道引水、一个龙头放水"的扶贫投入新格局。因此,协调发展成为西部地区生态环境保护与乡村振兴协同推进的重要理论依据。

(一) 西部地区的追赶发展刻不容缓

2020 年全国脱贫攻坚工作已经结束,全部贫困县、贫困人口脱贫摘帽,实现了全国人民同步进入小康社会的目标,但是,西部地区还有大量的乡村振兴帮扶县,依然是长期积淀下来的欠发达地区,在脱贫攻坚中未能实现超越发展梦想,就必须以时不我待的紧迫感加速发展,紧抓乡村振兴、农业强国和全面现代化建设的发展机遇,以赢得新的发展机遇、新的发展基点,支撑各区域间的协调发展。

(二) 西部地区的发达县须加快发展

西部地区也有发达的县,有入围全国百强的县市,但此发达县却与发达地区的百强县无法比肩竞争,一是周边县区的资源、市场、人力和资本支持有限,持续发展的内在动能和对外市场扩展存在难题和制约,形成了其发展与竞争中的先天不足或弱项。二是聚集效应与辐射能力较弱,西部地区的发达县能够有效带动周边发展,成为生产要素的聚集中心,也能通过自己的发展为周边发展输送能量,产生辐射效应。但是,按照要素与系统辩证关系的分析,好的要素、优质要素才能形成好的系统和优质结构,西部地区的发达县吸收周边的要素自然是不发达的要素,其质量和效能都是比自身弱的,那做成的系统也就弱,反馈回去的辐射能力也就弱了。发达地区的县区则刚好相反,能够形成强强联合、优质要素相互配合的情形,其带动辐射效能就强。

(三) 被帮扶县的发展需要持续动力

西部地区原来的部分贫困县区已经进入乡村振兴帮扶县序列,其进一步发展需要"坚持不懈,久久为功",形成持续发展动能。首先,帮扶工作有时限而发展无极限。脱贫攻坚战的时间节点是 2020 年,已经圆满完成脱贫奔小康任务,脱贫攻坚与乡村振兴衔接期也已经过去了 3 年多,乡村振兴帮扶工作是有时限要求的。但是,发展是永无止境的,人类的延续发展是永恒话题。巩固脱贫攻坚成果、衔接乡村振兴战略之后,乡村振兴、农业强国和乡村现代化建设将推动西部地区持续前进,从而形成跨区域的长时态发展序列,以一连串的相互衔接的阶段性战略推动其无极限的发展、持续性发展。其次,发展是一项持续工作。落后不止收入一个维度,还有生活质量、教育、健康、社会资源等多个维度,收入提高了还需要有效地解决其他维度上的落后问题,这个过程则要漫长得多,需要较长时间的系统施策。最后,脱离帮扶后的发展需要持续动能。西部落后地区需要持续发展动能,一是需要不断注入新动能,让其在脱离帮扶能独立自主地发展;二是解决了当下困难,但其补短板和长效发展还存在巨大挑战,消解"当下穷"后向"长久富"转变需要持续的助力、持续的动能和长期的建设。

第五节　可持续发展理论依据

社会各界高度重视生态环境问题的根本原因在于:现有生态资源及其开发

利用速度将会使人类发展所需要的资源资料需求无法保障,而出现不可持续。出于人类长期发展的需要,必须统筹资源利用与社会发展需要,尤其是西部地区生态环境保护与乡村振兴协同推进的需要,必须坚持可持续发展理论,以解决当下发展急需和绿色可持续发展长远要求,支撑其长期持续发展目标的实现。

一、可持续发展及其特征功能

(一)概念解析

可持续发展的提出最早源于人们对生态问题的反思和警告,恩格斯说,"我们不要过分陶醉于我们人类对自然界的胜利。对于每一次这样的胜利,自然界都对我们进行报复。每一次胜利,起初确实取得了我们预期的结果,但是往后和再往后却发生完全不同的、出乎预料的影响,常常把最初的结果又消除了","美索不达米亚、希腊、小亚细亚以及其他各地的居民,为了得到耕地,毁灭了森林,但是他们做梦也想不到,这些地方今天竟因此而成为不毛之地,因为他们使这些地方失去了森林,也就失去了水分的积聚中心和贮藏库。阿尔卑斯山的意大利人,当他们在山南坡把那些在山北坡得到精心保护的枞树林砍光用尽时,没有预料到,这样一来,他们就把本地区的高山畜牧业的根基毁掉了;他们更没有预料到,他们这样做,竟使山泉在一年中的大部分时间内枯竭了,同时在雨季又使更加凶猛的洪水倾泻到平原上"。[1] 正是生态环境问题和资源枯竭使其无法支撑人类发展对资源、环境的需要,既包括当代人又包括后代人长期、持续发展的需要,可持续发展需求就成为人们的重要诉求。世界环境与发展委员会(WCED)在1987年发表的《我们共同的未来》报告指出,可持续发展就是"既满足当代人的需要,又不对后代人满足其需要的能力构成危害的发展"[2],成为可持续发展的经典性定义。我们以为,可持续发展应是

---

[1] 《马克思恩格斯选集》第3卷,人民出版社2012年版,第998页。
[2] 世界环境与发展委员会编:《我们共同的未来》,王之佳、柯金良译,吉林人民出版社1997年版,第52页。

一种连续不断的发展,它既表现为当代人的稳定、持续发展,又表现为后代人能够在此基础上的继续发展,还表现为经济、社会、生态等各个方面的全面发展。①

　　生态环境问题的主要影响体现在三个方面:首先是生态资源的稀缺性。对于数量固定和不可再生资源而言,随着人口增长,其人均资源或资源产出的人均占有量就会降低,从而使其无法稳定地保持人的生活条件,甚至出现降低,如既定或减少土地资源和人口绝对增长条件下,会使人均粮食拥有量下降,当其降低到不能满足人的基本需要时,人类的发展就会停止、衰减,当完全失去资源支撑,那人的生存和发展也就成了问题。马尔萨斯指出,“人口增长速度是呈几何比率增长的,而土地所能生产的生活资料则是呈算术比率增长,生活资料的增长速度明显缓慢于人口的增长速度,最终导致人均资本增长被人口增长所抵消,退回到初始水平”②。其次是生态破坏的扩散效应。破坏性生态会把其破坏产生的负面效应传递给临近区域,从而使一个破坏生态“源”或“点”不断向外推进,造成周边邻域的增强性或减弱性破坏,甚至带来连锁性反应③,进一步影响到人类生存和发展而出现不可持续。布罗日克说:“不仅生活环境中生态平衡状态的破坏将威胁到人的生存,而且生活环境中的社会因素的平衡状态的破坏,以及它们的交互作用的平衡状态的破坏,也将威胁到人类的生存。”④《寂静的春天》从陆地、海洋、天空全方位地揭示了化学农药的危害⑤,《粗心的技术:生态与国际发展》展示了工业化发展造成的环境损害⑥,为生态破坏所产生的严重影响提供了鲜明案例。最后是环境污染的“跨

---

①　胡仪元、唐萍萍、屈梓桐:《后脱贫时代西部贫困区全面可持续发展的内涵特征与实践进路》,《陕西理工大学学报(社会科学版)》2021年第6期。

②　T.R.Malthus, *An Essay on the Principle of Population*, London: J Johnson, 1798, pp.13–18.

③　胡仪元等:《流域生态补偿模式、核算标准与分配模型研究——以汉江水源地生态补偿为例》,人民出版社2016年版,第178页。

④　[捷]弗·布罗日克:《价值与评价》,李志林、盛宗范译,知识出版社1988年版,第4页。

⑤　[美]蕾切尔·卡森:《寂静的春天》,熊姣译,商务印书馆2020年版,第18页。

⑥　转引自张晓玲:《可持续发展理论:概念演变、维度与展望》,《中国科学院院刊》2018年第1期。

界影响"。所谓"跨界影响"就是超越自身的时空界限而对其他国家(区域)或人产生影响,这种影响既包括越出国界范围对他国产生的影响,即"跨国影响",又包括在一国范围内越出自己区域界限范围所产生的对其他区域的影响,即"跨区影响",还包括影响的时间延续造成对后代人的影响,即"跨代影响"。环境污染的"跨界影响"效应主要有两个模式:①环境污染的传递。就是自然、人力或二者共同作用下,把环境污染的影响传递给其他国家、区域或人,并对其产生环境影响。其传递有两种形式,一是自然传递,就是依靠自然本身的力量或特性,由生物或自然力自己把自己的影响输送给下一个区域,如上游下雨或泥石流,造成了下游国家或地区的灾害,或者上游截流导致下游缺水;风把树种输送到周围地区;苍蝇携带细菌和病毒传播给其他区域的人群等,这实际上是污染物或生态破坏的自然迁移。二是垃圾转移,作为一个物质能量交换过程,人类在生产和生活过程中必然产生相应的废弃物,即人类生存所产生的废气、废水或固体废弃物等垃圾。由于人与垃圾不能在同一环境中共存,就需要把垃圾从人的身边或产生地转移出去,这就有了垃圾转移,出现了垃圾由城市向城郊、向农村转移①,由发达国家向不发达国家转移,从而产生了环境成本分担的三个不平衡:"环境成本的穷国承担、环境成本的穷人承担、环境成本的乡村承担"②,以及由此产生的垃圾污染和疾病传播,美国沃伦抗议就是反对把黑人和少数民族社区用作污染严重的危险化学品工厂厂址和有毒废物填埋场③。②环境污染的空间"共享"。空间固定性特性,使得受跨界污染的区域不得不忍受其污染带来的效应。一个区域的环境污染首先是当地人受害,因为,这里是污染的源头和出发点,其污染"浓度"和影响深度都是最大的;其次是邻域受害,通过污染传递把环境污染所造成的影响传递给下一

---

① 郭琰:《中国农村环境保护的正义之维》,人民出版社 2015 年版,第 94 页。
② 胡仪元等:《汉水流域生态补偿研究》,人民出版社 2014 年版,第 105 页。
③ 侯文蕙:《20 世纪 90 年代的美国环境保护主义和环境保护主义运动》,《世界历史》2000 年第 6 期。

个区位,从而让周围"邻居"(人与物)一起共享了环境污染带来的影响。③环境污染的跨代后遗症。环境污染和生态破坏不仅影响的是当代人,更重要的是后代人,今天的环境污染不光是我们在自食恶果,还给后代人留下了需要修复的生态、需要治理的环境,成了当代人受益后代人付费的不公平情形,因此,生态环境必须有力地维护其代际平衡,在维持当代人生存需要的同时,为后世子孙留下一个美好的未来和生存的资源。①

(二) 特征功能

生态环境保护与乡村振兴协同推进的可持续发展理论依据具有稳定发展、代际平衡发展、全方位发展等特征。

1.可持续发展是一种稳定发展

可持续发展重在"持续"二字,强调其发展状态是连续不断的、稳步增长的,可以说持续发展就是一种稳定发展。其稳定性体现在三个方面:第一,可持续发展是持续上升的增长趋势。虽是连续不断的发展但并不是每年每月每时每刻都发展,只是一个持续、稳定、向上的增长趋势,在这个趋势中有大幅度的上升,肯定也有一定幅度的下降,只是这种下降不构成一种趋势,而是一种回调、回落或增长状态整理,从而使上升或增长成为稳定的长期态势。第二,可持续发展是约束瓶颈的有效消解。条件保障是长期、稳定和整体持续增长的根本要求,包括逐步改善的基础设施、完善的市场制度与交易体系、全面规范的管理制度约束各主体,如果某一项条件成为发展的瓶颈就会抑制其进一步提质增量,如运能不足就无法保证扩大产能的输出,在西部地区有很好的特色地方产品却因为交通约束而无法运输出来,好的产品未能成为发家致富的商品,打破交通运输瓶颈是乡村振兴和农业农村现代化,并走上可持续发展道路,实现全面现代化的有力保证。第三,可持续发展使人民群众获得感提升。

---

① Shaler N.S.,*Man and the Earth*,New York:Fox,Duffield,1905.

发展的最终结果不是获得的 GDP 增长量或生产了多少物品,而应该是收入增长、物质精神财富享用量增加,进而获得感、幸福感的提升,也就是说,每一个人都应该分享(同享)经济增长与社会发展的效应,否则一切的增长也好、产出也罢都只是一个数字游戏而已。

2. 可持续发展是一种代际平衡发展

可持续发展不仅是同代人的连续发展,而且内在地包含着两代人间以及后代人的连续发展,这是人类社会自身得以延续的根本保证,因此,可持续发展也必然是代际间的平衡发展,这在生态保护与经济发展同步、绿色发展与乡村振兴协同推进条件下显得尤为重要,是跨代持续和长期持续的发展要求。首先,奠定高起点发展的传承基础。历史是不能选择的,我们每个人都是在既定历史条件下生存、发展和创造,马克思说,"人们自己创造自己的历史,但是他们并不是随心所欲地创造,并不是在他们自己选定的条件下创造,而是在直接碰到的、既定的、从过去承继下来的条件下创造"①。历史基础无法选择,什么样的历史基础都得原封不动地承继下来,包括我们的出身、自然环境与生态资源、经济基础、文化传统等。因此,要让子孙后代得以延续发展、幸福生活,就需要有我们创造并留给子孙后代承继的物质文化基础,否则,他们就真的"输在起跑线上"了。生产力的飞跃性发展创造了丰富的物质财富,但不能让他们在承继发达的生产力和丰富的物质财富时,却生活在一个资源匮乏、环境污染、精神文化底蕴薄弱的状态下。我们今天保护的生态就是他们明天巨大的财富,我们今天留下的文明多一点他们明天的发展起点就高一点。可持续发展就是要为子孙后代奠定高起点发展的传承基础,不断把中华民族伟大复兴的梦想推向新高度,不断把共产主义伟大事业推向新阶段。

其次,保证无历史债务负担的发展。基数约束不仅是同代人的发展困境,也是后代人发展基础的制约,尤其是西部地区,其发展的底子薄、能力弱、条件

---

① 《马克思恩格斯选集》第 1 卷,人民出版社 1972 年版,第 603 页。

差,但如果再因为当前的急功近利而欠下历史性债务,那就使我们的子孙后代只能"负重前行",这个债务可能是价值性的、货币性的债务,让当代人花钱后代还钱是不公平的;也可能是矿产等资源的过度开发导致资源枯竭,把资源用完用尽了而后人则在废墟和重建中生活;还可能是污染了生态环境却把治理成本留给后人,让他们不仅承担着自己生产发展的成本还得努力偿还历史债务。可持续发展的代际平衡要求,需要我们"少欠新债,多还旧债",不把经济债和生态债留给后人,让他们轻装前进,赢得和其他人、其他地区或国家平等竞争,甚至优势竞争的机会。

3. 可持续发展是一种全方位发展

可持续的发展就是要发展的各方面、各要素都能充分发展,否则就无法适应正在或已经发展起来的其他方面或要素,这个"不发展"或"慢发展"方面(要素)就会成为整个发展的瓶颈或制约要素。因此,可持续发展必须统筹考虑"经济效率、生态和谐、社会公平和人的全面发展",推动经济、社会、生态的全方位发展,才能实现其整体的可持续发展,是三个可持续发展的协同推进、系统推进、全面推进。

(1)经济的可持续发展

可持续发展在经济领域的体现就是经济的稳定增长与质量提升,是其质与量的同步提高。经济可持续发展首先要有量的增长,经济增长量是基础,这是由"人的肚子需求"决定的,尽管人们消费的是商品而不是价值,但是没有钱买不来商品,因此,不生产(付出)价值就不能换回价值,经济增量是人们持续增长的物质文化生活需求的保证,否则,既解决不了人们的温饱问题,又解决不了人口增长所需要的物质资料需求;经济发展质量才是可持续发展追求的目标,任何量的增长都是有限度的,也不一定是持续的,因此,必须以提高经济发展质量为目标和根本。①经济增长不得以牺牲环境为代价,可持续发展必须建立在资源、生态与环境保护基础上,构筑经济发展强有力的资源生态基础保障;②经济的可持续发展必须有成本投入,没有投入就没有产出,要确保经济可持续发展就必须有产业发展、生态保护与污染治理的成本投入,以保证各个方面都能长期、持续、协调发展;③经济可持续发展需要生产方式和消费模式的转变,改变过去"高消耗、低产出、高污染"生产方式及"高排放、高污染、高能耗"消费方式,走低碳、低耗、高产出、高效率与高质量发展道路,谋求物质财富和生态财富的双增长①;④经济可持续发展的重要特征是经济结构的不断优化,经济结构高级化是经济发展的必然趋势,不断优化、不断把经济结构推向高级化是可持续发展的重要表现;⑤经济可持续发展需要科学技术支撑,通过技术创新不断解决制约经济发展的瓶颈,推动经济不断在更高质量上发展。②

(2)社会的可持续发展

马克思说:"人的本质不是单个人所固有的抽象物,在其现实性上,它是一切社会关系的总和"③。作为社会基本要素的人及其社会关系,社会可持续发展包括三个方面:

一是人的全面发展。一切发展实际上都是为了人,但发展阶段不同其目的实现程度也就不同。①认识论角度看就是一个由"必然王国"到"自由王国"的飞跃过程。人的认识是一个过程,对自然界、人类社会和人本身的认识必然是一个由表及里、由浅到深的过程,当人们的认识还停留在"必然王国"时,人们就只能是被动地接受自然,在大自然的强大能量下不是"听天由命"受损就是逃避逃离;当人们充分认识到自然规律并能有效掌控时,就能主动作为、利用其规律为人类发展服务,到那时,即使是地震、海啸可能都会被人类利用、吸收其能量、减少其损失。②人的活动能力是一个由"劳动解放"到"自由发展"的转变过程。人的存在与发展就是一个物质能量交换过程,用自己的劳动成果换取别人的劳动成果用以满足自己的物质能量需求,劳动也就成了

① 洪银兴:《可持续发展的经济学问题》,《求是学刊》2021年第3期。
② 洪银兴主编:《可持续发展经济学》,商务印书馆2000年版。
③ 《马克思恩格斯选集》第1卷,人民出版社2012年版,第139页。

谋生的必须手段,这个时候劳动是被迫的、不自由的,在剥削制度下还是受剥削受压迫的不平等劳动,劳动成了异化、异己的力量,马克思说:"劳动的异己性完全表现在:只要肉体的强制或其他强制一停止,人们就会像逃避瘟疫那样逃避劳动。外在的劳动,人在其中使自己外化的劳动,是一种自我牺牲、自我折磨的劳动"①。于是,人们依靠科技深化对自然的规律性认识、提高劳动工具水平与生产资料范围、劳动者素质与技能技巧,让劳动者从部分繁重、长期的体力脑力劳动耗费中解放出来,从事多样化、多类别的劳动以满足人的多元需求。劳动解放主要体现在消解三个束缚上:从生产资料与劳动者的分离和束缚中解放出来,消解劳动的制度束缚,实现劳动者与生产资料的社会化结合;从劳动作为谋生手段到劳动是"生活的第一需要"转变②,消解劳动的需求束缚,使劳动成为人们的自觉需要和主动行为;从局部劳动的束缚到全面劳动能力提升的转变,消解劳动的发展束缚,让人们能够根据自己的意愿和爱好进行劳动。通过劳动解放,让劳动者能够劳动、让劳动者乐于劳动,使劳动者得以自由、全面发展。③人的活动方式看是一个由"个人奋斗"到"协作劳动"的组织过程。分工使劳动成为专业化、职业化的劳动,这是劳动效率提升的重要手段,马克思说:"且不说由于许多力量融合为一个总的力量而产生的新力量。在大多数生产劳动中,单是社会接触就会引起竞争心和特有的精力振奋,从而提高每个人的个人工作效率"③。因此,劳动方式也必然从过去的"个人行为""全面劳动"转变成职业化、专门化的劳动。马克思指出:"生产工具的积聚和分工是彼此不可分割的……工具积聚发展了,分工也随之发展,并且反过来也一样。正因为这样,机械方面的每一次重大发展都使分工加剧,而每一次分工的加剧也同样引起机械方面的新发明"④。随着技术进步和分工的发

---

① 《马克思恩格斯选集》第1卷,人民出版社2012年版,第54页。
② 《马克思恩格斯选集》第3卷,人民出版社2012年版,第365页。
③ 《马克思恩格斯文集》第5卷,人民出版社2009年版,第379页。
④ 《马克思恩格斯选集》第1卷,人民出版社2012年版,第246页。

展,使劳动越来越不独立、越来越相互依赖,犹如"蜗牛与其背壳不能分离一样"的相互依赖,分工条件下的劳动就转化为协作劳动、合作劳动,由个人劳动转化成团队合作的劳动,相应地,"商品从一个要完成许多种操作的独立手工业者的个人产品,转化为不断地只完成同一种局部操作的各个手工业者的联合体的社会产品"①,即劳动结果成了专门化、职业化分工基础上大家共同劳动的结果——社会生产物。④从产出结果看是一个由物质匮乏到"极大丰富"的成长过程。就如人类生产发展的能力是一个逐步扩大的过程一样,人类生产的产出结果也是一个不断丰富的过程。原始社会不管人的努力多大都摆脱不了自然伤害和食品短缺危机,从食品危机到有剩余农产品是人类生产力飞跃发展的结果,据此也带来了生产关系的变革——私有制的产生。私有制、社会分工、商品经济有力地推动了人类生产的发展,但也出现了财富的两极分化。随着我国脱贫攻坚战的顺利完成,人类无疑彻底告别了那个物质匮乏的落后时代。作为一个绝对的成长过程,在人的素质能力提升、工具系统进步、对自然发掘与认识提高等综合因素共同作用下,人类社会生产必然发展到极大丰富的程度,此时,人就从为"吃、喝、住、穿"斗争的物质资源匮乏约束中解脱出来,"从事政治、科学、艺术、宗教"②等其他创新创造活动。可见,实现了由"必然王国"到"自由王国"的飞跃过程、由"劳动解放"到"自由发展"的转变过程、由"个人奋斗"到"协作劳动"的组织过程、由物质匮乏到"极大丰富"的成长过程,体现了人的全面发展的不断实现或无限接近③,人的自由越来越得到极大发挥、人的能力得到越来越全面的提升,各个人的可持续发展实现了,整个社会的可持续发展才能实现。

二是区域的协调发展。经济社会的发展需要区域间的相互依托、相互支

---

① 《马克思恩格斯选集》第2卷,人民出版社2012年版,第211页。
② 《马克思恩格斯选集》第3卷,人民出版社2012年版,第1002页。
③ 王杰森:《后扶贫时代脱贫内生动力培育的长效机制研究——基于马克思人的全面发展理论》,《内蒙古农业大学学报(社会科学版)》2021年第4期。

撑、相互促进，基于区位固定性和不可或缺性特点，区域不平衡发展使其不但不能成为邻域发展的有效支撑，反而会成为其发展的制约——短缺的资金、陈旧的技术、狭小的市场、落后的观念和基础设施，人才缺乏和发展动力不足，使其不但不能有效地促进邻域发展，反而使其需要邻域给予一定帮扶，即使是周边的优势资源与技术也无法获得其溢出效应，推动其发展，也就是说，落后地区是多重落后因素的累积[1]，没有强有力的外部因素注入，其累积可能会出现"积重难返"困局。因此，区域协调发展是社会可持续发展的重要表现和根本要求。

三是制度的逐步完善。作为生产关系的集中表现，社会制度完善是生产力高度发展的体现。首先，生产力高度发展是社会制度逐步完善的保证。没有高度发展的生产力也就不可能有逐步完善的制度体系，生产力是不断发展、持续上升的过程，正是生产力的永恒发展才确保了整个人类社会的可持续发展。其次，社会制度是生产力持续发展和社会不断进步强有力的推动器。完善的社会制度能够有效聚合资源、提高资源利用与产出效率、推动创新并激励主体的积极性主动性，为生产力发展和社会产品的极大丰富提供制度保障。最后，互促惯性下生产力与生产关系相互推动，形成了社会制度的自我更新、自我革命和自我完善机制，通过制度推动社会全面发展和持续进步。

（3）生态的可持续发展

生态可持续发展就是生态本身能够持续发展，及其对经济社会可持续发展的全面支撑。因此，生态的可持续发展包括两个层面。

①生态可持续发展首先是生态资源本身的可持续发展。生态自身的可持续发展就是生态资源本身的自我生长、自我修复、自我更新，就是在人力和自然力作用下，实现生态资源本身的长期、持续增长，即存量增加和质量提升的统一。第一，遵循自然规律是生态资源生长、修复和自我成长的根本前提。生

---

① 左凌宇、彭华涛：《后扶贫时代扶贫资金配置成效的组合效应研究》，《财会月刊》2020年第24期。

态资源有自身的生长和成长规律,人为地助推和抑制所产生的生态效应都是非"原生"的,甚至出现适得其反的效率效果,因此,遵循自然规律,按照自然规律的本性和要求开展生态资源的培植、修复、管护和开发利用,是其生长、修复和自我成长的根本前提,也是其可持续发展的根本前提。第二,自然力修复是生态可持续发展的首要发展方式。生态本身是一个综合体,或说具有复杂性和多样性,按照人为预设目标进行建设和培植,能够满足人的预期目标,但可能就会导致部分应该存在或可能出现的新生态环境被遏制了、破坏了,就如毁林开荒实现了种粮增产的人为预期目标,却带来了水土流失和自然报复,因此要始终维持在自然力能够自我修复的阈值内才能实现其自我生产自我修复。第三,生态可持续发展必须要有人力辅助。在当代,人类足迹已经遍布世界各个角落,没有人为干预的生态环境极少,尤其是人口聚居范围内的原生生态几乎为零,这些被破坏的生态修复就必须要有人的助力,即使是未被破坏的生态,为抑制其破坏生态的因子过快生长,也需要人力干预,这是其可持续发展的重要保证。第四,生态可持续发展需要科学技术支撑。生态的规律性认知,及其可持续发展的路径选择、制度安排和技术实现等都依赖于科学技术的支撑,并成为生态培植、人力修复和开发利用的科学指导与技术支持。

②生态可持续发展目标是其对人类发展的可持续支撑。生态资源的首要价值是服务于人类发展,充分发挥其生态价值、经济价值和社会价值三个服务价值就是为人类的可持续发展提供支撑。如果没有人的可持续发展,生态即使再好也毫无意义,经济发展更是人类活动的结果,因此在三个可持续发展中,人类社会的可持续发展是最根本、最核心的,经济和生态的可持续发展都是人类可持续发展的根本需要与基本支撑。而生态可持续发展及其对人类发展的支撑也有相对性。生态是否有可持续发展能力不由生态资源的数量和质量决定,而由其是否具有可持续发展的能力决定,即是否突破其自我生长、自我发展的阈值,能够不断再生出自身来,从而使消耗、污染和破坏了的生态能在人力之外自动更新、恢复或修复,使减少了、消失了的生态资源能依靠自身

力量迅速补充。生态对人类可持续发展的支撑也有相对性,其相对性就在于满足人类可持续发展的需要,而不是要恢复或保持过去的人均生态资源占有量或人均消耗量,因为人口数量在不断变化,科技进步又在提高生态资源质量和利用效率,生活标准与质量提高也对生态资源的需求量增加,这三重因素造成了人均生态资源占有量会与人口数量变化或呈反向变动关系,与科技进步贡献率或呈正向变动关系,甚至呈现出更复杂的波动发展状态。我们提高生态对人类可持续发展的相对支撑能力就是要提高人均生态资源占有量,换句话说,就是要通过稳定人口数量,提高科技进步贡献率来增加现有生态资源数量,降低人均生态资源消耗量,或增强生态消费替代品,以提高生态消费质量。①

二、协同推进的可持续发展理论依据

西部地区在脱贫攻坚后还是一个需要长期、持续改善和振兴的地区;而作为全国大江大河源头,既有美好的生态资源也有严重的生态环境问题,需要可持续发展理论指导,以实现其生态环境保护与乡村振兴的协同推进。

(一) 西部地区的发展需要持续动力

西部地区脱贫攻坚顺利完成解决了落后地区民众的生存生计困难问题,但依然存在长期累积的发展制约因素。一是生活质量的提高需要长期的持续动力。作为西部地区,尤其是乡村振兴重点帮扶区,无论是在脱贫攻坚时期,还是在乡村振兴建设时期,民众生活质量不高会在较长时间内存在或延续,提高生活质量需要长期、持续的帮扶助力。二是增收能力提高需要长期的持续动力。西部地区除了资源约束、基础设施落后等条件制约外,更多的还是能力不足,必须以扶智解决其自我发展的知识素质能力、技术支持能力和思想动能

---

① 胡仪元、唐萍萍、屈梓桐:《后脱贫时代西部贫困区全面可持续发展的内涵特征与实践进路》,《陕西理工大学学报(社会科学版)》2021年第6期。

制约,能力约束造成了持续发展动能不足、信心不足、能力不足,进而增收能力不高,使其始终处于追赶地位无法实现超越,抑或需要更长时间超越。因此,其持续增收能力不高的困境改善需要持续发展能力培育,其能力培育本身就是一个长期的持续过程,其落后状态地位改善也需要一个长期执行和实施的过程,没有持续的能力培育和帮扶施策,难以使其增收能力得到改善。

(二) 西部地区持续长效发展需要绿色产业的深度植入

西部地区的乡村振兴和现代化建设必须发展绿色产业才能获得持续发展的长期保证。绿色发展作为"资源消耗少、环境污染小"的新发展方式①,必须"降低经济活动中的资源耗用强度",使"资源利用增长率应低于 GDP 增长率"②,通过"降耗、减排、止损、增绿、提效、改制"等措施推进绿色发展③,同时,注入科技创新动能,破解西部地区绿色发展中的技术难题。西部地区乡村振兴的持续发展必须发展绿色产业,根据国家发展和改革委员会等七部委联合印发的《绿色产业指导目录(2019 年版)》,重点发展"节能环保产业、清洁生产产业、清洁能源产业、生态环境产业、基础设施绿色升级、绿色服务"等绿色产业。因此,既要对传统产业进行绿化改造,又要"发展新的绿色产业,如环保产业、清洁生产产业、绿色服务业",构建"绿色农业、绿色工业、绿色旅游和绿色服务业"为支柱的内在绿色产业体系和由"环境条件系统和保障体系"组成的外在环境体系,形成完整的绿色产业体系。④ 深入发展绿色产业,实现"以高品质生态环境支撑高质量发展",建设人与自然和谐共生的现代化。⑤

---

① 蒋伟:《把握"绿色机遇"积聚"绿色动力"》,《经济日报》2019 年 2 月 13 日。

② 李晓西、王佳宁:《绿色产业:怎样发展,如何界定政府角色》,《改革》2018 年第 2 期。

③ 《畅享绿色发展共赢绿色时代 第五届绿色发展峰会在京举办》,2019 年 1 月 20 日,新华网,见 http://www.xinhuanet.com//energy/2019-01/20/c_1124015805.htm。

④ 唐萍萍、胡仪元:《陕南地区集中连片特困区绿色产业脱贫构想》,《改革与战略》2017 年第 6 期。

⑤ 《全面推进美丽中国建设,加快推进人与自然和谐共生的现代化》,《人民日报》2023 年7 月 22 日。

（三）西部地区协同推进是实现可持续发展的长期机制

目前,生态或自然资源保护的各项法律制度基本齐全、完善,但由于西部地区发展基数小、条件受限约束,短期突破和快速消解就必须得到外部力量注入,尤其是生态环境保护、生态修复的成本投入、科学技术因素的注入等;而在长期,就要构造生态环境保护与乡村振兴的协同推进机制,深度植入绿色发展催生生态环境保护产业,以生态环境保护产业助推其发展致富、乡村振兴和现代化建设;当经济发展起来后又反哺生态环境保护,为生态环境保护提供各种投入和技术支撑,造就生态环境保护与乡村振兴互动、互促的发展机制,其长期机制的持续运行将成为经济、社会和生态全面可持续发展的保证。因此,必须正确处理"高质量发展和高水平保护""重点攻坚和协同治理""自然恢复和人工修复""外部约束和内生动力""'双碳'承诺和自主行动"五大关系①,统筹推进三个可持续发展,推动西部地区在乡村振兴战略下的全面、长期持续发展,有效改善其长期以来累积的发展问题。

---

① 《继续推进生态文明建设要正确处理几个重大关系》,《人民日报》2023 年 7 月 21 日。

第三章　西部地区生态环境保护与乡村振兴协同推进的理论框架

　　本章为西部地区实现生态环境保护与乡村振兴的协同推进提供范畴界定、要素体系解析和运行机制构建,从系统性上为其提供一个理论性的框架体系,分析其协同推进的科学原理、提供实践指导方案。西部地区生态环境保护与乡村振兴的协同推进是指在西部地区通过统筹生态环境保护与乡村振兴帮扶,使其在生态环境保护基础上实现巩固脱贫攻坚成果、推动乡村振兴和现代化建设,实现生态保护与经济发展的协调推进、系统推进、持续推进。包括三个要点:一是生态环境保护未能与推动经济发展同步进行,导致两者相互制约而不是相互促进。二是协同推进的目标是把经济发展与生态环境保护统筹起来,实现二者同步发展,就是生态环境保护下的经济发展或经济发展下的生态环境保护,一个要素成为另一个要素的推动力量,形成相互推动、相互支撑、相互促进的发展格局。三是协同推进的路径是实现发展模式的转换,西部地区的生态环境没来得及实现向经济效益转换,就要承担相应的保护成本,因此,只有通过发展方式转换,实现生态环境保护与乡村振兴协同推进才能形成乡村振兴发展的长效机制。

　　西部地区生态环境保护与乡村振兴协同推进有四个基本特征:一是生态环境与经济增长的同步发展,协同推进既能实现生态环境持续保护与有效修复,又能持续改善其落后状态实现经济增长,从而出现同步发展局面。二是生态保护与经济发展的同步推进,协同推进就是既要生态保护又要经济发展,实现生态保护下的经济发展和经济发展对生态保护与修复的反哺,把生态产业内植于经济发展之中,让生态成为经济发展的驱动力量,实现生态保护与经济发展的同步推进。三是生态资源与经济增量的相互促进,协同推进就是把绿水青山变成金山银山,把生态资源转换成经济资源,转换成推动经济增长的内在力量,实现生态资源与经济增量的相互促进。四是发展滞后与生态脆弱的持续改善,资源是经济发展的重要约束,没有资源即使再多的资本和劳动也无法投入生产,协同推进就是要把生态资源保护与经济发展统筹起来,进行整体性治理与推进①,支撑其在国家战略转变和区域经济社会持续发展中发挥强有力的资源支撑效力,实现生态与经济的双重改善、互促发展。

西部地区生态环境保护与乡村振兴协同推进能产生巨大的效应:第一,围绕协同推进产业支撑问题,构建绿色发展的产业体系,探索当地居民就业增加和收入增长的路径与机制,有助于西部地区推动乡村振兴战略实现农业现代化。第二,西部地区多为生态功能区,西部(不含西藏)曾经的贫困县中有国家重点生态功能区县 220 个,占 58.7%;西部地区还是全国大江大河的主要发源地,青藏高原孕育了长江、黄河,有优美的自然生态环境,也有生态脆弱区。围绕协同推进的生态环境保护问题,建立生态资源与经济增量相互促进的机制,一方面,以发展了的经济反哺、回馈自然、生态与环境,以最快的速度修复因发展而带来的生态环境问题;另一方面,保护、开发利用自然生态资源,把绿水青山变成金山银山,以可持续发展的长期机制推动生态与经济的互利双赢和同步发展,把生态环境保护内植于经济发展体系,切实解决其优质生态资源的保护与脆弱生态的修复问题。第三,解决生态环境保护与乡村振兴协同推进的理论支持与政策措施问题。必须协同推进生态环境保护与乡村振兴,对

---

① 郑岩、杨敏:《相对贫困治理与乡村振兴的协同推进:基于整体性治理视角》,《农林经济管理学报》2023 年第 4 期。

其协同推进、同步发展提供理论支持和实践指导,构建绿色发展的长效机制。第四,构建长期帮扶机制。对于西部地区而言,乡村振兴帮扶下的发展,需要培植自我发展动能和脱离帮扶后再次衰退的防止机制,通过协同推进的机制创新,探索西部地区绿色产业发展、生态保护和优美生态资源共建共享路径,建立西部地区动态、长期、输血式与造血式相结合的利益补偿机制,通过长期帮扶机制持续改善其经济发展问题。

第一节　主客体要素

　　西部地区生态环境保护与乡村振兴协同推进必须要有相互推动的要素体系,就是要解决谁来进行协同推进、协同推进什么,以及还需要什么支撑条件,也就是协同推进的主体、客体和支撑体系。其要素体系结构和相互关系如图3-1所示。

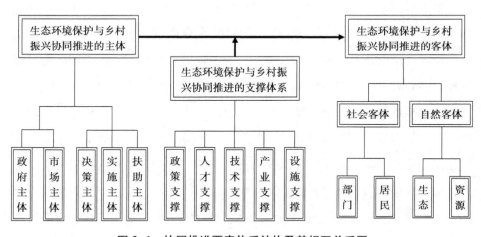

图 3-1　协同推进要素体系结构及其相互关系图

　　其中,生态环境保护与乡村振兴协同推进的主体从性质角度可区分为政府主体和市场主体两类,从功能角度可区分为决策主体、实施主体和扶助主体三类;其客体包括自然客体和社会客体两个;主体达到并作用于客体,需要有相应的支撑体系,包括政策支撑、人才支撑、技术支撑、产业支撑和设施支撑五个方面。

一、生态环境保护与乡村振兴协同推进的主体

生态环境保护与乡村振兴协同推进主体就是推动西部地区生态环境保护与乡村振兴协同发展的主体力量,是协同推进工作的发起者、实践者或行动者,解决的是谁来实现协同推进的问题。

(一) 政府主体和市场主体

从生态环境保护与乡村振兴协同推进主体性质的角度来看,可分为政府主体和市场主体两类。

1. 政府主体

政府主体就是推进生态环境保护与乡村振兴协同发展的各级政府及其相应的管理机构,是协同推进的决策主体和实施主体,其最大特点是支持政策的制定和财政转移支付工具的有效运用。

从层级上来讲,中央政府是最高层级的政府主体,也是最大统筹主体、决策主体。一是生态环境作为公共产品必须由政府来统筹;二是因为生态效应的溢出性,导致跨区资源配置(如跨区域调水、跨区域输电输气)和资源统筹问题;三是从财力和时效性上讲,中央政府的统筹调控能力远远大于地方政府,是更有效率的调控。其次是地方政府。这里主要是指省级及其以下各级政府。因为存在跨区协调,省级政府是生态环境保护与乡村振兴协同推进有效的实施主体,既能有效统筹省内各县区发展,又能有利于省(自治区、直辖市)之间的协调、同步统筹,是除中央政府主体外的重要决策主体。否则,难以形成跨区协作、联动发展。省级政府以下的市、县(区)等政府主体重在落实,其对外协调能力远低于省级和中央政府,而其执行力则是最强的,能够有效地把中省决策部署落到实处,落到协同推进实践中去。

2. 市场主体

市场主体就是推进生态环境保护与乡村振兴协同发展的接受主体和扶助主体，是除政府之外参与协同推进的企业、事业单位、各种营利和非营利组织、个人等，其最大特点是依靠自身的财力、物力、人才和技术等资源参与生态环境保护、支持乡村振兴和农业农村现代化建设工作。

市场主体中的主体力量是企业。企业作为最灵活的经济活动主体，不仅是生态环境保护产业的开发者，绿色发展的承载体；而且通过自身行为加大污染治理和环保设施设备投入，为绿色发展注入更大力量；同时，企业还是乡村振兴的重要参与力量，依靠其效率机制助力落后地区和低收入者实现产业振兴、生态宜居、生活富裕。因此，企业是协同推进的重要主体，是落实国家生态环境保护要求、乡村振兴帮扶政策，凝聚社会力量推动协同发展的载体。

事业单位也是协同推进的重要主体，依据其性质和业务不同，可分为三种情形：一是直接的管理主体，如生态环境局、自然资源局、乡村振兴局，是政策的制定者、执行者、管理者，生态环境保护与乡村振兴协同推进效率效果取决于这些职能部门的政策设计与路径规划。二是间接的扶助部门，主要是那些带有帮扶任务助力乡村振兴和农业农村现代化建设的执业单位，全民动员助力脱贫攻坚成为我国重要的制度优势和成功经验，延续其成功做法，把生态环境保护与乡村振兴内在地结合在一起，强化帮扶责任人推动协同推进工作的责任心、优化其工作方式方法。三是其他部门，就是那些既不参与生态环境保护工作，也不参加乡村振兴帮扶工作的部门。在乡村振兴和农业农村现代化建设中，必须继续延续脱贫攻坚战的帮扶经验，动员更广泛的部门参与帮扶工作，形成更大的帮扶合力，推动帮扶工作的整体效能效率提高、推动被帮扶区的综合发展水平、自我发展能力提升。

营利和非营利组织有三种行为方式作为主体参与协同推进，一是获利性行为方式，就是通过直接的投资、生产与销售，把绿色资源变成绿色资产，把生态保护行为变成生态保护产业，通过生态产品开发实现乡村建设和乡村振兴，与企业的盈利目标和经营对象一致。二是捐助等助力性行为,就是无偿或有偿为从事生态环境保护、乡村振兴的各个主体提供资金服务,助力其解决资本不足难题、规划设计不科学问题等,能有力有效地推动其协同发展。三是研究与宣传等指导性、规范性行为,通过某些研究机构或社会活动组织,让人们真正认识到生态环境保护和乡村振兴、农业强国建设的意义与价值,指导人们如何开展协同推进的工作方式方法,对于凝聚全社会力量开展生态环境保护与乡村振兴工作具有十分重要的意义。

个人的自觉行为是协同推进的重要力量。首先,生态环境保护与绿色产业发展都是解决人的可持续发展问题,没有生态的可持续发展就没有人的可持续发展,人的发展是建立在生态资源可持续占有与利用基础上的。其次,人的自觉行为和日常保护是生态环境保护持续、长效的根本保证。再次,生态环境保护和乡村振兴协同推进的创造性源自于人民群众,没有人的主动作为和创新创造行动,无法实现真正的协同推进。个人还可以通过捐款等行为支持协同推进,通过个人行为示范引领社会节能、环保和促进发展。

(二) 决策主体、实施主体和扶助主体

从生态环境保护与乡村振兴协同推进主体功能角度来看,可以分为决策主体、实施主体、扶助主体三类。

1. 决策主体

决策主体就是对生态环境保护与乡村振兴协同推进作出决策的组织或个人。决策主体中的组织包括政府组织、企业和非政府组织,其中政府组织重在政策制定、战略布局、目标设定、组织机构设置和督察考核等;企业和非政府组织在协同推进上的决策主要是从自身角度如何推进其工作,包括发展产业、捐助资金、义务宣传等。决策主体中的个人作为自然人主体,重在对个体如何参与协同推进实践的决策。决策内容主要包括政策制定、战略部署、管理机构、工作安排等,通过资源配置,尤其是人力资源配置和资金支持,达到支持、推动

协同推进工作的目的。也就是说,从决策主体角度看,其推进手段主要是政府手段,而不是市场手段,是政府对该项工作的长远布局、系统推进和阶段性落实。在整个主体体系中,决策主体居于首位,其决策的科学性对区域或全国生态环境保护与乡村振兴协同推进具有十分重要的意义;也是协同推进目标的确定者、任务的发包者、工作的支持者和推动者。

2.实施主体

实施主体就是生态环境保护与乡村振兴协同推进工作的具体实施者。政府及其直接管理机构既是协同推进的决策主体,又是实施主体,且是第一实施主体。

首先,是协同推进政策的执行者。生态环境保护与乡村振兴必须协同推进,这是国家的战略部署和社会长期持续发展需要,只有政府才能担起决策部署的重任,制定并实施相应的政策措施,确保其决策部署能落实到位;作为下级部门或机构必须坚定地执行国家和上级部门关于协同推进的相关部署;以及企业和其他社会主体对国家协同推进战略部署与政策的落实、执行和推进。

其次,是协同推进产业发展的实践者。协同推进必须建立在产业支撑基础上才能持续、长久,那些推动绿色产业发展的企业、农户、相关管理机构和组织都是实施主体。正是这些产业发展的实践者,在生态环境保护与乡村振兴间形成了以产业为核心的内在纽带,实现二者真正的内在地协同发展、同步推进。

再次,是协同推进的考核监督者。协同推进生态环境保护与乡村振兴,必须在科学谋划的基础上有序推进,推进速度、达成目标和实现质量等,都要有很好的考核监督。用强有力的考核监督推动工作、统筹要素、确保质量。考核监督者是协同推进的重要实施主体,即考核监督的实施者。

最后,是协同推进的宣传动员者。生态环境保护与乡村振兴协同推进中形成的成功经验必须得到科学、及时总结与宣传,通过树立标杆、宣传典型方式,把建设成绩、好的做法等推广应用到更大范围。作为必须全社会共同参与的事情,需要通过宣传等途径,动员更多人关注和参与,形成浓厚的协同推进氛围。因此,这些宣传动员者必然是其不可缺少的实践主体。

3.扶助主体

扶助主体就是对生态环境保护与乡村振兴协同推进工作提供直接或间接支持的组织、机构或个人,是协同推进强有力的扶助、辅助力量。

首先,协同推进的智力支持者。谋定才能后动,作为当前的两个重大战略部署——绿色发展与生态文明建设、乡村振兴与农业强国建设,协同推进生态环境保护与乡村振兴就是对两大战略的统筹推进。一要有充分的前期研究,对其资源优势、发展特色、发展方向与目标等吃透拿准,以决策建议、理论成果、发展规划等形式提供给相关领导和部门,作为决策部署参考;二要科学谋划,让其在准确定向、科学布局、有序推进、考核监督、持续改进上运行,使有限资源发挥最大效应、得到科学利用,最大限度地促进其价值实现;三要及时总结、调整,把协同推进取得的成效和好做法总结、提炼出来,加以宣传、推广,把失败案例和错的做法也总结出来,作为反面素材以使后来者借鉴、规避,实现不断改进、完善方案,不断把协同推进推向深入。这些智力支持者虽不直接实践于生态环境保护与乡村振兴协同推进,但通过自己的研究成果能指导、推进实践工作,是协同推进的极大助力,也就成为重要的扶助主体。

其次,协同推进的金融服务者。协同推进必然需要庞大的资金支持,尤其是在西部山区,资本短缺约束更为严重。要在发展绿色产业、产业开发与兴旺上给以金融扶助,并以此为黏合剂,推动二者互动互促发展,形成协同推进局面。因此,为生态环境保护与乡村振兴协同推进提供金融服务的银行、农村信用合作社、其他专门基金,以及农业保险等相关金融服务者都是协同推进的扶助主体。扶贫实践中创新出来的"道德银行"为良好信用者提供征信担保,属于该类主体,可在乡村振兴重点帮扶实践中继续沿用、推广。

再次,协同推进的设施保障者。协同推进不仅需要制度创新、发展模式创新,而且需要产业创新、服务方式创新,需要理论创新和机制再造。其中,在西部山区必须改变路、电、水、网等基础设施状态,力争实现县县有高速,镇镇通公交,村村有公路,村道、电水网到户。这既是农户基本生产生活设施需求的保障,更是信息共享、土特产品外输、商品流通的保障,是数字经济发展和加强双循环建设的设施保障。

最后,协同推进的其他辅助者。协同推进还需要其他辅助者,就像哲学中联系的"介质",中药中的"药引子",化学反应中的"催化剂",虽不是主要力量,但没有却不行。包括两类辅助者:为实施主体提供的辅助支持,如专业知识、技能指导、培训与服务等;为实施对象提供的辅助支持,如要素提供、市场建设等。"完善东西部协作和对口支援、社会力量参与帮扶"机制,建设西部"乡村振兴重点帮扶县",巩固拓展脱贫攻坚成果,提升其持续发展内生动能。如苏陕合作和天津对口协作,为汉中脱贫攻坚和水源保护提供了诸多助力。但是,要正确处理外在帮扶与自我发展能力塑造的关系,外力帮扶始终只是起辅助作用,内在的自我发展才是最关键的持续动能。

二、生态环境保护与乡村振兴协同推进的客体

生态环境保护与乡村振兴协同推进客体就是协同发展的指向对象,解决的是协同推进什么的问题。主要包括自然客体和社会客体两类。

(一) 生态环境保护与乡村振兴协同推进的自然客体

协同推进的自然客体是指协同推进所指向的对象是自然物。最大的自然物就是自然资源和生态环境,从本意上讲,之所以提出协同推进问题就是要在生态保护基础上实现发展,解决乡村振兴和农业农村现代化建设问题,实现生态环境保护与乡村振兴同步发展。所以,是否实现协同推进的一个重要表征就是自然资源和生态环境是否改善,其承载能力是否得到提升,是否能够支撑可持续的开发利用。

1. 协同推进的自然资源客体

自然资源和生态环境成为自然客体是因为它们都是外在的物,是以其自然物质形态而存在的,外在性或说客观性是其根本特性,同时,其可持续性利用不是建立在价值补偿基础上的公平性要求,而是建立在实物补偿基础上的自然物质修复或替代。其中,自然资源是一定区域内自然形成的可开发利用以提高人们福利水平和生存能力的实物资源,如土地、森林、矿产、水和生物资源等;而生态环境则是为人类生存与发展提供的各种外部条件的总和,包括天然的或人造的环境和生物或非生物环境系统。

实现生态环境保护与乡村振兴协同推进必须首先确保自然资源的可持续利用。人和人类社会的发展作为一个物质能量交换过程,必须建立在相应的物质资料消耗和能量交换基础上,没有物质资料人类无法存在,没有热能人就会冻死。人本身作为一个物质体,必须接收物质性材料,如衣食住等才能维持其存在。但自然资源却有两类:可再生的和不可再生的,无论可再生还是不可再生的资源也都有储量限制。因此,"人类社会的现代化不仅取决于人类社会的需求和发展水平,更取决于人类社会的生存环境和所依赖的自然物质条件"①。

因此,作为协同推进首要客体的自然资源,一要确保其消耗在有限储量内,超出其储量的开发利用是不可能的,也只能使人类生产自我约束,甚至出现萎缩性生产。当可预期的储量消耗完结前必须有可接续的替代资源或产品,以确保人类可持续的物质资料供给。二要确保其可再生,对于可再生的自然资源,就必须确保其开发利用在其可再生的阈值内,突破界线就会导致其再生能力下降而不能满足发展的需要。三要实现最大化利用,有限资源通过有序开发、合理利用就能提高其利用效率,以使有限资源形成更大产出,就可以延续既有资源的使用期限。四要促进其循环利用,而不能让废弃物成为人类

① 潘家华:《走向人与自然和谐共生的现代化》,《中国党政干部论坛》2020 年第 12 期。

发展的障碍。

2.协同推进的生态环境客体

作为协同推进的生态环境客体由生态和环境两部分组成,生态包括生物群落和非生物环境系统。生物群落就是一定区域的生物种群集合,由动物、植物、微生物等组成生物有机体;非生物环境系统是生态系统中非生物因子的总称,如阳光、水分、空气、土壤、岩石等。环境包括自然环境和人文环境。自然环境不需要人类干预就天然地存在,如大气、水、土壤、地质、生物等环境,是各种先于人类存在,或不依赖于人类而存在的各种客观的外在的自然要素的总和;人文环境则刚好相反,是依靠人类智慧创造出来的各种物质性、非物质性成果的总和,如文物古迹、建筑群落、绿地园林、器具设施等物质性环境,以及语言文字、社会风俗、文学艺术、文化教育、法律制度等人文环境。

生态环境之所以成为协同推进客体,是因为它们也是协同推进的受力者、指向者、显示者。保护好生态环境才谈得上绿色发展,才能实现绿水青山向金山银山转变,生态环境在这里就成为协同推进的指向对象、受力对象;是否实现协同推进就看生态环境改善与经济发展是否同步,因而,其改善程度就成为是否协同推进及其协同程度的显示器。

(二) 生态环境保护与乡村振兴协同推进的社会客体

发展是为了人,必须依靠人民、服务人民、促进人的全面发展,这是"以人民为中心"的发展思想的重要体现。是否实现协同推进的另一个重要表征就是部门和居民户的收益提升,利益实现最大化,是否有可持续发展能力。因此,其社会客体有两类:部门和居民。作为社会客体来说,其最大特点就是既是客体,又是主体,区别在于是主动性的还是被动性的,主动作用于协同推进的人就成为主体,而作为对象考察其是否完成了协同推进任务时就成为客体。

1.协同推进的部门社会客体

作为协同推进社会客体的部门,主要是指那些直接或间接推动生态环境保护、绿色产业发展和乡村振兴工作的单位或组织,包括政府部门和非政府组织。政府部门是协同推进的强力主体,同样也是重要客体,就是要让他们具有协同推进意识,乡村振兴局要把基于绿色发展的生态环境保护和生态补偿纳入自己的工作视野,推动生态环境保护下的产业发展、生产发展、生活方式转型与"三生"融合发展;生态环境局要把乡村振兴和农业强国建设工作纳入自己的工作视野,以生态环境保护为手段、美丽乡村建设为抓手,促进区域发展、产业兴旺,共享社会进步和美好生态的效应效益;自然资源局要牢固树立"三线一单"意识,即生态保护红线、环境质量底线、资源利用上线和生态环境准入清单,做好国土资源空间规划,实现生态环境保护与乡村振兴相互促进、相互支撑。其他的部门和机构也应具有这样的协作意识。作为社会客体,考察的不是其作为决策主体和实施主体,为协同推进做了哪些事情,而是作为被考核对象,考核其在推动协同发展上的意识增强了没有,方法措施创新了没有,服务能力提升了没有,更重要的是从实际效果角度看其协同度提高了没有,这样就能有效地把作为主体和作为客体的政府部门区分开来,当然,作为过程从决策到实施,再到效果效益显现是不可分割的整体和不能割裂的过程,也就成为主体客体的合一,如地方政府及其相应机构既是其下属单位的政策制定者、目标设定者、考核监督者,是决策主体,又得接受上级对其政策执行效率的考核和督察而成为客体。

　　非政府组织作为社会客体主要是通过自身的行为联结政府要求和居民行动,以宣传、活动、服务等方式成为扶助主体。同政府部门客体一样,非政府组织也具有主体和客体的双重性,在这里,作为协同推进社会客体的非政府组织,一样要在自己的宣传、活动或服务中把生态环境保护与乡村振兴一体思考、一起推进,不能片面地顾此失彼、厚此薄彼,抓经济发展的就只看产业和收入,抓生态环境的就只看绿水青山和污染治理,这还是"两张皮"、各行其是,无法实现真正的协同推进,无法达到绿水青山转换为金山银山的目的。因此,对他们的考察也不是作为扶助主体为支持协同推进所做的努力和取得的成效,而在于民众的生态环保意识增强了没有,自身和民众统筹推进生态环境保护与乡村振兴的本领增强了没有,以及整个社会的协同推进氛围加强了没有。

2. 协同推进的居民社会客体

作为协同推进社会客体的居民,就是那些生态环境保护与乡村振兴的直接或间接的参与者和受益者。一是直接或间接参与的居民客体。同样,作为主体的参与居民是直接或间接培植生态资源、保护生态、治理污染、促进乡村振兴的居民个体,其考察点在于为协同推进做了什么和怎么做的;而作为客体的参与居民考察点是直接或间接地作用于协同推进后,其推进效率如何,受益程度如何,生态改善与乡村振兴发展互动互促的预期目标达到了没有,以及相关法律政策要求是否落实到位。

二是直接或间接受益的居民客体。协同推进的居民客体包括直接受益者和间接受益者两类。直接受益者是指那些通过污染治理、生态改善和产业振兴而获得经济收益、生态效益、社会效益的个人,使其获得感增强,如护林员的收入提高了低收入者的收入水平等。直接受益者往往也是直接的参与者,依靠他们的直接参与获得相应报酬,充分体现了按劳分配原则。间接受益者,也可称为单纯受益者,是指那些没有参与生态保护、产业发展或乡村振兴工作的人,却因为生态环境质量改善和生态效应溢出,让那些未参与者和非贡献者获益,尤其是在同一属地内的部分居民,因为别人的贡献和付出让自己成为生态效应的享受者。作为直接受益或间接受益的居民客体,考察点不在于他们的受益最大化,而在于他们能否提高协同推进效率、人与自然和谐共生的程度。突出的是人与自然的平衡,实现其不断发展中的动态平衡,让人与自然始终处于自适应状态,保持在自然承载力范围内和人的可持续发展能力上。因为,自然系统、社会系统及其相互间的和谐共生,只有各自及其相互间的系统平衡被限定在其承载能力范围内才能实现,才能协调、持续发展,否则,在短板效应和加成效应下,生态的脆弱性就会被传递,成为制约人类社会发展的关键短板。① 从而使域外人不能直接或间接地享受生态效益,就是域内人也会因生态破坏而降低了自身的发展能力和幸福感、获得感、安全感,不但不能成为受益者,反而成为受害者、受损者。

第二节　运行机制

西部地区生态环境保护与乡村振兴协同推进的主体和客体,在政策、人才、技术、产业与设施等五大因素的支撑下,形成一个作用传导与受力反馈的运行机制,包括主体作用机制、客体受力机制、主客体间的传导机制和双向反馈机制,其运行机制框架如图 3-2 所示。

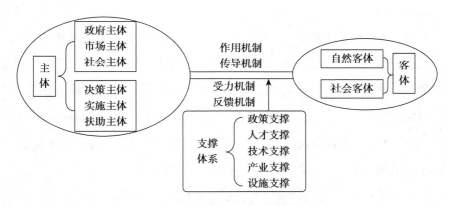

图 3-2　协同推进运行机制框架图

一、协同推进主体的作用机制

西部地区生态环境保护与乡村振兴协同推进的主体作用机制,实际上就是主体如何作用于客体,如何把主体的意志和要求贯彻到客体,这就是主体的作用机制。

① 胡仪元等:《流域生态补偿模式、核算标准与分配模型研究——以汉江水源地生态补偿为例》,人民出版社 2016 年版,第 230 页。

（一） 主体对客体的作用效率取决于主客体的素质

按照系统的结构性特征,主体对客体的系统机制受其各个要素的质量影响,高素质的主客体才能取得高质量的运行效率,因此,西部地区生态环境保护与乡村振兴协同推进主体作用机制的效率取决于其主体与客体的素质。

1. 主体素质决定着协同推进政策的决策与实施效率

主体是西部地区生态环境保护与乡村振兴协同推进要求的信号源,在目标顶层设计、政策措施制定、组织实施推动、运行过程监督、结果达标考核等重要环节中居于主动地位、起着发起者的作用,因此,精简、高效的组织机构能使决策成本降低、实施效率提高,反之,重复、错误的决策就会提高实施成本,增加实施困难。

同样,个人素质对决策和实施效率起着重要的约束作用,高素质的个人主体在决策中能很好地预见未来,提前规避风险、优化路径、修定目标,实现有限资源的最大化利用,获得最大产出和最大效益。反之,低素质的个人主体在决策中可能就难以作出最佳目标设定,也不可能作出最大效益的最优决策;在实施中,也会出现决策疏漏或错误,导致决策成本增加、决策信息传输失真、推进僵化缺乏变通,导致实施成本增加、协同推进效果欠佳。

2. 社会客体的素质决定着协同推进政策的实施效率

社会客体作为协同推进政策要求的信号接收者,其素质高低直接影响着政策、文件精神的理解与传达是否准确,执行是否有偏差,目标定向是否精准,以及在实施中能否做到路径优化和方法创新。高素质的社会客体一般具有四个重要特征:一是高精度的接受能力。作为西部地区生态环境保护与乡村振兴协同推进的社会部门客体或居民客体,在信息传递渠道畅通和传递方式方法正确的前提下,都能准确接收主体所传递出来的信息,从而使任务要求下达到位、文件精神传达到位;能准确理解主体决策要求的精准内涵,能完完整整地理解国家建设方略要求,理解党中央关于绿色发展、生态文明建设、乡村振兴和农业强国建设决策部署的战略意义与长远目标,把主体关于协同推进的决策部署理解全面、理解完整、理解深刻,才能全面、准确地贯彻落实;能够清楚地把握主体决策要求的目标要求、实现路径、目标达成要求和达成度,从而自觉地修正自己的目标,约束自己的行为,改变自己的习惯习俗和传统生产生活方式,为其主动地、创新性地完成建设任务提供前提保障。

二是高效率的行动能力。西部地区要在生态环境保护前提下推进乡村振兴,还得靠实干、苦干、巧干,要"立下愚公移山志,咬定目标、苦干实干"①,通过主动把生态环境保护与乡村振兴结合起来,以协同推进补齐两个短板、促进两个发展,实现西部地区的可持续发展。相应地,这些社会客体要具有实干的能力,通过其高效率的行动能力,快速落实、快见实效,把生态环境保护与乡村振兴内在地结合起来,形成生态环境保护与乡村振兴协同推进的绿色发展模式。

三是高质量的协作能力。在西部地区,引进人才困难、留住人才更难,普通劳动力的素质也需要进行提升,因此,必须有社会客体高质量的协作能力,能够把各项优惠政策综合利用起来、把各个方面的资源整合在一起、把各类人才聚集在一起,进行合作劳动、协同创新,这样才能以强大的生产能力推动其快速发展、协调发展、创新发展、高质量发展。

四是高水平的创新能力。社会客体不能被动工作,而应主动地、创新性地开展工作,如果机械地执行政策和决定,即使对理论掌握得再好、对政策再熟悉、对人才很了解,也难以取得良好的综合性成效,因为机械性地执行政策必然在政策之间的衔接、政策措施的跟进上产生匹配错位和时间差,最后不是纠结适用政策的选择问题就是在纠偏纠错中忙碌。因此,因时而动、因势而动,实时创新才能让普遍的理论原则在纷繁复杂的现实中绽放异彩,一般性的规则要求和相同的政策措施在不同人手中能发挥出不同的效应效力,这就是创

---

① 《习近平谈治国理政》第二卷,外文出版社 2017 年版,第 83 页。

新思维、创新行动、创新方法执行的结果。西部地区生态环境保护与乡村振兴的协同推进,必然建立在社会客体高水平的创新能力基础上,以创新弥补发展基础薄弱、发展资源不足、设施条件受限等缺陷,推动其协同发展,推动乡村现代化建设和共同富裕。

3. 自然客体的质量制约着协同推进政策的实施效率

自然客体是西部地区生态环境保护与乡村振兴协同推进的实践基质,基质的好坏直接决定着政策措施、现实行为、优化创新的最终效率效果,决定着主观作用于客观之后能否达标达效、符合人的预期和价值需求。

一是自然客体的基质因素是协同推进效率的关键。影响和制约协同推进效率的因素很多,但最根本的还是其基质因素。所谓基质就是事物最根本的、最后的决定因素。马克思说"种种商品体,是自然物质和劳动这两种要素的结合。如果把上衣、麻布等等包含的各种不同的有用劳动的总和除外,总还剩有一种不借人力而天然存在的物质基质。人在生产中只能像自然本身那样发挥作用,就是说,只能改变物质的形式",这个物质基质就是决定"物是物""商品是商品"以及是什么物什么商品的最后要素。"在这里,所以要生产使用价值,是因为而且只是因为使用价值是交换价值的物质基质,是交换价值的承担者"①,以商品使用价值的客观性来说明了物质基质的重要性和客观性。西部地区生态环境保护与乡村振兴的协同推进必须立足于其物质基质,就是其自然客体——自然资源和生态环境本身,在贫瘠的资源条件和恶化的生态环境中还谈不上产业发展和乡村振兴,需要的是生态修复和恢复,因此自然客体的自然基质成为决定协同推进政策实施效果的关键。

二是自然客体的基质状态决定着协同推进的效率。自然基质的状态可以分为两种情况:富源和脆弱。自然基质的富源实际上就是生态环境资源的富源,良好的生态环境能吸引人来投资、来旅游、来康养和生活,既增加了人流

---

① 《马克思恩格斯文集》第5卷,人民出版社2009年版,第56、217页。

量,更节约了生态资源修复、培植的成本和环境污染治理成本;自然资源的富源决定了人们可以围绕富裕的自然资源进行产业开发,做大做强做优特色产业,也避免了人造资源禀赋所产生的成本和产业同质竞争,这些都是能快速走上协同推进轨道的自然客体基质优势。反之,自然资源基质脆弱就意味着其资源贫瘠、生态破坏与环境污染严重,不管这种脆弱是长期自然力作用的结果,还是人类行为的结果,首要的任务是生态修复和污染治理,而不是发展问题,因生态脆弱而造成的落后和发展约束使其不但不能走上绿色发展道路,还会在生态破坏与经济落后上相互交织、相互推动而陷入更为严重的困境,如自然灾害频发的地方无法实现就地发展致富,而必须易地搬迁发展才能实现长期发展。① 在西部地区,既有生态脆弱带来的发展难题,更有生态富源却因发展受限而造成的发展滞缓,两种情况依据不同的发展模式都可以走上绿色发展道路,前者可以直接把生态修复当作产业来发展推进,后者则需要开发生态资源发展生态产业实现产业振兴和生态产品价值转化。

三是自然客体的基质改善与协同推进效率提高同步是理想境地。自然客体的生态修复会改善其基质,而生态修复需要有机结合其自然修复与人工修复两种方式,其中"自然修复是前提和基础,是人工修复的依赖和物质基础,没有自然生态本身就没有生态修复问题,人工修复必须在自然生态物质基质基础上进行;人工修复是自然修复的保障和补充,是自然生态无法完成自我修复前提下的有益助力,在自然生态这个物质基质基础上进行的人工修复既要符合自然生态本身的生长规律,又要主动抑制除人工修复行为外的其他人类干预行为,如人的过度采用等行为"②,生态修复改善了自然客体基质,使其生态效率提高。但是,自然本身的生态效益效率并不一定适合人类直接消费,并

---

① 刘伟、于倩倩:《易地搬迁对陕南农户生计弹性的影响研究》,《地理与地理信息科学》2023 年第 1 期。

② 唐萍萍、胡仪元:《绿色发展与脱贫攻坚协同推进的结构效应研究——以西部集中连片特困区为例》,《人民论坛·学术前沿》2019 年第 7 期。

转化为直接的经济效益,这就需要转变传统的生产方式,引入绿色发展理念,实现生态经济化与经济生态化的有机结合,进而以发展的方式解决人们的落后制约和发展致富问题,实现协同推进效率的提升。自然客体基质改善提高生态本身的效率并与协同推进效率提高同步,是西部地区实现生态环境保护与乡村振兴同步推进的最优表现,是其可持续发展的理想境地。

(二) 主体对客体的作用效率取决于作用机制的顺畅

作用渠道畅通是主客体作用效率保障的前提,通过惯性推动能产生持续作用效力,但是,作用渠道的畅通需要持续的维护提升,才能形成持续的保障。

1.渠道畅通是主客体作用效率保障的前提

主体的作用力能否达到客体,以及达到客体的效率效果受制于沟通渠道的畅通与否,这是主体作用于客体和客体接收主体作用力的前提。没有渠道或者渠道不畅,主体的意志就无法传达给客体,同样,客体也无法接收到主体的要求并反馈自己的相关诉求。沟通渠道的质量决定着沟通效率,进而决定着主体对客体的作用效率。一般来讲,高效率的沟通渠道是高效率信息传达、高效率行动执行和取得高质量结果的前提;反之则相反。沟通由一系列要素构成,包括沟通主体、客体、介体、环境和渠道五个方面,沟通渠道就是沟通主体通过沟通介体达到沟通客体的管道或路径。没有沟通渠道,沟通的各个要素都是割裂的,无法形成工作机制和协同效力,也就无法实现主体与客体间的相互作用。在沟通渠道畅通的前提下,可以选择不同的沟通方式,如上行沟通、下行沟通、平行沟通等,以及多种沟通方式的有机组合,以增强沟通的效率效果。

2.渠道畅通对主客体作用效率的惯性推动

制度一旦形成就具有自我强化的功能,从而使其在既定运行轨道上惯性前进(向上、向下、向前或向后的运动)。主客体间沟通渠道一旦确定就会形成惯性运动,主体对客体信息传达的惯性,就是主体总是习惯性地把自己的意志、要求按照既定渠道传递给下一个层级,依次进行逐级传递。那么在这个过程中就存在渠道畅通的质量差别,好的沟通渠道会把信号原原本本地传递下去;而差的沟通渠道则会使沟通信号出现质量衰减,导致信息失真。同样,客体对主体的信息传递也存在惯性,下层客体具有熟悉基层情况的优势,也具有据实报告情况、反映问题和反馈工作进展的义务,沟通渠道畅通才能真正做到下情上达,为主体的科学决策提供有效依据。因此,高质量的沟通渠道在惯性作用下会加速推动信息传递,并高质量推动工作,反之,则在摩擦阻力作用下阻碍信息的传输,阻碍工作的推动。西部地区必须建立良好的沟通渠道,以确保上情下达、下情上达,实现乡村振兴信息传输的真实可靠,做到抓当前谋长远,真正地把生态环境保护与乡村振兴发展内在地结合起来,做到互动互促、惯性推动、长效推进。

3. 渠道畅通需要持续的维护提升

机器有磨损、人有惰性,因此,物久需维修,人久要常警醒,同理,任何畅通的渠道都需要经常维护提升。在西部地区生态环境保护与乡村振兴的协同推进中,必须时常对沟通渠道进行维护提升,否则就会在惯性作用下,用老眼光看待新情况,先进的技术不会用、不让用,固守传统的生产模式、固守落后的风俗习惯;用老方法处理新事物,国家的新政策、新措施不能及时掌握、及时落实、及时跟进,使国家的好政策好措施,尤其是一系列新的惠农政策无法有效、及时、全面地惠及农户;用老观点要求新工作,不能大胆使用新方法、新措施,启用新人管理,都会导致协同推进速度慢、成效小。实际上,西部乡村振兴帮扶区的生态破坏、发展滞缓除了自然本身的脆弱性、发展基础薄弱外,还存在思想观念和工作方法问题。依靠沟通渠道的维护提升可以不断更新人们的观念,提升他们干事创业的本领,实现协同推进、提高协同推进质量。

（三）主体对客体的作用效率取决于管理制度的规范

管理制度规范也决定着主客体的作用效率,是其作用效率的制度保证,维护和推动其作用机制的常态化、规范性运行。

1.管理制度规范是主客体作用效率的制度保证

主体与客体的作用效率必须由制度作保证,管理制度规范等强制性或非强制性制度措施能起到约束人们行为、规范运行程序的功效。西部地区经济欠发达的成因比较复杂,影响因素很多,虽然实现了全面小康解决了生计困难,提高了生存生活质量,但是,其发展基础弱、自我发展能力差使其在相当长的时间内都只能处于追赶发展的地位,特别是思想观念落后和发展能力不足问题相互交织,在有些山区县域,部分农户的"等、靠、要、比"思想严重。因此,需要严格的管理制度对乡村振兴帮扶双方的规范与约束,把直接的、外在的输入型帮扶转化为内在的自我发展要求,引导他们自觉地发展产业、自觉地保护生态环境,以制度刚性助力生态环境保护与乡村振兴的协同推进。

2.管理制度规范实际上是对作用机制的维护

西部地区生态环境保护与乡村振兴协同推进主客体作用机制的顺畅运行需要不断维护,包括作用机制本身的不断优化,改进工作效率、提高运行质量、节约运行成本;同时,也需要不断加强机制本身的建设,如提高运行主体和社会客体的素质与质量、加强信息传输的设备设施建设、建立紧急联系和应急处理机制等,作用机制的维护实际上就是为了确保机制的长期、有效运行。管理制度规范是维系其长期持续运行的根本保证,以制度的稳定性保证其机制运行的稳定性,以制度的强制性保证其机制运行的有效性,以制度的程序性保证其机制运行的规范性。主体对客体作用机制的维护就像为零部件上机油一样,是保持其存续、有效运行的重要条件,否则渠道运行就会因"年久失修"而受阻,影响其后续运行和持续运转。

3.管理制度规范推动主客体作用的常态化、规范性运行

制度的更新或变革,组织机构和运行机制的调整是有成本的,尤其是初次设立必须支付调研成本、组织架构和方案设计成本、组建成本、人员成本等系列成本,变更或调整同样需要成本,只不过相对而言小得多而已。一旦把制度

规范建立起来,就可以持续运行,直到废除其制度规定或撤销其组织机构。制度规范下主客体作用的常态化运行可以节约相应的成本,尤其是在作用力的惯性作用下,按程序运行、按规范运行,并在不断提升其运行效率的过程中优化、改进其规范和结构,更强化了成本节约。西部地区生态环境保护与乡村振兴协同推进的组织保证,以及脱贫"摘帽不摘责任、摘帽不摘政策、摘帽不摘帮扶、摘帽不摘监管"的四不摘要求,保证了脱贫攻坚向乡村振兴的战略衔接,可以有效节约机构设置与调整带来的相关成本,提高工作效率。

(四) 主体对客体的作用效率取决于监督制度的保障

监督制度对主客体作用效率起到外在强制、效率改进和同步提升的效果。

1.监督制度是主客体效率保障的外在强制

监督是为了校准前进的方向、提升运动进程的效率、强化运行过程的规范、促进运动本身的持续改进。西部地区生态环境保护与乡村振兴的协同推进,必须对推进主客体的效率保障进行外部的强制性监督,以监督制度体系的建立及其不断完善促进其在既定方向上稳步、高效、规范前进,对其运行过程及其效率进行监控、改进和优化。通过监督制度对其主客体作用的效率保障提供外在的强制约束,以确保主体对协同推进工作的主动、高效推进;社会客体能有效落实协同推进要求,提高主体作用于客体的效能。

2.强力监督能有效促进主客体的效率改进

任何一项制度设计或运行机制都不可能是完美无缺的,即使完美无缺的理论设计也必须符合现实实际的需要,并在实践中不断修订、完善和改进。同样,监督制度体系的建设与完善能对西部地区主体对客体的作用起到有效的规范、促进作用,通过行为约束、有效激励措施,明确主体鼓励倡导或限制什么,以正确引导生态环境保护与乡村振兴的协同推进问题;也能通过监督制度发现问题、总结经验、汲取教训,对机制运行提出完善对策与改进措施。

西部地区生态环境保护与乡村振兴协同推进的机制创新研究

3.监督效率与主客体作用效率的同步提升

监督本身应有效率,我们不能为了监督而监督,出现监督与生产活动或工作推动的本末倒置,监督是为了促进生产活动、提高工作推动效率,而不是相反;更不能让监督者的体量和预算超出被监督者,否则就会导致人人都愿意充当"监督者",而没有干事创业的激情和氛围。作为西部地区,投入能力有限,最需要的是不断发展,因此,需要监督效率和主客体作用效率的双提升,以解决进步和发展中的难题,实现生态环境保护与乡村振兴协同推进的效率提升。

二、协同推进客体的受力机制

协同推进是协同双方共同作用的结果,既要有主体对客体的作用机制,又要有客体对主体的受力机制。西部地区生态环境保护与乡村振兴协同推进的客体受力机制,就是客体对主体的作用力如何承接,如何准确、全面理解和科学贯彻落实的问题,这个机制包括信号接收机制、执行能力与持续改善的效果三个方面。

(一)社会客体对信号源的接收机制

社会客体对主体的受力机制首先表现在其对信号源的有效接收,也就是能否及时、准确、全面地接收主体对社会客体所传达的信息、发布的指令,以及明示或隐含的要求。接收到主体信号、准确地把信号转换成作为客体的信息资源,这是作为信号接收机制正常运行的前提。在西部地区作为信号源接收的社会客体必然是一个层级结构,首先是省级政府对国家层面乡村振兴和农业强国建设政策的准确理解与信号再传输,基本要求是在初次接收和再传输中信号不失真不减弱;其次是市县级政府对中省政策信号的接收与再传输,除了信号真实性和强度要求外,更要有信号束的增量,就是要结合市情、县情制定更多的可实现性的政策措施;最后是镇村对中省市县政策信号的接收,这时,除了信号真实性、强度和增量要求外,更要有创新和落实举措。于是,就由信号源的接收问题转向政策执行与实施施策问题。

（二）社会客体对政策措施的执行能力

社会客体对主体的受力程度必须通过其执行效果来展现,那就需要有足够的执行能力。西部地区,资源、生态、基础设施等外部环境约束是其欠发达的首要原因,但农村组织建设薄弱也是其重要的约束因素,尤其是在乡村振兴战略中,是否从抓大局、谋长远、兴产业、增福利的角度,确保当地农户能长期持续发展,这是对村级组织建设能力的重要考验。一个坚强的村级组织是村民发展致富,带领全体村民走上共同富裕和现代化道路的坚强堡垒。如果说市县级以上社会客体的接收机制效率重点考察的是其政策接收、解释、传达和再接收(反向接收)与反馈的能力,那么镇村级社会客体的接收机制效率重点考察的就是其政策执行能力和实践创新能力,怎样把政策措施的一般性规定与宏观要求同具体实践结合起来,并进行创新性地推进是关键,从而把外在注入式帮扶变成农户的内在成长式发展,把"输血式"帮扶变成"造血式"发展,把短期的攻坚战、突击战变成长期的持续发展,推动西部地区在乡村振兴和农业强国建设基础上迈向共同富裕和全面现代化。

（三）自然客体对主体作用后的改善效果

自然客体对主体的受力程度体现在自然本身的改善上,作为西部地区生态环境保护与乡村振兴协同推进自然客体的受力程度表现在其生态环境改善上,使其能够承载经济社会发展的更大空间和能力,能够推动西部地区生态、经济与社会的全面可持续发展。其改善效果体现在三个方面:一是是否在协同推进中改善了生态环境,实现生态改善与经济发展的同步,也就是说这种改善不是自然力自动运行的结果,如退耕还林后林草的自然生长,而是在生态环境保护与乡村振兴协同推进下的主动作用成效。二是是否实现了自然客体承载能力的提升,让自然客体不单纯是量的增长如林草或湿地面积的增加,而是其所能承载的水源涵养能力、生物资源再生能力、抗灾害能力增强。三是是否建立持续向好的生态改善机制,就是依靠协同推进机制实现其经济持续增长、生态持续改善、协同推进效率持续提高,实现生态、经济与社会三个发展及其相互协调推进的持续化、高级化和高质化。

三、协同推进主客体的传导机制

西部地区生态环境保护与乡村振兴协同推进主客体间的传导机制是指主体向客体的信号传输和客体对主体的信息反馈,包含了主客体得以传导的介质系统、多层级逐级传导的层级结构、双向传导的信号管理,以及传导方式创新等内容。

(一) 主客体传导的介质系统

主客体间的传导是双向的,主体对客体的传导是生态环境保护与乡村振兴协同推进的决策部署、政策措施、目标要求等,而社会客体对主体反馈传导的是自然客体和社会客体本身的状况、执行或落实政策后的进展情况、效率如何以及目标达成情况。这种双向传导必须有良好的介质系统,就是主体信号达到客体接收之间的工具系统,就如我们从 A 地到 B 地所使用的汽车或火车等交通工具一样。信号传导质量除了取决于主体和客体自身的质量与水平外,更多地取决于这个介质系统的质量。对于其协同推进的介质,首要的是组织机构,要在乡村振兴局的职能职责中增加绿色发展与生态保护职责,推动其在促进城乡融合发展、乡村振兴发展与生态修复、生态治理、环境保护同步、共赢发展中有统一的战略部署、强力的政策措施和科学的考核评价。[1] 其次是高素质的管理队伍,能够高效率工作和有效沟通,必须建立一支高素质的管理队伍,并及时进行能力培养、知识更新和素质提升。再次是实体性工具系统,

---

[1] 方忠明、朱铭佳:《改革协同推进　城乡融合发展:乡村振兴的海盐模式》,中国社会科学出版社 2018 年版。

如网络媒介、机要通道、保密系统等,以使主客体之间的信号传输顺畅、精准。最后是制度机制的建立,要有明确的管理制度规定,以及相应的奖惩措施,以规范各主体及其与客体间的信号传输。

（二）主客体传导的层级结构

按照层级管理思想,西部地区生态环境保护与乡村振兴协同推进主客体间的传导机制也必然是一个层级结构,一般可区分为 4 个层级:国家层级,主要是宏观管理与政策制定,面对的是全国性的生态环境保护与村振兴协同推进,统筹的是国内外两个资源、两个市场。省级,包括直辖市和自治区在内的中观层级,主要是辖区内的宏观管理、地方政策制定,面对的是国家政策落实与区域内的协同推进,统筹的是区际间的资源利用与区间合作,包括国内的区际合作与国外对等的区际间合作。市县(区)层级,实际上是两个层级,即市级和县区级,是次级中观层面的层级,主要在辖区内落实中省政策要求,开展区际合作和辖区内资源统筹,也能制定符合本区域特色的政策措施,以推动生态环境保护与乡村振兴的同步发展。最后是镇村级,这是最基层的传导层级,是最微观的层级,主要接收上级的政策措施和决策部署,把政策落实好、在实践中取得实效是其根本的职能要求,除了增强民众的知晓率,更多的就是带领农户从实践上推动生态环境保护与经济社会的协同发展。各层级有明显界线,权责各不相同,但又相互作用和影响,只有顺畅的机制设计和良好的运行效率才能通过层级结构实现有效的信号传导。

（三）主客体传导的信号管理

主客体的传导机制必须对信号进行管理,也就是传导内容的规范、科学管理,其形态就是需要传导的各种法律制度、政策文件、会议精神、报告、总结、统计数据、规定要求等反映主客体间进行沟通的载体或媒介物。在生态环境保护与乡村振兴及其协同推进信号传导中,由于主客体差异、传输链条延长、传输载体质量、管理水平高低等原因,会造成所传输信号的损失,如二次及其以后传输者对信号的加工与选择,导致需要传导的重要信息出现遗漏、歪曲、缺损等。因此,必须加强主客体传导信号的管理,一是减少信息损失与失真,确保主体信号传达的真实意思表达。其根本措施就是减少二次传达机会和扩大信息接收面,如通过网络媒介把协同推进要求传达到最基层的村级组织,同时通过多种媒体工具多角度地宣传政策措施与要求,扩大人们的知晓面,就不会因为个别人的选择性传达、不全面准确理解而造成影响。二是强化传导速度,信息有时效性,必须及时传达、落实、推进和反馈,否则就会出现"时过境迁"问题,丧失相应的发展机遇和机会;能够快速传导信号本身也是其传导机制质量的体现。三是强化传导信号载体的管理,运用合适的传输工具对特定信号进行有效传输,如不宜公开的数据、资料和信息,必须从信息安全角度强化管理,实行专人管理、机要传递和回收管理等。四是管好档案资料,这是过程验证、效率考察、目标达成与否的佐证素材,也为进一步的经验总结、推广与典型宣传提供材料。

(四) 主客体传导的方式创新

信息传递方式的革新是与时俱进的,主客体间的信号传导必须进行有效的方式创新,以适应受众的需要。尤其是在现代信息发达的大背景下,存在海量信息、良莠不齐的信息、不同表现方式的信息等,因此,必须抓好信息甄别、信息过滤、信息分析、信息处理、信息反馈与信息安全等各个节点,运用好现代5G信号传输媒介与大数据分析工具,让西部山区能够共享到信息技术进步带来的效益,直接、远距离获取高质量的信息,便捷地获取符合地方发展实际和特色的致富信息,尤其是技术进步及其带来的效应。在确保信号传输的前提下,不断创新传导方式,在正面传输基础上建立反馈机制,建立信号追踪机制,尤其是西部山区特色农产品的质量追溯体系,让客户能够观察到生产运输过程、参与到质量保证环节中来,体会到生态环境保护与乡村振兴协同推进的实践快乐,增强其获得感和幸福感。

四、协同推进主客体的反馈机制

西部地区生态环境保护与乡村振兴协同推进主客体间的反馈机制是指客体对从主体那里接收到的信息是否准确真实性地理解、传达,是否执行、落实到位,并及时对主体进行有效反馈,以及主体对社会客体反馈信息的反馈,具体包括反馈机制的构建、反馈类型、反馈内容及反馈效果评价。

(一) 主客体反馈的机制构建

反馈机制需要构建才能形成常态化、持续的反馈状态。西部地区生态环境保护与乡村振兴协同推进主体与客体间的相互反馈也必须有机制保证,从而形成一个客体向主体反馈的机制,重点反馈的是政策执行情况、现实实际情况,以及各种综合性、复杂性、特殊性问题及其处理情况,需要的特殊政策支持需求等;同时要有主体对客体反馈的反馈机制,重点是对其反馈机制运行的快慢、优劣评价,对工作执行情况和效果的肯定性或否定性评价,对客体各种诉求的倾向性、指导性意见等。这个机制的构建需要从政策上,甚至法律上明确反馈机制的程序和要求,从而形成制度性的规定和要求;并强化人力、经费和各种设备设施的保证。高质量反馈机制的最低要求是渠道畅通,有正常的、双向的和循环的反馈能力;其更高要求是及时、精准、全面、客观,能有针对性地解决实际问题和现实困难。

(二) 主客体反馈的基本类型

按照反馈模式的不同,西部地区生态环境保护与乡村振兴协同推进主客体间的反馈机制可分为三类:单向反馈、双向反馈、循环反馈。所谓单向反馈就是由主体到客体或由客体到主体的反馈,其反馈传导是单向度的,如主体对客体政策执行情况的评价、第三方反映出来的信息或问题的通报等;同样,客体也会向主体进行单向反馈,如工作汇报、申请与请示、总结报告等。双向反馈是指主体与客体间的任何反馈都必须要有回应,如主体对客体反馈的问题给予肯定性、否定性或建设性、指导性意见,并传达给客体;同样,客体也对主体反馈的信息进行综合、处理之后,是如何执行和落实的,以及有哪些变化和成效。把这些信息再反馈给主体,从而形成主客体之间关于信息传达反馈的互动。循环反馈就是主客体之间就同一事件的经常性、反复性信息交换与互动,从而形成工作及其相应反馈情况的系统性过程记录,以确保主客体间在政策的传达与执行、工作的实践推进、效率效果的评价等方面都能更准确、更和谐、更有效率,尤其是在贯彻主体意志,调动社会客体积极性,推进自然客体持续改善上取得更好效果。

(三) 主客体反馈的基本内容

主客体间的反馈必须紧密围绕生态环境保护与乡村振兴协同推进这个主题主线,实现信息共享、资源共享、行动同步、效能最优。首先是工作反馈。就是反馈国家生态环境保护与绿色发展政策、乡村振兴政策、农业强国与农业农村现代化建设政策的落实情况、执行情况,其考察关键点是政策的传达到位、宣传到位、执行到位,以及群众的政策知晓率高、政策落地效果好;同时,作为主体要对作为社会客体所反馈的工作情况做出积极"回应",以实现对反馈的反馈,为推动下一步工作提供依据和指导。其次是实际情况反馈。政策、法律法规都是"一视同仁"的一般性规定,而具体现实情况则是千差万别的,如观念束缚、资源条件差异、产业基础不同、基础设施落后程度有别等,需要因地因时调整和施策,这就需要当地及时、准确地把地方实情、特色反馈上去,为制定更具体的实施策略和政策修改完善提供依据和支撑。再次是利益诉求反馈。思想观念落后毕竟是少数,更多的是能力不足、因病因灾因学导致的困境,还有环境条件差、基础设施差等各种原因导致的落后,尤其是政策性限制,如汉江水源地因保水护水治污而限制产业发展,这就需要有一个民意畅通渠道,尤其是西部地区生态环境保护与乡村振兴协同推进各相关利益者的利益诉求反馈上去,为政策优化及其持续改进提供支持。最后是政策建议。实践出真知,在西部地区长期从事生态保护、经济社会发展和乡村振兴的工作者,最能了解实际情况也就最有发言权,能结合实际情况进行创新,提出有见地和成效的建议,在推动协同发展上取得真正的实效。

(四) 主客体反馈的效果评价

主客体间的反馈效率效果必须得到准确评价,这就需要构建一个评价机制,以不断完善、优化反馈机制。首先是明确反馈评价主体。无论是理论反馈还是实践反馈,无论是反馈内容还是反馈形式都必须先明确评价主体。那谁来评价最好呢? 政策的发布者、任务的布置者最清楚政策或任务的目标要求,是最佳评价主体。对于反馈者对自己反馈的内容和实际情况最了解,因而也是对自己反馈准确性的最佳评价主体,也是对反馈进行反馈的准确性进行评价的最佳主体。除此外还有第三方机构的评价、上级部门的评价、监督与考核部门的评价等,也就自然地成为评价主体。

其次是界定反馈评价客体。对什么进行评价? 就是对西部地区生态环境保护与乡村振兴协同推进效率效果反馈的评价,其评价所指向的对象不能仅仅是汇报或报告,不是乡村振兴或生态环境保护,而是重点对所反馈工作对象的实效进行评价,也就是把西部地区的协同推进实效作为评价的重点,把协同推进从纸上的文字、脑海中的想法变成现实中的实践,并取得实实在在的效率效果。

再次是精准反馈评价内容。对反馈评价哪些呢? 对反馈的真实性进行评价,就是评价反馈内容是否真实地反馈了实际情况,不存在虚假反馈、夸大其词,甚至捏造事实反馈等问题。对反馈的效率性进行评价,既包括能否及时有效地进行反馈,这也是反馈渠道顺畅与否的表现或佐证;又包括所反馈对象的效率评价,就是在西部地区实施生态环境保护与乡村振兴协同推进效率的评价。对反馈效果的评估评价,工作不能一开会就了之、一安排就了之、一布置就了之,而是要对工作的推进及其推进效果进行评价,对于反馈的效果评价而言,重点要看反馈的问题能否引起重视,反馈的利益诉求能否全部或部分实现,反馈的良好经验与成功做法能否得到认同和有效推广。

最后是创新反馈评价方式。对反馈的评价应有科学的评价方式,不断吸纳最新科技成果和组织创新模式,避免个人主观评价的弊端,综合采用专家评价、民众评价、媒体评价、网络评价,运用多种渠道获取评价信息,运用科学手段筛选评价数据,运用综合评价、组合评价相互印证评价结论,以确保评价的准确性、科学性,达成推动西部地区生态环境保护与乡村振兴协同推进工作的目的。

第三节　支撑体系

主体达到并作用于客体需要一个介质或媒介,就是主体达到并作用于客体的工具系统,也就是西部地区生态环境保护与乡村振兴协同推进的支撑体系,包括政策支撑、人才支撑、技术支撑、产业支撑和设施支撑五个方面。

一、西部地区生态环境保护与乡村振兴协同推进的政策支撑体系

西部地区生态环境保护与乡村振兴的协同推进需要强有力的政策支撑,以实现对具有公共属性的资源生态环境和具有社会性的乡村振兴的支持与推动,实现二者的互动互促发展,推动自然生态与人类社会的和谐共生发展。政策支撑体系包括生态保护政策以下五个方面。

(一) 生态保护政策

国家在资源与生态环境保护上有一系列禁止性、限制性和激励性政策措

施,这些政策既在国家层面的法律政策中有明确规定,又在省级及以下地方法律政策中有明确规定,具体内容涉及土地、矿产、森林、水、湿地等各种资源及其生态环境的保护。

一是统一政策规范,做好研究与规划。从可持续发展、人与自然和谐共生的角度,深入研究自然资源特性与成长规律,实现资源利用时间序列的科学合理;科学测定资源储量与生态承载阈值,实现有序开发、自然恢复成长;强化国土资源空间规划,突出资源节约、集约和综合利用,提高利用效率效能;强化"三线一单"管理,夯实资源与生态保护责任。资源与生态环境保护已经成为人与自然和谐共生、构建人类命运共同体的前置性条件,必须进行系统、规范、统一的保护,因而也需要形成统一的政策规范措施,形成全国统一、区域相互配合的资源、生态与环境保护格局。

二是强化政策落实,突出生态功能和生态治理能力提升。国家虽然没有独立的资源与生态保护政策,但通过法律和各种政策措施,尤其是生态功能区财政转移支付,为资源与生态保护提供了强有力的政策支持。好政策重在落实,把政策落在实处,把工作做到实处,突出政策落实成效,以政策杠杆,强化资源管控、污染治理与生态修复,全面提升生态服务功能和生态治理能力。

三是强化激励机制,推动生态补偿实践。生态补偿包括实物补偿和价值补偿,其中"实物补偿强调的是资源平衡,即把已经消耗掉的资源从实物上给以补充、替换;价值补偿强调的是利益平衡,即人们在生态保护上的价值损失、价值投入和机会成本补偿"。因此,"实物补偿是指对人类生产和生活中所产生的自然资源耗费以及由此引起的生态破坏与环境污染等进行恢复、弥补或替换的生态补偿",包括复原型重置实物资源和更新型重置实物资源两种类型;"价值补偿是对为执行流域生态保护工作、保障流域资源的可持续利用做出贡献的地区和个人进行的货币补偿"①。因此,应从客观的物理量增加或生

---

① 胡仪元等:《汉水流域生态补偿研究》,人民出版社 2014 年版,第 117—118 页。

态改善和主观的努力程度相结合视角,考察人们对资源与生态环境保护所作出努力的成效。以生态补偿为引力把人们协同推进生态环境保护与乡村振兴的心聚在一起,把生态保护、污染治理与乡村振兴和农业农村现代化建设融在一起,把当前发展与长远发展联结在一起,真正实现人与自然的和谐发展。

(二) 产业支持政策

西部地区生态环境保护与乡村振兴协同推进最终要落实在产业发展上,没有产业就没有发展,无法解决欠发达地区的追赶超越和发展致富问题,更无法支撑资源与生态环境保护的持续推进,落实《中共中央关于制定国民经济和社会发展第十四个五年规划和二〇三五年远景目标的建议》,推动西部地区"健全区域战略统筹、市场一体化发展、区域合作互助、区际利益补偿等机制"。其产业支持政策主要落实在:支持产业转型的政策措施、推动绿色产业发展的政策措施、开发生态产品的政策措施。主要发展环境友好产业、资源节约集约型产业、资源综合利用产业、生态修复与污染治理产业,从而把资源与生态保护内置于产业发展体系,形成内生发展动能。

(三) 金融扶助政策

价值运动是市场经济条件下,对实物运动的重要牵引,没有金融资本的支持,既无法实现实物生产的投入和价值实现,更不能很好地引导价值运动,推动实体经济和数字经济的发展。资本短缺是常态,因此,金融扶助西部地区生态环境保护与乡村振兴的协同推进,必须遵循"好钢用在刀刃上"原则,用金融资本撬动整个市场经济运动,具体包括三个倾斜:向生态环境保护、资源节约集约、污染治理领域的投资倾斜;向经济生态化、生态经济化发展和转化倾斜;向生产、生活、生态融合发展提供金融资金支持倾斜。把金融扶助的前置性投入(前期项目工作)、关键性节点的扶持性投入(补短板性资本投入)、重点领域的支持性投入(强优势的资本投入)、市场体系的牵引性投入(引导性资本投入)等结合起来,把生态资源变成生态产品,把生态产品变成经济价值,把生态产品价值转化为人们的收入和收入增长,为生态环境保护与乡村振兴协同推进提供良好的金融政策支持。

(四) 科技创新政策

科技创新是一种风险性"投资"行为,这里的"投资"既包括资金资本注入,也包括人力、精力投入,尤其是一系列的研发活动。作为风险性行为,直接取得创新成果是很难的,可能很多投入都只是一个创新成果产出的铺路石而已。科技创新又是系统性推进行为,必须有强有力的基础学科支撑,尤其是多学科知识的系统集成,这是当前科技创新推进的主要模式和基本途径,在此基础上必须有足够的人、财、物支持,形成强大的团队协作创新。科技创新政策支持是西部地区生态环境保护与乡村振兴协同推进的重要保证。作为肩负保护生态与发展经济双重任务的西部地区,必须走非常规的创新发展道路,其中,科技创新是强大的技术支撑,为保护生态与发展经济提供如何保护、如何发展的手段和核心竞争力;同时还必须要有理论创新、管理创新、制度创新、产品创新等系列创新,综合、全面地推动二者的协同推进、融合发展。

作为科技创新的政策支撑,首先,要从项目支持开始,以"好选题"指引科技工作者创新什么,并为其推动创新提供经费支持,引导人们向"国家关心什么创新,需要什么创新"的大局聚拢,聚力发力于同一方向或领域内的重大科技创新和适用有效的创新,为生态修复与保护,发展致富提供用得上、用得了、有收益的实用性技术。其次,要从培育入手,夯实基础研究,提升大众素质,强化厚实的创新基础是能取得创新成果的前提性条件。每一个创新都是在既有知识基础上"自然生长"的结果,而不是"突然冒出来"的创新,也是众多创新人才共同努力、相互碰撞的结果,形成良好的创新氛围,否则,创新人才的高素质也会被"同化"为大众思维,因此,要大力支持基础研究、创新人才培养等各种创新要素培育。培育企业创新主体,推动其牵头组建创新联合体、主动实施重点科技创新项目。再次,要尊重知识、尊重规律,提高创新人才获得感。科技创新是高质量的复杂劳动,依靠科学技术生产力能产生更大的效应,因此,必须实行创新人才倾斜政策。一是营造良好的创新氛围,让广大科技工作者能安于创新、乐于创新、持续创新。二是加大知识产权保护力度,推动知识产权入股分红,形成依靠科技创新劳动贡献致富的收入分配机制和示范带动效应。三是建立科技资源统筹机制,推动科技项目、研发平台、科技成果转化应用、创新人才培育等创新要素充分聚集、协同发挥效能,形成灵活的科研经费使用机制,突出创新能力培育、重大科技创新持续投入、创新成果收益个人收入保障与社会分享的机制创新。

(五) 人才引育政策

人才政策是支撑西部地区生态环境保护与乡村振兴协同推进的关键政策。西部地区不仅缺资金、缺技术,更缺人才,正是人才缺乏导致其劳动力不足、生产效率低下,创新创业的投资主体少,更难以吸引外部资本注入、吸引外出务工能人回流。因此,要实现二者协同推进就必须有良好的人才引育政策,把人才的引、育、用、管结合起来,实现"用好现有人才,稳住关键人才,吸引急需人才,储备未来人才",为人才引进提供足够吸引力,为人才的创新创业、干事成事提供良好的环境,习近平总书记指出,"环境好,则人才聚、事业兴;环境不好,则人才散、事业衰"①,要"充分激发各类人才的创造活力,在全社会大兴识才、爱才、敬才、用才之风,开创人人皆可成才、人人尽展其才的生动局面"②。做到"环境留人、政策留人、感情留人、事业留人"③,让人才在推动西

① 《习近平谈治国理政》第一卷,人民出版社 2018 年版,第 61 页。
② 中共中央文献研究室编:《习近平关于科技创新论述摘编》,中央文献出版社 2016 年版,第 114 页。
③ 《干在实处 走在前列——推进浙江新发展的思考与实践》,中共中央党校出版社 2016 年版,第 111 页。

部地区生态环境保护与乡村振兴协同推进中"实现人尽其才、才尽其用、用有所成"①。

二、西部地区生态环境保护与乡村振兴协同推进的人才支撑体系

人才既是创新根基、创新的核心要素,更是推动全面创新和建设工作的根本保证,决定着有没有支撑协同推进的主体,以及协同推进的效率,因此,必须构建西部地区生态环境保护与乡村振兴协同推进的人才支撑体系,包括人才培育体系、人才交流体系、社会诚信体系和激励机制。

(一) 强化人才培育体系

人才是培育出来的,西部地区因欠发达使其引进人才的吸引力不足、留住人才的环境条件不优越、安心创新创业的氛围不浓厚,人才流失严重使人才短缺问题雪上加霜,因此,西部人才供给既要引进更要培育。西部地区要紧抓《关于新时代振兴中西部高等教育的若干意见》的落实机遇,强化对口帮扶和区域重大发展战略对接,让西部大学能扎根西部办学,在充分发挥现有人才培育机制的基础上,"突出优势特色、汇聚办学资源、促进要素流动,有效激发中西部高等教育内生动力和发展活力,推动形成同中西部开发开放格局相匹配的高等教育体系";大力推进"院校扶助育人、产教融合办学",让东中部高水平大学支持帮助西部高校发展,推动人才的联合培养、教育设施的联合共建;把人才培育同产业融合起来,面向产业发展培育适用人才,推动职业教育、产教融合和产城融合发展。

加大对西部高等教育的支持与倾斜力度,一是持续推进"对口支援西部

---

① 中共中央文献研究室编:《习近平关于科技创新论述摘编》,中央文献出版社2016年版,第109—110页。

地区高等学校计划",强化北京大学、清华大学等高校对西部大学进行"一对一"对口支援,做深做实"联合培养学生、合作开展科研、互派干部挂职、教学名师带徒、定向培养师资、教师出国进修、共享教学资源、扩大对外交流"八大帮扶举措,推动西部高等教育综合质量提升,基础设施和本科教学基本建设有效改善,人才培养、科学研究、社会服务、文化传承、国际交流与合作等工作上新台阶。二是强化西部高等教育基础能力建设,落实教育部"中西部高校基础能力建设工程",推动其教育现代化建设,促进其内涵式发展、整体实力提升,推动西部高校"突出教学导向,创新培养模式,强化实践育人,提高学生创新能力、实践能力和就业创业能力"。三是支持西部高校人才队伍建设,持续提高高层次人才的培养条件、培养质量与发展规模的匹配度,促进西部高等教育协调发展、均衡发展;优化西部高校人才资源配置,在"平台建设、事业单位编制管理、岗位设置、绩效工资总量管理、职称评审"等方面给予倾斜,对吸引到西部创新创业的人才提供政策支持;强化人才流动管理,推动东部人才到西部挂职、创业,加强西部人才到东部学习、跟岗锻炼,为扎根西部创新创业的人才提供制度保障和政策支持。四是促进西部高校科技创新能力建设,对西部高校的科研平台建设给予支持和倾斜,在鼓励其进行优势学科集成的基础上,支持建设或共建一批重点实验室、工程技术研究中心、创新引智基地等,有力地支撑西部创新驱动发展、经济社会高质量发展,为其可持续发展提供战略支撑。五是加大西部地区师范院校扶持力度,"支持中西部师范院校建设""加强师范院校间对口帮扶援建,探索'组团式'帮扶新模式",通过师范教育振兴,提高西部落后地区教育水平,为培养更多的人才提供师资力量支持。把跨省(自治区、直辖市)对口帮扶的脱贫攻坚经验引用到教育对口帮扶上,促进教育资源配置均等化、人们学习成长的机会与权利对等化,为西部地区阻断贫困代际传递和发展滞后延续提供更大保障。

（二）建立人才交流体系

为西部发展搭建更广阔的创新与人才交流平台，通过平台作用在全国全球汇聚创新资源和科技力量，长、中、短期人才支撑和技术服务，甚至可以开展远程人才技术服务，既降低人才引进成本又解决实际急需的人才服务问题。建立东西部合作对接机制，实行技术人才的双向流动：让发达地区的人才到西部地区去发现问题，解决难题，推动观念更新；也可以把他们在这里发现的问题带回去帮忙解决，然后回馈给西部地区促进其发展。相应地，让西部地区的人到发达地区去学习新观念、新技术、新管理，带着自己的难题去请教、破题、求解，让当地的难题在异地得解，当地的卖难在异地畅销；更能发现人才、找到服务机构，请进来解决难题，把当地的资源变成产品，把产品销向全国各地。这种双向互动，能实现跨越空间的两地联姻，发达区域帮扶欠发达区域、助力乡村振兴和农业强国建设，欠发达地区有了收入增长、发达地区有了新的市场，实现共同发展、共同富裕。

（三）构建社会诚信体系

建立诚信体系是人才支撑的重要内容，根据不同标准可以把诚信区分为：情感诚信和认知诚信，人际诚信和社会诚信，特殊诚信和普遍诚信，经济诚信、政治诚信和思想文化诚信，伦理意义诚信、经济意义诚信和法律意义诚信，个人诚信、企业诚信和政府诚信。[1] 但是，商业诚信和科研诚信是当前影响最大的两个诚信问题，因为，商业诚信不光影响商业合作伙伴间的诚信交易，更为重要的是影响着广大消费者的利益，如非诚信销售可能会影响消费者健康、购买者损失等。科研诚信带来了学术圈的非正常竞争、科研资源的浪费使用，产生了十分重要的社会影响。要让人才充分发挥作用就必须建立良好的诚信体

---

① 李桂梅：《诚信的类型分析》，《中共长春市委党校学报》2005 年第 3 期。

系,推动各级各类人才公平竞争,推动他们为西部地区生态环境保护与乡村振兴协同发展服务。

1.建立全民诚信信息库

充分运用大数据工具,采用数据抓取和挖掘方式,建立覆盖全域的诚信信息库,充分体现各级各类人才在观念创新、科技创新、理论创新、实践创新、制度创新、管理创新、文化创新、人才创新等各项创新工作中所作出的努力与贡献,尤其是在促进发展、推进生态环境保护、实现巩固脱贫攻坚成果与乡村振兴的衔接、推进西部中国式现代化建设等方面的贡献、诚信与失信记录,为建立全社会的诚信体系做好基础准备。

2.建立诚信评价评级制度

建立诚信评价制度,设置科学合理的评价指标体系,充分体现各级各类人才在政治素质、思想品德、发展贡献、诚实守信等方面的综合表现,突出评价人才的工作能力、工作成果质量、工作实效与贡献,以个人诚信记录和综合评价结果引导全社会人人自觉约束自己的行为,从而形成良好的社会诚信风尚。

3.建立诚信评价结果应用机制

人才诚信体系必须有"用武之地",就是要建立一个应用机制,使诚信评价结果发挥作用,尤其是在人才选用、科研合作、市场交易等方面,塑造诚信社会,使人才选用、任用、重用诚信记录良好的人,科研合作与市场交易也只与拥有良好诚信记录的人进行,从而保证人才良性竞争,保证他们能安心、用心推动西部地区生态环境保护与乡村振兴及其协同推进、同步发展。

(四) 健全有效激励机制

通过有效的激励机制推动全社会的人才向西部地区聚集,为其绿色低碳发展、生态环境保护、乡村振兴和现代化建设贡献才智。

1.激励坚守奉献

通过收入分配制度、奖励激励办法、社会保障等制度措施完善,加强对长期扎根西部地区并作出重要贡献的各级各类人才进行奖励、激励,尤其是那些守护在绿水青山第一线的人、站在推动乡村振兴帮扶第一线的人,给予激励、奖励和适度政策性倾斜,彰显他们在西部地区长期坚守的贡献。

2. 激励创新贡献

科技创新既要顶天,又要立地;既要对高水平创新成果给予重奖,又要对应用成果及其转移转化进行奖励。鼓励创新人才快出成果、多出成果、出好成果,加强科技创新的领军人才、创业人才、技能人才培养,培育高水平科技创新团队,全面落实国家科技创新激励政策,推动知识产权保护、科技成果分类评价和科研经费"包干制"工作,建立和完善"科研人员职务发明成果权益分享机制"[1]。

3. 激励帮扶成效

东西部对口帮扶有力地促进了西部地区发展,出现了生态环境改善、基础设施提升、决战决胜脱贫攻坚等重大成效,实现全面建成小康社会战略目标。但是,西部地区还处在发展基础脆弱、欠发达的状态,要继续推动对口帮扶工作,把对口帮扶协作打造成长期共建共享的发展机制,形成战略衔接与转换依然不断线的帮扶、西部地区可持续的发展。为此,必须对那些真正在帮扶中作出贡献、取得实绩实效的地区和人才给予奖励,以推动长效帮扶机制的形成。

4. 夯实责任落实

强化责任落实,把西部人才和支持西部发展人才的各项激励政策措施落实到位,以激励政策为导引,推动西部地区首先要立足自身发展,把经济发展与生态保护内在地融合起来,实现协同推进,逐步形成内生发展动能;其次是强化外部资源注入,推动国家资源和东中部资源向西部落后地区聚集,形成区域间相互促进、相互支撑的协调发展局面;最后是把资源优势与政策倾斜结合

---

① 郭秉晨:《欠科技创新带动全面创新,欠发达地区闯出一条新路》,《科技日报》2020 年12 月21 日。

起来,形成更有力有效的激励机制,推动其长效发展和有序衔接乡村振兴发展①,迈向共同富裕和现代化建设。

三、西部地区生态环境保护与乡村振兴协同推进的技术支撑体系

西部地区的生态环境保护与乡村振兴协同推进必须得到强有力的技术支撑,否则就会出现"旧方法解决不了新问题"局面,既包括传统技术解决不了今天对生态环境保护需求的过快增长,又包括生态环境保护技术进步跟不上产业发展技术进步而带来的生态资源消耗快于其培植、更新与替换,两者的结果可能都是经济发展了、收入增加了,却生态问题扩大了、加深了,事实上就是破坏了生态环境保护与乡村振兴的协同推进状态。习近平总书记强调,"抓住了创新,就抓住了牵动经济社会发展全局的'牛鼻子'",坚持创新发展必须"把创新摆在国家发展全局的核心位置……让创新贯穿党和国家一切工作,让创新在全社会蔚然成风"②,激烈竞争的新时代,也只有"惟创新者进,惟创新者强,惟创新者胜"③,因此,必须架构系统的协同推进技术支撑体系。

(一) 建立区域创新体系

深化科技管理体制改革,构建符合科学研究和创新发展规律的制度体系,形成推动西部地区生态环境保护与乡村振兴协同推进的区域创新体系。《中共中央 国务院关于新时代加快完善社会主义市场经济体制的意见》要求"全面完善科技创新制度和组织体系",一要"聚焦重点领域、重点项目、重点

---

① 颜德如、张玉强:《脱贫攻坚与乡村振兴的逻辑关系及其衔接》,《社会科学战线》2021 年第 8 期。

② 《习近平谈治国理政》第二卷,外文出版社 2017 年版,第 201、203、198 页。

③ 中共中央文献研究室编:《习近平关于科技创新论述摘编》,中央文献出版社 2016 年版,第 3 页。

单位"构建"关键核心技术攻关新型举国体制"。二要探索建立"重大科技基础设施建设运营多元投入机制",支持基础研究、原始创新,支持"民营企业参与关键领域核心技术创新攻关"。三要"建立健全应对重大公共事件科研储备和支持体系"。四要"建立以企业为主体、市场为导向、产学研深度融合的技术创新体系"。五要"完善科技人才发现、培养、激励机制"。同时,确定"全面实施市场准入负面清单制度",不断"完善产业政策和区域政策体系",实现产业政策与创新政策的协同作用。

构建区域创新体系支撑国家创新体系和科技强国建设,促进西部地区生态环境保护与乡村振兴协同推进的基础研究,为其生态保护、生态资源培植与开发,发展滞后根源与消解机理,产业协同发展,生态环境保护与乡村振兴协同推进等提供基本原理、基本理论和经验总结;推动应用研究,深入探讨西部地区的区域情况、发展基础、优劣条件与协同推进路径,为其可持续发展提供智力支持;强化技术开发与应用转化,把西部丰富的生态资源、生物资源、矿产资源、土地资源和水资源等优势转换成产业优势,开发成特色产品,烙上地理标志,依靠国土资源空间规划和产业空间布局,形成局部突破、区域协同和整体推进的发展格局。

(二) 公共安全服务技术

西部地区既有重要的生态地位、空间区位优势;又是生态脆弱区,面临自然灾害频发的威胁;也是经济基础条件差的地区,想解决需要解决的难题多,而能解决问题的资本投入、人力资源等约束大,因此必须发展公共安全服务技术,为其长期、持续发展提供基础条件支撑。

1. 自然灾害防治技术

西部地区的沙尘暴、地震、霜冻、干旱、病虫害、洪灾、地质塌陷、山洪滑坡与泥石流等自然灾害,对其人身安全和经济社会发展带来了极大威胁,必须大力引进和开发自然灾害防治技术,为其灾害预报、预防、应急、救灾、生产恢复重建等提供强有力的技术支持,实现防灾、减灾、恢复的有机结合。同时建立应急物资储备中心,推动自然灾害的就地、就近、及时处置和生产生活秩序的快速恢复。

2.社会安全保障技术

根据总体国家安全观,必须"构建集政治安全、国土安全、军事安全、经济安全、文化安全、社会安全、科技安全、信息安全、生态安全、资源安全、核安全等于一体的国家安全体系",形成"以人民安全为宗旨,以政治安全为根本,以经济安全为基础,以军事、文化、社会安全为保障,以促进国际安全为依托"的各领域的全面安全体系。[①] 社会公共安全是总体国家安全观的重要内容,尤其在西部地区,由于发展滞后和基础设施落后,"信息安全、社会治安、食品安全、公共卫生安全、公众出行安全"等社会公共安全的理念落后,设施滞后,应急物资储备不足,因此,必须提供全面科学的规划布局,提供应急预案和紧急处置方案,以及网络安全密钥技术、公共区域社会治安监测技术、食品安全检测监测技术、公共卫生安全防护技术等,提高西部地区公共安全防治能力,为其生态环境保护与乡村振兴协同推进保驾护航。

3.医疗健康服务技术

在西部地区,医疗资源尤其是优质医疗资源缺乏,2018 年出台《医疗保障扶贫三年行动实施方案(2018—2020 年)》,着力解决建档立卡贫困人口、特困人员的医疗保障问题。[②] 2019 年 7 月 9 日国家卫健委例行新闻发布会信息,贫困地区的"贫困患者得到基本救治、费用负担明显减轻、贫困地区医疗服务能力逐步提升、疾病预防关口被前移",使 670 万户因病致贫、返贫贫困户实现了脱贫[③],使健康扶贫取得显著成效。但作为持续帮扶机制必须有效

---

① 中共中央文献研究室编:《习近平关于社会主义社会建设论述摘编》,中央文献出版社 2017 年版,第 170 页。

② 李红梅:《以制度阻断因病致贫返贫》,《人民日报》2019 年 9 月 12 日。

③ 国家卫健委:《670 万户因病致贫返贫贫困户已实现脱贫》,央视网,2019 年 7 月 9 日。

总结和运用健康扶贫经验。一是强化地方病防治技术,西部地区的生态环境脆弱以及特殊的自然环境,导致地方病多且复杂,必须提供强有力的技术支持,监测地方病状况、加强防治应用技术研究、培养地方病防治人才①。二是组建医联体、医共体等医疗救助平台,推动远程诊治体系建设,线下医药供给体系、当地医护能力提升与配合体系建设,有力地缓解西部地区优质医疗资源不足问题。三是建立康养体系,把西部地区的优质生态资源转换成经济资源,通过康养体系建设发掘其生态资源优势、吸引康养消费,提高收入水平。四是推动道地中药材培植、研发与标准体系建设,为西部地区生态环境保护与乡村振兴协同推进提供中医中药资源支持。习近平总书记强调"中西医结合、中西药并用,是这次疫情防控的一大特点,也是中医药传承精华、守正创新的生动实践"②,因此"要深入发掘中医药宝库中的精华,推进产学研一体化,推进中医药产业化、现代化,让中医药走向世界"③。《中共中央　国务院关于促进中医药传承创新发展的意见》要求"坚持中西医并重、打造中医药和西医药相互补充协调发展的中国特色卫生健康发展模式"。

（三）数字经济网络技术

加快数字经济和网络技术发展是西部地区在劣势中追赶超越、造就先发优势的重大机遇,必须站在未来竞争的高度引进、布局和推动数字经济网络技术发展。一是推动数字经济产业链建设。以新基建,尤其是 5G 基站建设为抓手推动通信产业链发展;以数据运算、信息存储和输送为核心,大力发展和应用计算机器件、部件、组装和系统技术,推动计算机技术产业链发展;以软件开发为核心,推动计算机软件产业链发展。二是大力发展和应用大数据技术

①　孙殿军、魏红联、申红梅:《中国西部地区地方病防治策略》,《中国预防医学杂志》2002年第 2 期。

②　《习近平谈治国理政》第四卷,外文出版社 2022 年版,第 335 页。

③　余艳红、于文明:《充分发挥中医药独特优势和作用为人民群众健康作出新贡献》,《中国中西医结合杂志》2020 年第 9 期。

及数据库建设。以数据库为载体,建设西部地区资源、人才、经济运行等数据库,把大数据功能应用到智慧城市建设、招商引资引才引智、生态安全检测与治理、社会综合治理等方面,有力提升西部地区生态环境保护与乡村振兴协同推进的效能和水平。三是推动互联网和物联网技术应用。把西部的交通运输劣势变成网络贸易、电子商务上的优势,把深藏在西部山区的土特产品和优势农产品销向世界各地,既解决卖难问题又有利于建立产品质量跟踪追溯体系,形成产品质量保证体系。四是推动区块链技术应用。区块链是最大的数字化,通过互联网数据库技术,把西部地区建成一个网络性的整体,实现资源、技术、人才、产品的数字化、网络化管理,系统性管理和持续性发展。五是创新数据价值实现方式。探究数据价值属性、基本原理、产权实现,构建数据价值的实现机制,为数字经济发展注入新内容、搭建新机制。六是强化数字技术与实体经济的深度融合。建立覆盖西部地区的物流配送系统和商品消费展示与体验店,以及实体企业的原材料购买、生产过程的实时监控、商品销售的数字化,从而形成网络数字经济与实体经济深度融合的高质量经济体系。

(四) 生态环境保护技术

秦巴山区不仅是川陕革命老区、以前的集中连片特困区,更是秦巴生态功能区,有秦岭祖脉、汉丹江水源区,生物多样性丰富,加强生物多样性保护就必须大力发展生态环境保护技术,推动其生态环境保护与乡村振兴的协同推进。

1. 发展蓝天碧水净土监测技术

西部地区具有国家生态屏障的重要地位,保护好生态筑牢国家生态屏障是其重要的政治责任和历史使命。《中共中央 国务院关于全面加强生态环境保护坚决打好污染防治攻坚战的意见》判定我国当前的生态文明建设形势是"关键期""攻坚期""窗口期",因此,必须尊重、顺应和保护好自然,建立全方位、全地域、全过程的生态环境保护网络,着力打赢蓝天、碧水、净土保卫战。

以 PM$_{2.5}$ 浓度降低和优良天数增多为关键抓点,强化工业企业大气污染综合治理、散煤治理和柴油货车污染治理,推进煤炭消费减量替代、国土绿化与扬尘管控,有效应对重污染天气,着力打赢蓝天保卫战;以污染减排和生态扩容为关键抓点,全力推动水源地保护、长江与黄河保护修复、城市黑臭水体治理、渤海综合治理与农业农村污染治理,以饮用水安全与水质达标为目标,着力打赢碧水攻坚战;以土壤污染防治为关键抓点,加强土壤污染修复治理、固体废弃物污染防治,推进城乡垃圾分类处理,围绕土壤质量改善与提升目标,着力打赢净土保卫战。围绕三大保卫战,加强生态环境质量监测,全面建立推动西部落后地区生态环境保护与乡村振兴协同推进的生态环境保护法治体系、保障体系、社会行动体系和监管体系,形成有效的生态环境治理体系。

2. 加强污染防治及其处理技术

绿色生产和减排技术能促进产出效率、有效降低单位能耗,从而起到防治污染的作用,企业通过共享性的生态环境保护设施与技术,能降低其独自处理污染的成本,可以提高其生态保护及污染治理投资的积极性,形成企业把生态保护与企业效益增长内在地结合起来的良好局面[1],因此,污染防治和处理需要技术支持,尤其是在西部地区,既有长江、黄河源头,有秦岭祖脉,在生态环境保护与污染治理上取得了显著成绩,但全面的自然保护体系还需完善,水体污染监测和治理能力还需提升,农村面源污染还存在很大的治理难题。需要把污染治理放在重要的战略地位设计,吸纳全国性的生态环境保护力量,聚集全世界的先进技术,进行生态环境的系统保护、持续保护,重点开展自然生态保护与生态修复,以及天然林、草原、湿地保护技术研究,防沙治沙、石漠化治理技术研究,冰川保护技术、水体污染防治技术研究,矿产资源开发生态恢复与尾矿处理及其污染治理技术研究,推进水土流失综合治理,建设山水林田湖

---

① 陈晓、张壮壮、李美玲:《基础设施投资对中国环境质量的影响研究》,《华东经济管理》2020 年第 4 期。

草生命共同体。

3. 推动生态资源培植技术进步

人与自然的和谐除了约束人自身行为,让人们在生产生活中遵循节约简约的方式,节能、降耗、减排、提效,以使人类发展能适应自然资源的承载;但是,人类社会的发展必须消耗资源,必然扩大对资源消耗的需求,那就只能通过培植方式,提高自然资源本身的承载能力,让消耗的资源能快速恢复,让有限资源能形成更多产出,让濒临耗尽的资源能被有效地替代消费,以适应不断增长的消费需求,以及对资源消费品质越来越高的要求。一要加强资源普查,尤其是不可再生的矿产资源勘探开发,绘制生物资源图谱和资源分布图谱,建立资源储量与分布数据库;二要加快濒危生物物种培育,历史文化遗迹的抢救性保护,为西部生物资源和文化资源保护提供技术支持;三要加快替代资源研究,如能源替代消费品技术研究,推动能源消费的主体由化石能源向太阳能、风能、水能等清洁能源转变,研究旱作植物,推动节水农业、旱作农业发展;四要加强可再生资源的更新替代技术研究,让可再生资源不仅能快速再生以弥补消费减少,更让其在资源品质上得到提升,如栽培更能涵养水分的树等。

(五) 特色产业开发技术

西部利用其优势资源,形成了相应的特色产业体系。按照"国内国际双循环相互促进的新发展格局"要求,必须以产业为支撑推动西部地区生态环境保护与乡村振兴的协同推进,并构建沿边对外开放、内陆对外开放发展机制,通过特色产业开发技术,改造提升传统产业、培育催生新兴产业和战略性产业发展。"十四五"时期,以打赢"升级版污染防治攻坚战"为目标,重点在"大气污染治理、水环境管理、土壤环境风险管控、海洋生态环保、生态保护、气候变化应对"等领域进行管控政策创新、治理手段创新、关键技术创新和交易模式创新,为绿色矿业发展、文化遗产保护、绿色农业工业旅游业与服务业发展提供技术支撑①,形成以绿色技术为基础,产业链"绿色化"为根本的绿色产业体系。

1.加快推进矿产资源勘探技术发展

西部丰富的矿产资源有力地支撑了西气东输、西电东送等重大工程,推动了我国能源供需的区际平衡。据有关资料,西部的天然气与煤炭储量分别占全国87.6%、39.4%;48种矿产资源存在潜在价值,西部有7个省(自治区、直辖市)进入矿产资源人均储量前10名;已探明的156种矿产资源储量中,西部占138种、保有储量潜在价值约61.9万亿元,是全国的66.1%;西部土地资源占全国71.4%的面积,其中未利用土地占全国的80%,耕地后备资源占全国的57%;西部草地占全国草地面积的62%,西南部的水资源占全国70%左右。② 加快地理地质科学研究,为矿产资源勘探提供理论支持,为安全、高效开采,以及加工冶炼和治理提供技术支撑;加强科学规划,构建探(勘探)、采(开采)、选(选矿)、冶(冶炼)、研(研究)、贸(贸易)、治(治理)于一体的矿产资源开发产业链体系。

2.加快文化遗存探测保护技术发展

加强历史文化研究,做好传统文化文献资料整理、修复和珍藏工作;加强文物发掘技术支撑,提高中国厚重历史文化的显示度,"建设长城、大运河、长征、黄河等国家文化公园"③,弘扬中国传统文化;加强实物修复技术,复原历史风貌,增强研究和文化文明传承价值;加强文物价值评估,科学、准确评价历史文化遗存的科学价值,结合当代实际和发展需求进行传承创新;开展历史文化遗存保存条件技术研究,推动历史文化遗存由地下到地上"居住",由研究

---

① 葛察忠:《创新环境政策,更好服务"十四五"国民经济绿色发展大格局》,《中国环境报》2020年12月28日。

② 胡仪元:《以绿色产业为支柱,实现西部经济的协调和持续发展》,《兰州学刊》2004年第4期。

③ 国家发展和改革委员会、中央宣传部等:《关于印发〈文化保护传承利用工程实施方案〉的通知》,见 https://www.gov.cn/zhengce/zhengceku/2021-04/29/content_5603770.htm。

价值扩展到经济价值和文化交流价值,推动历史文化旅游发展;"推进国家版本馆、国家文献储备库"工程,提振文化自信。

3.推动绿色农业资源开发技术进步

西部有良好的绿色农业资源优势,全国划定 116 个县(市、区)基本农田,其中,西部 12 省(自治区、直辖市)有 41 个占 35.34%。全国有 98 个大米类"国家地理标志保护产品",其中,"川优 6203""宜香 2115""德优 4727"是四川优质大米品牌,"女皇贡米"获"中国(广州)国际食品展暨广州进口食品展览会金奖",广元"宣汉桃花米"获"中国十大大米区域公用品牌";贵州平坝大米获无公害产地认证知名品牌;宁夏大米是以省为单位保护的农产品地理标志产品。陕西洋县黑米是国家农产品地理标志产品和国家地理标志保护产品,因朱鹮保护的生态条件要求,"朱鹮牌"大米成为知名的有机食品品牌。因此,必须加强绿色农业资源开发技术研究,为绿色发展提供农业产业技术支撑。一要开发绿色投入品技术,如优质生态新品种、环保高效农用肥料、无毒无害生物农药、节能降耗智能农业装备等;二要推动绿色生产技术进步,提升耕地质量、节水农作物耕种、旱作农业品种与栽培、科学施肥增效、农业废弃物再生循环利用、农业面源污染防治、农作物绿色套种间作技术、生态养殖技术等;三要强化绿色加工与储运技术,有效增加绿色生态农产品的附加值,及其保鲜、储存和远距离运输技术,实现绿色农产品的价值增值和产业链延伸,扩大市场销售半径和市场占有率;四要开发农村综合发展技术,推动农产品育(育种)、养(种植与养殖)、融(各产业间和农业产业内的融合发展)、销(销售方式创新)的一体化发展,推动新型乡村综合体发展、智慧农业发展;五要开展绿色农业标准体系建设,实现生态农业价值的科学核算,绿色农产品质量技术标准化,绿色农产品安全质量标准及其检测、监测与评价,推动特色农产品与产地生境关系研究,强化特色农产品地理标准保护。

4.推动绿色工业发展技术进步

工业是国民经济的主导产业,工业化是一个国家或地区经济发展的必然阶段,也代表着农业经济时代向工业经济时代的转换。按照《新帕尔格雷夫经济学大辞典》定义,工业化就是"制造业和第二产业在国民经济中的比重及其就业比重不断上升的过程",我国著名经济学家张培刚认为,工业化还包括了"工业化了的农业",是"国民经济中一系列重要的生产函数(或生产要素组合方式)连续发生由低级到高级的突破性变化(或变革)"①。工业化包括四个现代化,即劳动资料的现代化、工业管理的现代化、劳动者和管理者知识结构的现代化、工业部门结构的现代化,其中劳动资料的现代化是其核心。工业技术进步是实现工业化的根本手段,目前已经历了三次工业技术革命,而进入第四次工业技术革命,即推动工业的网络化、信息化和智能化深度融合,其关键性技术是区块链,必备技术包括 AI 技术、自动化、智能监控等。绿色工业是继高能耗、高污染、低产出的传统工业之后的一种新型工业模式,是工业领域内的清洁生产、无污染产品及其销售,是在工业领域内实现生产与生态的有机平衡,其生产由原来的"两高一低"转变成"两低一高"模式,即"低能耗、低污染、高产出"。西部地区生态环境保护与乡村振兴协同推进必须依赖于绿色工业技术支撑,有三个重点:一要发展自主知识产权,推动中国制造。中国制造已成为世界认知度很高的品牌标签,拉动了中国经济的高速增长,更吸纳了大量的就业人口。打好"中国制造"品牌,必须打破国外的某些关键技术垄断,突破生产中的关键技术制约,强化关键技术开发和自主知识产权保护,为其持续的高质量发展提供强有力的技术保障。二要发展集成自动技术,推动智能制造。智能制造实现了制造企业的高精度制造、高柔性化制造、高集成化制造、高效率制造,大力发展集成技术、自动化技术,推动生产系统的有效集成集约,结合大数据、电子商务平台、专利信息库,深度融合信息化与工业化,实现智能制造与智能销售、智能管理、智能采购的有机统一。三要发展生态制造技术,推动绿色制造。传统工业生产,包括制造业的高能耗生产、高污染排放,

---

① 张培刚:《农业与工业化(中下合卷):农业国工业化问题再论》,华中科技大学出版社2009 年版,第 5 页。

必须有生态制造技术给予有力支持,解决生产中的集约节约生产问题,污染物和废物排放问题,把工业生产发展与生态环境保护有机结合起来;同时,延长产业链,促进智能设计、智能决策、智能制造、智能管理与智能服务产业链紧密联结,推动绿色制造标准体系研究、工业遗产展示与工业旅游发展,推动绿色、智能制造向其他产业延伸、融合。

5. 推动绿色旅游发展技术进步

旅游业是国民经济的重要支柱产业,也是重要的朝阳产业,具有巨大的发展潜力。目前,旅游业已经向全域旅游方向发展以增强规模经济效益,"咬住青山不放松",把旅游业做成金招牌产业,成为旅游兴县的典型①,留坝扶贫社经验成功入选"陕西省优秀改革案例",全球减贫最佳案例②。所有旅游业的发展都正在走上生态旅游的发展道路,充分发挥自然生态优势,打破人(旅游者)与自然生态争空间的矛盾,实现人与自然和谐共生发展。大力推动绿色旅游技术进步,以自然资源、生态规律及其承载力研究为前置基础,以绿色旅游品种开发、精品旅游线路规划、中高档旅游产品开发等技术开发为支撑。一要回归自然,认识自然,发展体验自然的生态旅游,把西部地区的生态优势充分挖掘出来,实现休闲旅游、自然观光、康养度假、科学考察、自然探险与科普教育的一体发展,推动"绿水青山向金山银山"转变;二要强化承载,有序开发,充分发展有预约的旅游,按照自然资源承载能力要求和旅游开发时序规划,引入网络数据资源大力发展有预约的旅游,均衡游客流量;三要加强保护,突出治理,实现人与自然和谐共处的旅游,把生态保护内置于旅游产业,提前建设好旅游地环境保护设施和生态保护宣传设施,加强游客污染物收集、处理,加强游客践踏和损毁旅游资源的恢复修复,在生态旅游园区率先实现人与自然的和谐发展;四是推动融合,强化链条,促进旅游业的延链补链强链发展,发展生态旅游的同时,把旅游与旅游管理、餐饮

---

① 沈兴耕:《陕西留坝:绿水青山留远客》,《人民日报海外版》2019 年 8 月 12 日。
② 高振博:《留坝扶贫社何以入选全球减贫案例》,《陕西日报》2020 年 2 月 18 日。

住宿、旅游纪念品开发销售等结合起来,延伸旅游产业链,推动服务产业内部的融合发展及其与一、二产业的有机融合,有效提升绿色旅游的综合价值和整体价值量。

6.加快绿色服务业的技术进步

在分工细化、市场细分、生产智能化背景下,服务业成为各分工、各市场、各生产环节的连接器,绿色服务业更是适应时代需要,连接分工、市场和生产的关键,提高生产效率和资源利用率,相应地也需要绿色服务业技术进步支撑。首先让绿色服务业技术串起绿色服务业的设计、选材、产品、营销和服务等各环节,推动绿色技术对生产性服务业的有力支持。其次是加快绿色服务的技术进步,推动绿色金融、绿色物流以及专业性绿色生产性服务的技术进步;推动绿色营销、绿色商业、绿色采购,创新绿色消费方式,为绿色生活服务业发展提供技术进步。最后是大力培育新兴服务业,尤其是科技服务业,着力构建企业技术创新体系,突破科技服务模式、健全科技服务产业链条。全力推动研发服务、技术转移服务、检验检测认证服务、创业孵化服务、知识产权服务、科技咨询服务、科技金融服务、科技普及服务。2020年7月,工业和信息化部等部门联合印发《关于进一步促进服务型制造发展的指导意见》,明确服务型制造的发展路径和目标远景,推动单一售卖和组装式制造业向"产品+服务""制造+服务"方向发展,推动个性化、情感化、定制化和差异化生产消费服务[①]。在西部地区,尤其是山区必须创新生产、生活和销售服务方式,组建立体式服务机构,发展小众生产促进特色产品生产销售,开展生态资源集中供给、零星租赁、送货上门服务,开展特色产品集中收购、规范筛选包装、统一配送售卖,开展送人到地边、接人到家中服务,为生产生活分于两地的农户提供生产销售服务。

---

① 徐杨:《"服务型制造"新模式下企业可持续竞争战略——基于绿色创新的视角》,《现代企业》2021年第1期。

四、西部地区生态环境保护与乡村振兴协同推进的产业支撑体系

西部地区生态环境保护与乡村振兴的协同推进必须有强有力的产业支撑,以使其能够实现协同推进,支撑协同推进的产业也必须是绿色产业。

(一) 绿色产业发展的重要内容

斯坦尼(Staniškis)认为,绿色产业是决定经济竞争力和可持续发展的核心因素,能有效减贫、创造就业、改善环境并促进发展。[1] 国家发展改革委等七部委联合印发《绿色产业指导目录(2019 年版)》,确定了节能环保、清洁生产、清洁能源、生态环境产业,及基础设施绿色升级和绿色服务 6 大类 211 个重点发展产业。[2]《中共中央、国务院关于加快推进生态文明建设的意见》要求"加快推动生产方式绿色化,大幅提高经济绿色化程度,有效降低发展的资源环境代价",以解决经济发展同资源环境的矛盾。欧盟委员会分析了信息通信技术对能源效率的影响发现,到 2020 年信息通信技术可使欧洲的计划能耗节省 32%;世界自然基金会认为,信息网络技术可使 CO_2 排放减少 10 亿吨以上,能有效缓解全球气候变化。绿色产业发展具有投入产出、机会成本优势、产业带动、结构优化等经济效应[3],也具有适应社会经济发展趋势、促进人与自然和谐、带动其他产业产品的绿色化发展等社会效益[4]。绿色产业发展有以下三个抓手。

---

[1] Staniškis H. J. K., "Green Industry—A New Concept", *Environmental Research, Engineering and Management*, Vol.2, No.56, pp.3–15, 2011.

[2] 朱蓓、肖军:《绿色产业发展研究综述》,《安全与环境工程》2019 年第 6 期。

[3] 胡仪元:《绿色产业开发的经济效应分析》,《陕西理工学院学报(社会科学版)》2010 年第 1 期。

[4] 胡仪元、刘莉:《发展汉中绿色产业的社会效益分析》,《榆林高等专科学校学报》2003 年第 1 期。

1.绿化改造传统产业,植入旧产业新发展动能

人类社会进入现代文明以来,无论农业、工业还是服务业都已自成体系,具有了庞大的规模经济实力。按照产业发展惯性、成长规律和历史阶段性,既有产业始终是后续产业发展的基础,逐步改造传统产业推动其转型升级,植入旧产业新发展动能是支撑经济持续发展的根本。对传统产业的绿化改造,前提是既有产业是非绿色产业,否则就没有改造的必要;其次是有规模经济优势,否则改造一个产业还不如新建一个产业。其绿化改造主要包括技术改造、制度改造和产品改造三种情况。

一是传统产业绿化的技术改造。传统产业的污染来自三个方面:投入品的污染,就是生产资料所造成的污染,如化肥农药使用造成了生产过程中的农业面源污染;生产过程的污染,就是生产过程中所产生的污染物或含有毒有害因素的产品,如矿产资源开发中的尾矿污染,生产中的污水排放,以及废气和固体废弃物的排放等;产品消费的污染,就是人们在消费过程中基于物本身带来的污染和不当消费方式所产生的污染,如有毒有害产品的消费,生活污水和垃圾随意排放造成的污染等。这就需要相应的技术支撑,深刻研究生产资料及其产品的特性属性、生产工艺及其改进措施等,以强有力的技术支持消除其三大污染,推动污染性产业转换成绿色产业。

二是传统产业绿化的制度改造。以制度创新为抓手,形成推动绿色产业发展的政策体系,让企业和居民户在生产与消费中都能优先选择绿色生产、绿色产品,开展主动的有意识的绿色消费模式;其次是强化绿色管理,研究各领域的绿色生产、绿色产品和绿色消费标准体系,推动生产各环节的有效监测监控,把绿色安全生产与消费置于全过程监督中,为传统产业绿化改造提供强有力的制度保障。

三是传统产业绿化的产品改造。传统生产方式不光是污染和生态破坏问题,更重要的是生产效率低,导致高能耗、高排放、低产出,因此必须首先进行传统产业绿化的产品品质改造,以产品质量赢得市场竞争,撬动整个绿色产业发展;其次是推动传统产业绿色化的产品消费模式改造,引导大家自觉摒弃传统不良消费陋习,崇尚文明、健康、绿色的消费方式,以生活方式和消费模式转变引导、倒逼企业改革,用绿色消费带动绿色生产、推动绿色管理。

2.以科技创新支撑工业,能源产业的绿化发展

现代工业、能源产业在绿色产业发展中具有核心支柱的凝聚性效能,必须通过科技创新为工业、能源产业提供强有力的技术支撑。

一是推动创新支撑工业绿色发展。以创新支撑绿色工业发展必须着力推动"节能环保系统集成优化",通过系统集成和优化推动节能环保产业发展,形成支撑整个绿色工业发展的产业体系;开展绿色发展的工艺技术改造和绿色产品开发,改造传统生产工艺中的污染问题,推动绿色生产、促进绿色消费;强化绿色工业产业链建设,从生产投入到生产过程再到产出及消费,形成生产全链条全过程的绿色保障;推动工业生产的智能改造,让智能化融入工业生产全过程,提高生产的精度、生产消费的匹配度和高效率化;推动工业生产装备的绿色化,为工业生产提质、增效、减排、防污提供工业技术和装备工具支撑。

二是推动绿色能源产业发展。能源始终是产业发展和人类进步的根本性支撑,没有能源机器就无法运转,人也可能寸步难行。因此,必须把能源安全放在首位,既要确保能源供给,又要确保能源生产和消费安全。既要研究能源开采、生产中的污染防治技术,研究生产中的生态保护、生态修复,消费后的污染治理,强化能源消费中的安全管理、安全使用,确保人们在油、气、电等能源消费中的安全;还要研究能源替代生产与替代消费问题,有效节约一次性能源消费,扩大可再生能源消费,为国民经济持续、快速增长提供强大的能源支撑。

三是推动绿色低碳经济发展。英国经济学家尼古拉斯·斯特恩在《斯特恩报告》中认为,若每年全球把 GDP 的 1% 投入于发展低碳经济,未来 GDP 可避免 5%—20% 的损失,以经合组织国家为例,"新建具备气候变化适应力的基础设施和建筑所需的额外成本可能达到每年 150 亿—1500 亿美元(占 GDP

的 0.05%—0.5%）"①。《中共中央关于制定国民经济和社会发展第十四个五年规划和二〇三五年远景目标的建议》强调要"推动能源清洁低碳安全高效利用"，要求到 2030 年前实现碳排放达峰。因此，西部地区必须提前行动，把自己的生态优势做得更好，直接站在充分发挥生态资源优势发展绿色产业的新发展模式上建设；把西部地区还没有污染和破坏的生态保护起来，为低碳发展提供支撑。低碳经济发展是西部地区实现协同推进的最优选择。

3. 强化绿色经济核算，支撑国民经济发展转型

受政府治理模式与惯性思维影响，地方政府工作绩效以 GDP 增长率为主要标尺，也正是这个标尺，导致政绩考核标准异化，最后把主要精力都放在 GDP 增速上，放在招商引资和"项目开工"上，这就需要进一步"丰富"GDP 内容，纳入生态环境保护等绿色发展因素，推动绿色经济核算既是重要手段，又是重要的核算内容。

一是深入研究，建立科学合理的绿色 GDP 核算体系。1993 年，联合国统计署出版的《综合环境与经济核算手册》（SEEA1993）正式提出"绿色GDP"概念，其理论值等于国内生产总值-资本折旧-资源环境成本＝国内生产净值-资源环境成本。2003 年的完整版 SEEA2003，主要由环境保护支出账户、非生产性资产实物账户、环境经济综合账户计算出绿色 GDP②。除此之外还有三个核算体系：ENRAP 体系由美国经济学家亨利·佩斯金（Henry Peskin）提出，1990 年起美国国际发展署以基金资助形式协助菲律宾试行"环境与天然资源账户计划"，将资源、环境作为生产部门提供非市场的环境服务价值，而将包括污染在内的对人体健康有损害的环境污染价值视为负产出，最终计算出环境利益净额 NEB＝环境服务价值-环境损害价值；NAMEA 体系由荷兰统计局局长克宁（Keening）和其合作者提出，荷兰自 1994 年起开始编制空气

---

① Stern, Stern Review, *The Economics of Climate Change*, London: London Economic College Press, 2006.

② 张焕明、邱长溶：《中国绿色 GDP 核算体系的框架分析》，《财贸研究》2004 年第 3 期。

排放物账户,包括排放物账户、国家环境议题账户、全球环境议题账户;SERIEE 体系由欧盟统计局开发出版,以卫星账户形式将环境保护活动与国民经济核算账户相连接,由环境保护支出账户、自然资源使用及管理账户、基本资料收集与处理系统组成。通过绿色 GDP 核算,把环境资产数量消耗和质量消耗所形成的资源环境损失,进而真实的 GDP 核算出来。2006 年,国家环保总局发布《中国绿色 GDP 核算报告》,我国 2004 年环境污染损失达5118 亿元,占 GDP 的 3.05%,若加上环境污染治理成本,实际 GDP 还需再下降 1.8%。[①] 根据全国生态环境统计年报,2021 年,全国环境污染治理投资9491.8 亿元,占 GDP 比重达 0.8%;全国工业废水治理设施运行费 713.8 亿元、工业废气治理设施运行费 2222.0 亿元,污水处理厂年运行费 1124.2 亿元、生活垃圾处理场(厂)年运行费 183.1 亿元、危险废物(医疗废物)集中处理厂年运行费用为 395.8 亿元,五项运行费达 4638.9 亿元。2022 年,全国环境污染治理投资 9013.5 亿元,占 GDP 比重为 0.7%,占全社会固定资产投资额 1.6%。

二是全面监测,为自然、生态与环境提供量化能值。摸清底数是进行绿色GDP 核算的前提,因此,需要进行全面的动态监测,在进行生态、资源与环境底数核算基础上,就其增量,即生态环境服务价值增殖与生态环境污染损失价值增加进行核算,把这些实物资源量和损失量核算成价值量,与国民经济综合核算账户衔接,核算出真实国民经济水平。同时,建立与动态变化相适应的奖惩机制,对生态环境改善与生态资源增量进行价值核算,根据其增加量程度给予奖励;反之,对生态资源破坏、生产消耗导致物量减少、污染增加等所造成的生态环境污染损失进行价值核算,对其减量进行奖励而增量则进行处罚。

三是促进交易,把自然资源富源转化成经济效益。《中共中央关于制定国民经济和社会发展第十四个五年规划和二〇三五年远景目标的建议》要求

---

① 赵健:《中国绿色 GDP 核算体系基本框架及其分析》,东北财经大学硕士学位论文,2007 年。

"全面实行排污许可制,推进排污权、用能权、用水权、碳排放权市场化交易"。通过全面建立自然资源产权交易制度,以市场力量确定资源价格、调节其供求状况。市场交易方式所确定的资源价格,有助于校准绿色经济核算中的偏差:可以把自然资源的潜在价值变成可交易、可实现的市场价值;可以通过市场价格进行直接的国民经济核算、进行更精准的虚拟非市场交易资源的价值。以市场交易校准核算中的价值偏差,从而使绿色 GDP 核算更加精准、更能促进生态环境保护和生态文明建设。

四是科学评估,让实物资产也有数字价值认可。科学的自然资源价值评估是资源市场交易的前提,更是绿色 GDP 核算和优化自然资源管理的重要依据。主要包括四个评估和评估手段现代化,第一是底数评估,即对生态资源的存量价值进行评估,为生态功能提升、污染治理和修复、生态改善效率等提供评判基数;第二是实物链评估,就是对空气、水体、土壤、植被等实物生态资源的资本价值链进行评估,做到对生态功能价值和生态效应的整体把握,而不是生态资源要素单体的价值大小或功能强弱;第三是生态资源增减量动态评估,生态资源本身是动态变化的,不同时间节点所能评估出的生态资源价值量不同,评估手段的进步也在不断修正过去评估所得到的生态资源价值量,从而形成生态资源实物量与价值量增减的动态数据链,通过简单的数值对比就能得出生态保护成效及其效率程度;第四是生态风险评估,这是预期性评估,就是对一项生态资源消费、损毁所带来的重置成本或修复价值,抑或培植生态资源的成本与未来收益间的对比,从而为生态资源开发时序差异所带来的价值差异提供最优路径设计的理论选择;最后是评估手段的现代化,构建动态测评系统,把现代化的互联网技术、物联网技术,最新检测技术等最新技术手段运用到生态资源价值评估上,做到生态资源评测的全覆盖、价值量的实时计算,为生态资本量的市场交易和绿色 GDP 核算提供量化依据。[①]

---

① 李晓西、王佳宁:《绿色产业:怎样发展,如何界定政府角色》,《改革》2018 年第 2 期。

（二）绿色经济构建的产业体系

西部地区生态环境保护与乡村振兴协同推进的产业支撑是一个系统或体系，以系统的产业结构支撑、推动其协同发展。作为一个体系结构，绿色产业体系包括内在产业体系和外在产业体系两个子系统。其结构体系如图3-3所示。

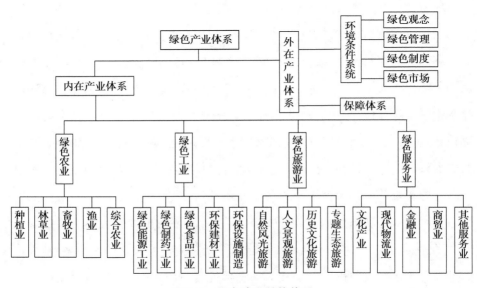

图3-3　绿色产业结构体系

1.内在产业体系构建

内在产业体系就是支撑西部地区生态环境保护与乡村振兴协同推进的实体性绿色产业体系，是绿色产业内在本质的外在展现和发展运行的核心。有四个支柱性产业，即绿色农业、绿色工业、绿色旅游业和绿色服务业。之所以把绿色旅游业同服务业分开，是因为旅游业在近年来已经成为国民经济的重要支柱，《2019年旅游市场基本情况》显示，2019年"全年旅游总收入6.63万亿元，同比增长11%。旅游业对GDP的综合贡献为10.94万亿元，占GDP总量的 11.05%"。① 2021 年,国内旅游收入达到 2.92 万亿元,增长 31.0%。②
在以全域旅游为核心的西部地区的某些县域,旅游业已经成为国民经济的支
柱,以陕西省汉中市的留坝县为例,其"全域留坝·四季旅游"品牌成为支撑
国民经济的产业支柱、全球脱贫攻坚的典型案例,2020 年"接待游客 420.48
万人次,创综合收入 21.03 亿元。旅游带动餐饮住宿、商贸流通等三产服务业
同步回升,实现三产增加值 11.63 亿元",三产增加值占 19.9 亿元 GDP 的
58.44%;③2021 年"接待游客 497.17 万人次,实现综合收入 25.32 亿元,分别
增长 18.2% 和 20.4%"④;2022 年,"接待游客 524 万人次,实现综合收入
28.17 亿元,分别增长 5.4% 和 11.26%"⑤,呈现快速、持续增长势头。

　　首先,绿色农业是基础性产业支撑。西部地区,尤其是乡村振兴重点帮扶
县区的产业特色是农业生产基础弱、工业发展少甚至为零、服务业规模小层次
低,在很多县区几乎都是以农业为主,且是靠天吃饭型的传统农业,因此,做大
特色农业规模、发展一二三产业相融合的农业提升其附加值、发展智慧农业让
深山里的绿色农产品飞进大城市和千家万户的餐桌,从而为乡村振兴和农业
强国建设提供强有力的产业支撑。西部地区的绿色农业应大力发展优质无污
染的种植业、林草业、畜牧业、渔业,要对农业进行综合开发而形成"大农业"
和特色农业,着力打造农业产业化示范基地,发展果蔬储藏库、电商服务、生态
休闲观光农业、农旅结合的体验农业、具有绿色食品安全追溯跟踪体系的智慧
农业。

　　其次,绿色工业是根本性产业支撑。西部地区的工业数量少,规模小,不

---

① 王真真:《2019 年旅游总收入 6.63 万亿元,同比增长 11%》,《新京报》2020 年 3 月 11 日。
② 《中华人民共和国文化和旅游部 2021 年文化和旅游发展统计公报》,《中国文化报》
2022 年 6 月 30 日。
③ 《2021 年留坝县政府工作报告》,见 http://www.hanzhong.gov.cn/hzszf/zwgk/ghjh/
zfgzbg/qxzfgzbg/202106/d3833ae174d54977bff1c18276b9d513.shtml。
④ 留坝县统计局:《留坝县 2021 年国民经济和社会发展统计公报》,2021 年 12 月 29 日。
⑤ 穆骋、杨露雅:《留坝:以绿为底　融合发展绘新卷》,《陕西日报》2023 年 10 月 27 日。

景气,使其无法成为国民经济的重要支柱,也无法吸纳农村劳动力大量就业,才造成了大量劳动力外出务工的局面,使农村发展人才短缺问题更为严重。因此,需要结合地方特色大力发展能源工业、制药工业、食品工业、建材工业、环保设施制造等产业,发展汽车制造、智能制造装备、基础制造装备等装备制造产业,把西部地区的能源优势、道地中药材优势、矿产资源优势、土地资源优势等充分利用起来,为其乡村振兴提供长远的、稳定的产业支撑。

再次,绿色旅游业是成长性产业支撑。绿色旅游业是把旅游与自然生态及其环境保护有效结合的产业,是可持续发展的朝阳产业和环保性产业。根据《中共陕西省委农村工作领导小组(省委实施乡村振兴战略领导小组)关于印发国家乡村振兴重点帮扶县和省级乡村振兴重点帮扶县名单的通知》,陕西省 11 个国家级乡村振兴重点帮扶县全部集中在陕南,有 15 个省级重点帮扶县陕南占 5 个,国家和省级重点帮扶县占陕南全部县区的 57%,其追赶超越的发展任务和乡村振兴帮扶任务极重。但是,这里又是秦岭南麓生态功能区,有供给南水北调中线工程丹江口库区 70%水量的汉丹江和面积最大的长江支流嘉陵江,更有优美的生态环境和丰富的生物资源、矿产资源、水资源,还有悠久的历史文化资源,大力发展自然风光旅游、汉人老家文化旅游、秦蜀古道历史文化旅游、生态康养旅游、民俗文化旅游等特色旅游,打造陕南区域性旅游中心和豫、陕、鄂毗邻区游客集散中心。

最后,绿色服务业是重要产业支撑。大力发展绿色服务业是西部地区生态环境保护与乡村振兴协同推进的重要产业支撑,要大力发展"物流、信息服务、制造业服务化、健康养老"等服务业,着力推动生产、生活性服务产业发展。在山大沟深坡陡的山区,必须大力发展农用物资集中输送、农产品集中收获收购、适种宜种种质资源培育、农用技术培训、现代物流服务、农产品深加工,以及科技服务业、三产融合发展等现代绿色服务业。

2. 外在产业体系构建

外在产业体系是指支撑西部地区生态环境保护与乡村振兴协调推进的外

部环境条件,是内在产业体系健康发展的前提条件和运行保障,由环境条件系统和保障体系两部分组成。

(1)绿色产业发展的环境条件系统。主要由绿色观念、绿色管理、绿色制度、绿色市场等产业发展要素组成。绿色产业观念支撑体系。绿色产业观念支撑体系就是要让绿色发展观念系统地支撑生态环境保护与乡村振兴协同推进,让绿色发展意识深入人心,形成人人支持绿色发展的良好局面。首先是决策者的思想观念,他们的绿色发展理念和决心是推动全社会生态环境保护与乡村振兴协调推进的核心,更是西部地区生态环境保护与乡村振兴协同推进的核心观念。其次是践行者的绿色发展观念,尤其是政策执行者的绿色发展观念,是把国家生态文明和人与自然和谐共生社会建设国策不折不扣推进的中坚力量;生产者则是绿色发展理念的真正践行者和推动者,是把观念变成现实结果的根本力量。最后是普通大众的绿色发展观念,这是整个社会绿色产品供给与需求的根本力量,作为社会大众必须具有绿色消费意识、自我约束意识、积极宣传带动意识,带头消费绿色产品,带头约束自己行为保护生态环境,带头宣传引领社会绿色产品消费潮流。

绿色产业管理支撑体系。就是协同推进西部地区生态环境保护与乡村振兴协同发展的政策措施等管理制度与管理实践的集成,其管理目标是二者的协同推进,就是让生态环境保护与乡村振兴发展相互促进、同步发展。首先是资源管理,实现资源有序开发,及其与生态环境保护同步推进,为经济社会发展提供可持续的资源支撑。其次是生态管理,推动生态资源培植、环境污染治理、生态改善与修复,以效率改进为目标强化生态管理。再次是落后条件的系统治理,实现其发展条件的持续改善、促进乡村振兴和农业强国建设,推动生态环境保护与乡村振兴协同发展,实现区域协调、持续发展。最后是社会治理,不断提高农村社会治理能力,形成协同推进坚强的组织领导力量,建设良好的社会治安,崇尚高雅的乡风民俗、倡导绿色健康的生产生活方式,让农村组织具有治理农村社会发展的能力,推动社会治理能力持续提升。

　　绿色产业制度支撑体系。建立两个支撑制度系统,首先是法律制度的支撑,即形成全国性、区域性法律制度,为生态环境保护与乡村振兴协同推进提供强有力的法律制度保障,尤其是生态环境保护法律制度、生态补偿法律条例等相关法律制度。其次是管理制度的支撑,强化企业管理,推动企业主体的绿色产业开发与协同推进实践;强化市场主体管理,推动市场主体的绿色产品交易发展。以制度规范、约束绿色产业发展,在全社会形成规范有序的绿色产业开发管理运行机制和以绩效为目标的激励机制。

　　绿色产业市场支撑体系。绿色产业的发展离不开市场体系的支撑,以解决原材料哪里来,产品哪里去的问题。首先是绿色产品及生产要素交易市场的支撑,通过专业市场、标准认证和严格的检验检测制度把绿色产品及其生产要素保护起来,价格和利润提升起来,并通过政府补贴、政策倾斜等措施体现政府对其发展的支持和引导;同时通过要素市场规范和严格的市场准入制度,确保生产要素的绿色健康,进而保证绿色产品质量。其次是绿色产业产权交易市场的支撑,通过林权交易、水权交易、地权交易、排污权交易等制度,以产权市场交易方式来推动生态环境保护与乡村振兴协同推进的实体经济发展,有效校准绿色产业发展的成本与收益。再次是绿色产业技术市场的支撑,为传统产业技术改造、经济生态化和生态经济化提供技术支持,更为绿色产业发展提供知识产权保护。最后是绿色产业资本市场的支撑,为生态环境保护与乡村振兴协同推进提供资本支持和融资服务。

　　(2)绿色产业发展的保障体系。生态环境保护与乡村振兴协同推进必须有科学规划、基础设施建设、人才培育、科技创新驱动等保障。绿色产业发展需要科学规划的保障。首先,要明确西部地区各市县的发展重点与产业特色,进行总体规划布局、科学引导与统筹规划,以防止产业同质化和低水平重复建设,实现优势互补和联动发展。其次,要全面统筹片区内的全国生态功能区、南水北调水源区、移民搬迁工程、退耕还林工程、天保工程、水土流失治理工程、川陕革命老区建设等多重国家政策和资金支持,发挥其叠加效应,提高绿色产业助力乡村振兴及其现代化建设的综合成效。最后,建议设立西部地区绿色产业发展基金,扶持主导产业成长,精准选择特色产业,推进特色产品深加工,拉长产业链条,提高产业附加值。

　　绿色产业发展需要基础设施的保障。一方面,要加强高速公路、移动网络、电力、产业园区、景区等有形基础设施建设,搭建绿色产业物联网、互联网交易平台,开发大市场,增强绿色园区、景区接待能力和服务能力;另一方面,要加强法律体系、社会资本等无形基础设施建设,形成绿色产业发展的良好社会氛围,形成绿色产业、市场、基础设施一体化的产业联动发展机制,不断提高绿色产业增值能力和吸纳农村劳动力就业的能力。

　　绿色产业发展需要专门人才的保障。在本地人才培养方面,要以就业为目标,以服务绿色产业为导向,引导企业帮扶与职业教育相结合,统筹使用各类培训资源,加强绿色产业发展教育培训,为西部地区绿色产业发展提供源源不断的人才支撑。在外来人才引进方面,要通过优化"政策留人"机制,创造"环境留人""感情留人""事业留人"条件,不断壮大绿色产业创新创业发展的人才队伍。

　　绿色产业发展需要科技创新驱动的保障。立足西部地区资源禀赋,建立各种孵化器和创新基地,促进技术、方法、模式和业态创新,激发其发展绿色产业的创新活力和创新潜能。鼓励和支持科研单位、大专院校及其工作人员对帮扶县区绿色产业发展进行科技帮扶或到重点帮扶县区去领办、协办和创办绿色企业,不断提高科技创新对产业发展、乡村振兴和共同富裕的贡献度。[①]

（三）绿色产业发展的政策支撑

　　绿色产业发展必须有足够的政策支撑和倾斜,以疏通绿色产业发展中存在的各种障碍,打通其发展中存在的各种壁垒,促进其快速发展。我国绿色产

---

　　① 唐萍萍、胡仪元:《陕南地区集中连片特困区绿色产业脱贫构想》,《改革与战略》2017年第6期。

业发展政策经历了三个演进阶段：重发展轻环保的政策阶段（1978—1999年），主要起因于化石能源消费快速增长导致的严重污染，重点是治污防污。其政策措施主要有：《关于保护和改善环境的若干规定》（1973）实施的"三同时"制度，颁布《中华人民共和国环境保护法》（试行，1979），全国第二次环境保护会议（1983）确立了"环境保护"基本国策，试点排污许可证制度（1985），可持续发展战略成为国家基本战略（1996），出台《中华人民共和国大气污染防治法》（1995），国务院批准实施《酸雨控制区和 SO_2 污染控制区划分方案》（1998）。其政策执行以政府直接管制为主，遵循"谁污染谁治理"原则，强调以污染末端治理为主的排放标准控制模式。

　　绿色产业发展的政策萌芽阶段（2000—2011年），重点是转变经济增长方式、推进节能减排。其政策措施主要有：出台《中华人民共和国环境影响评价法》（2003）、《中华人民共和国清洁生产促进法》（2003）开启工业生产的全过程治理模式；《促进产业结构调整暂行规定》（2005）、《国务院关于落实科学发展观加强环境保护的决定》（2005）确定以调整产业结构促进生态环境保护，同时出台《中华人民共和国可再生能源法》建立可再生能源市场；国家"十一五"规划首次确立了能耗约束性目标，在《中华人民共和国节约能源法》（2007）确立了节能目标责任制与节能考核评价制度。其政策执行转向事前监督，强调污染物排放总量控制，实行单位能耗目标责任和考核制度。

　　绿色产业发展的政策发展阶段（2012年以来），重点转向生态文明建设。其政策措施主要有：出台综合性大气污染防治规划《重点区域大气污染防治"十二五"规划》（2012）、《大气污染防治行动计划》（2013）；编制《生态文明体制改革总体方案》（2015），建立以绿色生态为导向的绿色金融体系、农业补贴制度、绿色产品体系；国家"十三五"规划把"绿色发展"确定为新发展理念之一；出台《关于构建绿色金融体系的指导意见》（2016）推动绿色金融发展及其国际合作；《工业绿色发展规划（2016—2020年）》强调要培育绿色制造业，推动绿色工业发展；党的十九大强调要推进绿色发展，建立绿色生产和绿色消费法律制度与政策导向。《"十四五"循环经济发展规划》强调要"在'双超双有高耗能'行业实施强制性清洁生产审核""建立健全绿色低碳循环发展经济体系,为经济社会可持续发展提供资源保障"。《中华人民共和国国民经济和社会发展第十四个五年规划和2035年远景目标纲要》强调要"发挥产业协同联动整体优势,构建绿色产业体系""推动经济社会发展全面绿色转型,建设美丽中国",其政策执行方向是立足"双碳"目标,着力推进绿色发展,提高其执法力度和问责程度。

绿色产业发展的政策支撑重在推动西部地区绿色产业发展同市场机制与环境保护政策的协同,就是通过绿色产业政策实现经济发展、社会和谐与环境可持续发展。首先要在绿色产业政策目标上,实现产业政策和环境政策的协同推进,实现推进经济增长、控制环境污染、消除不平等与条件落后改善等多目标的相互促进,推进生态环境外部性的内部化;其次要在绿色产业政策效能上,推动绿色技术创新及其应用,以技术创新推动产业转型升级,实现经济生态化和生态经济化的相互推动;再次要在绿色产业政策工具上,突出绿色产业政策系统性及其与政策工具的协同,不断创新政策工具,推动绿色基金与债券、碳金融、绿色保险产品与绿色评级等绿色金融工具创新,推动绿色产业政策体系建设;最后要在绿色产业政策执行上,强化政策制定、政策执行及其监督评估,确保政策颁布、过程监测、效率评估及评估结果应用上都能落到实处、起到实效。①

五、西部地区生态环境保护与乡村振兴协同推进的设施支撑体系

目的要通过活动(实践)实现,并置于技术手段可行和制度保障有效前提

---

① 李晓萍、张亿军、江飞涛:《绿色产业政策:理论演进与中国实践》,《财经研究》2019年第8期。

下①,马克思说,"只有在现实的世界中并使用现实的手段才能实现真正的解放;没有蒸汽机和珍妮走锭精纺机就不能消灭奴隶制;没有改良的农业就不能消灭农奴制;当人们还不能使自己的吃喝住穿在质和量方面得到充分供应的时候,人们就根本不能获得解放"②。手段的核心是技术,其产生并不由目的本身决定,而是由实践中的问题决定,有问题才有研究的必要,才会推动技术进步。恩格斯说,"科学的产生和发展一开始就是由生产决定的","社会一旦有技术上的需要,这种需要就会比十所大学更能把科学推向前进"。③ 如果说推进西部地区生态环境保护与乡村振兴协同发展是目的,那么,政策、人才、技术、产业和基础设施等支撑体系就是实现这一目的的重要手段,没有这些手段的支撑,目的是无法实现的。那么设施如何推动西部地区发展、支撑其协同推进的实现呢? 基础设施建设有利于抑制环境污染④,并以共享、匹配等溢出效应减轻环境污染。⑤ 尤其是农村道路建设能有效促进农民增收、消除农村发展的落后条件制约,其效应在宏观上通过就业效应和公共支出构成改变来实现,微观上通过获取额外的生产性机会和非农就业机会等产生的收入效应来实现。⑥ 尤其是在西部地区,交通设施、农业设施等基础设施建设水平有待提高,其投入所产生的宏微观效应对经济增长有显著拉动作用⑦,科技型基础设施建设能有效促进其经济高质量发展。⑧

---

① 胡仪元、王晓霞:《生态经济视角下的发展悖论探析》,《生态经济》2011 年第 10 期。
② 《马克思恩格斯全集》第 42 卷,人民出版社 1979 年版,第 368 页。
③ 《马克思恩格斯选集》第 4 卷,人民出版社 1995 年版,第 280、732 页。
④ 邹继武:《我国制造业集聚对环境污染的影响研究》,湖南科技大学硕士学位论文,2016 年。
⑤ 黄永明、陈宏:《基础设施结构、空间溢出与绿色全要素生产率——中国的经验证据》,《华东理工大学学报(社会科学版)》2018 年第 3 期。
⑥ 任晓红、但婷、侯新烁:《农村交通基础设施建设的农民增收效应研究——来自中国西部地区乡镇数据的证据》,《西部论坛》2018 年第 5 期。
⑦ 杨芳灿:《我国西部地区基础设施投资的经济增长效应测度研究》,西北大学硕士学位论文,2018 年。
⑧ 潘雅茹、罗良文:《基础设施投资对经济高质量发展的影响:作用机制与异质性研究》,《改革》2020 年第 6 期。

（一）生态基础设施的重要支撑作用

马克思说，"交通运输工具的改良，会绝对缩短商品的移动期间"，"随着运输工具的发展，不仅空间运动的速度加快了，而且空间距离在时间上也缩短了"，还说，"随着资本主义生产的进步，交通运输工具的发展会缩短一定量商品的流通时间，那末反过来说，这种进步以及由于交通工具发展而提供的可能性，又引起了开拓越来越远的市场，简言之，开拓世界市场的必要性"，"与此同时，不是直接用作生产资料，而是投在交通运输工具以及为运用这些工具所必需的固定资本和流动资本上的那部分社会财富，也会增加"。① 这说明交通运输等基础设施对经济发展的意义和重大作用，西部地区生态环境保护与乡村振兴的协同推进必须在常规的水、路、电、网等基础设施建设基础上，强化生态基础设施建设，为其协同推进发展提供强大的物质基础。

生态基础设施是指促进生态修复、维护生态系统平衡和促进绿色产业发展的各种基础设施。生态环境可分为既成生态和后续生态两类，既成生态就是现有的已经能够发挥效应的生态，从成因角度又可分为自然生态和再造生态两种。前者如原始森林、野生动植物，后者如人工栽培并有生态效应的人工林（如三北防护林）、经济林、国外引进的动植物品种等。后续生态是指将会出现并能发挥效应的生态，如自然效应下种子将会发芽长成幼苗甚至新树，生物的野生繁育等。即使没有人为因素，自然本身也具有自我繁衍的能力，如水体的自净能力、动物的自然繁育、植物的天然生长等；而人的投资行为亦会使环境发生变化，产生生态效应，如人工引水或储水栽树让沙漠变成绿洲，从而使自然环境本身发生改变，相应地生态设施也包括两个方面：一是维持既有生态的设施，它是为提升人类的生态运行能力和生态修复能力而提供的各种基础设施；二是强化后续生态的设施，它是为增强人类的生态培育和开发能力而

---

① 《马克思恩格斯全集》第 24 卷，人民出版社 1972 年版，第 277—279 页。

提供的各种基础设施。因此,生态设施包括生态运行设施、生态修复设施和生态培育与开发设施三大类。所谓生态运行设施,就是保证生态资源正常发挥职能的设施,如让水发挥灌溉效用以使干旱的沙漠中长出绿荫而修建的引水设施,南水北调工程所形成的各种设施等;生态修复设施就是让破坏的生态恢复到能够发挥生态效应的基础设施,如禁止盗伐以使森林功能恢复所形成的各种软硬件基础设施;生态培育与开发设施就是不断扩大生态资源的基础设施,如飞播制度及其相应的设施。这些生态设施还可分为软硬两类,硬件生态设施如各种实物设施,软件生态设施如人才、知识、技术和制度等。其内容和相关关系如表 3-1 所示。

表 3-1　生态设施及其相关关系

	生态运行设施	生态修复设施	生态培育与开发设施
软件生态设施	确保生态资源运行的知识、技术、人才、教育、法律和相应的机制	确保生态资源修复所必备的知识、技术、人才、教育、法律和相应的机制	培育和开发生态资源所需的知识、技术、人才、教育、法律和相应的机制
硬件生态设施	固定的,如调节水资源的储水设施和引水设施;流动的,如节水喷头、运水洒水车以及各种监测设备	固定的,破坏生态修复所需要建设的保护区、湿地公园及其设备设施等;流动的,如垃圾运输和处理车、保护区巡逻车等	固定的,种质资源培植的大棚、生物资源开发的实验设备设施等;流动的,生态资源培植所需要的运输设备等

(二) 西部生态基础设施建设现状与问题

基础设施建设的滞后是西部地区发展和提升生态治理能力的重要制约因素,根据《2020 年铁道统计公报》数据显示,2020 年,全国铁路营业里程达到 14.63 万公里,而西部地区的里程只有 5.9 万公里,占全国的 40.33%[①],比

---

① 《2020 年铁道统计公报》,见 https://www.mot.gov.cn/tongjishuju/tielu/202104/t20210419_3573713.html。

2017 年 42.52% 的占比还下降了 2.19%①。从基础设施项目投资情况来看，2014 年、2016 年、2017 年西部地区的投资增长率高于东中部，其他年份都是低于东中部，尤其是 2019 年，西部地区的基础设施投资出现了负增长（见表 3-2）。

表 3-2　2014—2019 年各地区基础设施项目投资情况表

（单位：亿元；%）

年份	东部		中部		西部	
	投资额	投资额增长率	投资额	投资额增长率	投资额	投资额增长率
2014	40368.10	8.58	26958.70	19.42	37641.40	26.84
2015	49893.40	23.60	33226.60	23.25	43006.50	14.25
2016	54417.40	9.07	40536.00	22.00	53084.40	23.43
2017	62379.00	14.63	44306.00	9.30	61456.30	15.77
2018	63881.60	2.41	46635.50	5.26	61808.50	0.57
2019	66910.41	4.74	50830.10	8.99	60612.49	-1.93

资料来源：2014—2017 年数据根据中国统计年鉴固定资产投资 10-6 计算整理得出，2018—2019 年数据根据中国统计年鉴固定资产投资额增长率 10-18 推导得出。

同样，生态与环境保护设施投资的滞后，对其生态环境保护、生态修复和生态经济开发与培育产生了重要的约束，也使其作为国家的战略大回旋和生态屏障地位与作用受到抑制。从生态与环境保护基础设施投资来看，全国的污染治理投资从 2012 年的 8253.5 亿元增长到 2020 年的 10638.9 亿元，增长了 28.9%；但是污染治理投资占 GDP 的比重，则由 2012 年开始逐年下降，由 1.53% 下降到 2020 年的 1.0%（见表 3-3）。

---

① 闻璋：《西部地区基础设施保障能力全面增强》，《中国招标》2018 年第 36 期。

表3-3 2012—2020年全国环境污染治理投资及其占GDP比重情况

（单位：亿元；%）

年份	2012	2013	2014	2015	2016	2017	2018	2019	2020
环境污染治理投资	8253.5	9037.2	9575.5	8806.3	9219.8	9539	8987.6	9151.9	10638.9
污染治理投资占GDP比重	1.53	1.52	1.49	1.28	1.24	1.15	1.0	0.9	1.0

数据来源：环境保护部、住房和城乡建设部：《中国环境统计年鉴》。

　　就区域分布来看，西部地区占全国面积56%，而其环境污染治理投资占比却较低，以2017年为例，东部环境污染治理投资4483.8亿元，占47.02%，中部环境污染治理投资2616.8亿元，占27.44%，而西部的环境污染治理投资2435.3亿元，仅占25.54%。从而使西部地区的污水处理及达标排放、工业废气处理、固体废弃物处理及其综合利用率都较低。

　　从工业污染治理投资完成情况来看，全国从2013年8496647万元，到2019年的6151513万元，出现了大幅度下降，下降幅度达到-27.6%（见表3-4）。

表3-4 全国工业污染治理投资完成情况

（单位：万元）

年份	2013	2014	2015	2016	2017	2018	2019
工业污染治理投资	8496647	9976511	7736822	8190041	6815345	6212736	6151513

数据来源：国家统计局：《中国统计年鉴（2020）》，中国统计出版社2020年版。

表3-5 2017年、2019年东中西部工业污染治理投资完成情况

（单位：万元）

年份	东部13省（直辖市）	中部6省	西部12省（自治区、直辖市）	全年合计
2017	3888266	1645872	1281207	6815345
2019	3373508	1511180	1266825	6151513

数据来源：国家统计局：《中国统计年鉴（2017）》《中国统计年鉴（2020）》，中国统计出版社2018年版、2020年版。

从表3-5中可以看出,无论是2017年还是2019年,西部地区的工业污染治理投资都比较低,2017年东部、中部、西部的污染治理投资占比分别为57.05%、24.15%、18.80%;2019年则分别为54.84%、24.57%、20.59%。因此要实现西部地区生态环境保护与乡村振兴的协同推进,就必须在制约经济社会发展的基础设施建设和生态环境保护设施投资与建设上有所倾斜,为构建西部大开发新格局提供更为有力的基础设施保障。

(三) 西部生态设施投资增长的机制构建

生态环境治理必须有投资保证,"目前世界上大多数国家的环保费用约占本国 GNP 的 0.5%—2.0%,其中发达国家约为 1%—2%,发展中国家约为0.5%—1%"。中国环境科学研究院的研究表明,"要使我国环境质量有明显改善环保投资需占 GNP 的 2%以上;环境问题基本解决,环保投资需占 GNP 的 1.5%;环境污染基本得到控制,环保投资也需占 GNP 的 1%"①。但是,由于历史原因,我国环保投资占 GDP 比重长期偏低,"七五"期间为 0.72%,"八五"期间为 0.8%,"九五"期间为 1%,以后逐步增加了环保投资比重,但依然比较低。由于生态环境治理投资不足,导致西部地区生态环境设施的历史欠账较多,出现运行困难,在已投入运行的环境污染治理设施中,能正常运行、不能正常运行和根本不能运行的各占 1/3 左右,加之运营体制机制和污染治理成本增长等原因,使生态环境设施的处理能力、效率和质量都未达到饱和状态。因此,西部生态基础设施投资既要保证其投资需要和投资质量,又要提升其治理能力保证其运行效率。

1. 强化政府投入机制

西部地区的生态基础设施投资情况直接影响其生态运行、生态修复及其开发的能力和效率。因此,应强化污染治理投入,以提升西部地区生态运行、

---

① 龚玉荣、沈颂东:《环保投资现状及问题的研究》,《工业技术经济》2002 年第 2 期。

生态修复与培育的能力,其中,政府投入最重要。首先,生态环境作为公共投资领域,其投资大、周期长、风险多,政府有投资能力和优势。[1] 其次,生态环境有很强外部效应,使民间投资弱化,也使地方政府的投资积极性低,传统政绩观诱使地方政府更愿意投资那些看得见、见效快的地方,从而弱化生态环境、教育等长期投资,因此需要强化地方政府之间的协作[2]、突出政府部门的资金协同使用,以增强政府投资及资金的协同效应[3]。再次,强化对西部地区政府投资的倾斜,持续推进东西部之间的对口协作和帮扶,以确保西部地区及时遏制住生态破坏情况,以维持生态的持续增长和有效修复。最后,作为具有全国性、全局性的生态环境问题,应纳入全国生态建设的统筹工作中,因为没有西部生态环境的保障也就没有全国的生态安全,同时,通过中央政府和东中部的补偿和支持倾斜,就能凭借其生态位势,提高其投资能力。

西部地区人才缺乏、发展基础薄弱,必须让有限的资源、资金充分地发挥作用,因而其资本也要重点地投资,以点带面推动各个领域的全面建设和发展,政府投资领域应重点集中在三个方面:一是大型投资,这是私人资本无法完成的投资;二是关键性投资,就是能带动、引领其他项目或地区的投资;三是具有持久效应的投资,如生态设施等周转期过长的投资。政府的这些投资能发挥出"四两拨千斤"的杠杆效应,带动其他资本的注入。

2. 启动民间投资机制

政府虽是生态基础设施和污染治理最重要的投资主体,但庞大的资金需求又不能完全依赖于政府。研究表明,要实现生态环境上不欠新债多还旧债,并不断改善、提升西部地区的生态环境质量,就必须确保生态环境保护投资的增长快于国民经济增长。[4] 同时要创新企业组织形式,推动企业资本的联合

---

① 张思锋:《中央政府在西部开发中的决定作用》,《人文杂志》1997 年第 4 期。

② 胡仪元:《西部生态经济开发的利益补偿机制》,《社会科学辑刊》2005 年第 2 期。

③ 徐辉、韦斌杰、张大伟:《经济增长、环境污染与环保投资的内生性研究》,《经济问题探索》2018 年第 10 期。

④ 孙冬煜:《环保投资增长规律及其模型研究》,《四川环境》2002 年第 3 期。

投入,马克思说,"假如必须等待积累使某些单个资本增长到能够修建铁路的程度,那么恐怕直到今天世界上还没有铁路。但是,集中通过股份公司转瞬之间就把这件事完成了",因此,西部地区的区域协同推进不能单纯依靠自有资本的积累,更需要创新企业组织形式,多依靠那些"联合起来的个人的资本"①。西部地区的生态环保设施投资也要全力吸纳民间投资,增强其投资积极性,提高其筹资能力和利润提升能力,形成生态环境保护与乡村振兴协同推进生态基础设施的民间投融资机制。

3.完善转移支付机制

我国生态资源的空间分布不均,就需要以生态转移支付方式推动生态资源共建共享,实现其效应效益的最大化。一般地讲,经济社会发展落后的国家或地区,尤其是西部地区具有生态经济发展的巨大资源禀赋:一是"污染后"与"后污染"属于不同层次的污染程度,工业化完成了的"污染后"区域肯定比工业化才起步的"后污染"区域面临更大更多的生态环境问题;二是后发展国家或地区的城市化、工业化道路,虽造成了严重的生态破坏与环境污染,但还有生态环境保护很好的广阔乡村,因此,后发展区域的局部污染能使其更易走上生态环境保护与乡村振兴协同推进的轨道;三是生态环境恢复与治理成本使自然资源禀赋在绿色发展上具有不可替代的优势,后发展区域的这种优势使其可在低污染治理成本下走上绿色发展道路。② 通过生态补偿机制实现西部地区的协同推进造就后发优势③,既促进其经济社会发展,实现乡村振兴和共同富裕,又实现了生态效应的共建共享,是真正地实现二者的协同推进、同步发展。通过生态转移支付,一方面,可给资源依赖型经济增长者提供价值实现或实物补偿,以遏制其生态环境的进一步破坏;另一方面,生态补偿也给其

---

① 《马克思恩格斯选集》第2卷,人民出版社1995年版,第254、516页。

② 胡仪元:《开发绿色生产力、实现西部经济发展的理论基础》,《广州大学学报(社会科学版)》2003年第5期。

③ 吕进鹏、贾晋:《"革命老区+民族地区"叠加区域乡村振兴的多维困囿、现实契机与行动路径》,《中国农村经济》2023年第7期。

增加了资本积累、资金供给,保障其生态基础设施投资的资本供给。

4. 补短外资利用机制

外部资本尤其是外商直接投资是西部地区生态基础设施投资不可忽视的资金来源,而资本吸纳与利用能力低下是其生态基础设施投资增长的重要约束。有研究表明:外商直接投资(FDI)能明显促进绿色经济效率[①],"FDI 每增加 1%,绿色经济效率的提升幅度为 0.034%—0.051%,其中,经济聚集机制的绝对贡献提升幅度为 0.031%—0.029%,相对贡献提升幅度为 91.18%—56.86%;产业结构机制的绝对贡献是 -0.071% 到 -0.059%,相对贡献为 -208.82% 到 -115.69%;节能减排技术机制的绝对贡献是 0.038%—0.045%,相对贡献是 111.76% 到 88.24%"[②]。

但是,西部地区吸引外资直接投资的能力较弱,因此,一要优化投资环境,创造更好的投融资环境,吸纳更多外部资本进入西部投资;二要拓宽外资吸纳渠道,形成西部地区生态基础设施投资的多渠道、多形式开展;三要管理好外资,节约外资的引进和监管成本;四要利用好外资,确保引进资本的使用效率。通过构建外资的吸纳与利用机制,增强西部生态基础设施的投资能力,促进生态基础设施量的增加,为其生态恢复与生态开发提供动能,筑牢国家生态安全屏障。[③]

---

① 翟超颖、汪磊群:《外商直接投资的绿色环境效应分析——以中部五省为例》,《华北金融》2022 年第 12 期。

② 周杰琦、张莹:《外商直接投资、经济集聚与绿色经济效率——理论分析与中国经验》,《国际经贸探索》2021 年第 1 期。

③ 胡仪元:《西部生态设施投资增长的机制构建》,《生态经济》2006 年第 4 期。

第四章　西部地区生态环境保护与乡村振兴协同推进的机制构建

　　本章主要是就西部地区生态环境保护与乡村振兴的协同推进构建实现机制,从而把协同推进的政策要求、协同机制的理论构建推向实践应用,以实现其协同推进工作落实、落细,取得实效。协同推进机制主要包括三个:要素统筹机制、同步发展机制、区域协同机制。要素统筹机制主要是通过聚集协同推进的各个要素,以提高各协同要素的单体和整体效能,缓解西部地区资源短缺与不足的矛盾,提高资源利用效率。同步发展机制主要是通过机制构建,实现生态环境保护与乡村振兴的同步推进、同步发展,实现二者长期持续的互动、互促发展。区域协同机制主要是通过区域之间的协同发展,实现区域间的资源共享、平台共用、政策互通、设施联通,通过跨区协同发展做大规模、做大市场、做强产业。

第一节　要素统筹机制

　　本节在要素统筹机制协同发展机理分析基础上,探讨其主体、客体和支撑要素之间如何统筹,以实现整体效能效率最大化。

一、要素统筹机制及其协同发展机理

西部地区无论是把绿水青山转换成金山银山,推动绿色发展;还是通过乡村振兴帮扶和农业强国建设,实现其可持续的发展;以及生态环境保护与乡村振兴的协同推进,都是由一系列因素相互作用、相互影响的结果。我们可以把这些影响因素视为协同推进机制的要素或因子,每个要素或因子的效能及其与其他要素相互作用所组成的结构功能是整体效能效率的决定性因素,从而形成系统与要素之间的辩证关系:西部地区生态环境保护与乡村振兴协同推进是一个系统,而其中的影响主体、客体或起支撑作用的各个要素就成为协同推进的子系统或系统要素,从而形成一个系统套系统,系统与要素相互对应的层级性结构。

要素统筹机制的运行机理就是通过要素功能功效增强和要素替代,提升要素功能,如提高主体管理能力优化各客体要素,实现要素整体效能提升;增大投资等客体要素数量,提高单体要素效力;其次是要素结构优化,通过持续改进机制,让主客体的各类要素重新组合,以使既定要素重组后的结构效能提升,从而实现要素重组的过程优化与结果效率提升。因此,要素统筹机制的运行机理就是系统理论的运行机理,是各要素自身效能与要素结构效能双重提升、优化之后的整体效能提高。具体包括三个统筹:主体要素统筹、客体要素统筹和支撑要素统筹。

二、协同推进主体要素的统筹

所谓主体要素统筹就是西部地区生态环境保护与乡村振兴协同推进各类主体之间的相互协调、配合与促进,形成各主体之间相互支撑、相互促进的合力。

(一) 前提保障:主体的素质和能力提升

提高主体自身素质和能力是提高主体要素统筹能力的前提。按照要素决定系统的原理,有什么样的要素才能有什么样的系统功能,因此,要素质量也就决定了系统质量和效能。高素质的主体要素才能形成高效能的系统结构功能,也才能有效统筹其他主体要素、客体要素和支撑要素,或者说统筹起来后能发挥出更高的效能。主体在要素统筹中始终居于主动地位,是统筹主体要素、客体要素、支撑要素,及其相互之间协调协同的主动力量、核心力量和决定性力量。因此,主体要素本身的质量也就决定了主体自身的工作效能,及其对其他主体和其他要素的统筹能力。高质量的主体能形成一个聚集中心,自然地形成团队工作的中心人物,起到团结、引领团队成员合作干事创业的作用;对其他要素,尤其是客体要素能进行科学合理的调配,让每个要素的效能发挥到最大,出现"人尽其才、物尽其用"的良好局面。这个居于中心地位的主体实际上就是我们通常所说的带头人,好的带头人能让"火车跑得快",差的带头人会使团队成为"一窝兵熊熊",浪费人才更浪费客体资源。

提升主体素质和能力是充分发挥主体要素统筹效能的关键。在西部地区,人才短缺是常态,高素质人才更是急缺,依靠现状人才和引进人才都存在困难,那就只能通过外部帮扶机制,提供高端人才供给上的支持,更重要的是提高现有人才素质,改变现有人才状况和状态。首先是思想状态,铲除"佛系"思想和"躺平"想法,排除"被动"保护生态和发展经济的观念,有效激发和提高人们干事创业的激情与热情,消除思想上的落后根子,尤其是帮扶主体和被帮扶户必须把乡村振兴当成推动区域长远发展的战略举措来看待,不是短期突击、只管当下。其次是提升统筹能力,让主体具备统筹其他主体、客体和支撑要素的能力,让有限资源能聚合起来,发挥出更大的要素组合效能。再次是提升协作能力,让主体之间相互配合,打造一个协同协作干事创业的团队,实现市场协同、能力协同、产业协同和区域协同,为实现生态环境保护与乡村振兴的协同推进提供主体力量。最后是加强技术指导,让从事协同推进的各主体既要有协同推进的意识、志向和觉悟,更要有实现协同推进的能力和条件,在西部山区缺人、缺技术、缺资本、缺设施……让藏在深山的好东西运不出来、卖不起高价钱,也没法形成产业化生产,因此,必须强化技术指导,让当地特色资源得到有效开发和产业链建设,为其协同推进提供强有力的产业支撑。

(二) 模式选择:两种主体要素统筹结构

主体怎么进行要素统筹呢? 从要素统筹结构的角度来看,可以有两种模式选择,即按性质分类和按功能分类的主体要素统筹结构。

1. 按性质分类的主体要素统筹结构

就是指政府主体与市场主体的有机统筹,一是政府主体统筹,就是让各级政府主体既能独立行使权力,又能相互配合高效工作,形成部门横向合作、上下联动推进的工作局面,以使各部门所掌握的资源和上下级的资源分配形成资源集聚效应、物尽其用的最大化效应,尤其是在人力配置、政策合力、资源分配和资金保障等方面形成有效合力。二是市场主体统筹,就是要根据市场主体性质,充分发挥不同类型市场主体的特点和优势,逐步形成市场主体要素协同推进的优化结构,其中,国有企业主导,大中小企业相互支撑,高新技术企业、科技中小微企业为引领;同时,以企业为载体布局产业链,产供销"一条龙"推进,并进行市场细分、分工细化、产品高端化品牌化,使每个产品生产"链中链"链接,通过补链延链强链,增加各个环节的附加值,提高产业的整体效益。三是政府、市场主体相互配合的统筹,政府主体和市场主体相互配合形成发展合力,以使各要素的效能发挥到最大,给企业松绑,让企业充分利用市场机制发展生产、搞活流通;建立服务企业发展的机制,为企业便利注册、落户,方便纳税、交易等提供服务,让企业能高效、自主运行;同样,企业要依法办企业,要积极贯彻、落实政府规划和政策要求,尤其是西部地区有众多的生态功能区,是全国大江大河的发源地,要落实绿色发展要求,把生态保护、低碳发展放在首位,把生态环境保护与乡村振兴的协同推进做实。

2. 按功能分类的主体要素统筹结构

就是指决策主体、实施主体与扶助主体的有机统筹。一是科学决策是三类主体的共同目标。统筹三大主体就是要步调一致地推进生态环境保护与乡村振兴,形成协同推进合力。决策主体必须充分考虑实施主体的能力,把强化实施主体力量并纳入到自己的决策方案中,从而使所有决策既能有效实施,又能强化实施主体力量,实现高目标制定、高精度衔接、高质量完成,达到"跳起来摘桃子"的规划目标;实施主体在协同推进政策实施中强化了能力,积累了经验,取得了实绩,达成了发展目标;扶助主体也能有效支持实施主体,助力决策目标的实现与达成,从而形成三大主体同步推进生态环境保护与乡村振兴的合力。

二是实施主体必须科学施策。首先是贯彻、落实决策主体意志,把生态保护、绿色协调与共享共富发展等政策要求贯彻、落实到位,把党和国家的产业政策、惠农政策和奖补政策落实到位,达到决策主体的政策目标预期。其次是在实施中完善决策方案,法律、政策都是"一视同仁"的一般性规定,而现实则处处都是丰富多彩的鲜活案例,那就要求实施主体在严格的"标准化"施策的同时,根据现实情况和实际需要,不断修正、补充、完善实施方案,并适度进行变通与灵活处理,否则就难以让政策效应发挥到最大。最后是要充分利用辅助主体效能,"一个好汉三个帮",任何政策都必然是各种力量协同作用的结果,也许其中哪怕微不足道的一个要素也会给整体效果带来致命性影响,就像美国气象学家爱德华·洛伦兹所述及的那个能引起龙卷风的"蝴蝶",一个不起眼的辅助主体也能改变结构效能、会放大主体因素所形成的功能。

三是扶助主体的主动作为很重要。没有药引子的中药达不到疗效,扶助主体作为统筹要素具有十分重要的作用,可以说是不可或缺的组成要素。正是这些扶助主体填补了主客体作用的力量空白,增强或壮大了主体效能。既然扶助主体有重要的作用和效能,那么,作为统筹各要素协同推进生态环境保护与乡村振兴的各个主体都必须高度重视扶助主体效能,利用好扶助主体要素。同时,还必须让扶助主体自身主动作为,积极融入到协同体中,为增强协同推进效力、取得更大的协同推进效果作出贡献。主动作为是所有主体充分发挥自身潜能、增强效能效果的关键,因为只有自己才能知道自身的努力程度、潜力发挥程度,以及对其他主体的配合程度,所以,只有主动作为才能把每个主体的效能发挥到最大,而对于扶助主体而言,由于处于扶助地位本来就没有决策主体和实施主体那样被关注、被重视,这就更需要主动作为。在主动作为中甚至能够实现角色转换——把自己的扶助主体地位转变成积极推动协同体前进的实施主体。

(三) 路径优化:建立双向互动作用机制

力的作用是双向的,正向的是作用力,反向的就是反作用力。对于协同推进生态环境保护与乡村振兴的主体要素统筹而言,这个双向的"力"就是统筹主体对统筹要素的作用机制和统筹要素对统筹主体的反馈机制的双向互动互促作用,从而形成作用力与反作用力的共同作用,提升其协同推进水平与效率。

1.统筹主体对统筹要素的主动作用机制

统筹主体的主动作用能充分发挥出其积极性和创造性,具备主动统筹各要素的主体具有统筹对象的认同性,也具有聚集统筹要素完成统筹工作的能力。统筹主体的主动作用机制就是统筹生态环境保护与乡村振兴协同推进各要素的主体,能担负起统筹、凝聚各要素之责,主动研究统筹对象、合理利用或组合各统筹资源(对象),让其形成要素合力,取得最大发展效率,而不是被动地传达文件、收集素材,置身事外。作为统筹主体的主动作用机制,就是统筹主体围绕主客体及其组成要素,通过组合、协同、增效、提质,完成协同推进发展的目标确定、系统设计、组合推进。

首先要明确统筹目标。目标明确才能有奋斗方向,西部地区生态环境保护与乡村振兴的协同推进,既不是只抓农业发展和乡村振兴,也不是只抓生态环境保护,而是要把经济发展的当下需求与生态环境保护的长远发展统筹起来,实现二者的协同推进。确立了发展目标就要对标分解任务,把总体目标任务分解到各个实施区域、各个发展阶段、各个责任部门,甚至到每一个责任人,夯实各责任主体的责任,最后进行考核,确保落实到位、达标完成目标任务。

其次要全面系统设计。无论是生态环境保护还是乡村振兴和农业农村现代化建设都是系统工程,是众多要素组合而成的一个有机体,通过技术创新、要素创新、组织创新等系列创新设计实现整体效能提升,因此,必须进行全面系统设计,即协同推进的路线设计、要素组合、持续改进和质量提升。路线设计就是要把时间维度纳入生态环境保护与乡村振兴协同推进系统设计中,让其分时段进行、按顺序推进,不能只有生态没有人,剥夺人的发展权利是错误的;也不能只有人没有生态,损毁了生态就没有了人长久发展的基础和资源支撑;更不能今天发展了明天又衰退了。要素组合就是要充分调动各个要素的效能和积极性,形成发展合力,在一个欠发达的农村,首要的是进行必要的基础设施建设,通路、通电、通水、通网是基本要求,要前置新基建设施,发展数字经济等新模式,使乡村在新基点上振兴;同时加强基层组织建设,让村村有致富带头人,有技术能手,有乡村医生或农民健康顾问,有一支服务农村经济社会发展的干部队伍、职业农民队伍和农村生产性生活性服务队伍。持续改进就是要有不断优化协同推进的政策设计和机制设计,能够因地制宜地执行政策、因势利导地调配包括人力资源在内的一切资源、具体问题具体分析具体解决的创新推进,做到区别对待、个性设计和精准施策。质量提升就是要把经济发展质量、要素质量提升和结构优化作为协同推进系统设计的重要内容,粗放式发展只是一定阶段的事情,必须建立在劳动力和自然资源丰富的前提下,一旦出现资源短缺就难以为继,并且资源短缺是必然的、无法避免的,最终还得靠质量提升,向有限资源要效益要效率,形成最大产出以最大限度地满足人民群众对物质文化资料的需要。西部地区既受制于资源短缺,更受制于人才缺乏和技术落后,只有系统设计才能把各种资源有效地统筹起来,实现最大限度地有效利用,才能在追赶超越前提下实现落后困境的持续改善、乡村振兴发展和农业农村现代化目标。

最后要掌握统筹要素。统筹主体必须掌握统筹要素,否则就失去了统筹对象。所谓掌握统筹要素就是要对统筹要素进行充分的研究,明确其特性、功能、成长规律和发展趋势,按照系统理论的结构效应原则进行组合、配对,使每一个要素都能充分发挥效能,让所有要素组合起来的系统结构能产生"1+1>2"的结构效应。统筹主体在掌握要素的基础上,还要有调配、调动要素的能力,使统筹要素能跨区域、跨时间配置,以及重新配置、后续配置、错配后的修正转配等能力与权力,只有这样才能真正地让要素统筹起来,发挥出更大的协同效能,统筹主体的主动作用机制才能真正发挥效能。

2.统筹要素对统筹主体的积极反馈机制

统筹要素对统筹主体的积极反馈机制是指作为统筹对象必须适应统筹主体的要求,达成统筹目标,因此,必须积极主动地反馈执行情况及其所遇到的新情况新问题,而不是被动地执行、被动地汇报。可见积极反馈机制关键在"积极"二字,说明是主动反馈、自觉反馈,是对主体统筹要素实现协同推进工作的积极响应。作为积极反馈机制必须是真实反馈、及时反馈、充分反馈和有效反馈。

首先是真实反馈。就是要确保反馈信息的可靠性,是对统筹情况真实可靠的反馈,所反馈内容符合统筹主体的要求,就是让统筹主体知道自己想知道的情况,听到自己想听到的情况,以便于及时、全面、准确地掌握协同推进状态、进程及其调整预判。

其次是及时反馈。就是要确保反馈信息的时效性,以保证及时洞察时事,早预判早安排部署,以取得最大预期和超预期的协同推进成效。反之,过时的、"落后一步"的信息反馈不仅浪费了发展机遇,还会因为贻误时机而误判、出现发展被动,造成资源错配、多配、闲置和浪费。

再次是充分反馈。就是要确保反馈信息的全面性,尽可能把用得上的信息反馈给统筹主体,使统筹主体能全面、准确地掌握决策落实与市场变化情况,以及各种未预期到的情况出现,更包括可能出现的新产业、新市场、新模式、新业态,给其协同推进提供新机遇,可以站在新的起点、新的角度,运用新的技术、方法和组织推进其协同发展。反之,不充分的信息反馈就会漏掉某个信息,错失某些发展机遇。

最后是有效反馈。就是要确保反馈信息的效率性,要对原始数据和信息进行必要的加工整理,以使统筹主体能更有效率地处理信息,抓住事情的本质与要害;要善于洞察事机,敏锐地把握事物发展的趋向和变动,及时以专项反馈的形式报告给统筹主体,以便及时调整策略、及时应对变化、准确抓住新的发展机遇。有效的反馈就是要达到反馈目的:实现统筹目标,助力协同推进任务的完成。

(四) 绩效导向:以质论优强化奖励激励

坚持整体绩效观和综合评价观,对主体统筹效率及其协同推进的成效进行综合评价,充分、合理运用评价结果,以质论优进行有效激励,以调动统筹主客体的积极性,推动协同发展工作的持续进行。

1. 坚持整体绩效评价,全面掌握主体统筹效率

全面的整体绩效评价是对主体统筹效率的评价掌握,又是对统筹主体的有效监督和实施过程的效率管理,更是效率改进的前提和出发点。因此,必须坚持两个效率评价前提下,保证评价依据和评价过程的科学合理。

(1)坚持两个效率评价

西部地区生态环境保护与乡村振兴协同推进主体统筹的效率评价包括两个方面:一是主体统筹工作本身的效率评价。就是评价统筹主体对如何进行统筹的方案设计,尤其统筹目标设定、统筹要素范围界定,以及要素组合体系的配置,这是决定统筹对象是否具有效率、能否取得预期成效的关键因素。其评价对象是统筹主体本身,评价依据是统筹方案的科学合理性。统筹方案的科学合理是协同推进工作开展的前提,因此,统筹主体的效率决定了整个协同推进工作的效率和效果。

二是主体统筹工作推进的效率评价。就是各统筹要素执行统筹方案,推动协同发展的效率效果评价,重点包括两个方面的评价关键点:统筹方案的执行率,即使好的方案没有有效执行也是无济于事的,既然在第一个评价中已经确定是有效的统筹方案,那就要及时、全面、高质地执行和推进;各统筹要素(协同要素)的协同效率,既然是落后地区就必须进行追赶超越,要在高标准下加任务、压担子,这就要求各主体要素能够充分发挥"1+1>2"的结构效应,让各统筹要素的协同效率提高,否则就只能在一般状态下按部就班前进,也就永远只是在追赶而实现不了超越。这里的评价对象是各个统筹要素,考察的关键节点就是各统筹要素对统筹主体统筹方案的执行效率和各统筹要素之间的人财物配置及其中的人与人之间的配合程度,前者考察的是统筹对象中人的要素的执行力,后者考察的是统筹要素的整体配置效率和作为人的统筹要素的协作能力。主体统筹工作推进的效率才是真正实现协同推进的关键和最后判定。

(2)科学设定评价指标与评价依据

这是一个难度超强的评价,因为它包含了两类不同主体和三种不同情况的绩效考量。两类主体就是作为统筹主体的主体和作为统筹要素的主体,虽然都是主体,甚至是同一主体在发挥两种不同的职能,但是其职能与地位是不同的:作为统筹主体的主体是居于主动地位的,对整个协同推进工作负责,并作出战略布局、政策设计、工作安排、推进督察和效率评价;而作为统筹要素的主体则居于被动地位,在本子系统中积极主动工作,突出的是执行统筹方案,落实政策要求和工作部署,因此,其评价指标和依据应有所区别。

三种情况就是统筹主体的统筹能力情况、统筹要素中人的因素作用力情况、各统筹要素的配置情况。统筹主体的统筹能力情况就是有没有能力把各统筹要素统筹起来,形成协同推进的合力,评价的关键点是统筹方案做得好不好,决定其好不好的关键又在于:发展形势判断准不准,只有在发展大势下才有具体的发展可能性和机遇;统筹要素的掌握情况深不深,只有深刻掌握统筹要素才能进行合理的要素配置和适时适度调配;空间布局是不是合理,区域之间、产业之间是否可以错位发展,并消除同质竞争;进度安排是不是科学,能否做到有序开展、持续推进。统筹要素中人的因素作用力情况就是在统筹要素结构中,人作为主动要素能否发挥其主观能动性,发挥核心效能;凝聚其他成员协作干事,合理利用物的要素释放最大效能、形成最大产出,主动作为争取更多外部资源促进发展,善于创新性工作和创造更多发展机遇等,人的主动作用力考评就必须要设置"跳一跳"的评价门槛,适度拔高考评指标,推动其自觉激发内在主观能动性与创造性。各统筹要素的配置情况就是各统筹要素是否形成了合理的协同推进结构或系统,每项工作都要有要素保证,尤其是某些关键性要素,也许它就是那个决定最高水位的木桶短板,科学合理的要素配置才能真正地形成发展合力,这里重点要考察的是:预设方案与实际物量的匹配度,充分考察所配置资源的到位率;各要素间的匹配协调度,就是各个生产要素能否组合匹配在一起,犹如中医的药材配伍情形;最大产出、最小产出和随机事件概率预估;实际产出与预估产出和方案目标值的差距等,其评价活动针对的是物的要素,但根本的还是考察人对物的掌握情况、掌控能力和调配科学性。

2. 科学应用评价结果,全面推动协同发展工作

评价结果必须得到有效运用,否则评价工作本身就失去了意义,更不能起到推动工作的效能。首先,好经验要总结推广。评价就是要奖优罚劣,奖优就要形成优秀的经验,把提炼总结出来的经验在全国进行推广,使同类或相似地区和人群借鉴,以指导、推进其工作;罚劣就要总结出教训,找到差距,寻到根源,作为需要防范、避免的问题先期介入,提前预防,以推动各区域的平衡发展、协调发展,全面、同步实现协同发展。其次,在实践中锻炼成长人才。实践出真知,实践更能锻炼人才,在协同推进生态环境保护与乡村振兴工作中优秀的人才就应该得到表彰和重用,使他们能够在更适合的岗位和领域为中国特色社会主义建设作出更大的贡献。最后,贡献者就是要得到回报。物质奖励与精神鼓励同样重要,在协同推进中作出贡献的要给予回报,在这个实践中积极探索、主动作为、成效巨大的个人和集体都应该得到激励,通过补偿机制实现其利益上的平衡和持续运行。

三、协同推进客体要素的统筹

所谓客体要素的统筹就是西部地区生态环境保护与乡村振兴协同推进的社会客体能够积极适应、主动完成主体要求,自然客体能够提质增效,不断推动其适应人类快速发展的需要,形成人与自然的动态平衡、动态协调,为经济社会的持续发展、人与自然的永续发展提供动能。

(一) 区别对待:两类客体的要素统筹有别

社会客体与自然客体是两类性质不同的客体,不能一概而论不加区别。两者的最大区别就在于主动性和创造性问题,社会客体只是职能不同的个人或集体,那就具有了人的主观能动性,有了人的积极性和创造性,当各个人的相互作用形成合力,就带来了"系统的功能优化",就会产生协作生产力[1],推动系统持续前进。而这个功能优化除了社会客体各个人之间分工协作提高效率外,更多的是来自创新,使人的创造性成为推动社会发展的不竭动力。因此,社会客体的统筹重在激励,突出主动作为、突出团队协作、突出创新创造、突出整体绩效,以使西部地区生态环境保护与乡村振兴协同推进的效率达到最优。

自然客体的最大特性就是其客观性和外在性,是不以人意志为转移的客观实在,其被动地展现自身也就为人类的研究、开发、利用提供了前提条件,否则就成了人(人类)无法抓住、触摸和把握的东西,那还怎么研究和利用呢?连观察和重置实验都无法实现。作为外在客观对象会毫无保留地展现自身,

---

① 胡仪元:《生产力的系统结构——兼论协作的生产力性质》,《怀化学院学报(社会科学)》2003 年第 1 期。

但是,人类能掌握到什么程度就取决于人类自身的发展程度及其认识能力。人作为物质体也就有物质体的局限,突破这种局限就得靠科学技术——累积经验、创新方法、制造工具,不断延伸着人的头脑、手、脚和眼睛,让人看得更远更深更细更透,从而把物质和各种现象掌握得更全面更深刻,深入到规律层次就能为我所用、组合使用、创造后再用。因此,自然客体的统筹重在调配,这里的调配有三个层次:初级层次的调配就是现有物资的分配与组合,保运行是其基本要求;中级层次的调配就是运用现有物资生产出更多的,甚至超出预期的产出,高效率是其目标要求;高级层次的调配就是通过人的主动性和创造性形成新的生产力,通过现有资源吸引、再造更多资源、产品和价值,高质量是其根本要求。从这个意义上讲,对自然客体的统筹,更离不开对人的统筹和激励,在自然客体科学合理利用基础上,有效激发人这个主体的主动性创造性,形成人与物的综合统筹。

(二) 社会能动:社会客体的能动性驱动

客体要素的统筹首先要充分发挥社会客体的能动性驱动,人作为社会客体最大的特征就是存在主动性和创造性,人的这种主观能动性是人与物,与其他生命体的根本区别,马克思说,"蜜蜂建筑蜂房的本领使人间的许多建筑师感到惭愧。但是,最蹩脚的建筑师从一开始就比最灵巧的蜜蜂高明的地方,是他在用蜂蜡建筑蜂房以前,已经在自己的头脑中把它建成了"[①]。人的主观能动性决定了社会客体能够在西部地区生态环境保护与乡村振兴协同推进中自觉努力、主动作为、创新创造,有目的有意识有步骤地开展活动,既能动地认识世界,更能动地改造世界,坚忍不拔地持续奋斗,通过不懈的持续努力一定会在实现小康之后,持续推动乡村振兴发展,最后通过协同推进实现人同自然的和谐共生与可持续发展。

---

① 《马克思恩格斯全集》第44卷,人民出版社2001年版,第208页。

其次,能动性驱动弥补生态短板与滞后约束成因差别的统筹困境。政策具有统一性和导向性,是一般性规定而不是具体性规定,而生态环境脆弱短板问题的成因是多重性的,既有原发性的又有继发性的,既有生态脆弱的辐射影响更有输入性影响造成的,既有自然本身造成的脆弱性又有人为因素造成的破坏等;经济发展滞后的成因更是多种多样,从根本上消除不同成因的落后约束更需要因人施策、因地施策、因事施策,精准帮扶推进发展;从生态环境脆弱短板与经济发展滞后短板的相互交织来看,既有生态环境脆弱的发展约束,又有生态富源的发展受限,更有生态环境脆弱与经济发展滞后的双重叠加。因此,必须充分依靠社会客体的能动性驱动,深入剖析生态环境脆弱短板与经济发展滞后短板问题的成因,从根本上消解发展滞后制约、治理生态环境,通过客体要素统筹实现二者的长期协同推进。

再次,能动性驱动形成创新驱动动能。能动性是形成创新的基础,没有人的主观能动性就没有创新意识和创新动力,也就不能形成创新成果,更别说推动创新成果的应用了,没有创新驱动就无法突破发展的瓶颈约束。因此,要坚持"科学技术是第一生产力""创新是引领发展的第一动力",推动"要素驱动发展为主向创新驱动发展转变"①,为西部地区生态环境保护与乡村振兴的协同推进发展提供创新驱动动能,以实现西部地区在新起点上的新发展,及其与东部、中部等大区域的协调发展。

最后,能动性驱动有助于形成协同推进的长效机制。能动性驱动不在于当前的发展,不在于短期的利益,而在于长期发展及其动能培育。追赶超越发展始终是西部地区的奋斗目标,必须做好长远谋划,进行长期布局和建设。因此,必须把长效机制建设和长期奋斗要求的思想意识植根于社会客体内心深处,以自觉、能动、积极、主动的能动性驱动,推动其长效机制建设和长期发展动能培育。

---

① 中共中央文献研究室编:《习近平关于科技创新论述摘编》,中央文献出版社2016年版,第1、13、23页。

（三）基质效能：自然客体的富源效应

客体要素统筹就是要不断改造自然客体基质，提高自然客体本身的效能，才能使其统筹效率不断提升，助力其协同推进的持续进行。

1. 自然客体是客体要素统筹的基质

客体要素的统筹必须依赖于自然客体，这是协同推进的基质或物质前提，马克思强调，这就是"不借人力而天然存在的物质基质"，是"不能消灭的基质""自然基质"，如"空气、水等等和整个自然界同样，不凭借人力而存在着"①，也就是具有外在客观性的物质基质。马克思把这个自然物质基质分为"人本身的自然"和"人的周围的自然"两类，"人本身的自然"就是人本身，也就是说人本身就是一个自然物质体，马克思说，"人本身单纯作为劳动力的存在来看，也是自然对象，是物，不过是活的有意识的物"，人的劳动力同样具有自然物质性，"是已转变为人的机体的自然物质"②，这就是"人本身的自然"；而"人的周围的自然"就是人之外的客观自然界，它又包括"生产资料的自然富源和劳动资料的自然富源。前者如土壤的肥力，鱼产丰富的水域等等……后者如奔腾的瀑布，可以航行的河流，还有森林、金属、煤炭等等。……自然界是人类生存的基本条件，是人类社会存在的客观基础，也是社会分工和协作的自然基础"③。自然客体是人类生存和社会发展的物质基质，生态问题、发展问题，以及生态环境保护与乡村振兴的协同推进都必须依赖这个自然基质，人的能动性驱动也是建立在这个自然基质基础上的，而不能超越，更不能缺少。

2. 自然基质有富源和贫瘠两种情形

基质效能包括自然资源的富源和贫瘠两种情形。贫瘠的土地难以丰收高产，落后的交通难以支撑经济权益扩散，独木小树难成林、短流小溪难自净，无

---

① ［德］A.施密特：《马克思的自然概念》，吴仲昉译，商务印书馆 1988 年版，第 2 页。
② 《马克思恩格斯文集》第 5 卷，人民出版社 2009 年版，第 235、249 页。
③ 莫放春：《〈资本论〉及其手稿中的生态自然观》，《学术论坛》2015 年第 2 期。

论是自然资源客体还是人造资源客体贫瘠或短缺都是难以支撑其长期持续发展的。贫瘠资源难以形成自己的资源优势,难以发展自己的特色产业,更影响着生产效率;脆弱生态同样制约了发展,并把这种脆弱性"传递给自己的邻域区位,形成区位之间因生态脆弱而出现的生态环境恶化加速"。源发性生态脆弱成为自身和周围"邻居"的生态脆弱输出者,因地理区位固定性原因而使其率先"享受"了自己生态脆弱的制约,更是通过区位间的作用与反作用而被强化(弱化)性地传递给邻域区位;输入性生态脆弱虽然其脆弱发生地在邻域区位,但是,不治理、隔离或修复就会侵蚀自己本来很好的生态而出现损失,甚至恶化,这就需要既防、又治、还帮。"防"就是要防止或降低输入性生态脆弱造成的损失和影响;"治"就是要治理脆弱生态,提升其生态功能以抵御住外部脆弱生态的侵蚀;"帮"就是要帮助邻域改善脆弱生态,以实现跨区域同治、共管和共建共享。①

自然客体的富源不仅决定着区域特色优势产业,决定着区域分工和产业体系,更为重要的是决定着生产的效率。自然客体富源,一是来自于先天自然禀赋,即天然存在的资源禀赋优势,如大量的石油资源、矿产资源、土地资源、水资源等;二是后天形成的资源禀赋,就是通过人们的建设再造出某些方面的资源优势,如利用区位优势建造的港口,交通枢纽,水利工程等。② 自然客体富源能造就产业优势或产业集群优势,如中东的石油产业就是自然富源优势的体现,陕北的能源化工基地及其产业集群建设,致富一方还带动了周边区域发展;陕南水资源丰富成为国家南水北调中线工程和陕西引汉济渭工程水源地,保水、节水、护水、治水和开发水资源也要产业化,也要充分发挥资源优势带动陕南地区的大量乡村振兴帮扶县致富发展,进而把资源优势转化为产业

---

① 胡仪元、唐萍萍、陈珊珊:《生态补偿理论依据研究的文献述评》,《陕西理工学院学报(社会科学版)》2016 年第 3 期。

② 胡仪元:《开发绿色生产力、实现西部经济发展的理论基础》,《广州大学学报(社会科学版)》2003 年第 5 期。

优势。尤其是生态富源区,以其优质生态资源优势传递给邻域,形成正外部性效应,"既能起到对生态侵蚀和环境破坏进行拦截的生态保护屏障作用,又能把自己的这种良好效应传递给邻域,并在区位之间进行加成、累积的多重性、多维度、多次性传递,而使生态功能或效应不断叠加、集成、提升,产生集肤作用"①,以强化生态资源优势并实现生态优势向经济优势转变,绿水青山向金山银山转变。

3. 自然基质的可变性助力协同推进

自然基质具有可变性、可塑性,其效能也就可以改变、提升。西部地区的欠发达既有生态脆弱原因又有生态富源原因,前者因生态脆弱而约束了发展,甚至影响了人们的基本生活生存条件;后者则因生态资源优势及其生态位势高而成为保护对象,不能开发更不能破坏,更需要保护、维护和修复。因此,作为国家的西部生态屏障,西部生态等自然条件的建设刻不容缓。提高基质效能是实现自然客体统筹综合效能的重要保障,尤其是贫瘠的自然资源,必须通过区位优势塑造和人化自然再造加以弥补,以使其自身的承载能力不断提升,自然与社会发展的动态协调得以持续实现。

（四）动态协同:人与自然的动态和谐

客体要素统筹的目标是人与自然的协调发展,为人类发展提供持续的资源保证。因此,动态和谐、持续平衡才是关键,这是基于人口和物质生产两个生产需求的基本要求。

1. 人口生产及其资源消费需求增长的质与量要求

人类社会的可持续发展基于人口本身的持续性生产,人的可持续发展需要三个基本条件:维持现有人口的生存生活需要,保证适度新生力量,提高人满足自身需要的能力。因此,要确保人类社会的可持续发展就必须要有人口

---

① 胡仪元、唐萍萍、陈珊珊:《生态补偿理论依据研究的文献述评》,《陕西理工学院学报（社会科学版）》2016年第3期。

的可持续性再生产,以及满足不断增长的资源消耗与物质生活资料需求的物的可持续性再生产,从而达到人口生产及其资源消费需求增长的质与量要求。

人类社会的存续需要相应的物质条件保证,维持现有人口的生存生活资料需求是第一要求,只有维持了人这个生命体(物质体)的存在才算保证了人,进而人类社会的存在,"以人为本"首先是以人的生存为本,生存权是大于其他一切权利的。无法生存的个体,那么人这个生命体就不存在了,一切外在的事物和条件对于该主体都是毫无意义的。因此,马克思说,"我们首先应当确定一切人类生存的第一个前提,也就是一切历史的第一个前提,这个前提是:人们为了能够'创造历史',必须能够生活。但是为了生活,首先就需要吃喝住穿以及其他一些东西。因此第一个历史活动就是生产满足这些需要的资料,即生产物质生活本身"①。不能维持现有人口生存生活需要,就不能保证人口的再生产,极端情况下还会因为饥饿、疾病、灾害而使现有人口数量绝对地减少。

人作为物质体也存在消耗,生老病死成为人生存生活的常态,生育就成为增加人口数量,推动人口再生产的重要条件。因此必须保持适度的生育率,才能保证人口的新生力量。通过新生力量实现劳动力的更新更替,以确保党的十九大报告所提出的民生"七有"目标实现,即"幼有所育、学有所教、劳有所得、病有所医、老有所养、住有所居、弱有所扶"②。更为重要的是实现人口生产的可持续,不会出现结构性失衡,更不能出现人口生产的衰退,影响人类社会的可持续发展。因此,鼓励生育和提高人口质量是人类可持续发展的两个不可缺少的方面。

人类发展就需要有资源,在人口再生产和人的生活水平不断提高要求下,人的物质资料需要及其相应的资源消耗会不断增长,包括需求质量的不断提

---

① 《马克思恩格斯选集》第 1 卷,人民出版社 2012 年版,第 158 页。

② 习近平:《决胜全面建成小康社会 夺取新时代中国特色社会主义伟大胜利——在中国共产党第十九次全国代表大会上的报告》,《人民日报》2017 年 10 月 28 日。

高和需求数量的不断增长两个方面。那就首先要有人自身满足自己需求的能力，以及不断提高的人的生产能力，因此，人需要资源、需要工具、需要创新，需要不断提高自身的创新创造能力，通过人改造自然的劳动活动创造出强大的物质力量，使人不仅能满足自身作为物质体的物质能量需求，还能不断满足其自身日益提高的物质文化需求，简单来说，人类社会是以自然资源、物质生活资料的可持续增长来满足其可持续发展的，其发展是一个动态过程，一个与自然相互适应的动态和谐过程。

2.物质生产及其资源消耗需求增长的时与空要求

资源储量有限性和再生时限要求，决定了资源保证既要节约又要替代，还要提质更新。因此，物质生产及其资源消耗存在时空要求，物质生产始终是现时态的，过去的生产物已经是凝固了的历史性的旧物，未来的生产物解决不了今天的温饱和物质需求；所有物质生产都要占用时间空间，生产是一个过程首先需要时间，同样需要空间，是在一定区域空间下的生产，资源分布也存在区域差异，物质生产更是在不同区域分工下完成的，这就是物质生产及其资源消耗需求增长的时与空要求。

物质生产的现时态特征。所谓生产就是一个投入产出过程，投入的是劳动者、资金、生产工具、物质资料、技术、信息等生产要素，产出的是商品和劳务。所有的生产无论是投入要素还是产出结果都必须是现时态的，是当前生产过程能够使用的或必然形成结果的，过去时和未来时都无法形成实实在在的生产活动，更不能满足现时态的需求，就像饿了就得吃，饿死了再好的食物也就没有了意义一样。西部地区的物质生产及其生产能力也必须是当下的，不提高现有生产能力就很难提高其发展水平，需要追赶超越的困难也就越来越大，因此，必须尽快实现巩固脱贫攻坚成果与乡村振兴的有效衔接[①]，全力

---

① 牛胜强：《巩固拓展脱贫攻坚成果同乡村振兴有效衔接的战略考量与推进策略——基于农村集体经济与农业数字化转型协同发展》，《东北农业大学学报（社会科学版）》2023年第3期。

推动农业强国和农业农村现代化建设,促进其快速增长是当前的急需急盼。

物质生产必需资源保证。没有投入的产出是不可能的,也不存在。所有的生产都必须要有足够的资源保证,没有资源保证的生产无法实现,就像任何生产都必须占用一定空间,没有生产场地也就无法开展任何生产。西部地区发展的困境就在于资源约束,一是土地资源约束,除了生产用地、建设用地、生态用地等土地资源的空间布局约束,还因为西部山多平地少的土地资源结构约束,使大规模生产和建设所需要的平地资源少,尤其是在一些山区县,这种资源约束非常大。二是生态资源约束,脆弱生态使人们不得不耗用有限资源先补生态欠账,位于水源区、生态功能区的优势生态的保护成本更不容小觑。三是基础设施约束,尤其是交通设施不发达,使西部许多山区县的特色农产品运不出去,卖不好价钱,而所需要的设备设施和先进生产资料却又运不进来,使其发展两头受限。四是人力资源约束,其发展观念落后跟不上时代需要,发展中所需要的技术和技术人才、管理人才短缺,无法保证资源的高效率利用和生产的高效率产出。解决资源约束,为其可持续发展提供必需的资源保证以实现西部地区的可持续发展,进而促进其协同、持续、高质量发展。

生产发展就有资源消耗增长。生产所需人的因素和物的要素必须符合比例要求,满足生产的最低搭配数量限制,生产要素搭配比例、要素替代效率及其最低数量限制由当前的科学技术水平决定,手工生产与机器生产对生产资料的数量要求差异就由技术条件决定。生产发展需要资源消耗的增长,其增长可能是纯粹量上的增加,更重要的是需要质的提升。不断增长的物质生产需求,需要生产规模的不断扩张,这是生产更新换代的需要,是人口增长的需要,更是人们生存生活质量提升的需求。生产扩大就需要资源供给,进而资源消耗的不断扩大,因此,人对自然资源的需求不是定量,而是变量,是动态变化的量。

资源空间差异导致生产的区域分工,更需要区域的协调发展。资源分布本来就存在空间差异,按照系统论观点,东西南北存在资源空间分布不均,西部有丰富的自然资源储量,于是有了西气东输、西电东送,以及南水北调等重大性、标志性工程,为缓解资源空间分布不均发挥了重要作用;同样在西部区域内部也存在资源分布不均,从而使资源性短缺落后成为西部乡村振兴发展和全面现代化建设的短板与约束。但是,遗憾的是西部资源优势没能转化为经济优势,短缺性资源修复、改善与提质没能转化为支撑发展的产业优势。因此,西部地区的客体要素统筹必须从空间布局上统筹好资源的二次配置——以工程为抓手的资源空间配置,实现其依据资源禀赋差异的区域分工发展,以及在此基础上的区域协调发展,这也是一个动态配置过程。

综合人口生产和物质生产及其与资源消耗的动态演进变化,人与自然的和谐绝不是静止的时点上的均衡,而应该是一个动态和谐过程,以实现人和自然的双重持续发展,以及包括人力资源在内的所有资源的最大化利用。

四、协同推进支撑要素的统筹

政策、人才、技术、产业和设施是西部地区生态环境保护与乡村振兴协同推进的支撑体系,因此,要充分发挥"五力"效能,全面统筹支撑要素,形成强有力的协同推进支撑体系。

(一)政策合力:彰显政策统筹效能

我们不缺政策,政策很多也很给力,但是,我们缺的是政策统筹,以及由此形成的政策合力效应。无论是生态环境保护、科技创新,还是乡村振兴和农业强国建设等方面,各部门都掌握着相应的政策和资金,如果把这些政策和资金统筹起来使用,形成政策合力、资金合力、人才合力和市场合力,将能更有力地推动西部地区生态环境保护与乡村振兴的协同推进,实现可持续的长期发展和共同富裕目标。

(二)人才聚力:发挥团队协作效能

人才始终是发展的革命性力量,但是,单个人的力量是有限的,必须形成合力,发挥团队协作效能才能成为很好的支撑力量。首先要选好协同推进带头人,一个能带领团队共同致富的带头人。在西部地区既缺致富带头人,又缺技术创新能手,还缺大量的专技人才和经营管理人才。尤其是村级组织建设,强有力的带头人才能把村级组织建成协同推进的基本单元,建成强力推进的基层载体。其次要保障人才工作条件,这是人才安心工作积极创新的基本保障,以确保人才能从事相应的科学研究、管理创新、生产实践以及技术推广应用等工作。最后要创新汇聚人才的方式,才能切实解决西部的人才短缺问题,最好的人才汇聚方式就是大力发展平台经济,让全国全球的高端人才通过平台汇聚,以平台为载体开展创新、技术服务和人才培训,以消解引进和留住人才难的困境。

(三) 技术赋力:增强协同驱动效能

科学技术是强大驱动力,马克思认为,科学技术是"历史的有力的杠杆",是"最高意义上的革命力量",恩格斯指出,"科学是一种在历史上起推动作用的、革命的力量"①。毛泽东提出"向科学进军"口号,指出,"不搞科学技术,生产力无法提高"②。邓小平在 1978 年全国科学大会上讲话指出,"科学技术是生产力,这是马克思主义历来的观点。早在一百多年以前,马克思就说过:机器生产的发展要求自觉地应用自然科学。并且指出:'生产力中也包括科学'。现代科学技术的发展,使科学与生产的关系越来越密切了。科学技术作为生产力,越来越显示出巨大的作用"③,进一步强调,"科学技术是第一生产力","高科技领域的一个突破,带动一批产业的发展"。④ 习近平总书记强调,"创新是引领发展的第一动力。抓创新就是抓发展,谋创新就

① 《马克思恩格斯文集》第 3 卷,人民出版社 2009 年版,第 602 页。
② 《毛泽东文集》第 8 卷,人民出版社 1999 年版,第 351 页。
③ 《邓小平文选》第 2 卷,人民出版社 1994 年版,第 87 页。
④ 《邓小平文选》第 3 卷,人民出版社 1993 年版,第 274、377 页。

是谋未来。适应和引领我国经济发展新常态,关键是要依靠科技创新转换发展动力"①。"十四五"规划提出,"坚持创新在我国现代化建设全局中的核心地位,把科技自立自强作为国家发展的战略支撑,面向世界科技前沿、面向经济主战场、面向国家重大需求、面向人民生命健康,深入实施科教兴国战略、人才强国战略、创新驱动发展战略,完善国家创新体系,加快建设科技强国";要"打好关键核心技术攻坚战,提高创新链整体效能";强化企业创新,"推动产业链上中下游、大中小企业融通创新"②。科学技术是经济社会发展的强大动能,对传统的三大生产力要素具有强大的驱动能力,"生产力三要素说的公式是:生产力=劳动者+劳动资料+劳动对象。科学技术不是作为第四项加到这个公式中去,而是作为乘数乘到这三项上头。……因为科学技术发展越来越快,这个乘数增大越来越快,从这个意义上讲,它成为'第一'"③。西部地区生态环境保护与乡村振兴的协同推进必须实现要素驱动向创新驱动转变,以科学技术赋能,对各生产要素进行革命性改造,支撑、驱动、引领经济社会的协调、持续、高质量发展。

(四) 产业鼎力:促进融合发展效能

发展要靠项目驱动、产业支撑,没有产业支撑就没有经济发展的支撑载体,也无法吸纳大量的劳动力就业,无法解决人们的收入和收入增长问题。那如何做强西部产业呢? 就是融合发展做大做强产业支撑。首先是生产、生活、生态"三生"融合发展。把生态环境作为生产生活的内在条件,突破环境依赖与"资源诅咒",把生态纳入生产发展和经济增长内生力量对待;用生态建设把生产、生活统筹在一起,实现"三生融合"发展。其次是创新、产业、金融、人

---

① 中共中央文献研究室编:《习近平关于科技创新论述摘编》,中央文献出版社2016年版,第7页。

② 《中华人民共和国国民经济和社会发展第十四个五年规划和2035年远景目标纲要》,人民出版社2021年版,第13、18页。

③ 龚育之:《一段历史公案和几点理论思考》,《自然辩证法研究》1991年第11期。

才"四链"同构发展。科技要与经济内在地融合在一起,使其发挥出生产力要素中的乘数效力,成为经济社会发展的内在驱动力;强化金融对科技、对经济发展的助力,实现创新链与产业链、金融链、人才链同布同构,助推产业转型、催生"新产业、新业态、新商业模式",提升价值创造及其实现能力。再次是一、二、三产业的"交织"融合发展。包括各产业之间和产业内部各产业部门间相互交织的融合发展,大力发展生产性服务业,把生产要素送配到车间、田边、湖边和场边,把产品速配延伸到厂门口和消费者手中,以延伸产业链,缩短生产与服务周期,提高产品附加值和企业盈利能力;大力发展生活性服务,激活广阔的农村消费市场,从商品消费和社会保障领域率先实现城乡协调统筹、融合发展。最后是城市、县城、镇区(园区)的"区域"联动发展。从区域上来看,要从分割市场、区域产业同质竞争转换成区间的合理分工、协同发展,这是区域分工的进步,西部地区要"建立健全城乡要素平等交换、双向流动政策体系",结合区域特色和优势进行区域功能细分,以"一县一业"布局各镇各村的特色、优势产业,以"一市一策"安排部署各县区、各镇、各村的发展布局,把区域间的同质产业竞争劣势变成区域联动的规模生产优势,从而实现产业间、区域间的要素统筹与发展协同。

(五) 设施助力:强化协同保障效能

基础设施是区域经济社会发展的重要保障,近年来,西部地区的公路铁路里程、路网密度、水电设施、网络信息设施和新基建等基础设施的建设力度大、增速快,基本实现"水通、电通、网通、路通",达到了住房安全和饮用水安全要求,但与全国平均水平和人们的实际需求还有一定差距,制约了其产业发展。任晓红等研究发现存在"农村劳均资本增长率随路网密度的增加而先增后减"[①]态势,通过基础设施投资,能发挥出巨大的空间效应,可以"提升要素空

---

① 任晓红、徐彩睿、任其亮等:《交通基础设施收入效应的门槛值分析:以西部11省区农村为例》,《交通运输系统工程与信息》2018年第6期。

间配置效率,提高区域内技术吸收能力及区域间知识的溢出效应","最终推动区域均衡发展"①,要"统筹推进传统基础设施和新型基础设施建设,打造系统完备、高效实用、智能绿色、安全可靠的现代化基础设施体系"②,为推动西部地区的区域协同、产业协同、人与自然协同发展提供强大的助力和保障。

第二节　同步发展机制

在同步发展机制机理分析基础上,探讨了同步发展机制在生态环境保护与乡村振兴协同推进中的地位,补齐"两个短板"是协同推进的前提,绿色发展则是其实现途径,最终实现二者的持续、动态协调发展。

一、同步发展机制及其协同发展机理

协同发展就是要构建一个同步发展机制,使协同着的双方都能发展,并不是两个或两个以上协同体都在相同的水平上发展、同样的速度下发展,也不是发展起来的一方要停止不前等待另一方的发展,也就是说,不是落后方的单方面发展,单方面追赶超越,而是在各有特色、各有快慢基础上的共同发展,是在先富先发展起来的一方帮扶落后一方发展的基础上,双方共同发展、同步推进、相互促进。

同步发展的协同机理是基于思维的至上性、历史的前进性和上升性。思维的至上性是强调人类认识的无限性和绝对性,人是可以认识一切事物和现象的,人类只存在尚未认识的领域而不存在根本无法认识的领域。正是这种至上性决定了,发展中的问题总是能在发展中解决,无论是发展者的瓶颈约束——发展到一定程度之后的要素结构及其不平衡性约束,而出现经济增长

---

① 宗刚、夏可:《西部基础设施投资与区域经济增长》,《江汉论坛》2014 年第 5 期。

② 《中华人民共和国国民经济和社会发展第十四个五年规划和2035 年远景目标纲要》,人民出版社 2021 年版,第 30 页。

加速向经济衰退加速的周期转化,还是追赶者(后发者或落后者)的效率约束——生产效率低下而造成的衰退落后。但是,思维的至上性决定了人们总是可以找到发展的路径,能够找到发展者持续、稳定发展的新举措,能够找到追赶者利用后发优势快速增长的条件,从而使二者的发展并行不悖,进而使同步发展成为可能。历史的前进性和上升性强调人类历史发展是一个曲折的螺旋式上升过程,其整体趋势必然是前进的、上升的,这是不可逆转的历史步伐、历史规律。同理,每一个区域的发展也必然是历史性的上升趋势,都是不断向前发展的,一个区域的发展并不排斥另一个区域的发展,也不需要以牺牲另一个区域的发展作为自己发展的条件,不同区域之间的并行发展、同步发展是可行的,只不过各个区域在发展中存在时间先后的顺序差异、发展快慢的速度差异。

西部地区的发展不是牺牲东中部发展换来的,那样的"发展"不是真的发展,也是得不偿失的;其内部也不是要拉平了发展,速度一样快、步幅一样大的发展,而是在先发展起来的区域持续发展,后发展起来的区域追赶发展的格局下,都达成发展目标。同理,西部地区生态环境保护与乡村振兴协同推进的同步发展,强调其发展不是牺牲生态环境的单向度的经济发展,也不是忽视欠发达地区发展权利的单向度的生态环境保护,把经济社会发展、乡村振兴与生态建设割裂开来不是协同推进,更不是同步发展,就是要在经济发展解决经济社会落后问题的基础上,提高生态环境质量,提高其对经济社会发展的承载能力,实现各区域间的同推进、双增长、共富裕。

二、生态建设是协同推进的持续保障

生态环境是人类社会发展的基础性、根本性保障,与区位一起成为人类生产生活的地理空间支撑,与物质生产条件一起成为人类生产生活的物质性资源支撑,没有生态保障,人类的一切生产成绩都会归于零,习近平总书记指出,"当人类合理利用、友好保护自然时,自然的回报常常是慷慨的;当人类无序开发、粗暴掠夺自然时,自然的惩罚必然是无情的。人类对大自然的伤害最终会伤及人类自身,这是无法抗拒的规律"①。因此,"绿色生态是最大财富、最大优势、最大品牌"②,"环境就是民生,青山就是美丽,蓝天也是幸福"③,"保护生态环境就是保护生产力、改善生态环境就是发展生产力"④。习近平总书记在 2016 年 8 月 24 日考察青海省工作时讲话指出,"生态环境是人类生存最为基础的条件,是我国持续发展最为重要的基础"⑤,自然物是人类生存、生产和生活的自然条件,是基本的前提条件和发展基础,正是这个"条件""基础"支撑了人类社会的发展,实现了西部地区生态环境保护与乡村振兴的协同推进。

西部地区的可持续发展必须有生态环境的可持续保障。对于生态富源的西部地区要建立生态保护的长效机制,而不能破坏不能过度消耗,否则就会出现"用之不觉,失之难存",难以修复、难以弥补。以生态补偿机制建立和生态共建共享模式,弥补投入成本和机会成本,推动生态效应分享、生态红利共享,实现可持续的保护和建设。对于生态环境脆弱的西部地区而言则要补生态环境脆弱短板,不能让其成为欠发达地区发展的长期制约,而是要补短板、提质量、增效益,让生态质量提升,生态效益增强,以夯实支撑其发展实现协同推进的生态基础。以生态修复综合治理系统建设为契机,把生态治理变成生态产业提高人们的收入水平,把生态环境约束转变成为支撑发展的条件,让"黄沙遮天日,飞鸟无栖树"的沙漠变成绿树成荫的风景,切实改变人们生产、生活的生态环境条件,实现生态兴、文明兴、产业兴。

---

① 《习近平谈治国理政》第三卷,外文出版社 2020 年版,第 360—361 页。
② 中共中央文献研究室:《习近平关于社会主义生态文明建设论述摘编》,中央文献出版社 2017 年版,第 33 页。
③ 习近平:《在省部级主要领导干部学习贯彻党的十八届五中全会精神专题研讨班上的讲话》,人民出版社 2018 年版,第 19 页。
④ 《习近平谈治国理政》第一卷,外文出版社 2018 年版,第 209 页。
⑤ 王青、崔晓丹:《人与自然是共生共荣的生命共同体》,《学习时报》2018 年 5 月 16 日。

三、补齐两个短板是同步发展的前提

平等对话才能有更多的共同语言,同步发展更要在对等水平上进行,短板会把长板的效率拉低,因此,补短板才能提高整体效率和承载能力。西部地区生态环境保护与乡村振兴协同推进要实现同步发展就必须补齐两个短板:生态环境脆弱短板与经济发展滞后短板,补齐两大短板是实现同步发展的前提。

(一) 消解生态环境脆弱短板助力同步发展

生态环境脆弱短板的形成有两种情况:原发性的生态脆弱,就是过去长期以来就一直存在的生态问题,如风沙地、盐碱地、苦咸水、自然灾害频发地区等,其特点是"原来就有的""天然生成的"或一直就存在的生态脆弱,是自然运动本身造成的。继发性的生态脆弱,是后天因素或人为因素造成的生态脆弱,如乱砍滥伐造成的水土流失,水源短缺,草地退化,沙化风化,尤其是矿产资源采空后的生态破坏、重化工业带来的环境严重污染等,其特点是人为因素和自然因素交互作用导致生态问题越来越大、越来越严重。

生态环境脆弱短板首先制约的是生态资源效应发挥,生态效应是各自然(生态)因子相互作用所形成的效应或效力的对外发散,人可以从这种生态效应中获得相应的享受或"报酬"。但生态环境脆弱短板却制约了生态效应的发挥,让生态因子的结构效应因某一生态因子的弱化甚至短缺而出现低效、无效,或者生态效应的传递在这里被阻断,使生态资源的总体效应被弱化。其次,生态环境脆弱短板还制约了经济效应的产生和发挥,生态资源的保护与开发可以形成生态产业,从而带来经济效益,提高收入水平,消解经济发展滞后短板,但是,生态环境脆弱短板则意味着生态资源缺乏或薄弱,就无法进行生态产业开发,无法实现生态资源优势向经济优势转化,甚至因为生态环境脆弱短板而无法进行正常的生产生活,更别说产业发展了,得不到生态资源的经济效益还得付出代价抵御生态脆弱和破坏带来的不利影响。

那么,如何消解生态环境脆弱短板及其产生的不利影响呢？生态环境脆弱短板的消解要从污染治理与生态保护的产业化建设和职业化发展开始。污染治理与生态保护的产业化是指不能把污染治理和生态保护当成负担,就治理而治理,就保护而保护,而是要进行科学治理、科学保护、科学开发,从生态治理设备研制、生产、检测监测,污染治理产出的商品化等角度形成一个系列化、系统化的生态治理产业链,如污水处理后达标甚至高标准、高质量的水质,完全可以发展瓶装水产业,陕西钢铁有限公司汉中分公司处理后的污水超过了正常的矿泉水标准,拿来养鱼和再次利用成为生产用水,作为生活用水率先在企业内部使用,发展瓶装水出售,把废水变成了产品,把副业变成了主业收入来源之一;同样,生态保护也是这样,把保护、治理与开发结合起来,实现先保护后开发,边保护边开发的有机结合,把生态保护投入变成产业开发投入,形成经济效益产出。污染治理与生态保护的职业化是指组建污染治理与生态保护职业队伍,让专业的人做专业的事,在西部地区组建专职的污染治理与生态保护队伍,把过去的护林员等队伍组织起来,通过职业认定,发展成为能够有效结合乡村振兴和农业强国建设的职业治理者、职业保护者,实现污染治理与生态保护同人们的收入增长、发展能力提高、同步现代化、共同富裕有机结合。因此,通过"两化"实现生态环境脆弱短板的弥补,推动生态资源的产业化发展,完成"两山"转化任务,实现协同推进的同步发展。

(二) 消解经济发展滞后短板助力同步发展

经济发展滞后问题成了西部地区生态环境保护与乡村振兴协同推进的制约和障碍,是制约协同推进的短板因素。经济发展滞后者本身就是污染治理与生态保护的"惰性"者,主动性不强,积极性不高,投入能力不足,弱化了污染治理与生态保护的整体效能、效率,使经济发展落后成为协同推进的约束和短板力量,无法实现同步发展或降低了协同推进效率。

能够制约其协同推进的经济发展滞后因素分为两种情形:生态环境脆弱

致因的经济发展滞后和非生态环境脆弱致因的经济发展滞后。生态环境脆弱致因的经济发展滞后就是因为生态环境脆弱和环境问题严重所致使的经济发展滞后,生态环境恶劣导致其产业发展受限,招商引资困难,从而出现经济发展始终滞后的状况,西部生态环境脆弱区的乡村振兴重点帮扶县具有生态环境脆弱致因经济发展滞后的典型特征。非生态环境脆弱致因的经济发展滞后就是非生态原因导致的发展受限和条件滞后,其滞后成因是多种多样的,可能是单一原因,也可能是多因素的相互交织,因病、因灾、因学,以及缺技术、缺资本、缺设备设施等因素都是发展受限、滞后的重要原因。

经济发展滞后短板制约的首先是投资增长和产业发展,进而影响的是收入提高和持续发展能力,使生态环境保护与乡村振兴协同推进缺少或弱化了经济发展这一个方面,少了一方就不成其为协同推进,更别说同步发展了;缺乏收入增长这一极,既不能支撑经济可持续发展的需要,更不能支撑生态持续建设的要求。其次,影响和制约了生态建设的持续投入能力,生态建设需要投入,随着人们的生态需求增长,生态供给增加是必须的要求,这就需要加大投资提升生态供给能力,因而也就需要持续的收入增长来支撑生态投资的持续增长,真正实现协同推进的同步发展。

经济发展滞后短板的消解必须从生态投资和传统产业转型发展开始。首先是投资转向,由传统产业投资为主向生态产业投资为主转移。大力开展新技术研究、新业态培育、新商业模式创新,不断补齐、延伸、强化产业链,不断提升生态环保产业份额和质量,分步骤、分阶段、分领域,稳步、有序地进行生态产业投资,在点状投资布局基础上逐步连成线形成生态产业链条,在面上投资布局基础上逐步连成片形成生态产业体系。其次是产业转型,把生态保护与产业发展内在地结合在一起。企业"三废"污染治理内部化,逐步严控采矿、冶炼、钢铁、水泥、有色金属、燃煤发电等领域的企业污染,把重点控制的污染产业变成循环产业、静脉产业,通过污染治理内部化而形成零排放、零污染企业;推动城镇、园区污染治理专门化,把污染物集中起来处置,把单个企业承担污染治理成本交给专门的企业进行规模化经营,把环境污染防治变成"产业升级、高质量发展的重要推手"①,实现环保产业服务领域的拓展,服务传统产业转型,推动绿色低碳发展,为"双碳"目标的实现奠定坚实的产业基础,实现"双碳"目标和乡村振兴战略的衔接与协同推进。②

把脱贫攻坚战中的生态扶贫模式和生态补偿脱贫一批政策延伸到乡村振兴战略推进体系,持续推进退耕退牧还林还草、天然林保护、水土保持、石漠化与沙漠化治理、湿地保护、国家公园建设等重点工程,鼓励乡村振兴重点帮扶县区农户通过参与生态工程建设、参加生态公益性岗位工作、发展生态保护产业、获得生态资金补偿等途径方式取得报酬,实现生态环境保护与乡村振兴的有机结合,推动西部地区生态环境保护与乡村振兴协同推进的同步发展。

四、绿色发展是同步发展的有效途径

西部地区的发展不能建立在牺牲生态、破坏环境的基础上,因为"人因自然而生,人与自然是一种共生关系。生态是统一的自然系统,是各种自然要素相互依存而实现循环的自然链条。良好的生态环境是人类生存与健康的基础"③。离开了生态环境,人将无"立足之地",无"供养之源",更别说生存与发展了。

生态建设也不能就生态而生态,不能把生态建设当成负担,而应该把生态建设当成产业来发展,当成能够带来效益的朝阳产业发展,习近平主席在2019年北京世界园艺博览会开幕式上讲话指出,"绿色是大自然的底色","绿水青山就是金山银山,改善生态环境就是发展生产力。良好生态本身蕴含着无穷的经济价值,能够源源不断创造综合效益,实现经济社会可持续发展"。

---

① 李可愚:《中国工程院院士郝吉明:环境污染防治成产业升级、高质量发展的重要推手》,《每日经济新闻》2021年6月29日。
② 陈力、孟子钰:《"双碳"目标和乡村振兴的有效衔接与协同推进》,《当代农村财经》2023年第1期。
③ 王青、崔晓丹:《人与自然是共生共荣的生命共同体》,《学习时报》2018年5月16日。

在 2021 年全国两会期间参加内蒙古代表团审议时指出,"生态本身就是价值。这里面不仅有林木本身的价值,还有绿肺效应,更能带来旅游、林下经济等。'绿水青山就是金山银山',这实际上是增值的"。因此,必须把经济与生态两个建设统筹起来①,让生态成为经济发展的基础和产业支撑。

绿色发展是统领生态建设与经济发展的有效途径和重要模式,一方面把生态建设纳入产业发展领域,实现生态经济化、生态产业化、生态产品化,着力解决西部地区的经济发展问题,促进乡村振兴和农业农村现代化建设;另一方面把乡村振兴和农业强国建设的着力点放在绿色产业发展上,推动传统产业转型升级,推动生态治理产业化,推动生态产品价值实现,着力解决经济发展中的生态环境保护、生态修复与污染治理问题,促进"两山"转化。通过生态环境保护与乡村振兴发展的深度内置,以绿色产业引领乡村振兴发展②、引领西部地区长期持续发展,实现西部地区生态环境保护与乡村振兴的协同推进,实现生态建设与乡村振兴的同步发展。

第三节　区域协同机制

在区域协同发展机理分析的基础上,探讨区域协同发展的理论依据、基本要素、实现机制和保障措施,通过跨区域的协同发展做大规模、做大市场、做强产业。

一、区域协同机制及其协同发展机理

西部地区在脱贫攻坚实践中取得了一系列成功经验,其中,飞地建设、对

---

① 陈运平、黄小勇:《生态与经济融合共生的理论与实证研究:以江西省为例》,经济管理出版社 2022 年版。
② 杨世伟:《绿色发展引领乡村振兴:内在意蕴、逻辑机理与实现路径》,《华东理工大学学报(社会科学版)》2020 年第 4 期。

口协作与对口援助帮扶、跨区域性的试验区建设等都是区域协同发展的创新性经验。西部地区巩固脱贫攻坚成果、衔接乡村振兴战略,推动其农业农村现代化建设和共同富裕,更需要区域之间的协同推进和同步发展。

西部地区生态环境保护与乡村振兴协同推进的区域协同发展机制就是通过有组织的政府行为和自发的市场行为,推动西部地区邻域间与跨区域间的合作,形成共同发展的协同推进机制。① 欠发达地区与发达地区的跨区域合作一般都属于跨区域帮扶的范畴,不在我们这里讨论。我们所要讨论的区域协同发展是西部区域内部各相邻区域之间的合作、协作与同步发展。因此,西部地区生态环境保护与乡村振兴协同推进区域协同发展的内涵具有以下要点:第一,西部地区的协同发展是在外部帮扶基础上的自助式、互助式发展,是各区域间的相互帮助、相互扶持,共同促进的发展;第二,西部地区的协同发展是深度合作的同步发展,必须依靠、依赖于其自有资源基础和产业条件,产业协同是区域间持久性协同发展的根本支撑;第三,西部地区的协同发展是消除区域间同质竞争的有效手段,实现区域资源同质竞争的劣势向资源聚集的规模优势转换;第四,西部地区的协同发展需要上一级组织的统筹协调,也就是说能把村与村统筹起来协同发展的只有镇级组织,能够统筹镇与镇协同发展的只有县级组织,必须把西部地区的协同发展纳入"一市一策""一县一业"的统筹发展体系;第五,西部地区的协同发展需要国家的政策支持,需要强化既有的帮扶措施、强化跨区域的对口协作帮扶,实现相邻区域与跨区域的双重协同发展。

二、区域协同发展的理论与实践依据

区域协同发展最根本的理论依据是协同发展理论,是基于协同学的区域间同步发展的理论支撑,西部地区生态环境保护与乡村振兴协同推进区域协

---

① 曹召胜:《民族贫困地区区域协同发展的困境与对策——以龙山来凤经济协作示范区为例》,《湖北民族学院学报(哲学社会科学版)》2014 年第 5 期。

同发展的理论与实践依据主要基于以下三个方面。

（一）区域协同的"邻居"作用

对于主体而言,地理空间就是外在的客体,自然地理具有空间固定性的特点,因而使每个区域都有不可改变的"邻居"。西部地区的区域协同发展实际上就是"邻居"与"邻居"间的协作与合作。区域间的发展需要好邻居,好邻居的协作主要有三个作用。

1.引领发展作用

"左邻右舍皆朋友,咫尺睦邻近胜亲",一个好邻居不光自己发展,还会引领自己的邻居发展,因为区位毗邻、资源同质、文化同根、姻亲血脉相连,有共同的发展愿望、有邻居要带动发展、有穷亲戚要帮扶,从而形成互助、互促、互利、互惠的发展,"左邻右舍"的区域协同发展才能形成连片式的区域互助式的共同致富格局。

2.示范带动作用

好邻居间不光要团结协作,也要有竞争示范,合作的前提是有合作的实力与资源,每个区域都要先把自己区域的发展工作做好,做扎实、做牢靠,让本区域内的生态环境保护与乡村振兴协同推进工作走在前列,做出实绩、取得实效,就能给自己不可分割的邻居带来资源整合、产业互补、劳动力吸纳等示范带动作用,就能实现毗邻区域间的示范发展、带动发展、同步发展。

3.规模发展效应

好邻居间要聚人才,"三人成众",只有把人聚起来才有人气和气势,让大家共同为本区域的协同推进努力,目标一致、行动一致,才能形成发展的合力,实现区域间的协同发展。好邻居间要汇聚资源集中统一开发,从而形成资源开发的规模效应,否则就容易形成浪费性开发、恶性竞争,使本来就有限的资源出现过度开发、无序开发,引发负外部性问题。好邻居间要共建共享基础设施和生态环境,生态环境及其效应是没有区域边界的,破坏的生态和恶化的环境也会毫不客气地把自己的坏效应传递给邻居;道路等基础设施也具有相同的效应,不能让邻居阻断了交通要道的延伸,因此,生态和基础设施只有共建共享共管共治才能互利共赢,否则就会把劣质生态功能传递给邻域,并产生加成、协合或集肤作用,实现邻近区位生态效应的重叠加成影响。①

(二) 区域协同发展的三种效应

西部地区生态环境保护与乡村振兴协同推进邻域间的区域协同发展能避免区域间的劣势加成,做到优势互补,实现发展动能的相互支撑、协频共振,从而产生溢出效应、回波效应、短板效应。

1. 区域协同发展的溢出效应

溢出效应就是存在外部效应的情况下,一个主体(区位)的存在或其活动对其他主体(区位)所产生的影响。溢出效应可能对其他主体或区位产生积极影响,也可能产生消极影响,是积极效应还是消极效应不仅取决于溢出的是什么影响的问题(即好的影响还是坏的影响),更取决于溢出效应接收者对影响的利用,积极效应能给邻域带来好处或利益,消极效应也能成为邻域发展的良好契机。

西部区域协同发展的溢出效应不是一个主体对另一个主体的效应或影响,而是一个区域对另一个区域的效应,因邻近而使任何区位的任何影响都必然传递给邻域,而不管是好的还是坏的影响,这种影响都是必然存在的,上游的水输送给下游满足其用水需求,同样也会把污水、洪水和泥沙输送给下游。一般而言,作为唇齿相依的近邻,一个区位对其邻域能产生影响的溢出效应主要有四类:知识溢出、技术溢出、经济溢出和生态溢出。

但是,协同发展起来就能形成利益共同体,能够把协同体任何一方的影响溢出给另一方共享,因而谁也不愿意把自己不好的影响传递给自己的邻域,会

---

①　胡仪元等:《流域生态补偿模式、核算标准与分配模型研究——以汉江水源地生态补偿为例》,人民出版社 2016 年版,第 206 页。

为共同的发展而统筹布局、同步发展。如果没有西部欠发达地区之间的协同发展,就无法形成区域之间的协作,无法整体地、成片地带动当地发展。当两个邻域相互协作而形成真正的利益共同体后,他们之间传递的就不是溢出效应了,而是把溢出效应的边界扩展到协同体之外,不断扩张其影响的范围和效力,当整个欠发达地区被一个一个的小协同体连成整体的时候,其新的区域发展格局也就形成了,乡村振兴的区域发展格局也就形成了。

2.区域协同发展的回波效应

冈纳·缪尔达尔在《进退维谷的美国:黑人问题和现代民主》中提出"循环的或积累的因果关系"原理,在《经济理论和不发达地区》《亚洲的戏剧:南亚国家贫困问题研究》等著作中提出了"回波效应",意指"某一地区经济扩张给另一地区带来的所有不利变化,包括人口迁移、资本流动、贸易以及与之相关的其他所有经济、非经济的不利影响"①。我们借用这一概念认为,西部地区在对邻域产生溢出效应后,接收者吸纳溢出效应并结合自身发展成就而形成新的效应,把这个新效应传递回溢出效应的发出者,从而形成一个影响与被影响相互作用、不断易位的循环过程。

区域协同发展回波效应的存在,揭示出了在西部地区内部的各个基层行政单元在相互协作,共同发展过程中存在的相互影响,这种相互影响不是孤立的、一次性的。例如,A 区通过溢出效应把自己的积极影响传递给 B 区后,B 区会在接收 A 区影响效应的基础上,与自身的发展实际相结合而形成新的发展优势,并把自己的新优势回传给 A 区,形成两个区域之间的相互支持、持续影响,从而起到在协同发展体中,发展优势的相互加成、叠加和提升。也只有这样才能真正实现其自我发展和持续发展,推动生态环境保护与乡村振兴的内在融合,以协同推进实现二者的持续发展、动态和谐。

---

① 韩纪江、郭熙保:《扩散—回波效应的研究脉络及其新进展》,《经济学动态》2014 年第 2 期。

3.区域协同发展的短板效应

不平衡发展的西部各个区域存在强弱之别,因而也就有了协同发展中的短板,其存在制约了协同推进的整体实力或综合效应,抓强项、补短板始终是西部地区区域协同发展的重要任务。

首先,短板制约区域协同发展。短板是木桶最大容量的决定因素,所有短板或弱项都构成了西部地区的发展约束,让自身优势无法发挥、支撑协同体内其他要素或区域的发展受限,尤其是关键因素制约,会导致整体效应降低、区域或各要素间无法协同起来同步发展,因此补短板是西部地区区域协同发展的首要任务。

其次,强项带动区域协同发展。在所有协同要素或区位的邻域协同中,必有一个优势要素或优势区位,其发展能为其他要素或区域的发展起到示范作用、带动作用,甚至能把其他要素或区域拉入协同体中共同发展,农村的能人经济就是典型,一个人带动一个村、几个村的发展。调研中某村的一名老书记,发展建筑业承包大型工程,带动了邻近两个村的发展,形成了村级组织内部的劳动力分工:承包高速公路建筑工程、投资建筑机械发展租赁、投资建材经营,这部分投资者都成了村里的致富带头人,两个村60%以上的住户有了小汽车;土地被集中,让种地能手集中经营,发展生态养殖、种植烟叶、发展林果,推动集约化、规模化、特色化发展;极个别的困难户能够得到村级组织的帮扶,劳力帮扶、资金帮扶形成了村内先富带后富发展的共同富裕格局。

最后,抓强项不能忽视补短板。在邻域发展中,不管短板强项、穷村富村都得协同发展和同步推进,其发展绝对不能向短板靠齐,把强项弱化、拉低;更不能等待,让弱项强起来了再合作、再发展,而是强项或优势不能弱化,短板或弱项不能放任必须补强,从而形成相互配合、相互补充、相互促进的发展格局。

(三) 区域同质竞争的正反教训

从实践上来讲,区域协同发展是因为存在巨大的反面效应,那就是同质竞争问题。所谓同质竞争就是商品使用价值、商品质量、技术含量、产品外观、营销方式和售后服务等都相同或近似的产品竞争。在西部地区,因区位相同、气候一致、资源同质、人力邻近等原因,导致其除了产品同质竞争外,还存在产业结构同质问题,都依靠同质资源生产相同产品,都把同样的产业作为主导产业发展,讲着相同的故事却要塑造成不同的品牌,造成了邻域间的恶性竞争。

西部地区尤其是依赖资源发展的欠发达山区,如何避免同质化竞争呢?那就是实行区域化整合,推动区域协同发展,实现"本土化经营、理性化经营、集团化经营和品牌化经营"①。陕西省汉中市隶属于原来的秦巴集中连片特困区,全市 11 个县区有 2 个国家级贫困县 9 个省级贫困县,在脱贫攻坚之后还有 2 个国家级乡村振兴帮扶县,3 个省级帮扶县。作为茶叶发展历史悠久的地区,茶马互市古就有之,各县区都形成了自己的茶叶品牌,比较有名气的如午子仙毫、定军茗眉、宁强雀舌、汉水银梭等,但由于存在同质竞争,导致品质虽好规模却始终做不大,也无法成为重要的支柱产业。汉中市委市政府出台《关于茶叶品名(牌)整合工作的实施意见》,实施"统一品名、统一标准、统一评估、统一包装、统一宣传"的五统一策略,建设汉中茶叶品牌取得了重要成效,"汉中仙毫"品牌价值 2021 年 32.94 亿元②、2022 年 38.71 亿元③、2023 年 43.23 亿元④,出现 3 年连续攀升情形。2020 年汉中茶叶面积达 131 万亩,产量超过 6.1 万吨,产值突破 82 亿元,产量和产值均位居全省第一。⑤ 与开始进行品牌整合的 2010 年相比,面积比 69.48 万亩增长了 88.54%,产量比 1.7 万吨增长了 258.82%,产值比 12.46 亿元增长了 558.11%⑥;2021 年 8 月

① 赵伯足:《区域化的整合之道》,《施工企业管理》2012 年第 10 期。
② 《汉中仙毫又获专业顶级大奖! 品牌价值 32.94 亿元》,汉中门户网,见 http://www.52hz.com/baixing-show-3079.html,2021-05-24。
③ 王姿颐:《38.71 亿元!"汉中仙毫"品牌价值攀升的背后》,《陕西日报》2022 年 6 月 1 日。
④ 胡晓云、魏春丽、李彦雯等:《2023 中国茶叶区域公用品牌价值评估报告》,《中国茶叶》2023 年第 6 期。
⑤ 高振博:《汉中茶叶产量产值均居全省第一》,《陕西日报》2020 年 12 月 4 日。
⑥ 汉中市统计局:《汉中统计年鉴》,2011 年。

16 日,汉中西乡县 120 吨汉中绿茶出口中亚,实现了规模化的茶叶出口。可见,通过品牌整合,全市协同发展茶叶产业是成功、有效的。

三、区域协同发展的基本要素

区域协同发展必须明确其协同要素,根据西部地区的区位优势、资源特色和发展基础,必须强化规划统筹、要素协同、创新支撑、生态建设等四个方面的基本协同要素。

(一) 规划先行统筹布局协同内容

协同发展是人的自主行为,而不是大自然或行政区划所导致的必然要求,是相互支撑不可分割的邻域在发展中逐步认识到自身发展的局限,尤其是市场竞争的规模限制和产业同质竞争局限,而自觉地组织起来,变竞争对手为合作伙伴、聚小资源小市场为大资源大市场的主动行为。消除资源同质市场狭小局限的协同发展统筹就必须做好规划。

1.规划先行要明确统筹目标设定

良好的发展愿景始终是激励人们奋进的导向标,只有定位准确、方向明确、利益导向可预期才能有效激励两个及其以上主体加入协同体,为着共同利益和发展目标,实现同频共振的协同发展。西部地区要以《关于新时代推进西部大开发形成新格局的指导意见》为指导,站在高端性、前沿性和大格局的高度,科学谋定发展目标,瞄定 2035 年和 2050 年远期发展目标,做好长远规划,作出可持续发展的制度性安排。

2.规划先行要做好地理空间规划

土地利用规划是西部地区区域协同发展的根本保证,面对西部地区山多平地少的地理约束,要合理、充分利用好土地资源,从根本上保证不同产业的落地区位,并通过产业园区化、专门化管理限制产业多点布局、小企业遍地开花,达到产业聚集发展;按照资源承载阈值和市场规模边界科学设置各区域空间所能容纳的产业界线,实现"各就各位"式统筹布局和分区管理。

3.规划先行要做好产业发展规划

产业发展规划是实现西部地区生态环境保护与乡村振兴协同推进目标的基础保证,要从大产业、长产业、新产业的视角布局产业链和产业分工体系。必须突破行政区划壁垒,实现跨区产业布局。要立足资源优势做优特色、做大规模、做足市场,又要合理分布产业,实现产业间的相互支撑。要从产业链角度布局上下游企业、上下游产业,实现产业链的纵横延展。要深度挖掘资源潜力及其价值,尽可能多地增加产品附加值,提高产品"含金量""含绿率",吸纳更多劳动力就业和发展绿色产业。

4.规划先行要设计好激励约束机制

邻域的跨区协作毕竟是两个区域间的协同发展问题,各区域有自己的发展基础、自然资源和人力资本条件,有自己的利益诉求,因此,协同发展规划必须先设计好激励约束机制,让双方都能在合作中获得增长,取得收益。建议在协同体中实施"多一分倾斜"策略,就是协同体中处于优势的一方从增加的利润中向相对弱势的一方倾斜1%的利润,以体现对弱势区域的带动和帮扶,进而实现规模经济发展和共同富裕目标。

(二) 要素协同做大做强市场规模

西部地区的区域协同发展除了区位间的协同外,更重要的就是要素协同,邻域间的各个生产要素统筹协作起来才能把区位间的协作落到实处,让协同推进取得实效,也才能做大做强市场规模,实现区位间有规模的协同发展。西部地区可协同的要素很多,但最重要的是实现要素市场、产品市场和人才市场三个市场协同。

1.要素市场协同,实现生产要素的跨区配置

生产要素是产业发展的根本保证,是生产活动的根本前提。在西部山区,生产要素短缺使其不足以支撑起规模生产,往往出现一个企业都"吃不饱"还

被邻域企业争抢生产要素的情形,导致处处都有生产、企企都有过剩产能,如果把这些要素统筹起来集中配置,保证高效率企业的生产要素需求,另外的企业转产生产其他商品,从而实现生产要素的合理配置。西部地区的陕南矿产资源丰富,但规模生产缺乏,出现多个企业争资源的情形,而每一个企业都只是进行粗放式的量产,导致技术含量低、高端产品缺乏,市场竞争力弱。汉中市的石英石丰富,多个县区都有开发企业,但却没有一家高档的玻璃制品企业生产。因此,跨区配置生产要素才能实现其集中使用、规模生产,进而提升企业技术水平、产品质量、市场规模和竞争能力。

2.产品市场协同,实现产品市场的跨区整合

市场规模是靠人口及其购买力支撑的,山区县(区)因劳务输出,以及其他各种原因造成的人口流失导致现实购买能力不足,有效市场有限、狭小。在数字经济时代,再按照传统模式营销是不可能长久的。必须整合市场,让有形市场作为数字贸易的支持载体,形成跨区的产品市场协同,线上线下贸易体系相互支撑,把"小木耳做成大产业",让地方品牌打响全国,把道地产品销向全球。

3.人才市场协同,实现人力资本的跨区流动

通过人才市场协同也许才能真正解决西部地区的人才短缺问题,既要消解人才总量不足困境又要破解结构性人才失衡难题。在邻域人才市场协同中,通过跨区流动让专业技术人才在邻域间相互支持,从而解决技术人才的结构性失衡难题;建立跨区劳务协作机制,持续推进和有力借鉴国家人社部与原国务院扶贫办推行的"6+1"劳务协作行动模式(即上海、江苏、浙江、福建、山东、广东等六个省市与湖北省开展定向劳务对接)[①],组织邻近村(镇、县)进行劳务大协作。协作起来的劳动力既可以进行有组织的劳务输出,又可以就近发展规模性生产,实现异地就业与当地就业的有机结合;搭建人才协同的合

---

① 王优玲:《人社部、国务院扶贫办部署实施"6+1"劳务协作行动》,新华社,见 http://www.gov.cn/xinwen/2020-04/22/content_5505257.htm,2020-04-22。

作平台和运行机制,统筹分配和调剂劳动力的使用,更要为人才的作用发挥提供平台、优化环境、创造条件,如专业技术人才的研发平台建设,专门经营人才和高端技术人才的工作条件建设,并为其子女入托、上学、就医等各方面提供便利,做到引进人才与留住人才并重、同步,力争引进一个人才带来一个项目、建立一个企业、发展一个产业的多效并进同取。

(三) 创新发展铸就持续发展动能

邻域间的协同发展需要创新驱动,其协作什么和怎么协作需要创新的思想引领、先进的技术支撑,更重要的是要有创新型人才,这是实现铸就西部地区区域协同发展动能的关键要素。

1. 建立邻域间科技资源统筹机制

西部地区的可利用资源短缺,用于邻域间统筹的资源也就不足,尤其是可统筹的科技资源不足。但是,正是因为可利用、可统筹的科技资源有限,才更要进行统筹使用,因为资源过少无法支撑其运行或运行成本过高,更别说产生规模效应,所以只有集约起来、统筹使用才能让小资源发挥大作用,较少的资源产生较大效应。西部地区邻域间的科技资源统筹就是要聚集其较少的科技资源要素,集中使用、较大范围推广,以推动科技资源共享,实现其效应最大化。尤其是在创新人才、科技资金和创新平台的建设与使用上,要以跨区域的项目合作为载体,组织较大的项目建设,在两个邻域区位间实施,如组建邻域合作创新团队,其技术人才可以在两个区域间进行轮流和循环式的技术指导,让新技术在两个区域同时应用推广,以取得尽可能大的规模经济优势,支撑其协同推进与可持续发展。

2. 同步培育壮大邻域间创新主体

谁来进行西部地区的邻域科技资源统筹?那就是培育、壮大创新主体的问题。过去,我们把创新主体局限在研发机构和企业,事实上,西部地区的研发机构几乎没有,规上企业也很少,所以既缺新技术、新观念,又缺大企业带动。西部地区更多的是农村，大多是山区农村，农业就是其最主要的产业，农业加工业、乡村旅游业、采掘业和建筑业也是比较容易发展的产业。其中，农民还是这个群体的主体。因此，其创新应以农民为主体，推动农民的职业化和专业化。[①]　一是着力培育种植养殖业大户和农村致富带头人，通过专业化培训，认证一批具有执业资格的职业农民，并纳入创新主体范围进行培育和管理；二是培育专业化的兼业农民工，就是对一部分有知识、有文化、有技术基础的农民进行培训，让他们掌握管理技能，掌握电工、水工、木工、瓦工等实用技能，以及其他力所能及的技能，能够通过执业资格认证取得在其他行业领域从事专业化工作的资格，这样既为自身发展提供技术人才，也为输出高端技术人才做好储备；三是要同步培育，协同体中每一方都要发展，否则不发展或发展慢的一方就会成为协同体中的那个短板，制约整个协同体的发展，因此，必须同步培育其创新主体，让邻域的两个协同体都有创新者，才能形成相互匹配的创新者之间的互动、合作与协作，不对等、不匹配的创新者间，甚至创新者与非创新者之间的协同都会降低其效率。

3.搭建邻域间共享合作创新平台

邻域间的合作创新必须有平台或载体，把邻域的各个主体聚集到平台中，实现合作与共享发展。共建创新平台、共享平台经济利益，平台经济是数字经济的重要表现，通过平台服务收费打造西部地区产业发展的新业态。通过平台网络链接西部地区与其他区域的供需，实现供需的跨时空对接，解决这些落后地区长期以来因交通约束而出现的"卖难"和"买难"问题，山沟沟里的绿色食品飞到了大城市的餐桌上，解决了销路、实现了价值增值。以平台为载体为创新技术引进和紧缺技术难题找到了破解钥匙，潜在的、隐藏的技术供给者或需求者变成了现实的交易者，为技术交易与运用、高新精尖技术的产业化找到了捷径，实现了欠发达区域同全国一起共享科技进步效益的格局。

---

① 钟钰、巴雪真：《农业强国视角下"农民"向"职业农民"的角色转变与路径》，《经济纵横》2023 年第 9 期。

在数字平台中,还要组建邻域合作的实体性平台,如共建劳务市场,推动邻域间劳动力资源的共享,劳务输出的组团派出,劳务纠纷的集体维权;共建生产性服务组织,让专业性的生产服务机构解决生产中的技术问题、机械化生产投资问题、良种选育与推广问题、远距离作业的交通运输与生活保障问题、远离居住区生产作物的看护问题、大小农具的集中保管与日常维护问题,最重要的是产品的集中销售问题。从而放大邻域间合作生产的规模效应,提高协同发展的生产效率与资源利用率。

4.邻域间联合接入融合创新业态

邻域间联合接入业态和融合创新业态是两个问题。产业梯度转移是区域经济发展的重要经验,世间没有两个一模一样的区域,没有真正的完全对等的竞争实力,有的只是各有千秋的差异化发展,因而总有先行发展区域(者)、模仿或学习区域(者)、追赶区域(者)。优胜者或先行者总是在不断淘汰自己的旧技术、旧产能,这些被淘汰下来的技术、产能在追赶者那里可能就是最先进的好技术、正需要扩张的产能。那就需要建立国内技术与产业梯度转移的机制,以使先行区能始终"先走一步",推着其不断创新、不断发展,欠发达地区则能不断更新观念、接纳新事物、接入新产业。

接入进来的产业还必须结合自己的优势进行融合创新,否则就始终是个追赶者。那如何进行融合创新呢?一要产业的高位嫁接。引进、接入技术先行区的先进产业对欠发达地区产业进行革命性改造,让落后产业实现技术跨代跃升与产品高端替代,同时实现技术、人才、资金的同招同引和规模聚集。二要产业的规模聚集。推动跨区域的产业聚集,在邻域和跨区域间进行同质产业的规模化生产,实现其规模经济效应,同时要促进异质产业的规模化聚集生产,以技术集成、市场规模化实现不同产业间的规模聚集。三要产业的跨区布局。在技术先行区与欠发达地区进行跨区的产业链建设,把产业链延伸到先行区,实现产业链的延伸与互补;把技术研发与更新、产品销售放在先行区,而把生产、仓储和运输等基础性环节放在欠发达地区,解决了西部地区的产业发展,也解决了其劳动力就业和收入水平提高。

用数字化平台链接不同区域、不同产业的发展,全面推动数字经济发展,让农业工业化生产,推动种子技术、种养技术、加工技术进步,加强产品质量溯源体系建设,实现农业生产的高新技术推进,农业生产的工业化管理;推动农村工业的现代化生产,用新生产技术、新生产模式、新生产设备、新管理方式推动农村工业改造,让乡镇企业、村集体企业变身为现代企业,实现规模性生产、现代化管理。

(四) 生态建设与乡村振兴相互促进

1. 生态建设助力乡村振兴

西后地区的生态建设不能就生态问题解决生态问题,而应把生态建设与乡村振兴统筹起来。自然力作用或历史原因造成的生态问题,应该通过公共政策和全社会统筹来解决,以公共财政支出形式让欠发达地区居民通过参与生态建设而获得收入,增加收入而解决其收入增长、条件改善与发展能力提升问题,让"生态补偿脱贫一批"政策持续发挥效能。当前的生态破坏必须有相应惩罚机制,让破坏者修复、复原或重置生态状态,以使其在破坏生态所获收入与重置成本支出间的比较中作出抉择,提高生态破坏者破坏生态环境的边际成本,让西部地区的人们在产业发展上确保不触碰生态红线,大力发展生态环境保护产业。建立生态产品价值实现机制,让低收入者参与生态环境建设所取得的生态、经济和社会效益,通过市场机制得到实现,把生态建设的效益转变成经济价值、转换成收入分配价值,构建西部地区居民开展生态建设的收入增长与保障机制。通过公共财政支持、生态破坏惩罚机制和生态产业发展三大措施,让生态建设成为乡村振兴、可持续发展、农业农村现代化和共同富裕的强大助力。

2. 乡村振兴提质生态保护

无论是小康社会建设还是乡村振兴战略下的可持续发展,首先要解决的是低收入者和条件落后地区的收入增长、基本生存能力提升和持续发展动能培育问题。事实上,乡村振兴和农业农村现代化建设,通过低收入者的收入提升不仅仅是解决了其收入增长问题,更重要的是其收入提升后所带来的效应和改变,那就是更容易转变对资源依赖的生产方式和发展模式,有能力转变投资方向,把有限资本和零星资金集中起来发展产业,更有能力向生态建设投资,实现经济发展和收入增长后对生态环境保护的反哺或回馈,以使生态保护与治理修复能有欠发达地区居民的自我投资、自我建设,把外部注入为主的生态保护转变为内部自我发展驱动的生态建设,把生态保护推向新的高度和质量,实现西部地区的永续发展及其生态的持续保护。

3. 互动互促实现发展共赢

西部地区生态环境保护与乡村振兴协同推进就是要实现生态建设与乡村振兴和农业强国建设的互动互促。一是让生态建设成为欠发达地区"产业兴旺、生态宜居、生活富裕"的重要手段。除了直接参与生态建设的人获得就业和劳动报酬外,更重要的是把污染治理、生态修复、自然资源守护、生态资源开发、生态保护设备设施制造,以及环境敏感型产业开发,形成区域发展的重点产业,让过去视为难题和负担的生态建设成为区域发展中能致富的产业支撑,既建设生态宜居的新农村,又实现产业兴旺发展,还要实现人们的生活富裕,实现生态建设对乡村振兴和农业强国建设的促进与推动。二是建立乡村振兴和农业农村发展后对生态保护的反哺机制,实现产业发展与生活富裕后对生态建设的支持和内在驱动。无论是发达区域还是欠发达区域,都始终要把生态建设放在首位,建立经济发展和收入增长后对生态建设的反哺机制,把增长中的收益始终划出一块用于支持生态建设——修复破坏的生态,或被消耗的生态资源,或培植新的生态资源,让生态和自然资源始终能与不断发展壮大的经济体量相适应,能够支撑不断壮大的经济体,以使二者能在动态发展中始终处于协调一致的平衡、和谐状态。

四、区域协同发展的实现机制

区域协同发展必须要有实现机制,就是协同发展主体通过相应的工具(媒介、中介或介质)系统,将其意志传输、作用或影响到客体对象上,以发生主体所期望或预设目标要求的变化。西部地区区域协同发展的实现机制,就是围绕其生态环境保护与乡村振兴协同推进总目标,把主体谋定的布局、任务和目标通过工具系统作用于客体,实现客体效能的最大化,即通过绿色发展把生态环境保护与乡村振兴统筹起来,实现二者的同步增长、互促共赢发展。

(一) 主体谋定布局

主体谋定布局是人这个主体主观能动性的表现,是人满足自身需要的主动性行为。人在长期的历史发展探索中,经过长期的经验总结、实践实验和发展反思,最终得出了"人与自然并不是对立的",也不需要对立的结论,强化生态文明建设,构建人与自然和谐共生的命运共同体已成为全人类的共识。围绕这个总目标,西部地区就不能走过去"先污染后治理"或只消耗不培植资源的老路,提前把生态建设内置于发展体系之中,使生态环境保护与乡村振兴协同起来,同步布局、同步发展、同步推进。

从区域层次上,最重要的是国家、省(自治区、直辖市)、市县级。国家重在谋定全国的布局,推动政策统一和执行落实,其中,全国布局主要是三个方面:一是全国性生态环境保护与乡村振兴政策措施的制定、执行、评估监测与考核,尤其生态保护的红线政策、脱贫攻坚的"四不摘"政策、乡村振兴的衔接与目标定位,以及推动生态环境保护与乡村振兴协同推进的各项具体政策措施;二是跨区域的生态资源配置,目前最重要的跨区资源配置就是跨区域的水资源调配,实现生态和自然资源跨区调配与区域经济发展的跨区协同,如京津冀协同发展、长三角地区协作、西部开发新格局构建等;三是组建跨省区的对口帮扶机制,这是脱贫攻坚的重要成功经验,也是我国区域发展不平衡条件下共同富裕最切合实际的实现机制,要实现在乡村振兴条件下的持续推进和创新实施。省区层面重在空间统筹,在明确各区域功能定位的基础上,实现辖区内各区域间的协调发展,陕西省对乡村振兴帮扶县比较集中的陕南,定位为绿色循环发展,就是要充分利用其生态优美、自然资源丰富的优势,走上生态与经济协同发展道路,实现经济生态化、生态经济化双向支持,生产、生态、生活相互融合发展。市县级层面更多的是产业布局,需要通过微观政策激励各主体推动产业发展,实现产业在辖区内的合理布局,推动产业集群化发展、跨区域分工协作、链条化纵深发展,以壮大产业发展解决区域经济增长、收入提升、人口与人才聚集、生态建设的持续投入等问题,以绿色发展助推生态环境保护与乡村振兴的协同推进。

从时间维度上,必须长远布局谋划,这是由生态建设的长期性要求决定的。尤其是在当前谋定、实施"十四五"发展规划的关键时期,一定要长远布局,谋定到2035年,甚至更长时间,以确保生态建设的持续性和有序性推进,实现在保证当代人生态消费需求的基础上,不降低后代人生态消费的质量和数量,为后代人的可持续发展及其对生态资源的可持续利用奠定坚实的基础,实现代内、代际及其相互之间的平衡。

汉中是国家和省级乡村振兴帮扶县比较集中的区域,又是生态资源丰富的区域。森林资源丰富,是国家级森林城市;水资源丰富,是南水北调中线工程和陕西引汉济渭工程水源区;矿产资源丰富,勉县、略阳、宁强丰富的矿产资源被称为"勉略宁金三角",誉为中国的"乌拉尔";生物资源丰富,是秦巴生态功能区。因此,汉中市实行"绿色发展'5+'举措",统筹推进生态环境保护与乡村振兴同步发展。即"生态+"——推动产业的绿色化转型,加快生态产品价值转化,培育壮大绿色低碳产业,发展环境服务业;"数字+"——建立数字化应用系统,推进生态环境数字化治理,加快数字化赋能价值转化;"创新+"——搭建创新平台,壮大创新主体,优化创新生态;"改革+"——构建要素高效配置机制,建立绿色金融保障机制,健全绿色低碳发展机制,完善绩效考核评价机制；"开放+"——以良好生态招引优质项目、汇聚高端资本、吸纳天下英才，把汉中打造成区域高端人才"研究+创业+康养+旅居"的"后花园"和"首选地"，让绿水青山"鎏金溢彩"①，变成振兴乡村发展的"金山银山"。

（二）客体效能最大

资源有限性决定了人们不能随心所欲地索取自然、消费资源，而是要节约、集约使用，以使有限资源形成最大产出，发挥最大效应。但是，任何生产只能少用资源，不可能做到不使用资源，在现有技术条件下资源的浪费使用还是经常出现的状况。因此，除了节约使用资源外，最重要的就是让客体效能达到最大化，也就是资源利用达到最充分。

技术是客体效能最大化的根本手段。技术创新不仅形成新的产品、新的产业，更能形成新的组织模式、消费模式，提高客体资源使用和产出效能。以技术力量寻求新的客体资源，增加客体资源"库容"，提升客体产出效能；改进技术水平，提高资源利用效率，让有限资源形成更大产出，提高客体使用效率与产出效能；改变生产要素组合，提高要素生产中的协同效率，以提高客体资源综合产出效能。

规模利用和循环利用是客体效能最大化的重要措施。资源的规模化利用和产品的规模化生产可以节约公共资源投入成本，能把分散的资源集中起来开发和利用，让那些过去看起来毫无经济意义的资源开发也能通过积少成多的聚集开发发挥其应有的作用。同时要循环利用，既要严格控制污染排放，让废水、废气、固体废弃物不是对外排放污染环境，而是"变废为宝"在企业或园区内部循环使用；又要把使用中余留下来的残渣残料集中收集进行二次或多次使用，以使其使用价值发挥到最大，如余热供暖、废旧钢铁屑再次回铸等；还要加大废弃产品的回收再利用力度，不让一点有污染性的产品制品如电池等

---

① 衡俊昌、任芳、李扬：《全市践行"两山论"暨秦岭生态环境保护大会召开》，《汉中日报》2021年8月16日。

留在大自然中污染环境,通过循环利用实现资源的二次甚至多次使用,以有效提高其利用效率和产出效能。

（三）工具系统支撑

主体布局如何实现,以及如何让客体效能达到最大化呢?那就要建立强大的工具系统支撑,让主体能够达到客体、作用于客体、增强主客体效能。

主体达到客体的工具系统支撑。实际上就是主体意志达到客体的传输系统,包括组织机构、传输工具和制度体系。组织机构就是要有推进西部地区区域协同发展的专门机构,从职能上讲,要有领导机构,即成立协同发展推进的领导小组或协同发展专项工作领导小组,行使协同推进决策和安排部署职能;还应有各级推进部门或人员,形成逐级推进局面。传输工具主要是建立双向反馈机制,即上级主体的政策决策传达机制和基层主体的落实完成情况的反馈机制,在这个双向反馈机制中以什么样的工具载体进行信息传输很关键,是信息快捷和安全传输的保证,在数字经济时代,需要通过数字化提高信息传输效率和共享受益面。制度体系就是从规范、高效管理角度对其协同推进主客体间的信息传输进行制度化设计,如文档管理制度、保密制度等。

主体作用于客体的工具系统支撑。就是主体用什么工具和手段让客体发生主体所需要的变化。主体作用于客体主要包括两个方面:一是主体对社会客体作用的工具系统,主要包括上级对下级工作的决策部署和指导,以及督促检查和考核,以推动区域协同发展的实现,考核评估其工作推动成效。二是主体对自然客体的工具系统,主体对客体效应最终要靠自然客体的效率效果来展现,物质世界始终是物与物的物质能量交换过程,人与人的作用效果最终需要物质的力量来展现,更要借助于物质的力量来实现,在区域协同发展中不管组织机构怎么变化、不管地理区划怎么改变,其协同发展效率也只能通过自然客体的变化来展现,如资源节约了、产出增加了、质量提高了等,说到底就是对自然客体的保护和改造见效了,能够发挥出这种效应的工具系统也只能是制造机械、运输工具等物质性工具及其相应载体。

增强主客体效能的工具系统支撑。就是能让主体或客体更能发挥效能的工具支撑系统,对主体而言就是其认识自然、保护自然和改造自然的能力增强;就客体而言就是其自我修复、自我生长及其承载人类发展的能力增强。"两个增强"的工具系统需要作为主体的人来开发和运用,首先是人自己的能力增强,先要增强自己的认知能力和实践能力,前者通过知识结构的改善和强化,让人有更多的知识和技能去认识自身与外在的世界,其工具载体就是人类的知识结构体系和教育等知识传承体系;后者需要通过实践活动逐步累积经验,然后形成理论知识体系,使自己及他人能从直接或间接经验中掌握实践对象与作用于实践对象的工具系统、方法流程等。同时,也就增强了人对自然客体的感知能力,提升了认识、保护和改造自然的能力。其次是客体承载能力的增强,就是通过技术进步,给现有资源储量做增量,给有限资源的节约、集约、循环使用提供技术支持和工具系统支撑。对于西部地区而言,"两个增强"首要途径就是发展教育,先把人才质量和民众素质提起来,通过扶志与扶智,让人们从被动帮扶向主动发展转变、乡村向美丽乡村和农业农村现代化转变;然后就是建立立体化的交通网络体系,推动从种子技术到生产变革,再到营销体系改造的全方位软硬件建设,最终实现产业发展与生态保护的有机统筹,生态环境保护与乡村振兴的协同推进。

五、区域协同发展的保障措施

区域协同发展的实现还必须有相应的保障措施,否则再好的目标设定和政策导引难以实现、再完美的实现机制也无法顺畅运行,这些保障措施就是确保西部地区区域协同发展目标实现的条件,针对其现实情况,当前急需的保障措施主要是组织领导、政策支持、创新引领和以民为本的价值导向。

（一）强化组织领导

组织保障是西部地区生态环境保护与乡村振兴协同推进的根本保障,强有力的组织领导能充分调动主体积极性,提高主体统筹能力,吸引和聚合发展要素,提高创新能力及其协同推进效率。

1.上下联动的组织机构保障

组织保障必须强化两端:即上层机构的领导力和基层机构的执行力。上层机构就是至少有一个下一级机构的机构,除最高级别的机构层次,其下的每一级都有上层机构;基层机构就是接受上层机构领导并执行其决策部署的机构,同样的情形,除最低级别的基层机构外,其他所有层级的机构都有相应的基层机构。作为相对范畴,除最高的上层机构和最低层的基层机构外,所有中间层级的机构必然既是上一级机构的基层机构,又是下一层机构的上层机构。

2.强化上层机构领导力建设

领导力就是领导者(个人或组织)充分调动辖区内的人财物,以较小成本取得最大发展效率、效能,并奠定长远发展基础。上层机构的领导力体现在各个方面,是学习能力、决策能力、组织能力、教导能力、执行能力、感召和凝聚力的有机统一。上层机构的领导力必须始终充满活力,并始终保持创新态势,最惧怕的是思想僵化、墨守成规。上层机构首先是决策机构,其中,中间层次的上层机构同时还是执行机构,就是执行其上的各级上层机构的决策部署。

首先要能敏锐地洞察事件发展的方向与趋势,把握大势和趋向才能布局未来。乡村振兴帮扶区最大的约束是观念约束及其惯性思维,导致其不能充分利用和统筹使用资源,不能创新驱动发展,不能及早洞察事物发展规律,尤其是市场发展趋势,否则就容易出现"谷贱伤农"或"投产即停产"的不利局面。这就需要有人,尤其是上层机构站在事物发展趋向和未来发展规律角度进行高端布局和长远谋划:布局产业、占领市场、领先技术。

其次要高度统筹发展。只有上层机构才有能力统筹多个区域的协同发展，做好土地综合利用和国土资源空间规划，开展生态环境跨区协同保护、资源综合利用开发、人才培育及其充分利用，从而让人财物都充分发挥作用，产生更大的协同效应。

再次是创新执行决策的能力，中间层级的上层机构必须把执行其上层机构的决策部署与本层级的决策部署有机结合起来，面对具体实践和鲜活现实进行创新决策、科学部署、协同推进发展。

3.加强基层机构执行力建设

执行力就是下层机构根据上层机构所作出的决策部署，充分利用政策措施、人力资源、自然资本，以及相应的内外条件有效地完成目标任务的能力。执行力包括政策理解能力、资源统筹能力、人员调配能力、实践行动能力等。基层机构的执行力必须做到原则性和灵活性的有机统一，把执行决策部署与面对现实创新结合起来，最惧怕的就是组织涣散和各自为政，导致资源浪费和相互制约，无法形成有效的发展合力。基层机构执行力首要的是准确理解上层机构的决策部署，要站在全局和长远发展的角度把政策理解透、理解准、理解到位，才能真正落实好上级决策部署，配合完成整体工作安排和全局任务落实；其次就是要努力结合实践创新，把决策部署、政策优势与具体实践结合起来，创新性地完成工作任务，取得最大的实践成效。

西部地区区域协同发展的组织保障，既要充分发挥上层机构的领导力，不搞一刀切、不搞统一模式，既不搞大规模的"运动战"又不搞零敲碎打的"麻雀战"，而要鼓励基层组织和人民群众的创新，把政策支持、技术支持、人才支持同区域实践创新、长远发展和自我发展能力培育结合起来；更要发挥基层机构的执行力作用，让基层单位成为领导区域发展及其与邻域协同推进的坚强核心力量，尤其是村级组织必须克服涣散的弊端，成为带领农户产业发展和推动农业农村现代化建设的中坚力量，只有把农户组织起来发展、只有让他们自己站起来主动发展，才能真正实现可持续的协同发展。

（二）政策支持有力

政策支持就是区域协同发展的导引,引领区域向哪里发展? 怎么发展? 以及发展目标确定及其实现的政策支持。西部地区在西部大开发新格局构建、前期脱贫攻坚帮扶和正在推进的乡村振兴帮扶等政策措施激励下,已形成了比较完整的政策支持体系,为其实现小康社会、建设农业强国和全面推进现代化建设提供了强有力的政策支持。因此,首要的是执行好既有政策,将其落实在、落细致、落到位,其次才是争取新政策谋划新发展。

1. 谋求区域协同发展新区划的政策支持

积极谋划区域协同发展,从国家层面争取更多的跨区域协同发展政策支持。区域协同发展先从其区划编制开始,通过区域协同发展规划,以及在中央、省(自治区、直辖市)政策支持下实现其快速发展。长期以来,区域经济发展实践都是遵循极化理论原则推进的,就是在一个给定区域造就几个极点,最典型的极点是依托城市的发展中心,如西安是陕西的发展中心,就是一个典型的发展极。极点有大有小,大到城市小到园区都可以成为发展的极点,以极点为中心通过扩散效应和回波效应成为带动周边区域发展的核心。但是,极点的过快增长又会带来周边区域无法更好地支持、承载其发展,尤其是人口和资源承载,从而造成极点由盛转衰的发展和极点与周边区域不断扩大的发展差距。因此,当极点发展到一定程度以后,就需要集合现有极点对外辐射的边缘区,造就几个新的跨区极点,成为区域经济发展的新增长点,深圳特区、雄安新区建设就是再造的新增长极点。西部地区已经有相应的区域发展中心,形成了西安、成都、重庆三个大的发展极点,但是,任何一个极点的辐射带动都会受到辐射半径约束,在秦巴片区的毗邻区域所能接受到的辐射带动作用就弱,因此,需要以毗邻区为对象,打造一个新的极点,成为接收三大区域中心辐射并带动区域发展的协同中心,即打造陕甘川毗邻区域协同中心,把乡村振兴发展、生态文明建设、科创中心打造、内陆对外开放高地建设有机统筹起来,形成山区城市协同推进生态环境保护与乡村振兴的样板。

2. 产业发展政策引领培植中高端产业链

以产业发展政策为引领,积极培植中高端产业链,构建区域协同发展产业支撑体系。产业发展滞后是西部地区经济发展滞后的主要原因,缺乏产业支撑带来了就业困难、收入低下、资源开发利用不足、市场规模限制等一系列问题,这些因素的交互作用进一步加深了产业发展难度。尤其是产业链不全和产业链低端,降低了产业发展的生存能力、竞争力和盈利能力,从而出现了有生产无盈利、有市场无规模,其带动性、辐射性都有限。因此,必须出台更加有效的产业支持政策,构建全产业链,推动产业链向中高端发展,带动更多乡村振兴帮扶户发展。

3. 财政税收金融政策支持助力产业发展

西部地区因产业发展弱需要财政、税收与金融政策的支持和联动帮扶。首先需要财政政策帮扶,基础设施和公共设施建设滞后,生态保护建设任务重,需要更大更多的资金投入建设,如果依靠西部地区的自我资本积累完成基础设施建设任务,需要更长的时间,面临更大的困难,财政资金帮扶能尽快完成其设施建设和生态保护重任。其次需要税收政策优惠,西部地区的产业发展弱,可以通过差别税率制度,让其乡村振兴帮扶区的产业发展得到税率优惠,以税率空间换取利润空间,提高产业生存能力和竞争实力,让税收成为其产业发展的强大助力。再次需要金融政策支持,通过倾斜性政策支持,既要把资金流引向西部,增强投资西部乡村振兴帮扶区的意愿,提高资金流规模,加快资金流动速度;又要把西部的闲置资金、分散资金和沉睡资金激活,形成资金的集中化、规模化使用,增强资金流动性,让沉睡资金活起来、动起来,发挥职能、产生效应。

4. 不摘帮扶政策注入长期持续发展动能

巩固脱贫攻坚成果,坚决落实脱贫摘帽不摘帮扶政策要求,在决胜脱贫攻坚全面建成小康社会的基础上,衔接乡村振兴战略,推动其在乡村振兴帮扶下持续发展。西部地区决胜脱贫攻坚后,其发展滞后的问题依然存在,甚至在相当长时间内不会消除、不会减弱,收入、条件等发展差距在新时期的发展中依旧出现,在全面建设现代化和推进共同富裕进程中还存在短板。因此,必须有力贯彻"四不摘"政策,保持贫困帮扶到乡村振兴帮扶的有机衔接,以持续帮扶推动其持续发展①,确保其在同步小康基础上也能同步迈入全面现代化征程。

(三) 自我创新引领

创新是引领区域协同发展的核心动能,必须坚持创新发展,为西部地区区域协同发展提供技术支持和发展动能,逐步形成持续创新和自我创新机制。

1. 坚持全面创新发展

习近平总书记在广东考察时指出:要"全方位推进科技创新、企业创新、产品创新、市场创新、品牌创新"②,要形成"科技创新和制度创新'双轮驱动'"③的协同创新机制。因此,必须坚持全面创新发展,抓牢理念创新、理论创新、科技创新、制度创新、管理创新、服务创新和实践创新。理念创新是先导,西部地区必须要有新理念,把理念创新放在首位,一要彻底抛弃"等靠要"思想,始终围绕"经济建设"中心和主线,把主动发展、自我发展、协同发展放在心中、落在实处;二要树牢"变"的意识,不能墨守成规、遵循旧的生产模式,守住一亩三分地过日子,必须改旧习、摒陋习、立新规,转变发展观念和生产生活方式,发展规模农业、园区农业、设施农业等现代农业,建设集体农场和家庭农场,真正提高山区农业发展效率;三要坚持共富和共享原则,促进邻域间的

---

① 吴宇、许元博:《后扶贫时代巩固脱贫成果的动态模式》,《河北大学学报(哲学社会科学版)》2021 年第 2 期。

② 中共中央文献研究室:《习近平关于科技创新论述摘编》,中央文献出版社 2016 年版,第13 页。

③ 《习近平谈治国理政》第三卷,外文出版社 2020 年版,第 250 页。

共同发展、促进农户间的同步发展。加强理论创新,结合西部地区丰富的实践,不断总结经验,把伟大的脱贫攻坚精神载入理论创新史册,同样把区域协同发展、山区创新发展、人民共享发展等实践创新案例总结为发展规律、理论经验,不断丰富创新理论,推动创新实践。

2.推动技术创新支持

抓住科技创新这个牛鼻子,增强西部地区科技创新的底气和自觉,着力开展根植于发展实践的技术创新,让创新更接地气,更能发挥实践效能。对于乡村振兴帮扶县来说,"能用"的技术、"有效(益)"的技术远远比那些重大的理论创新好、更能促进发展。一是开展科技管理体制机制创新,把激发创新意识、重奖创新成果及其应用放在第一位,以制度保障构建起良好的创新生态;二是搭建创新平台,把引进创新成果、推进技术应用作为首要目标,形成聚合国内外创新资源推动帮扶县发展的有效机制;三是构建多层次创新人才发展机制,把"土专家"和职业农民、农民企业家纳入创新人才培养范畴,推动实用和适用技术开发,发展"小众"产品生产,为"小""精""特""新"产品生产和产业发展提供强大的技术支持;四是强化创新成果推广与应用,不能让创新的供给与需求割裂开来,强化供需对接和产业化应用,让创新成果变成发展动能、现实产品和区域品牌,产出经济效益、促进收入增长、推动持续发展。

3.加强管理创新力度

管理出效益,通过管理创新提高劳动生产率,列宁评价泰勒制时指出,泰勒制"是一系列的最丰富的科学成就,即按科学来分析人在劳动中的机械动作,省去多余的笨拙的动作,制定最精确的工作方法,实行最完善的计算和监督机制等等"①。西部地区必须进行管理创新,提高人员工作效率、组织运行效率和劳动生产效率,最终实现有效资源、有限资本的利用率和商品产出率提

---

① 《列宁选集》第3卷,人民出版社1995年版,第492页。

高。一要进行管理机制创新,建立区域协同发展机制,形成能有效统筹邻域优势资源的管理机制,强化监督与约束①,为其协同发展提供制度保障;二要进行企业管理创新,引入先进的企业组织模式和管理方式,让企业担当起引领发展的创新主体和效率革命的承载体;三要进行商业模式创新,在电子商务和网络贸易基础上,通过全面数字化联结生产者和消费者,建立以数字经济为核心的立体化商业消费网络,让西部地区以高起点的商业模式构建推动区域协同发展。

4.形成自我创新机制

"外因是变化的条件,内因是变化的根据,外因通过内因而起作用"②。帮扶只是乡村振兴帮扶县区域协同发展的外因,是促进其区域协同发展的外部助力,强大的外部助力能促进其快速发展和高质量发展。但是,助力不是主力,外因不是内因,西部地区的发展还得靠自己努力,靠内因起作用,只有自己才知道自己最需要什么,自身优势和发展方向在哪里,也只有当地居民才是构筑代内代际利益共同体的最大需求者。因此,要围绕自我发展能力提升形成自我创新机制,造就"融合了产业创新的科技创新"驱动力。③ 以区域最适用的创新解决区域发展难题,以地方的小创新引来外部的大创新,汇聚各方创新资源形成最大创新效能,为其自我发展提供持续动能。建立自我创新机制就要确保科技管理组织机构建设和建立区域常态化创新机制。建立自我创新机制就必须率先从组织上保证对科技创新的重视,建立市级层面的市委科技创新委员会或市政府科技创新领导小组,建立统筹科技创新工作的市县(区)科技局,把科技创新工作、创新成果应用与推广、科技资源统筹、科技普及等工作统筹起来,逐步扩大全社会研发经费投入,开展常态化的创新对接活动,让创

---

① 沈满洪、陈海盛、应瑛:《绿色信用监管制度:理论逻辑、关系演化与实践路径》,《浙江学刊》2023 年第 2 期。

② 《毛泽东选集》第一卷,人民出版社 1991 年版,第 302 页。

③ 洪银兴、刘爱文:《内生性科技创新引领中国式现代化的理论和实践逻辑》,《马克思主义与现实》2023 年第 2 期。

新动起来、活起来。

（四）以民为本谋篇

1. 坚持"以人民为中心"的发展思想

中国共产党以为人民服务为根本宗旨,作出了"为中国人民谋幸福,为中华民族谋复兴"的庄严承诺。西部地区的乡村振兴重点帮扶必须坚持"以人民为中心"和"发展为了人民",问民计、解民忧、排民难、供民需。始终把争取和保障人民群众的发展权利放在首位,围绕人民群众的根本利益诉求开展服务,"给人民群众带来实实在在的利益",努力提高人民群众的获得感。推动人们收入持续增长并不断缩小收入分配差距,努力改善相对落后条件制约,逐步构建起"以人民为中心"的创新链条、利益分配模式和区域协同发展机制。高度重视西部地区人口的全面发展,更要为其全面发展创造条件,努力提高教育资源的公平分配,改善西部地区办学和人力资源培训条件,共享科技进步、改革发展和人类文明知识传承的利益。

2. 区域协同发展是共同富裕的实现机制

"共同富裕"是社会主义的本质特征,如果说乡村振兴帮扶是为了实现人口上的先富带后富,促进人与人间的共同富裕;那么,区域间协同发展就是为了实现区域上的先富带后富,促进区域间的共同富裕,因此,区域协同发展是共同富裕的重要实现机制。

首先,区域间的共同富裕本身就蕴含了各区域内的人口共同富裕。协同发展着的两个及以上区域如果实现了共同富裕,那么,其中的任何一个区域都应该是实现了共同富裕的,按照这个逻辑分析,区域内的人也应该是实现了共同富裕的,从而实现了由个人到区域再到区际的共同富裕推进路径。

其次,区域协同发展就是要聚合两个以上区域实现共建共享共富发展。区域协同发展就是要聚合两个以上区域的发展要素,通过区域间的协同发展机制,促进统筹要素的区内区际调配,推动区域间的生态环境保护与经济社会发展的共建共享，实现其共同发展、同步发展、共享发展，最终达成共同富裕目标。

最后，区域协同发展的带动示范效应会推动更大区域的协同发展。不断扩大发展的协同面、充实协同要素，就会把更多的区域纳入协同发展体，当这种协同发展体惠及所有区域，形成全国性的协同发展，也就构成了全面共同富裕的实现。当然，这种共同富裕也是存在差异的，如区域特色差异、时间先后差异和富裕程度差异。

3.经济生态协同发展是公平发展的需要

公平发展是每个人的追求和梦想。公平体现在各个方面，可以是过程公平、结果公平，可以是前提公平、程序公平，可以是机会公平、条件公平，可以是分配公平、能力公平，可以是效率公平、收入公平等，但最大的公平是代内公平和代际公平，经济与生态两个建设、两个文明、两个共享的协同发展是代内代际公平发展的根本体现。

第一，两个建设并重是"两山"理念的根本要求。习近平总书记强调：绿水青山就是金山银山，既要金山银山更要绿水青山。因此，加强生态建设和推进经济建设是落实"两山"理念的根本要求，其基本要求就是加强经济建设发展物质文明的同时，不能削弱生态建设力度，实现经济与生态两个建设并重，实现二者同步发展。区域协同发展必定是全面建设和全面发展，是"五位一体"的总体布局，也就必然内含着经济建设和生态建设，是西部地区生态环境保护与乡村振兴协同推进的必备内容，其中生态环境保护代表了生态建设，乡村振兴就代表了经济建设，以绿色发展统筹两个建设的同步推进。

第二，两个文明都是人民群众的根本利益。物质文明依靠经济建设实现，解决的是"发展不平衡不充分"矛盾，解决的是人们收入增长和落后条件改善问题，服务于乡村振兴帮扶和农业农村现代化建设，这是西部地区当下急需解决的发展问题。生态文明建设是长远大计，解决的是生态资源分布不均衡、供需不平衡和代际共建共享问题，一方面，西部有丰富的生态资源，是国家重要的水源地和能源化工基地,南水北调、西气东输有力地改善了水资源空间分布不均衡和能源供给问题;另一方面,也存在内部生态资源分布不均衡和生态脆弱问题,需要生态建设上的"补短板"和"强优势"并举,生态建设的成就也为西部地区优先享受,并促进其走上高质量发展道路。因此,两个文明建设都是西部地区的根本利益,必须通过区域协同发展统筹两个文明建设。

第三,生态是比经济更大的公共共享资源。乡村振兴帮扶、收入增长与公平分配以共同富裕为目标,能够实现经济建设成就的共建共享共赢,西部地区的收入增长、产业发展和全面建成小康社会就是最好的证明。同样,生态资源的溢出效应更需要共建共享,其公共共享特性远优于经济发展成就的共享。生态资源的培植与维护让邻域内的所有人共享了其效应,这与参与者建设、贡献者收益、再分配调节的经济效应分享而言,受益面更大更广,时间更长,更需要聚合各区域的资源优势与基础条件共同建设,实现生态与经济区域共建共享的协同发展。

第四,强化代际传承基础是当代人的责任。文明是不断传承、延续和发展壮大的,我们承继了上代人留下的物质基础和文明条件,在此基础上才创造了我们自己美好的生活环境,后代人也只能在我们创造的文明基础上发展,那是他们发展的"起跑线"。因此,当代人要为后代人创造良好的建设基础和发展条件,尤其是代际共享的资源培植与条件建设,如固定的大型生产设施、良好的生态资源储备、优秀文化等,这是当代人义不容辞的建设重任。

4.协同发展是农村居民发展权利的保障

收入差距是实现共同富裕的最大障碍,城镇居民收入差距过大导致财富在少数人手中聚集,出现财富的不公平分配。收入差距及农村居民发展权是西部地区共富发展的首要障碍,区域协同发展有助于保障欠发达地区,尤其是山区农村居民的发展权,推动城乡居民同步发展、共同富裕。

首先,收入差距是共同富裕的最大制约。收入差距是个多层次问题,包括城镇和农村居民收入差距,全国和各区域的最高收入、平均收入、中位数收入和最低收入存在很大差距;包括区际之间的收入差距,发达省区和欠发达省区间的收入差距,如 2022 年陕西省居民人均可支配收入只有江苏省的 60.4%,其中,城镇居民人均可支配收入只有 70.5%,农村居民人均可支配收入则只有 55.1%;包括城乡居民的收入差距,以全国、陕西省和汉中市的城乡居民收入比来看,处于秦巴山区乡村振兴帮扶县集中区域的汉中市 5 年来的城乡居民收入比由 3.01 下降为 2.73,下降了 9.3%,但其与陕西省和全国平均水平比,还是比较高,以 2022 年为例,高于全省 1.1%、全国 10.3%(见表 4-1)。收入差距及其不断扩大的趋势成了共同富裕的最大障碍和重要制约。

表 4-1　汉中、陕西与全国的城乡居民收入对比

年份	城乡居民收入比(以农村居民收入为 1)		
	汉中	陕西	全国
2018	3.01	2.97	2.69
2019	2.96	2.93	2.64
2020	2.88	2.84	2.56
2021	2.80	2.76	2.50
2022	2.73	2.70	2.45

数据来源:全国、陕西和汉中市相应年度统计公报。

　　其次,农村居民发展权需要自我发展保障。共同富裕不是把高收入拉低,更不是把高收入者的收入平衡给低收入者,而是要不断促进低收入者的发展,依靠发展促进收入增长,实现同步发展和共同富裕。目前最大的收入差距问题是西部地区农村居民收入低,保障发展权和促进其自我发展是最根本的出路。以乡村振兴发展为统揽,以绿色发展为抓手,构建根植于自我发展能力的、人人参与的区域协同发展机制,是对农村居民发展权利的根本保障。

　　最后,乡村振兴需要两个区域协同发展。一个是农村邻域间的协同发展,一个是城乡邻域间的协同发展,两个区域协同发展的相互支撑带动整个后发地区的发展,形成城镇、城郊和乡村的梯次辐射、带动发展格局,为农村居民发

展权利提供更全面更有效的保障。由于西部地区的发展基础弱、自我发展能力低,邻域间的协同发展能力有限,所能承载的发展容量和带动性有限。因此,必须加入城乡邻域协同发展元素,依靠城市或城镇带动周边农村发展,从而形成不断向外扩展、辐射、延伸的梯次发展格局,既保障了农村居民发展权,更有助于缩小城乡差距推进共同富裕。

第五章　西部地区生态环境保护与乡村振兴协同推进的利益补偿

　　"生态补偿脱贫一批"为西部地区脱贫攻坚注入了强大的资本资金力量,是我国脱贫经验的重要内容之一。西部地区的生态位势高、区域差异大,在这样的情况下推动区域协同和要素统筹发展是难题、发展滞后约束下的生态保护动力不足要实现经济与生态协同发展也是难题;成本补偿和生态资源购买价格确定的补偿标准、财政转移支付的单一补偿模式,不能解决西部地区生态保护投入不足和发展滞后相互交织难题,因此,必须探索分类补偿模式,构建多主体多层次多模式的综合补偿机制。本章在西部地区生态环境保护与乡村振兴协同推进的利益补偿重要性、必然性、现实性和可行性的理论分析基础上,探讨了其利益补偿的实现机制及其多元补偿主体、多层补偿方式和多种补偿模式。作为联结生态环境保护与乡村振兴发展,实现其协同推进的核心纽带,利益补偿就是为其协同推进搭建持续保护与永续发展的利益保障机制。

第一节　理论分析

　　西部地区生态环境脆弱,地质灾害、自然灾害频发,落后面宽、量大、程度深,经济发展滞后的问题突出,各种因素多维交织,是过去最为关键的脱贫攻坚主战场,也是现在最为重要的乡村振兴重点帮扶区域。加快构建其生态环境保护与乡村振兴协同推进的利益补偿机制,以利益链条联结生态环境保护与乡村振兴,以内在动力牵引生态文明建设、乡村振兴、农业强国和农业农村现代化建设,推进西部地区经济社会可持续发展、加快推进乡村振兴,促进全面现代化,与发达地区同步实现共同富裕目标。

一、协同推进利益补偿的重要性

西部地区拥有丰富的生态资源,是国家"重要的生态安全屏障""我国主要的江河发源地""森林、草原、湿地和湖泊等集中分布区,从苍山洱海到玉门昆仑,西部地区因其秀美的山川、迅速发展的经济和重要的生态安全地位"①,其中,西部的青藏高原是"我国乃至南亚、东南亚地区的'江河源'和'生态源',更是亚洲乃至北半球气候变化的'启动器和调节器',是我国重要生态屏障和安全屏障,其丰富的动植物资源,对我国科学研究与经济发展有其特殊的生态战略地位"②;也有生态环境很脆弱的地区,是我国"沙尘暴的发源之地";还是过去的集中连片特困区的主要区域,现在的乡村振兴重点帮扶县集中区,根据国务院扶贫开发领导小组办公室 2012 年确定的"国家扶贫开发工作重点县名单",全国 592 个贫困县,其中,西部 375 个占 63.34%,其中最多的省份分别是云南 73 个、贵州 50 个、陕西 50 个、甘肃 43 个,4 个省的贫困县就占了西部贫困县的 57.6%;2021 年中央农村工作领导小组办公室和国家乡村振兴局发布《关于公布国家乡村振兴重点帮扶县名单的通知》,全国 160 个国家级乡村振兴重点帮扶县全部在西部地区。因此,构建多元分类补偿机制构筑国家西部生态安全屏障,是落实"五位一体"总体布局要求,是深化"生态补偿脱贫一批"、推动区域"协调发展"和促进"共同富裕"的根本要求。

---

① 何家振:《西部地区是中国重要生态安全屏障》,人民网,2010 年 12 月 2 日。
② 张平军:《西部生态建设是全国的生态安全屏障》,《未来与发展》2010 年第 5 期。

（一）落实"五位一体"总体布局，构筑国家的西部生态屏障

党的十八大确立了落实科学发展的"五位一体"总体布局，全面落实"经济建设、政治建设、文化建设、社会建设、生态文明建设"[1]，习近平总书记指出，"中国特色社会主义是全面发展的社会主义"，要"坚持以经济建设为中心，在经济不断发展的基础上，协调推进政治建设、文化建设、社会建设、生态文明建设以及其他各方面建设"[2]。在党的十九大报告中再次强调要"统筹推进经济建设、政治建设、文化建设、社会建设、生态文明建设"，要"建设美丽中国"，推动绿色发展，构建人与自然"生命共同体"。党的二十大提出了"中国式现代化"建设任务，建设"人与自然和谐共生的现代化"。2023年中央经济工作会议要求"深入推进生态文明建设和绿色低碳发展""建设美丽中国先行区，打造绿色低碳发展高地""完善生态产品价值实现机制"。西部地区是国家重点生态功能区比较集中的地区，有丰富的生态资源需要保护，必须按照长效机制设计其系统、持续保护，绝对不能先污染破坏后治理修复；同时，也不能只有保护，还必须根据生态资源禀赋和经济社会发展需要进行适度开发，把生态环境保护、生态修复与生态资源开发有机结合起来。西部地区也有大量的生态脆弱区，如西南岩溶山地石漠化生态脆弱区、西南山地农牧交错生态脆弱区、青藏高原复合侵蚀生态脆弱区等典型的生态脆弱区域[3]，其脆弱性生态的修复与改善必须有相应的投入，也就需要相应的生态补偿对其改善状况给予补偿。通过生态补偿机制，强化对优势生态资源的保护和脆弱、破坏生态环境的修复，培植人们持续保护生态环境和保障生态服务持续供给的积极性，形成生态环境保护的长期机制和生态服务可持续供给机制，筑牢国家的西部生态安全屏障。

---

[1]　胡锦涛：《坚定不移沿着中国特色社会主义道路前进　为全面建成小康社会而奋斗——在中国共产党第十八次全国代表大会上的报告》，人民出版社2012年版，第9页。

[2]　《习近平谈治国理政》，外文出版社2014年版，第11页。

[3]　刘军会、邹长新、高吉喜等：《中国生态环境脆弱区范围界定》，《生物多样性》2015年第6期。

生态补偿制度就是要落实生态保护权责、促进全社会参与保护,共同建设推进生态文明,助力中国式现代化建设。① 随着生态补偿政策的深入推进,补偿主体多元化、补偿方式多样化、补偿范围逐步扩大,2018 年 12 月国家发展和改革委员会等 9 部门联合印发《建立市场化、多元化生态保护补偿机制行动计划》,以提高生态补偿绩效,建立健全生态保护补偿机制。② 郑云辰等认为多元化生态补偿机制的核心是依托多元补偿主体分担一个共同的补偿量,通过协作运营,实现补偿方式的多样化,以提高补偿效率。③ 国内积极开展了市场化多元化生态补偿机制的实证与理论研究,以充分发挥生态补偿在生态环境保护、扶贫脱贫和乡村振兴工作中的重要作用。刘芬通过湖北省乡村旅游生态补偿的实证研究,发现因区域乡村旅游发展基础和方式的不同,不同区域的补偿机制存在主客体和补偿方式选择上的差异。④ 朱建华等以贵州赤水河流域为例,探索了流域尺度基于市场化信托基金模式的资金补偿机制框架。⑤ 刘桂环等根据生态补偿实践,在总结市场化多元化生态补偿难点的基础上,提出"进一步发挥政府的统筹协调作用""完善以发展权为主体的交易方式""创新生态产品价值实现途径"等深入推进市场化多元化生态补偿的对策建议。⑥ 郗永勤等从流域生态系统利益主体角度,提出以权责一致、公正公开,共建共享、多元参与,政府主导、市场主体,补偿先行、扶贫并重为准则,构建"政府引导、市场运作、社会参与、沟通联结、系统运行、科学管理"的流域生

---

① 钱海:《生态文明与中国式现代化》,中国人民大学出版社 2023 年版。

② 林璐茜、刘通、高怿:《构建生态保护补偿机制关键要素探讨——以赤水河流域为例》,《开发性金融研究》2021 年第 4 期。

③ 郑云辰、葛颜翔、接玉梅等:《流域多元化生态补偿分析框架:补偿主体视角》,《中国人口·资源与环境》2019 年第 7 期。

④ 刘芬:《湖北省乡村旅游多元化生态补偿机制构建》,《中国农业资源与区划》2018 年第 6 期。

⑤ 朱建华、张惠远、郝海广等:《市场化流域生态补偿机制探索——以贵州省赤水河为例》,《环境保护》2018 年第 24 期。

⑥ 刘桂环、朱媛媛、文一惠等:《关于市场化多元化生态补偿的实践基础与推进建议》,《环境与可持续发展》2019 年第 4 期。

态补偿机制。① 任林静等人在《生态脆弱区退耕还林工程的减贫机制研究》②著作中,强调了"生态补偿政策对增进农户福祉的重要作用"。"生态补偿机制是我国农村地区人口与资源环境可持续发展的重要抓手,是践行'两山'理念和绿色发展理念的重要载体""同时也是生态扶贫发展模式和生态产品价值转化实践的重要创新",并从"政策瞄准、政策执行、后续发展"等环节探索了生态补偿增进农户福祉的路径。③ 因此,必须构建市场化、多元化生态补偿机制④,但具体实施方案也必须因地制宜、因事择法,积极探索不同尺度、不同区域市场化、多元化生态补偿机制,以适应不同生态资源状况、不同经济发展水平需要,调动不同类别主体、不同区域主体的积极性,形成全面系统的生态文明建设和全国范围内的生态资源共建共享。

(二) 深化"生态补偿脱贫一批"政策,巩固脱贫攻坚战成果

《中共中央 国务院关于打赢脱贫攻坚战的决定》明确提出生态补偿脱贫一批是精准扶贫脱贫"五个一批"的重要组成部分。西部既有丰富的生物、生态资源,又是我国生态脆弱区最为集中的地区,肩负着修复生态退化、保护生态环境和消除落后约束的双重重任⑤,因生态环境具有脆弱性与不可恢复性,其生态环境状况关系到全国生态环境质量和经济社会的可持续发展,也关系到构筑国家的西部生态屏障保障全国的生态安全。生态补偿是对西部重点生态功能区发展权受限所遭受损失、生态保护与修复成本投入、生态保护贡献

---

① 郗永勤、王景群:《市场化、多元化视角下我国流域生态补偿机制研究》,《电子科技大学学报(社科版)》2019 年第 5 期。

② 任林静、黎洁:《生态脆弱区退耕还林工程的减贫机制研究》,经济科学出版社 2021 年版。

③ 杨小军:《以生态补偿增进农户福祉的路径研究—评〈生态脆弱区退耕还林工程的减贫机制研究〉》,《世界林业研究》2023 年第 2 期。

④ 张怀英、苟凯歌、周忠丽:《乡村振兴与绿色发展协同推进的多元机制研究——以武陵山为例》,《南方农机》2022 年第 20 期。

⑤ 王立安、钟方雷、苏芳:《西部生态补偿与缓解贫困关系的研究框架》,《经济地理》2009 年第 9 期。

及其效应分享的弥补,补偿资金不仅能够激发当地居民生态保护积极性,还对经济困难农户的生计资本产生了重要影响①②,有效激发了农户保护生态环境、发展生产建设农业强国和人与自然和谐共生现代化的热情,并且生态补偿标准的提高在一定程度上可以改善和优化农户的种植决策③。

作为"位于国家重点生态功能区内的贫困县,具有生态功能区保护和脱贫攻坚的双重属性"县域,面临着生态环境保护与乡村振兴发展的双重约束,因此,必须充分利用生态补偿政策,实现生态环境保护与乡村振兴的协同推进。生态补偿脱贫曾是助力脱贫攻坚的强大动力,双重属性县域双重约束难题协同解决必须有生态补偿政策的全力支撑,"双重属性县域中的重点生态功能区定位要求其必须承担维持和保护自然生态格局的重要责任,双重属性县域中的国家扶贫工作重点县的脱贫攻坚任务要求其必须要提高贫困人口收入,确保其如期脱贫",协同解决其双重约束难题"就必须统筹考虑当地的经济利益和环境利益、当前收入与长远发展,充分发挥生态补偿脱贫发展政策的杠杆撬动效应,走绿色发展脱贫、长期可持续发展道路"④,这是西部地区,尤其是其中具有双重属性的县域在打赢脱贫攻坚战后,持续推动乡村振兴、促进农业农村现代化建设的重要途径和根本措施,具有十分重要的意义。

(三) 落实协调发展理念,推进西部及其与东部协同发展

区域经济协调发展是实现共同富裕和同步同质现代化的重要手段,2015年10月党的十八届五中全会强调,"实现'十三五'时期发展目标,破解发展

---

① 胡国建、陈传明、郭连超等:《生态补偿对自然保护区农户生计资本影响分析——以福建闽江源国家级自然保护区为例》,《生态经济》2018年第8期。

② Engel S., Pagiola S., Wunder S., "Designing Payments for Environmental Services in Theory and Practice: An Overview of the Issues", *Ecological Economics*, Vol.65, No.4, 2008, pp.663-674.

③ 刘某承、白云霄、杨伦等:《生态补偿标准对农户生产行为的影响——以云南省红河县哈尼稻作梯田为例》,《中国生态农业学报》2020年第9期。

④ 唐萍萍、胡仪元:《双重属性县域生态补偿脱贫发展新路径探索》,《云南民族大学学报(哲学社会科学版)》2020年第5期。

难题,厚植发展优势,必须牢固树立并切实贯彻创新、协调、绿色、开放、共享的发展理念"①,将新发展理念视为发展全局的"深刻变革"。国家"十三五"规划强调,"必须牢固树立和贯彻落实创新、协调、绿色、开放、共享的新发展理念";"十四五"规划要求"坚定不移贯彻创新、协调、绿色、开放、共享的新发展理念";《中共中央国务院关于全面推进美丽中国建设的意见》强调要"大力推动经济社会发展绿色化、低碳化"。2023 年中央经济工作会议要求"推动城乡融合、区域协调发展"。以西部地区多元分类补偿为抓手,推动其生态环境保护与乡村振兴协同推进就是要落实新发展理念,坚持协调发展就是要促进西部不平衡发展的各县区实现协调发展,及其与东部地区的协同发展,"实现辩证发展、系统发展、整体发展,解决发展不平衡问题"②。协调发展也是"持续健康发展的内在要求……在增强国家硬实力的同时注重提升国家软实力,不断增强发展整体性"③。

西部地区必须落实协调发展理念,推动西部各县(市、区)的协同发展,促进其整体发展能力与水平的上升和提高,这就需要建立健全多元性生态补偿机制,"加大重点生态功能区、重要水系源头地区、自然保护地转移支付力度,鼓励受益地区和保护地区、流域上下游通过资金补偿、产业扶持等多种形式开展横向生态补偿。完善市场化多元化生态补偿,鼓励各类社会资本参与生态保护修复"④,推动生态产品价值实现,实现绿水青山向金山银山转变转换。

国家《"十三五"脱贫攻坚规划》要求"坚持绿色协调可持续发展。牢固树立绿水青山就是金山银山理念,把贫困地区生态环境保护摆在更加重要位置,

---

① 《中国共产党第十八届中央委员会第五次全体会议公报》,《共产党员》2015 年第 21 期。
② 李宏:《"五大发展理念"是新形势下遵循发展规律破解发展难题的新科学发展观》,《西藏发展论坛》2017 年第 1 期。
③ 《中华人民共和国国民经济和社会发展第十三个五年规划纲要》,人民出版社 2016 年版,第 14 页。
④ 《中华人民共和国国民经济和社会发展第十四个五年规划和 2035 年远景目标纲要》,人民出版社 2021 年版,第 113 页。

探索生态脱贫有效途径,推动扶贫开发与资源环境相协调、脱贫致富与可持续发展相促进,使贫困人口从生态保护中得到更多实惠",推动生态保护扶贫,"建立健全生态保护补偿机制、建立稳定生态投入机制、探索多元化生态保护补偿方式、设立生态公益岗位",实现"生态补偿脱贫一批";《关于全面推进乡村振兴加快农业农村现代化的意见》强调要加强"大中小城市和小城镇协调发展"和城乡协调发展。因此,构建多元分类补偿模式,落实"协调发展"理念,促进西部地区内部及其与东部协同发展具有重要意义。

(四)落实"共同富裕"要求,促进西部地区全面同步现代化

共同富裕是人类的共同理想和奋斗目标,我国古代就有"不独亲其亲,不独子其子,使老有所终,壮有所用,幼有所长,矜寡孤独废疾者,皆有所养"①的大同社会的理想愿景。孙中山先生提出"平均地权"口号,以期实现"耕者有其田"愿望。② 共同富裕更是共产党人的不懈追求,马克思和恩格斯在《共产党宣言》中强调,未来的共产主义社会里"每个人的自由发展是一切人的自由发展的条件",实现每个人的自由发展;强调"无产阶级的运动是绝大多数人的,为绝大多数人谋利益的独立的运动","共产主义革命就是同传统的所有制关系实行最彻底的决裂;毫不奇怪,它在自己的发展进程中要同传统的观念实行最彻底的决裂"③,这里的"两个绝大多数"蕴含了实现共同富裕目标的精神基因,"两个彻底"指明了共同富裕实现的方向④。中国共产党积极探索共同富裕路径,1949 年发布的《中国人民政治协商会议共同纲领》第二十七条规定:"必须保护农民已得土地的所有权……实现耕者有其田";1953 年 12月,毛泽东提出"使农民能够逐步完全摆脱贫困的状况而取得共同富裕和普

---

① 王梦鸥译注:《礼记今注今译》,天津古籍出版社 1987 年版。
② 韩诗琳:《孙中山"平均地权"理论再思考》,《史学月刊》2020 年第 1 期。
③ 《马克思恩格斯选集》第 1 卷,人民出版社 2012 年版,第 411、421—422 页。
④ 左伟、葛巧玉:《中国特色社会主义共同富裕的理论渊源与历史逻辑》,《学校党建与思想教育》2017 年第 2 期。

遍繁荣的生活"①,正式提出了"共同富裕"目标。邓小平指出:"社会主义不是少数人富起来,大多数人穷,不是那个样子。社会主义最大的优越性就是共同富裕,这是体现社会主义本质的一个东西",进一步把共同富裕上升到社会主义本质层面,指出"社会主义的本质,是解放生产力、发展生产力,消灭剥削,消除两极分化,最终达到共同富裕"②。

党的十九大报告指出,新时代"必须坚持以人民为中心的发展思想,不断促进人的全面发展、全体人民共同富裕"③。习近平总书记强调"共同富裕是中国特色社会主义的根本原则,所以必须使发展成果更多更公平惠及全体人民,朝着共同富裕方向稳步前进"④,把共同富裕确定为中国特色社会主义的根本原则;2015 年 11 月 27 日,习近平总书记在中央扶贫开发工作会议上指出:"逐步实现共同富裕,是社会主义的本质要求,是我们党的重要使命"⑤,把共同富裕确定为社会主义本质要求和党的使命;2021 年 2 月 5 日,习近平总书记在贵州看望慰问各族干部群众时指出:"共同富裕本身就是社会主义现代化的一个重要目标"⑥,把共同富裕确定为社会主义现代化的目标。共同富裕作为本质要求成为社会主义建设的重要内容,"解决好共同富裕的问题,就是解决中国特色社会主义发展的中心问题,解决好这个问题有助于巩固和发展党的领导和社会主义制度"⑦,甚至可以说"没有共同富裕就

---

① 中共中央文献研究室:《建国以来重要文献选编》第四册,中央文献出版社 1993 年版,第 662 页。
② 《邓小平文选》第三卷,人民出版社 1993 年版,第 373 页。
③ 习近平:《决胜全面建成小康社会 夺取新时代中国特色社会主义伟大胜利——在中国共产党第十九次全国代表大会上的报告》,人民出版社 2017 年版,第 19 页。
④ 习近平:《紧紧围绕坚持和发展中国特色社会主义 学习宣传贯彻党的十八大精神——在十八届中共中央政府政治局第一次集体学习时的讲话》,人民出版社 2012 年版,第 9 页。
⑤ 中共中央文献研究室:《十八大以来重要文献选编》下,中央文献出版社 2018 年版,第 52 页。
⑥ 《习近平春节前夕赴贵州看望慰问各族干部群众 向全国各族人民致以美好的新春祝福 祝各族人民幸福吉祥祝伟大祖国繁荣富强》,《人民日报》2021 年 2 月 6 日。
⑦ 王伟光:《走共同富裕之路是坚持中国特色社会主义的战略选择》,《红旗文稿》2012 年第 1 期。

不是社会主义"①。

　　西部地区作为我国社会主义同步现代化不可分割的一部分,必然是共同富裕整体中不可缺少的一份子。落实共同富裕要求,构建多元生态补偿机制,以利益补偿体现西部地区生态多样性和生物资源丰富的资源价值,体现西部人民在生态保护中的贡献;以生态补偿弥补西部人民生态保护投入成本和发展的机会成本损失,助力其在弱能状态下培植自我发展能力,筑牢长效生态环境保护的根基;以生态补偿形式参与生态效应分享,让西部地区人民共享全国经济、社会、文化与科技进步的效益,实现区域间的协调发展、同步现代化和共同富裕,消解发展不平衡、不充分及其所带来的两极分化,实现中国式的"全民共富",在"高质量发展中动态、渐进、逐步走向富裕",实现有差别性的普遍富裕②;消解人与自然的矛盾,推动西部地区生态环境保护和经济社会的协同、和谐与永续发展,在高质量发展中实现共同富裕③。

二、协同推进利益补偿的必然性

　　西部地区具有特殊的地理空间格局、自然生态环境与复杂的落后成因,忽视生态环境保护难以实现全面、长久和持续发展;忽视经济社会发展和乡村振兴而一味地强调生态保护无法实现全面小康和共同富裕,因此,区位差异、发展不平衡、承接能力差异和资源容量差异,决定了必须以利益补偿为纽带把二者统筹起来,走生态环境保护与乡村振兴协同推进的绿色发展道路。

---

　　①　侯惠勤:《论"共同富裕"》,《思想理论教育导刊》2012年第1期。
　　②　唐任伍、孟娜、叶天希:《共同富裕思想演进、现实价值与实现路径》,《改革》2022年第1期。
　　③　张晖:《在高质量发展中促进共同富裕:演进逻辑、现实阻碍与实践进路》,《北京联合大学学报(人文社会科学版)》2023年第4期。

（一）区位差异是其协同推进利益补偿的首要必然性

自然资源禀赋本身就存在地理空间分布差异,而呈现出地域性、独特性特征。我国地大物博、地理空间跨度大,使其区域性特征更为明显。从地形上看西高东低,呈阶梯状,平原、盆地镶嵌于高原、山地之间,地形复杂多样,山地、丘陵和高原的面积占全国土地总面积的69%,自然资源和生态环境具有分布的区域性、独特性、综合性等特征。

1.地理空间格局的生态位势差异决定了利益补偿的必然性

我国经济地理分布的基本特征是经济发达区的生态位势相对低,自然生态资源比较短缺,而欠发达地区生态位势相对较高,自然生态资源较丰富。无论是从地带划分看(东部、中部、西部),还是从次一级的区域看,向社会提供大量生态服务的地区、生态脆弱和环境敏感区,基本上是经济社会发展较滞后的区域,如长江、黄河等大江大河的上游地区,生物多样性丰富的云贵等省的山林地区,以及内蒙古和西北农牧交错地带等①。西部地区与退耕还林还草区、生态脆弱区,以及国家重点生态功能区中的限制、禁止开发区具有高度的空间重合性②③,全国有434个县既属于国家重点生态功能转移支付县,同时属于过去的国家扶贫工作重点县④,占全国676个生态功能区县的64.2%,占全国22个省832个国家级贫困县的52.2%⑤。西北地区的六盘山集中连片特困区常年干旱少雨,但年均蒸发量大,霜冻、冰雹、沙尘暴等自然灾害频发,坡陡沟深、水土流失严重、土地贫瘠,生态环境极度脆弱,农业生产效率比较低

---

① 郑雪梅、韩旭:《建立横向生态补偿机制的财政思考》,《地方财政研究》2006年第10期。
② 陈健生:《论退耕还林与减缓山区贫困的关系》,《当代财经》2006年第10期。
③ 刘慧、叶尔肯·吾扎提:《中国西部地区生态扶贫策略研究》,《中国人口·资源与环境》2013年第10期。
④ 张化楠、接玉梅、葛颜祥:《国家重点生态功能区生态补偿扶贫长效机制研究》,《中国农业资源与区划》2018年第12期。
⑤ 《全国832个国家级贫困县全部脱贫摘帽》,2020年11月23日,央视网,见http://www.xinhuanet.com/2020-11/23/c_1126776790.htm。

下,贫困问题突出;西南地区的滇桂黔集中连片特困区干旱洪涝灾害频发,石漠化面积达4.9万余平方公里,可耕地面积较少且土壤贫瘠,人均耕地不足1亩,生态资源环境的总体承载能力较低。总体来看,曾经的贫困县有80%以上、贫困人口有95%以上分布在自然生态环境较脆弱区域,尤其是曾经的集中连片特困区其生态环境脆弱指数与贫困指数高度相关,相关系数达到0.8以上①。因此,对不同生态位势区域应根据其生态位和生态效应贡献给予一定补偿,以促进人们的生态环境保护,推动低收入群众增收,达成生态环境保护与乡村振兴协同推进的绿色发展目标。

2. 自然环境区域性决定了区域生态系统服务价值的差异性

根据资源环境承载能力和工业化城镇化发展强度,2010年国务院印发了《全国主体功能区划》,其中,限制开发区中的国家重点生态功能区生态系统服务功能具有独特性,部分生态资源及其服务功能还具有唯一性,这就决定了其生态系统服务价值的差异性和独特性。青藏高原光照和地热资源充足,植被多为天然草地;云贵高原是典型的喀斯特地貌,属于亚热带季风气候,生物多样性丰富;秦巴生态功能区垂直地带性明显,森林覆盖率高,生物多样性显著,生态地位尤为重要。

3. 生态系统服务功能的差异性决定了其利益补偿的差异性

不同土地生态系统的生态系统服务功能不同,使生态系统服务价值存在明显差异。森林提供的总服务价值最高,占我国总生态系统服务价值的46%,其次是水域和草地。我国生态系统服务单位面积价值,在总体上呈现出东南向西北递减的态势。② 生态系统服务价值评估是生态补偿机制运行的根本依据,不同地域的生态系统具有不同的生态服务功能,区位差异会造成生态系统的地域差异,从而使西部地区生态补偿必然具有区域差异,呈现多元化的

---

① 曹诗颂、王艳慧、段福洲等:《中国贫困地区生态环境脆弱性与经济贫困的耦合关系——基于连片特困区714个贫困县的实证分析》,《应用生态学报》2016年第8期。
② 谢高地、张彩霞、张昌顺等:《中国生态系统服务的价值》,《资源科学》2015年第9期。

特点,因此,必须从不同的生态资源及其相应的区域特征出发构建不同的生态补偿机制,形成多元性、多类型的生态补偿模式,从而使区位差异成为其协同推进利益补偿的首要必然性。

(二) 发展失衡是其协同推进利益补偿的关键必然性

生产力的发展推进生产关系不断进步、分配关系不断改革完善,但是,生产力的发展永远跟不上人们对美好生活的向往和更高品质生活的需求,从而形成人民群众日益增长的美好生活需要和不平衡不充分发展间的矛盾,这已成为我国当前发展的主要矛盾。作为社会主义初级阶段,发展不平衡是绝对的,平衡发展则是相对的,正是不断地由不平衡不充分发展到平衡和充分发展转换,据此又产生新的不平衡和新的矛盾,形成一个不断循环往复的"螺旋式上升过程",推动区域经济社会不断向上发展。我国区域发展存在显著失衡状况,从大格局来看,最大区际不平衡是东中西部三大区域的不平衡发展,但由于资源约束和发展基础限制,西部发展缓慢,短期内难以形成平衡发展和同步、共享全国发展成果的能力与水平。东部、中部、西部界限明显、对比鲜明。根据国家统计局数据,40多年来东部、西部差距在逐渐缩小,但仍然存在较大差距:2017年,东部、西部地区人均 GDP 分别为 84595元和 45522 元,其相对差值是 1.9 倍;人均地方财政一般公共预算收入分别为 9874 元和 4736 元,其相对差值是 2.1 倍;人均地方财政一般公共预算支出分别为 13710 元和 13353 元,其相对差值是 1.0 倍;城镇化率分别为 67.0%和51.6%,相差 15.4 个百分点。① 以 2020 年东中西部的人均可支配收入为例,见表5-1。

---

① 国家统计局核算司:《区域发展战略成效显著 发展格局呈现新面貌——改革开放 40年经济社会发展成就系列报告之十六》,见 http://www.gov.cn/xinwen/2018-09/14/content_5321859.htm。

表 5-1　2020 年全国东中西部人均可支配收入情况对比

（单位：元）

	全体居民	城镇居民	农村居民
东部地区	41239.7	52027.1	21286.0
中部地区	27152.4	37658.2	16213.2
西部地区	25416.0	37548.1	14110.8

资料来源：国家统计局：《中国统计年鉴 2021》，中国统计出版社 2021 年版。

从表 5-1 中可见，即使是全面建成小康社会，西部地区的全体居民人均可支配收入、城镇居民人均可支配收入和农村居民人均可支配收入均低于东部与中部地区，西部地区的三个收入分别仅占东部地区的 61.63%、72.17%、66.29%。[①] 同样，在西部地区内部也存在发展差异，陕西省的关中、陕北、陕南区域差距大，2020 年全年，陕南三市的 GDP 仅占全省生产总值 26181.86 亿元的 13.07%；2022 年占比下降为 12.44%。[②] 就农村而言，东部和中西部的差距大，东部高收入农民群体年收入超过 200 万元的占 2.5%、50 万—200 万元占 7.5%，而中西部年收入超过 20 万元就算高收入群体，也仅占 3.0%—5.0%左右。[③]

发展失衡决定了不同区域存在发展状态、发展潜力上的差异，进而在生态环境保护上的能力有差异，乡村振兴重点帮扶县（区）因发展滞后而导致其生态环境保护动力不足、投入受限、效果欠佳，但是，生态的重要性及其越来越稀缺的趋势决定了不管是发达县（区）还是欠发达县（区）、高收入者还是低收入者都离不了，也都破坏不起，也就是说生态环境保护不光当地人受益还有邻域受益和全国全球人受益，其保护责任也就不能光是当地人，应是全体人员的共同责任。因此，建立协同推进利益补偿机制，就是要通过生态补偿这个利益关

---

① 国家统计局：《中国统计年鉴 2021》，中国统计出版社 2021 年版。
② 陕西省、汉中市、安康市和商洛市 2020 年和 2022 年国民经济和社会发展统计公报。
③ 张骣：《农民分化与农村阶层关系的东中西差异》，《甘肃社会科学》2020 年第 1 期。

系把人们联结起来,把价值上的生态环境保护付出与行动上的劳动付出结合起来,形成生态环境保护合力。否则,等破坏了再修复可能就会让西部地区好的生态衰落,差的生态席卷全国而造成危害,就像沙漠化一样与人争抢着"地盘",人们的生态环境保护力度大才能出现"人进沙退"的好局面。可见,西部地区建立利益补偿机制的核心诉求是其发展不平衡,发展能力弱才需要外部资本注入,需要生态补偿的助力。

(三) 承接能力差异是其协同推进利益补偿的现实必然性

美国经济学家雷蒙德·弗农在《产品周期中的国际投资和国际贸易》中提出了"产品生命周期理论",强调商品就像人的生命一样要经历"出生、成熟和衰老"过程,产品发展相应地也要经历新产品创始、产品成熟和产品标准化过程[①],因而工业品要经历"创新、发展、成熟、衰退"发展阶段。在产品生命周期的不同阶段,不同国家所处的地位不同,存在着创新产品不断从新产品创始国家向技术模仿国家和技术落后国家依次梯度转移的情形,从而形成产业发展的梯度转移。产业梯度转移为西部地区充分利用非均衡发展理论,利用其后发优势,高位承接新产品和先进技术,跨越产品初创的技术研发投入、用户挖掘和标准化探索等阶段[②],共享技术进步为西部地区带来的低成本投入、规模化生产效益,实现其快速发展及其与全国各省(自治区、直辖市)的同步发展、全国人民的共同富裕提供了可能。

产业梯度转移效率必须基于三个要件:一是技术和产品的标准化,这是产业承接转移的前提,因为落后只能进行技术模仿而无力进行技术研发与产品创新,也只有标准化的技术和产品才能使落后地区有能力承接并开展规模化

---

① [美]雷蒙德·弗农:《产品周期中的国际投资与国际贸易》,《经济学季刊》1966 年第 1 期。

② 张继焦:《中国东部与中西部之间的产业转移:影响因素分析》,《贵州社会科学》2011 年第 1 期。

生产。二是转移产业的承接能力,如果没有承接主体和承接条件,技术和产品转移给谁呢? 西部地区的产业转移承接能力必须从承接主体培育和主体承接能力培育两个方面入手,确保其有人承接和承接得住所转移的产业。三是政策环境等承接条件,生存环境条件差、发展能力不足、思想观念落后等因素影响,使落后者承接转移的对接机制不畅、意愿不强,这就需要有良好的环境条件保障,尤其是政策措施激励,促进大家主动承接产业转移,主动改善环境为产业承接创造条件。

基于产业转移承载能力的利益补偿,一要有利于不断提升西部地区的产业承接能力,建立起强有力的乡村振兴产业帮扶机制,实现产业兴旺、农业强国和乡村现代化建设要求;二要有利于西部地区内部的区域协调发展,既补足承接能力差这个短板,又充分发挥资源优势、政策效能,实现最大的产业承接转移效能,把"强优势""补短板""提质量"三者有机统一起来;三要有利于推动生态环境保护与乡村振兴协同推进的绿色发展,实现更高要求生态环境保护与更高质量经济社会发展的同步推进、互促发展、双重实现。

(四) 资源容量差异是其协同推进利益补偿的重要必然性

物要占用空间经历时间,产业发展要有产业发展的要素支撑,尤其是要有资源支撑,资源环境条件决定着产业发展的方向,自然资源富源决定着产业结构和生产效率,进而决定着生产的比较和绝对优势。首先,自然生态环境是人类生产生活的第一个前提。人的生存必须有足够的自然空间,优美的生态环境是人生存质量的重要部分;人进行物质能量交换的初始材料和最基本的素材是大自然提供的,是土地及其之上所产出的粮食等物质资料,如水、粮食、野生果子等。也正是在这个基础上,人们利用自然规律,进行合目的的改造、有意识的控制,推动其服务人类生产生活需要,马克思说,"社会地控制自然力以便经济地加以利用,用人力兴建大规模的工程以便占有或驯服自然力……

兴修水利是阿拉伯人统治下的西班牙和西西里岛产业繁荣的秘密"①。

其次,自然生态环境状态决定着人类生产生存的状态。自然资源富源使其具有该资源方向上生产的比较优势,具有较高的生产效率;反之则是劣势,制约着生产发展。马克思说,"卖葡萄酒买谷物的 A,在同样的劳动时间内,大概会比种植谷物的 B 酿出更多的葡萄酒,而种植谷物的 B,在同样的劳动时间内,大概会比酿酒的 A 生产出更多的谷物。可见,与两人不进行交换而各自都不得不为自己生产葡萄酒和谷物相比,用同样的交换价值,A 能得到更多的谷物,B 能得到更多的葡萄酒"②,适合种葡萄的土壤条件和气候条件,肯定比种其他生产物强,效率高,因而在市场交换中居于有利地位,出现比较优势。否则,在贫矿区发展采矿产业,在干旱区发展高耗水农业一样都会出现事倍功半的低效率。

最后,生态退化既是发展滞后的原因,又是高质量发展、高品质生活的重大制约。世界上"最贫困的人口生活在世界上恢复能力最低、环境破坏最严重的地区",生态脆弱不仅在我国就是在全世界也是典型的发展滞后原因;更为重要的是生态脆弱与发展滞后相互交织,加剧加深了落后程度,皮尔斯等指出:"没有任何一个地区更悲惨地承受着这种由贫困引致的环境退化的恶性循环的痛苦,而环境退化又导致了进一步的贫困"③,即使发达地区,美好的生态环境就是高质量发展的前提和保障,是可持续发展的根本要求;更是高品质生活的基本要求,美好生态带来的健康效应是人们的重要追求目标。因此,保护好生态环境是解决生态约束的问题,进而推动生态环境保护与乡村振兴协同推进的绿色发展的关键,是实现全面现代化和共同富裕的现实路径。

资源既要保护,更要开发。开发是实现生态资源价值,实现绿水青山向金

---

① 《资本论》第 1 卷,人民出版社 1975 年版,第 561—562 页。
② 《资本论》第 1 卷,人民出版社 1975 年版,第 179 页。
③ [英]戴维·皮尔斯、杰瑞米·沃福德:《世界无末日——经济学、环境与可持续发展》,张世秋等译,中国财政经济出版社 1996 年版,第 313 页。

山银山转变的根本途径;保护也是实现生态资源价值,实现生态资源生态效应的发生发挥,保证其可持续存在和可持续供给。但是,资源容量有差异,生态资源富源具有强大的支撑能力,能更有力支撑生态环境保护与乡村振兴的协同推进,反之,则成了发展落后的原因、持续发展的制约;同样,生态保护成本也与生态资源容量成正比,资源容量大其保护成本就要多,尤其是脆弱生态和破坏生态的修复、提质需要更多的成本投入。这里存在两个误区:优质生态不需要保护,其实,好的生态更需要保护,因为生态破坏不起,复原和修复都是不可预期的、都是需要极高成本的;生态资源只能保护不能开发利用,过度保护而使其成为危害,如规模过大的保护动物毁坏庄稼、伤害住户。根据资源容量及其所决定的投入成本、效应发挥、预期成本与效应等情况,确定其生态补偿标准以实现成本与收益的对等、保护贡献与补偿收益的匹配。建立协同推进的利益补偿机制就是要使补偿标准匹配资源容量,补偿额度满足生态保护成本需求。因此,资源容量差异是西部地区协同推进利益补偿的重要必然性。

三、协同推进利益补偿的现实性

建立西部地区生态环境保护与乡村振兴协同推进利益补偿机制需要切实的现实性支撑,才能使其得以落地、能够实现、有效运行,让其补偿利益得以发挥效应效力。这种现实性支撑判断源自于协同推进利益补偿的要素多元化、模式多样化、标准多维度和渠道多层次四个方面。

(一) 协同推进利益补偿的要素多元化

《关于健全生态保护补偿机制的意见》要求"着力落实森林、草原、湿地、荒漠、海洋、水流、耕地等重点领域生态保护补偿任务",实现"重点领域和禁止开发区域、重点生态功能区等重要区域生态保护补偿全覆盖",要从"建立稳定投入机制"等七个方面进行体制机制创新。《关于深化生态保护补偿制度改革的意见》要求"健全有效市场和有为政府更好结合、分类补偿与综合补偿统筹兼顾、纵向补偿与横向补偿协调推进、强化激励与硬化约束协同发力的生态保护补偿制度",要聚焦生态环境要素,"建立健全分类补偿制度、探索统筹保护模式";实行"纵横结合的综合补偿制度",通过"完善市场交易机制、拓展市场化融资渠道、探索多样化补偿方式"形成市场化、多元化生态补偿格局,实现"生态受益地区与保护地区利益共享"。习近平主席在第七十五届联合国大会上提出我国"二氧化碳排放力争于 2030 年前达到峰值,努力争取 2060 年前实现碳中和"目标,国务院印发《2030 年前碳达峰行动方案》要求"把碳达峰、碳中和纳入经济社会发展全局",坚持把"经济社会发展建立在资源高效利用和绿色低碳发展"基础上,通过"碳达峰十大行动"实现碳达峰目标。《关于建立健全生态产品价值实现机制的意见》要求建立"科学的生态产品价值核算体系",建立生态产品价值实现机制。《中华人民共和国国民经济和社会发展第十四个五年规划和 2035 年远景目标纲要》要求"山水林田湖草系统治理",要"加快推进青藏高原生态屏障区、黄河重点生态区、长江重点生态区和东北森林带、北方防沙带、南方丘陵山地带、海岸带等生态屏障建设",要加强"大江大河和重要湖泊""天然林和湿地保护""推进水土流失和荒漠化、石漠化综合治理",推进"退耕还林还草、退田还湖还湿、退围还滩还海"。可见,重要生态功能区、水源区等重要湿地、耕地等生态资源类型多、生态补偿要素也就多,有助于推动协同推进利益补偿机制构建。

西部地区是国家重要资源能源的战略基地,有长江、黄河等大江大河发源地,有秦岭等重要生态环境保护屏障、米仓山—大巴山水源涵养功能区、小兴安岭生物多样性保护功能区、陕北黄土丘陵沟壑土壤保持功能区和科尔沁沙地防风固沙功能区等不同生态系统功能区,其生态功能非常重要,生态地位异常突出。同时,气候和地势地貌特征决定了我国森林、灌丛、草地、湿地、荒漠、农田、城市等各类陆地生态系统发育与演变的自然基础。西部地区国土面积占全国 71.4%,拥有 60%以上的矿产资源、76.85%的水能资源、46.3%的沙漠和荒漠化面积以及独特的青藏高原高寒湿地等,其西南片区森林面积大,林产品丰富。因此,其协同推进利益补偿要素非常丰富,生态补偿类型多,有助于探索多元、多层、分类生态补偿模式,为建立健全全国统一的生态补偿机制提供实践探索和区域案例。

(二) 协同推进利益补偿的模式多样化

生态资源的多样性、多类型,实施生态补偿要考虑的因素增多,因此,要综合考虑补偿对象差异、经济社会发展不平衡、生态保护贡献等因素,实现多类型、多模式补偿,突出政府补偿与市场补偿的有机结合。构建多样化生态补偿模式,推动生态资源的全面保护,从补偿主体角度看,可采取政府补偿(财政转移支付、政策补贴)、市场补偿(产品、价格)、社会补偿(非政府组织)等补偿模式;从补偿方式角度看,可采取货币补偿(资金补偿)、实物补偿、技术补偿(含劳动技能培训补偿等)、智力补偿(含教育补偿等)、产业补偿、政策补偿、项目补偿、转移就业等补偿模式。[1] 从生态资源保护或污染治理的投入成本、生态资源效应、预期投入或效应等方面入手,可采取投入型补偿、效应型补偿、预期型补偿和综合型补偿等补偿模式[2];结合乡村振兴和农业强国建设实际,在实践中通常可采取现金型补偿、岗位型补偿、产业型补偿等补偿模式[3]。因生态补偿模式的多样化,其实施路径存在差异化,致使生态补偿绩效存在显著差异。从西部地区生态补偿模式多样化视角,可以将其从空间尺度、生态要素、补偿主体和方式四个角度区分为 16 种补偿类型,见图 5-1。

---

[1]　廖文梅、童婷、彭泰中等:《生态补偿政策与减贫效应研究:综述与展望》,《林业经济》2019 年第 6 期。

[2]　胡仪元:《区域经济发展的生态补偿模式研究》,《社会科学辑刊》2007 年第 4 期。

[3]　张宜红、薛华:《生态补偿扶贫的作用机理、现实困境与政策选择》,《江西社会科学》2020 年第 10 期。

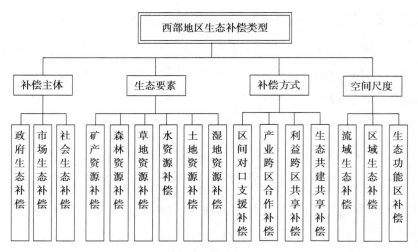

图 5-1   西部地区生态补偿类型细解图

（三）协同推进利益补偿的标准多维度

生态资源与生态环境问题多种多样,其生态效应与保护成本也各不相同,因此,生态补偿标准也应多维度核算。目前,国内外生态补偿标准确定依据和核算方法差异较大,有从生态保护成本角度核算,有从机会成本角度核算,有从生态系统服务价值角度核算,还有直接根据生态资源的物量如水域面积、耕地面积等进行核算。[①] 有专家基于机会成本损失核算出了汉江水源地汉中段的生态补偿标准为 280 亿元[②],有专家基于机会成本损失补偿、投入成本损失与运营费用、经济红利效应分享和生态改善效应贡献补偿测算出汉江水源地汉中段生态补偿的标准为 154 亿多元[③],有专家通过生态系统服务功能价值核算出南水北调中线工程的横向生态补偿资金缺口为 27.67 亿元[④],因生态

---

①   胡仪元:《生态补偿标准研究综述》,《陕西理工大学学报(社会科学版)》2019 年第 5 期。

②   葛政江、于欢:《南水北调工程经济学思考》,《人民论坛》2015 年第 9 期。

③   胡仪元等:《流域生态补偿模式、核算标准与分配模型研究——以汉江水源地生态补偿为例》,人民出版社 2016 年版,第 290 页。

④   周晨、丁晓辉、李国平等:《南水北调中线工程水源区生态补偿标准研究》,《资源科学》2015 年第 4 期。

补偿缺乏统一核算标准,其核算结果也自然就差异很大。在补偿实践操作中,依靠生态系统服务价值或机会成本损失核算的补偿标准,会明显超出国家或地方财政承受能力,只能作为生态补偿标准上限[①];相应地,以生态保护投入成本和运营费用,或生态资源效应分享核算出来的补偿标准,忽视了保护者的投入贡献、生态区位价值及其对整个生态系统支撑效应,因而只能作为生态补偿标准下限。因生态补偿主客体不同,补偿类型的多重标准划分,从而形成了多元多类型生态补偿模式,其补偿标准也就存在差异。生态补偿核算标准确定不仅涉及生态保护者直接投入与机会成本,还包含生态受益者的获利分享、生态破坏恢复修复的重置成本以及生态系统服务价值实现等[②],需要对这些因素综合考量。因此,多维度考量生态补偿核算标准更有利于提高生态环境保护的积极性和推动生态补偿的主动性,提高生态补偿资金筹集与使用绩效。

(四) 协同推进利益补偿的渠道多层次

生态资源国家所有的性质及其效应外溢特性,决定了生态资源建设必须遵循共建共享原则;区位固定性又使优美生态的效应当地居民优享,尤其是生态损害及其对人们的不利影响也是当地居民优先感受和受损的。但是,生态建设与保护修复也是当地居民率先承担的,承担全部生态建设和修复成本却只能部分地享受生态效应,就造成了"公地悲剧"和成本收益不对等的不公平,为保障当地居民发展权利和维护生态资源系统功能的完整性,就需要通过生态环境保护与乡村振兴协同推进的利益补偿机制促进生态环境高水平保护与经济高质量发展的有机统一。生态保护与生态补偿是全国全球共性问题,补偿资金缺口大,需要建立多层次多渠道补偿资金筹措机制。从补偿资金来

---

① 丁斐、庄贵阳、朱守先:《"十四五"时期我国生态补偿机制的政策需求与发展方向》,《江西社会科学》2021 年第 3 期。
② 苏杨、苏燕、慕博:《黄河流域生态补偿标准研究——以宁夏隆德县为例》,《中国农业资源与区划》2017 年第 8 期。

源渠道看协同推进利益补偿的渠道主要有四个层次。

1.纵向的财政转移支付

所谓纵向财政转移支付就是上级政府给下级政府的生态补偿转移支付，重点是中央政府对地方或省级政府对其所辖市、县（区）级的生态转移支付，除了重点生态功能区生态转移支付外，还包括与生态保护相关的各专项补偿资金支付，如退耕还林还草补偿，天然林保护补偿等。其中，最主要的是中央财政转移支付补偿。根据《中央生态环保转移支付资金项目储备制度管理暂行办法》规定，"中央生态环保转移支付，是指通过中央一般公共预算安排的，用于支持生态环境保护方面的资金，具体包括：大气污染防治资金、水污染防治资金、土壤污染防治资金、农村环境整治资金、海洋生态保护修复资金、重点生态保护修复治理资金、林业草原生态保护恢复资金和林业改革发展资金（不含两项资金中全面停止天然林采伐、林业防灾减灾及到人到户补助）、自然灾害防治体系建设补助资金（全国自然灾害综合风险普查经费、安全生产预防和应急救援能力资金、特大型地质灾害防治资金）"。其第三条又规定："中央生态环保转移支付资金原则上均应纳入中央生态环保资金项目储备库（以下简称中央项目储备库）管理范围。纳入脱贫县统筹整合使用财政涉农资金范围或纳入涉农资金统筹整合长效机制的农村环境整治、林业草原生态保护恢复和林业改革发展等资金，被整合的部分，按相关管理规定执行；未被整合仍用于生态环保方面的部分，按本办法规定执行"。2019年的《中央对地方重点生态功能区转移支付办法》第二条强调：中央对地方重点生态功能区转移支付支持的范围主要包括重点生态县域、其他生态功能重要区域、国家级禁止开发区域、国家生态文明试验区、选聘建档立卡人员为生态护林员的地区；2022年的《中央对地方重点生态功能区转移支付办法》强调"重点生态功能区转移支付列一般性转移支付，用于提高重点生态县域等地区基本公共服务保障能力，引导地方政府加强生态环境保护"，主要包括"重点补助、禁止开发区补助、引导性补助以及考核评价奖惩资金"。国家纵向生态补偿转移支付已形成完整的体系、规范的运行,并产生了良好的效果,督促省级层面进一步做好二次分配和开展所辖区域内的生态补偿转移支付探索对于形成完整的纵向生态补偿体系具有重要意义。

2. 横向的财政转移支付

所谓横向财政转移支付就是某省(自治区、直辖市)市区及其下级政府对其他省(自治区、直辖市)及其下级机构的生态补偿财政转移支付,以及同省(自治区、直辖市)内各同级和非同级的跨区域政府间的生态补偿资金财政转移支付。包括两个层次:第一个层次是跨省区的横向生态补偿财政转移支付,又包括两种情况,一是省(自治区、直辖市)间生态补偿资金的对等财政转移支付,就是两个同级别的省(自治区、直辖市)间因共同生态资源在权利与义务上的不对等,需要通过生态补偿资金平衡二者间的物质利益关系,如下游省份对上游省份因水资源保护给予的生态补偿等。二是非对等的跨省(自治区、直辖市)间生态补偿资金的财政转移支付,就是某省(自治区、直辖市)对另一省(自治区、直辖市)下辖市县区进行的生态补偿横向财政转移支付,如天津对陕南三市因南水北调中线工程汉江水源地保护支付的对口协作资金支持。第二个层次就是省(自治区、直辖市)内部不同市县区间的横向生态补偿转移支付。就是在一个省(自治区、直辖市)内也存在不同市县区间的生态位势差异,从而就需要开展不同生态位势的各市县区间的横向生态补偿资金转移支付,如陕西引汉济渭工程,从陕南调水以解决关中之渴,那就需要关中各受水市县区对陕南水源区的各市给予生态补偿,以维护生态公平正义,推动水源的长期、持续、科学保护,实现水资源稳定、高质量供给。

3. 市场交易的补偿资金

生态环境保护是为保证当代及后代人生产、生活和生态对生态资源的需要,也就是说生态环境保护是为了保障生产、生活和生态需要的,而不是背道而驰。可持续保护是为了可持续的发展,这就必须有机结合生态资源的保护与开发利用,推动和实现生态环境保护产业化。也就是说,要把生态资源及其保护当成产业来开发和发展,以产业生态化和生态产业化的互动互促①,形成"三生融合"发展格局。一方面,通过产业生态化,推动已建企业、园区绿色化改造,让其污染消化在企业或园区内部,实现污染的外部性内部化、修复治理的自我消化;所有新落地企业、新建园区必须经过环境影响评价,使所有生产经营、消费及其环节都符合绿色发展要求;让污染治理技术研发与服务、设备研制与生产、污染检测与管护等成为新产业或产业发展方向。另一方面,生态也要产业化,当生态资源富集时就要对丰富的生态资源进行有序、适度的开发;当生态脆弱时就要把生态保护及其培植、修复当成产业来发展、推进,实现生态保护产业化,形成生态资源开发与生态环境保护产业化相结合的良好局面。无论是产业生态化还是生态产业化都需要通过市场机制实现生态产品价值,如水权交易、排污许可权交易、碳税、生态标记、生态购买②,以及绿色产品价格保护等市场性方式,把生态优势或劣势变成产品优势和市场化的生态环境保护行为,通过灵活的市场交易方式弥补政府纵向生态补偿资金的不足,形成协同推进利益补偿的市场交易补偿机制。

4. 社会扶助的补偿资金

社会资金参与生态环境保护,助力生态补偿体系建设具有重要意义。首先是巨大的社会效应,能够主动参与生态环境保护的社会主体本身就是具有良好生态环境保护意识的人,具有自觉保护、主动参与的意识和觉悟;通过其参与行为能起到更好的示范带动作用,有助于营造全社会参与生态保护、助力生态补偿的良好氛围。其次是强有力的补偿资金支持,"资金短缺是一个永恒的话题",长期积攒下来的历史生态问题和我国生态保护面广、量大等难题,使其生态环境保护投入与补偿资金的需求巨大,资金缺口甚巨,需要动员各个方面的力量参与生态环境保护注入补偿资金,社会扶助无疑是筹集生态

---

① 徐可轩、秦光远:《协同推进生态产业化和产业生态化的实践与探索——以江苏有机农业发展为例》,《江苏农业科学》2023年第14期。

② 高玫:《流域生态补偿模式比较与选择》,《江西社会科学》2013年第11期。

补偿资金的一个强大助力,是西部地区协同推进利益补偿机制构建必不可少的环节和方面。① 社会主体助力生态补偿主要包括两种情况:一是直接的资金支持,如直接的资金捐助,义卖后的资金捐助,还有网络捐助,如蚂蚁森林设立的碳账户等。二是间接的资金支持,包括实物捐助,如树苗树种捐助;义务劳动,如义务植树;义务宣传教育与培训,提高人们的生态环境保护意识与技能技巧;理论研究探寻生态保护规律、技术开发助力生态保护实现、战略规划与研究助力生态的系统保护,这些支持虽然没有实际的资金支持来得快,但却可以造就良好生态环境保护氛围、节约生态环境保护成本、提高生态环境保护效率。

四、协同推进利益补偿的可行性

建立西部地区生态环境保护与乡村振兴协同推进利益补偿机制具有现实可行性,厚实的自然生态资源基础及多类型的生态环境问题成为协同推进利益补偿机制构建的自然前提,但是,强有力的政策支持、积极的实践创新和绿色发展理念助推才使其现实性变得切实可行。

(一) 政策支持是其可行性的根本保障

必须实现生态环境保护与乡村振兴协同推进的绿色发展已成为共识,建立和完善生态补偿机制也是共识,得到了国家和地方的系列政策支持,统筹利用好这些政策措施是建立协同推进利益补偿机制的根本保障。

《中国农村扶贫开发纲要(2011—2020年)》曾将西部集中连片特困区作为新阶段扶贫攻坚的主战场,把可持续发展作为扶贫开发攻坚首要任务,强调必须推动自然生态环境保护与经济社会建设的协调发展。2015年,《中共中央　国务院关于打赢脱贫攻坚战的决定》深化了生态环境保护与脱贫攻坚同

---

① 胡仪元:《西部生态设施投资增长的机制构建》,《生态经济》2006年第4期。

步推进的认识,将"坚持保护生态,实现绿色发展"作为 6 项基本原则之一,要求创新扶贫工作思路和方法,全面贯彻绿色发展理念,坚持扶贫攻坚与生态环境保护并重,强调要将生态环境保护置于经济社会发展的突出位置,扶贫不能以牺牲自然生态环境为代价,要以生态产业发展为经济建设探索出扶贫脱贫的新路子,严格落实生态环境保护责任与义务,让扶贫脱贫发展符合生态文明建设要求。提出并实施了"生态补偿脱贫一批"方略,积极探索生态补偿脱贫路径,一是健全生态补偿机制助力生态脱贫,新安江、九洲江等跨省流域横向生态补偿助力流域上游地区生态脱贫;国家自 2008 年起实施重点生态功能区转移支付,重点支持国家生态文明试验区等国家重点生态功能区,2018 年下达 721 亿元[1],2019 年提前下达 648.89 亿元,2020 年下达 692.17 亿元[2],助力国家重点生态功能区"绿色脱贫"。二是构建多元化生态补偿机制助力西部地区生态减贫脱贫,绿色产业补偿加快产业开发、飞地建设、吸纳就业等措施助力流域上游地区生态脱贫;强化"三区三州"深度贫困区重点生态功能区财政转移支付,以生态补偿助力其减贫脱贫。三是持续完善生态补偿机制巩固脱贫攻坚成果,中央财政转移支付成为重点生态功能区生态补偿脱贫的长效投入机制;强化生态环境保护专项资金使用与项目安排,设立生态补偿基金,支持 PPP 和第三方治理模式推动生态产业发展和生态产品供给;强化生态功能区基础设施建设,为巩固生态扶贫成效,推进乡村振兴发展提供持续的设施保障。[3] 到 2020 年,"生态补偿脱贫一批"目标实现,通过"生态补偿扶贫、国土绿化扶贫、生态产业扶贫"举措,安排资金 2000 多亿元,2000 多万贫困者脱贫增收,110.2 万名生态护林员带动了 300 多万贫困者脱贫,"守护绿

① 张弛、郁琼源:《财政部下达重点生态功能区转移支付 721 亿元》,见 http://www.gov.cn/xinwen/2018-07/26/content_5309411.htm,2018-07-26。

② 赵建华:《中国财政部下达 2020 年中央对地方重点生态功能区转移支付》,见 https://baijiahao.baidu.com/s? id=1671182552990765696&wfr=spider&for=pc,2020-07-03。

③ 董战峰、郝春旭:《中国积极探索创新脱贫攻坚战的生态补偿机制》,中国网·中国发展门户网,2020 年 3 月 31 日。

水青山,换来了金山银山"。①

　　生态环境保护与补偿政策强化生态保护更推动高质量发展,"两山"转化提供了协同推进的理论支撑。2015 年,出台《关于加快推进生态文明建设的意见》,要求健全生态保护补偿机制,形成"生态损害者赔偿、受益者付费、保护者得到合理补偿"运行机制,加大重点生态功能区财政转移支付力度;建立不同地区间的横向生态保护补偿机制,促进生态保护与受益地区之间、流域上下游之间,通过产业转移、资金补助、人才培训、共建园区等多种方式进行补偿。② 2016 年,《关于健全生态保护补偿机制的意见》指出,将生态补偿与主体功能区规划、西部大开发战略、集中连片特困区脱贫攻坚战略等有机结合起来,"结合生态补偿推进精准扶贫,对于生存条件差、生态系统重要、需要保护修复的地区,结合生态环境保护与治理,探索生态脱贫新路子"③,这是推进生态保护补偿体制机制创新,推进重要生态功能区扶贫脱贫的重要举措。2017年,党的十九大报告强化了生态环境保护与脱贫攻坚协同推进战略,强调要重点攻克深度贫困区脱贫任务,既促进贫困区产业发展,又要在扶贫过程中保护自然生态环境。2018 年 1 月,国家发展和改革委员会等六部委联合发布《生态扶贫工作方案》,要求不断完善转移支付制度,探索建立多元化生态保护补偿机制,逐步扩大贫困地区和贫困人口生态补偿受益程度,旨在建立公平性的贫困区生态保护利益补偿机制。同时指出,坚持扶贫开发与生态环境保护并重,采取超常规举措,通过实施重大生态工程、增大生态补偿力度、加快发展生态产业、创新生态扶贫方式等措施加大对贫困地区、贫困人口的支持力度,推动贫困地区扶贫开发与生态保护相互协调、脱贫致富与可持续发展相互促进,

---

　　①　刘倩玮、包雪梅:《"生态补偿脱贫一批"任务全面完成》,见 http://www.gov.cn/xinwen/2021-03/03/content_5589894.htm,2021 年 3 月 3 日。
　　②　《中共中央、国务院关于加快推进生态文明建设的意见》,《中华人民共和国国务院公报》2015 年第 14 期。
　　③　国务院办公厅:《关于健全生态保护补偿机制的意见》,《中华人民共和国国务院公报》2016 年第 15 期。

使贫困人口能够从生态环境保护与生态修复中得到更多的实惠,实现脱贫攻坚与生态文明建设的"双赢"格局,进一步将绿色发展落实到落后地区经济社会发展全过程、各个方面。2018 年 12 月,《建立市场化、多元化生态保护补偿机制行动计划》印发,要求在生态功能重要、生态资源富集的贫困地区,加大投入力度,积极发展生态产业,以多元化、市场化方式将生态优势转化为经济优势。同月,出台《关于生态环境保护助力打赢精准脱贫攻坚战的指导意见》,要求扩大区域、流域间横向生态保护补偿范围,让更多贫困区受益,通过流域上下游横向生态补偿推进对贫困区和贫困人口的利益补偿。2019 年 8 月,习近平总书记在中央财经委员会第五次会议上讲话强调,要"全面建立生态补偿制度,健全区际利益补偿机制和纵向生态补偿机制。要完善财政转移支付制度,对重点生态功能区、农产品主产区、困难地区提供有效转移支付"[1],这为经济发展滞后的西部欠发达区实施生态补偿提供了方向;"两山"理念为西部地区的绿色高质量发展,生态环境保护与乡村振兴协同推进的绿色发展提供了理论支持和实践指导。

不断完善的最严生态环境保护政策和法律制度,为西部地区协同推进利益补偿提供了根本性制度保障。应对资源短缺和生态环境问题,推动全球可持续发展,我国从"毁林开荒"到"美丽中国"建设,生态环境政策经历了由非理性探索到生态文明建设的战略演变,新中国成立初期因工业污染少,环境保护与经济建设的矛盾不突出,除水土保持、森林保护、野生动物保护等专门领域的法律法规涉及生态保护外,没有统一而完整的生态环境保护政策;面对越来越严重的生态环境问题、重大环境污染和生态破坏事件,联合国召开了第一次人类环境会议,我国也召开了全国环境保护会议,明确了环境保护基本国策,《关于在国民经济调整时期加强环境保护工作的决定》确立了三大环境保护政策和八项管理制度的系统治理体系。联合国《21 世纪议程》提出可持续

---

[1] 《推动形成优势互补高质量发展的区域经济布局 发挥优势提升产业基础能力和产业链水平》,《人民日报》2019 年 8 月 27 日。

发展战略;《中国 21 世纪议程》明确可持续发展战略,确定了"强化重点流域、区域污染治理"的生态保护政策;按照"建设资源节约型、环境友好型社会"要求,确立了"在发展中保护、在保护中发展"的环境保护要求,构建了"生态省(市、县)、环境优美乡镇、生态村""节约型机关、绿色家庭、绿色学校、绿色社区"的生态环境保护示范创建体系,建立生态环境保护督察中心及督察机制,形成了运用法律制度及经济、技术和行政手段综合解决生态环境问题的治理格局;党的十八大把"建设社会主义生态文明"写入《党章》,把生态文明与"美丽中国"建设写入《宪法》,统筹布局"政治文明、经济文明、社会文明、文化文明、生态文明"五位一体建设,修订颁布了"史上最严"《环境保护法》,部署实施了污染防治攻坚战。① 党的十八大报告强调:"保护生态环境必须依靠制度。要把资源消耗、环境损害、生态效益纳入经济社会发展评价体系,建立体现生态文明要求的目标体系、考核办法、奖惩机制";党的十九大报告强调:要"坚持人与自然和谐共生",建设人与自然"生命共同体"、建设"人与自然和谐共生的现代化",要"坚持全民共治、源头防治,着力解决突出环境问题",建设生态文明社会和美丽中国。《中华人民共和国国民经济和社会发展第十四个五年规划和 2035 年远景目标纲要》要求:2025 年实现生态文明建设新进步;2035 年基本实现美丽中国建设目标。党的二十大报告提出要建设美丽中国,"推进生态优先、节约集约、绿色低碳发展",形成绿色低碳生产生活方式,持续"打好蓝天、碧水、净土保卫战",推动生态产品价值实现②,"提升生态系统多样性、稳定性、持续性",实施碳达峰行动推进碳达峰碳中和。围绕生态文明和"美丽中国"建设,促进"三生融合发展"和"生态高水平保护与经济高质量的协同推进",西部地区以生态环境保护及其综合治理为靶向,建立绿色循

---

① 王金南、董战峰、蒋洪强等:《中国环境保护战略政策 70 年历史变迁与改革方向》,《环境科学研究》2019 年第 10 期。

② 熊曦、刘欣婷、段佳龙等:《我国生态产品价值实现政策的配置与优化——基于政策文本分析》,《生态学报》2023 年第 17 期。

环发展政策体系,推动生态高水平保护与经济高质量协同发展。①

(二) 实践创新是其可行性的现实推动

生态补偿实践及其创新性探索构成了西部地区协同推进利益补偿构建和实施的现实推动,是其可行性的实践验证。2012 年浙江、安徽在新安江试点探索了流域横向生态补偿,成为首个跨省流域生态补偿机制试点。② 生态扶贫提出后,基于生态补偿助力精准扶贫,贵州、湖南、四川、浙江、湖北等省实施了《贵州省赤水河流域水污染防治生态补偿暂行办法》《湖南省湘江流域生态补偿(水质水量奖罚)暂行办法》《四川省流域横向生态保护补偿奖励政策实施方案》《浙江省财政厅等四部门关于建立省内流域上下游横向生态保护补偿机制的实施意见》《关于建立湖北省内流域横向生态补偿机制的实施意见》等地方生态补偿政策和措施,分别形成了基于水质的、基于水质水量的、基于"三水(水资源、水生态、水环境)"统筹的生态补偿基准核算方法③;浙江青山村在生态补偿实践中探索了"水基金信托引入社会资本参与生态补偿"④的实践模式。

2019 年,中国生态补偿政策研究中心就《建立市场化、多元化生态保护补偿机制行动计划》召开"市场化多元化生态补偿研讨会",指出推进该行动计划的重要意义,是生态补偿机制的顶层设计,对健全生态补偿机制具有里程碑式意义,有助于推动生态产品价值实现。据此需要强化 5 个政策着力点,即持续推进自然资源资产产权制度改革、推进生态补偿由单一要素补偿和分类补

---

① 刘旭、周庆华:《秦巴山脉区域要在保护中发展》,《光明日报》2020 年 5 月 9 日。

② 王思博、李冬冬、李婷伟:《新中国 70 年生态环境保护实践进展:由污染治理向生态补偿的演变》,《当代经济管理》2021 年第 6 期。

③ 谢婧、文一惠、朱媛媛等:《我国流域生态补偿政策演进及发展建议》,《环境保护》2021 年第 7 期。

④ 王宇飞、靳彤、张海江:《探索市场化多元化的生态补偿机制》,《中国国土资源经济》2020 年第 4 期。

偿向综合补偿转变、构建多层次生态补偿市场体系、培育高质量现代化生态产业体系、完善生态补偿可持续融资机制。① 此后,多元化、市场化生态补偿在实践创新中不断推进,继新安江跨省流域生态补偿机制试点之后,赤水河流域、三江源等跨省流域生态补偿取得了积极成效,长江经济带建设取得明显成效,其"经济总量占全国比重已从 2015 年的 45.1% 提高到 2021 年前三季度的 46.7%,对全国经济增长的贡献率从 48.5% 提高到 51.1%"②,实现了生态优先前提下生态环境保护与乡村振兴协同推进的绿色发展。2020 年,财政部等部委联合印发《支持引导黄河全流域建立横向生态补偿机制试点实施方案》,支持、引导在"保护责任共担、流域环境共治、生态效益共享"原则下,建立黄河全流域横向生态补偿机制试点,以此为契机将推动各大流域,尤其是重大调水工程的全流域生态补偿走上新阶段,生态补偿实践创新为西部地区协同推进利益补偿机制及其体系性构建提供了方法论指导和技术支撑。

(三) 理念转变是其可行性的思想动能

人类需要可持续的长效发展、人与自然必须和谐共生、建设生态文明和美丽中国等要求已成为共识,"创新、协调、绿色、开放、共享"新发展理念已成为"十三五""十四五"及后续发展的重要指导。以"绿色发展"理念指导西部地区发展就必须建立"脱贫不返贫"并有效衔接、持续推进乡村振兴和农业农村现代化建设的发展机制,形成生态环境保护与乡村振兴协同推进的长效机制。其中的关键是协同推进利益补偿机制、补偿体系构建,以生态补偿资金注入为牵引和示范,激励各利益相关者主动保护生态环境,并将其作为生产发展的内生力量,实现生态产业化和产业生态化融合,才能真正实现可持续保护、可持续发展、多方协同保护,把产业发展与生态保护内在地结合起来。

---

① 靳乐山、丘水林:《健全市场化多元化生态保护补偿机制的政策着力点》,《中国环境报》2019 年 6 月 6 日。
② 于浩:《答好长江大保护历史考卷》,《经济日报》2022 年 1 年 30 日。

建立协同推进利益补偿体系必须遵循绿色发展理念，让发展始终建立在生态环境保护基础上，建立在自然资源可承载的阈值内，使发展具有长期可持续性、生态与经济始终协同推进。遵循绿色发展理念就是要实现"三生融合""两山转化""两化发展"，就是促进生产、生活与生态融合发展，建设人与自然和谐共生的现代化；促进绿水青山向金山银山转化，让生态优势赋能经济发展，成为推动西部地区乡村振兴的强大势能；有机结合生态产业化和产业生态化，让传统产业转型升级，消除产业发展的外部不经济，推动经济效益和生态效益辐射、延伸其辐射范围，也对生态资源进行产业化开发，实现"保护中开发，开发中保护"，促进生态与产业的互动共促发展。

遵循绿色发展理念就是要坚持低碳发展战略，以生态资源价值核算及生态产品价值实现为承载，让人们看到生态资源本身的潜在价值和发展优势，通过生态补偿解决保护者为长远发展保护生态环境而面临的当前生计困境，不为近期利益、个人小利、局部利益而破坏生态，牺牲长远利益、忽视整体利益，把当地居民的发展权、当前生计与区域平衡、代际公平和长期利益统筹起来，体现以人民为中心的发展思想，增进共享发展、增进人民福祉，实现共同富裕。

遵循绿色发展理念就是要把推动生态环境保护与促进乡村振兴结合起来，补齐生态环境脆弱短板、强化优势生态保护，把生态的优势做强做大；把经济发展滞后的短板补起来，让生态保护者不为生存、生活而烦忧，有能力进行更高水平的生态保护，把经济的总盘子做大、可持续发展动能培植起来。

遵循绿色发展理念就要坚持国际国内双循环发展战略，履行生态环境保护和降碳零碳发展的国际合作义务，激活经济发展内生动力，提升对外开放水平和经济全球化程度，主导、引领世界共同应对气候变化，构建全人类共享的人与自然和谐共生的命运共同体。以绿色发展理念为引领，以多元分层生态补偿体系建设为核心构建协同推进利益补偿机制，形成国内生态与经济、区域与区域之间协调发展，推动国内与国际的双循环发展，建设跨越西部、跨越国界的大生态文明体系。

第二节　实现机制

从经济利益、发展权利、代际公平三个平衡角度解析了生态环境保护与乡村振兴协同推进利益补偿机制的范畴,分析了其利益相关者主体众多等特征,从构成要素契合、组织形式重合、实施路径融合角度分析了其协同推进利益补偿的内在逻辑,探讨了政府、企业、社会多元利益补偿主体,构建了其协同推进利益补偿实现机制,为其政策措施建议提供理论支撑和实践诉求。

一、生态环境保护与乡村振兴协同推进利益补偿机制的范畴解析

从内涵与特征角度,解析了西部地区生态环境保护与乡村振兴协同推进利益补偿机制的相关范畴,为其实现机制构建奠定范畴基础。

(一) 协同推进利益补偿机制的基本内涵

生态环境保护与乡村振兴协同推进的利益补偿机制,是统筹乡村振兴和农业农村现代化建设与生态环境保护和生态文明建设同步发展的根本手段,是解决生态环境外部性问题的有效措施,消解因外部性而导致的成本收益不对等、不平衡问题,以利益保障引导人们的生态环境保护行为,提高其破坏生态、污染环境的成本与代价,从源头筑强保护生态环境的利益机制和制度保障体系,以政府规划、计划和调控与市场引导相结合的方式,促进经济增长、民众收益与生态环境保护贡献相匹配,使生态补偿成为解决生态外部性问题最基本、最广泛、最常用的方式,把处于相互关联的不同区域对某一生态系统利用、损害、保护和修复的责任与权利认定、利益调整与补偿统筹起来、平衡起来,形成区域生态环境保护与乡村振兴协同推进的利益均衡

机制。①②③ 同时,西部地区经济发展和乡村振兴过程中存在典型的"经济增长—贫困—不平等—环境"四角关系问题④,构建生态环境保护与乡村振兴协同推进利益补偿机制是解决其四角关系的关键。其基本内涵可概括为以下三个方面。

1.生态环境保护与乡村振兴协同推进利益补偿机制是利益平衡机制

西部地区生态环境保护与乡村振兴协同推进利益补偿机制首先要解决的是利益平衡问题,是生态环境保护及其效应内外部性的成本与收益、投入与产出的利益平衡。绿色发展能有效统筹生态环境保护与乡村振兴问题,让其走上环境友好型的可持续发展道路,但是,生态环境是有外部性的,其中的正外部性能有效促进生态、资源、环境保护,发挥出巨大的生态服务效能,筑牢区域性乃至全国范围的生态系统安全屏障,让区域内更广泛的人群受益,而不管这些人是生态环境保护的贡献者还是破坏者,促进区域、带动邻域走上共同富裕的可持续发展道路。

根据生态效益检测评估,长江、黄河中上游 13 个省(自治区、直辖市)的退耕还林在涵养水源、固土、保肥、固碳、释氧、增加森林面积、防风固沙等方面发挥了巨大作用,每年的生态系统服务价值达到 10072 亿元。⑤ 同时,西部地区的经济社会发展也受到极其严重的约束,陕西省 22 个原贫困县处在重点生态功能区,宁夏回族自治区的隆德、泾源和固原 3 个县,甘肃兰州、宁夏银川和陕西西安 3 个省会城市之间的水源地等,这些市、县(区)为保护自然生态环境主动关停了污染企业、严格限制了污染产业发展、约束了资源开发利用,在

---

　　① 李文华、刘某承:《关于中国生态补偿机制建设的几点思考》,《资源科学》2010 年第 5 期。

　　② 陈国阶:《生态补偿的理论与实践探索》,《决策参考》2019 年第 6 期。

　　③ 吴乐、孔德帅、靳乐山:《中国生态保护补偿机制研究进展》,《生态学报》2019 年第 1 期。

　　④ 郑长德:《基于包容性绿色发展视域的集中连片特困民族地区减贫政策研究》,《中南民族大学学报(人文社会科学版)》2016 年第 1 期。

　　⑤ 杨均华、刘璨、李桦:《退耕还林工程精准扶贫效果的测度与分析》,《数量经济技术经济研究》2019 年第 12 期。

主体功能区限制开发或禁止开发政策下丧失了大量的经济发展机会。

《关于深化生态保护补偿制度改革的意见》要求，"完善生态文明领域统筹协调机制，加快健全有效市场和有为政府更好结合、分类补偿与综合补偿统筹兼顾、纵向补偿与横向补偿协调推进、强化激励与硬化约束协同发力的生态保护补偿制度"，"实现受益与补偿相对应、享受补偿权利与履行保护义务相匹配"。① 陕西省在"十三五"期间综合整治 6359 个村庄的生态环境，整治 2.7 万户"散乱污"企业；"十四五"期间将进一步加大生态环境治理力度，全面管控生态环境风险。② 西部地区居民必须改变原有的土地利用方式、农业生产模式、资源开发利用技术，才能公平参与市场竞争促进发展，这在一定程度上是对其公平参与权和发展机会的剥夺，要获得这种发展权与机会就必须付出转变方式的额外经济损失。

西部地区地方政府为保护自然生态环境进行了大量的额外投入，但由于落后地区的自然生态环境保护行为无法得到相应的补偿，自然生态环境破坏行为不能进行有效惩罚，出现"独担成本、共享收益"的不合理局面，导致生态服务供给者的收益与成本出现失衡③，进而造成经济滞后与生态环境恶化互为因果的恶性循环。因此，对西部地区绿色发展引发的正外部性进行利益补偿是促进可持续发展的基本路径，生态补偿利益机制的建立有利于区域经济社会发展，有利于落后群众收入增长达成同步同质建成小康社会目标，有利于乡村振兴战略和农业强国建设在西部农村的快速实施，有利于实现共同富裕和促进全面现代化。尤其是近年来在产业梯度转移大背景下，伴随着发达地区的生态环境约束加强，一部分落后产能、污染较严重的产业向欠发达地区转

---

① 中共中央办公厅、国务院办公厅：《关于深化生态保护补偿制度改革的意见》，《中华人民共和国国务院公报》2021 年第 27 期。

② 《陕西省人民政府办公厅关于印发"十四五"生态环境保护规划的通知》，《陕西省人民政府公报》2022 年第 2 期。

③ 徐丽媛、郑克强：《生态补偿式扶贫的机理分析与长效机制研究》，《求实》2012 年第 10 期。

移,进一步加剧了西部地区的生态系统退化和环境污染加重。① 因此,必须通过协同推进的利益补偿机制实现其成本与收益的对等,促进其长期、可持续的发展。

2. 生态环境保护与乡村振兴协同推进利益补偿机制是发展权利平衡机制

西部地区生态环境保护与乡村振兴协同推进利益补偿机制要解决的核心是发展权利平衡问题。利益补偿机制就是要解决区际同步发展和全体人民共同富裕问题,对于发展滞后的生态功能区而言,就是要确保欠发达地区的发展权、贡献者的收益权、低收入者的保护权,充分发挥生态补偿机制的平衡效能,促进欠发达地区发展,保障生态保护贡献者的利益。

首先,要确保欠发达地区的发展权。"以人民为中心"这是我们党的庄严承诺,也是党的根本执政理念。如何实现"以人民为中心"? 最根本的就是确保每个人的发展权,让每一个人都能平等地参与到中国特色社会主义建设中来,分享到经济社会发展和科技进步的利益,"脱贫路上不让一个人掉队"就是坚持以人民为中心在脱贫攻坚战中的最好体现。欠发达地区的发展权必须保证,让其能够同步小康的基础上实现共同富裕和全面现代化,这是其基本的权力诉求,是其向往美好生活的共同愿望;同时,由于欠发达地区经济体量小,较小的外部注入就能发挥出巨大的效应,生态补偿就能发挥出"小资金撬动大资本"的效能,成为欠发达地区协同推进生态环境保护与乡村振兴的强大助力。

其次,要确保贡献者的收益权。经济学的公平就是投入与产出、成本与收益对等,付出就应有回报,贡献就应有收益。作为生态环境保护的贡献者就应该得到生态补偿、取得收益,这是经济学公平正义原则在生态环境保护上的体现,让生态环境破坏者付出代价,也要让生态环境保护者得到利益。生态补偿

---

① 郑雪梅、韩旭:《建立横向生态补偿机制的财政思考》,《地方财政研究》2006 年第 10 期。

还具有良好的示范引领作用,有助于形成人人参与生态环境保护的良好社会氛围。尤其是通过生态补偿机制让低收入者把被动的生态环境保护变成主动的常态化行为,变成发家致富的产业、乡村振兴的职业。

最后,要确保低收入者的保护权。西部地区及其乡村振兴重点帮扶县是社会发展进程中的欠发达地区,尤其是在维护生态功能发挥,开展自然环境保护、修复生态环境、培植生态资源的过程中,客观上使西部地区丧失了部分经济发展机会,在一定程度上加剧了其落后程度。同时,在国家整体经济发展水平、财政实力逐渐增强的背景下,通过构建生态环境保护与乡村振兴协同推进的利益补偿机制,大力扶助、维护西部地区欠发达地区、低收入者的生存权与发展权,同步实现乡村振兴,共同促进农业强国建设,是促进社会公平公正、区域协调协同发展的基本要求,更是推动共同富裕、建设人与自然和谐共生现代化的重要路径。

3. 生态环境保护与乡村振兴协同推进利益补偿机制是代际公平平衡机制

经济发展、生态发展和整个人类社会的发展都是一个持续过程,存在代际间的承继与发展推动问题,协同推进生态环境保护与乡村振兴就是要把人与自然和谐、平衡或协调的共同体传承给下一代人,实现代际间的公平发展。协同推进的利益补偿机制维护的是当代人的人与自然和谐,更是为后代人奠定一个可持续发展的起点,是在代际间建立了一个公平公正的平衡机制。在可持续发展和生态环境保护框架下,绿色经济与可持续发展的制度建设及改革完善是当前世界可持续发展的核心和关键。[①] 可持续发展既要促进经济社会发展能力与自然资源环境禀赋相协调,促进"代际公平",又要关注欠发达地区和低收入人群,使发展程度不同国家和地区的人民都能提高生活质量并改善生态环境。实现西部地区生态环境保护与乡村振兴的协同推进,其实质就

---

① 何建坤:《全球绿色低碳发展与公平的国际制度建设》,《中国人口·资源与环境》2012年第5期。

是打破自然生态环境破坏、恶化与发展滞后问题的恶性循环怪圈,实现发展的永续性、连续性、协调性,通过大力发展绿色产业,形成绿色经济发展模式,并加速推动传统产业绿色化,加强生态环境保护与修复、资源可持续利用,促进生态功能持续发挥、生态环境持续改善、资源节约集约利用持续提升。同时,将低收入群众的经济发展与收入增长导入绿色发展目标,激发西部地区的内生发展动力,形成生态环境保护与乡村振兴协同推进的科学路径,实现其生产、生活、生态协同发展,为后代人奠定厚实的可持续发展基础,实现代际间的公平发展。

构建西部地区生态环境保护与乡村振兴协同推进的利益补偿机制,将涉及到不同地区、不同部门的直接利益分配,涉及国家经济体制变革的诸多方面,涉及代际之间的公平公正,需要通过社会利益调节、制度创新和政策调整,从根本上维护不同区域、不同行业、不同群体之间的利益实现动态平衡,确保自然生态环境保护者获得合理利益,持续提升西部地区自然生态环境保护者的积极性、主动性,为其永续发展提供强大的利益平衡机制和制度保障。

(二) 协同推进利益补偿机制的基本特征

西部地区生态环境保护与乡村振兴协同推进利益补偿机制就是要通过生态补偿手段,增强其自我发展的内生动力和生态环境保护的主动性,通过协同推进实现其代内代际公平和可持续性的发展,因而其利益补偿机制又不同于一般的利益补偿机制,而具有利益相关者主体众多、具体实现形式多样、利益相关者广泛受益和注重长效作用发挥等基本特征。

1. 生态环境保护与乡村振兴协同推进利益补偿机制的利益相关者主体众多

生态环境保护与乡村振兴协同推进利益补偿机制的利益相关者主体众多,从宏观分类来看,不仅包括各级政府部门,还包括大量的企事业单位以及西部地区的低收入群体等,其中,政府部门主要发挥宏观调控作用,涉及利益补偿的政策与制度制定、利益补偿的财政转移支付、利益补偿的组织实施、利益补偿的资金监管与绩效评估等,在纠正环境外部性以及由此引起的市场失灵方面扮演着极为重要的角色,是生态环境保护与乡村振兴协同推进利益补偿机制构建、完善和持续改进的主导者。作为市场主体的大量企事业单位是协同推进生态环境保护与乡村振兴利益补偿的主要执行者,直接承担着利益补偿项目、工程的具体实施,利益分配及其监督、考核与评估。西部地区的广大低收入群体是生态环境保护与乡村振兴协同推进利益补偿的受益主体,是凭借其生态环境保护贡献获益的市场主体。西部地区生态环境保护与乡村振兴协同推进的利益补偿机制不仅需要政府部门的宏观调控,而且需要充分发挥市场机制的作用,以产业链完善和利益联结机制构建支撑、推动其协同发展[①],从而产生众多利益相关者协同作用的效能。

2. 生态环境保护与乡村振兴协同推进利益补偿机制具体实现形式多种多样

西部地区无论是生态环境保护还是经济发展滞后都是多成因、多类型的,因此也就需要有多样化的利益补偿机制。在西部地区,既有干旱少雨问题严重的六盘山地区,又有石漠化问题严重的滇桂黔石漠化落后地区;既有金属矿产资源富集的乌蒙山地区、秦岭巴山地区,又有旅游资源极其丰富的武陵山地区。不同发展滞后地区的自然资源、生态环境、资源禀赋等区域特征各异,产业发展基础、滞后成因、突破发展方式与路径等地方特征千差万别,需要破除"一刀切"的政策制定与执行弊端,根据不同地区的实地情况,因地制宜地构建生态环境保护与乡村振兴协同推进利益补偿机制的具体实现形式,多样化的实现形式以匹配其多样化的现实状况,服务协同推进的最大多数人、博得协同推进的最大实效。

---

① 牛胜强:《巩固拓展脱贫攻坚成果同乡村振兴有效衔接的战略考量与推进策略——基于农村集体经济与农业数字化转型协同发展》,《东北农业大学学报(社会科学版)》2023年第3期。

3.生态环境保护与乡村振兴协同推进利益补偿机制的利益相关者广泛受益

西部地区生态环境保护与乡村振兴协同推进的受益主体多,是众多利益相关者的广泛受益。从受益性质角度看包括直接受益和间接受益两种情况。直接受益就是直接从协同推进利益补偿机制获得经济效益或通过生态改善而获得的直接生态效益,其中,直接经济效应受益者就是那些通过生态环境保护行为获得利益补偿的低收入群众,脱贫攻坚战中的贫困户获得直接的生态补偿收益属于生态补偿脱贫一批的范畴;直接生态效应受益是在地理空间位置固定下,当地居民凭借其"属地优先权"共享了域内生态资源所产生的生态效应,是美好生态的直接受益者。间接受益就是间接从协同推进利益补偿机制中获得经济效益或通过生态溢出效应而间接获得生态效益,其中,间接经济效益受益是由生态补偿收益所带来的二次受益,就是生态补偿资金转化为投资所带来的收益、消费所带动的域内 GDP 增长、低收入者落后程度消解等;间接生态效益受益是由生态效应溢出让域外的人们共享了其生态效应,通过其辐射作用让好生态的效应传输给了邻域区位,使一个区域的生态建设让多个区域共享其效应。无论是直接受益还是间接受益都是由两部分组成:由生态补偿机制本身带来的经济利益和通过生态补偿改善生态环境之后产生的生态效益,从而形成了经济效益、生态效益与社会效益不同维度的效益多赢格局。

4.生态环境保护与乡村振兴协同推进利益补偿机制注重长效机制作用发挥

从本质上讲,绿色发展就是人与自然和谐共生下的发展,是经济、社会和生态的可持续发展,是科学发展,因此必须注重其长期效应的发挥,开展长期建设。首先,生态建设是长期过程。我们需要天天消费生态资源,享受生态效应,也就需要天天补充生态资源的消耗,培植人类扩大再生产所需要的生态资源,从而使生态建设成为长期持续的过程,不能今天建设明天就停建,更不能今天建了明天就消耗了、损毁了,也就需要对其长期建设成本进行补偿。其次,生态效应是长期效应。只要生态资源存在就能发挥其固碳释氧净化等生态效应,持续性的生态建设让其效应也就能持续发挥,为人类所持续享用,也就需要对其效应进行长期持续的生态效应分享补偿。再次,协同推进是永续话题。人与自然和谐共生从古人的"天人合一"思想到今天的"命运共同体"构建体现的是文化传承,更是对长期持续推进人与自然和谐的共同认识,无论是过去的资源依赖,还是未来人与自然的动态平衡都必须确保"两个建设"的同步推进,即经济建设与生态文明建设的同步,从而始终保证经济社会发展的自然资源基础和承载,因而也始终要保证"两个补偿",即对生态资源环境的实物补偿和经济社会发展的价值补偿。①　最后,政策措施要连续衔接。生态建设和可持续发展要求有持续的政策措施保障,尤其是西部地区,刚刚完成脱贫攻坚任务,既要保持政策延续性有效巩固脱贫攻坚成果,更要有效衔接乡村振兴和全面现代化建设战略,为其持续性的生态建设与经济社会发展提供政策保障,因而也必须保证利益补偿机制的长期持续有效。发挥其利益补偿机制长效作用的最终目标就是要实现长期、持续发展,实现人与自然的永久和谐。

二、生态环境保护与乡村振兴协同推进利益补偿机制的内在逻辑

在西部地区,生态功能区与乡村振兴重点帮扶县高度重合,因而生态补偿政策与乡村振兴政策的实施也就存在空间上的高度重合,曾经的"生态补偿脱贫一批"就是充分利用了这种重合所产生的协同效应。所谓协同效应,就是"增效作用",是指各要素在相互配合中能够产生出比单个要素效能还要大的效应,从而出现"1+1>2"的效果,这个效果实际上就是系统的结构效应。②

---

① 胡仪元:《西部生态经济开发的利益补偿机制》,《社会科学辑刊》2005年第2期。
② 胡仪元:《生产力的系统结构——兼论协作的生产力性质》,《怀化学院学报(社会科学)》2003年第1期。

由于地理空间上的位置重叠、实施主客体的耦合、实施方式与标准制定易于协同等原因,生态环境保护与乡村振兴能够有机地协同起来而产生协同效应。① 二者在构成要素上的契合性、组织形式上的重合性和实施路径上的融合性,使生态补偿与乡村振兴帮扶在主体、客体、对象及其各个要素上能够协同起来,生态补偿与乡村振兴发展方式能够有效结合起来,生态补偿与发展路径能够统筹起来,形成生态环境保护与乡村振兴协同发展的内在逻辑体系。

(一) 构成要素上的契合性

生态补偿与乡村振兴构成要素上的契合性,是指二者的某些构成要素存在相同、相似、重合或互补情形,使其能够协同一致实现生态环境保护与乡村振兴的协同推进。首先是区位重合率高。全国的许多区域都呈现出发展滞后区域与生态功能区重合的情形,"重点生态功能区占全国贫困区总面积的76.52%,95%的贫困人口分布在生态环境脆弱区、敏感区和重点生态保护区"②;脱贫攻坚战取得了显著成效,但是,在 2019 年年底,全国未脱贫摘帽的52 个贫困县中就有 42 个位于国家重点生态功能区,重叠率达到 80.77%。③ 2021 年,国家确定了乡村振兴重点帮扶县,陕西省有 11 个国家级乡村振兴重点帮扶县,其中 7 个属于国家重点生态功能区,占 63.64%;陕西的 26 个国家、省级乡村振兴重点帮扶县中有 16 个属于国家重点生态功能区范围,占61.54%。④ 其次是主体同一。在同时具备经济发展滞后区和生态功能区双

---

① 刘格格、葛颜祥、张化楠:《生态补偿助力脱贫攻坚:协同、拮抗与对接》,《中国环境管理》2020 年第 5 期。

② 周侃、王传胜:《中国贫困地区时空格局与差别化脱贫政策研究》,《中国科学院院刊》2016 年第 1 期。

③ 唐萍萍、胡仪元:《双重属性县域生态补偿脱贫发展新路径探索》,《云南民族大学学报(哲学社会科学版)》2020 年第 5 期。

④ 根据中共陕西省委农村工作领导小组(省委实施乡村振兴战略领导小组):《关于印发国家乡村振兴重点帮扶县和省级乡村振兴重点帮扶县名单的通知》和《全国主体功能区规划》中国家重点生态功能区名录和 2016 年国家新增国家重点生态功能区名单整理得到。

重属性区域,乡村振兴重点帮扶户是精准帮扶的对象①,解决其收入和收入增长是作为重点帮扶县的重要工作目标,他们同时又是域内生态资源的保护者、供给者、修复者和开发利用者,是生态效应的享受者更是供给者,因而也就成为生态补偿的支付主体或受偿主体,主体的同一性能够实现生态产业化与生态保护职业化提高收入水平,消解其发展滞后程度,实现生态环境保护与发展滞后消解的有机结合。再次是对象一致。乡村振兴重点帮扶最直接的对象是社会性的对象人,即被帮扶户,但是,除社会保障兜底帮扶人员外,其他低收入者不能简单地以直接的资金给予帮扶,因为简单的资金帮扶不能消除其发展滞后的根源,不能增强其脱离帮扶后的自我发展能力,而是要"挖其穷根",消除发展滞后的根源,由外部帮扶逐渐走上自立自强。其中,最重要的滞后根源在于教育和生态制约,通过扶智和发展教育提高低收入者的就业能力、职业能力,解决其长期收入稳定增长问题;而对于生态环境因素造成的滞后就需要对好的生态给予补偿,以维持其持续存在而不被破坏,对差的生态或脆弱生态进行修复增强其生态服务供给能力,这更应得到资金支持和生态补偿。可见,无论是社会对象还是自然对象既是生态补偿所指向的对象,又是乡村振兴重点帮扶所指向的对象,二者具有高度的一致性。

(二) 组织形式上的重合性

从组织形式上来看,无论是脱贫攻坚与乡村振兴,还是生态环境保护与生态补偿都建立了两套实现机制:纵向运行机制和横向运行机制。纵向运行机制,就是通过具有隶属关系的行政机构自上而下的帮扶推进机制,基本上按照中央政府到地方政府,再到市县镇,层层推进,最后落脚到户、到人的帮扶运行机制。② 五

---

① 黄承伟:《深化精准扶贫的路径选择——学习贯彻习近平总书记近期关于脱贫攻坚的重要论述》,《南京农业大学学报(社会科学版)》2017年第4期。

② 洪名勇、娄磊、龚丽娟:《中国特色贫困治理:制度基础与理论诠释》,《山东大学学报(哲学社会科学版)》2022年第2期。

级书记抓脱贫抓乡村振兴帮扶就是典型的纵向推进①,实现了脱贫路上"全面建成小康社会,一个也不能少;共同富裕路上,一个也不能掉队"②要求。可见,从乡村振兴重点帮扶角度来看,通过层层推进的纵向运行机制,最后落脚到被帮扶家庭、被帮扶人口;从生态环境保护与生态补偿角度来看,从国家到省级生态保护任务的分解落实也是到镇村级,到村民家庭、村民个人,才能把生态保护责任落到实处,补偿资金分配原则上讲应分配到为生态保护作出贡献的居民户或个人手中,但是因补偿资金量小一般到市县层就进行了统筹,可见其纵向运行机制具有组织形式上的重合性,推进模式上的一致性。

横向运行机制,就是不具有隶属关系的部门、机构或组织间进行的帮扶,具体包括跨区协作、部门帮扶、企业帮扶、社会组织帮扶等具体模式,最后落脚到户、到人的运行机制。跨区协作就是一个较发达地区对另一个欠发达地区的支持和合作,通过人力资本培训、技术和产业转移、资金支持、资源合作开发、市场开放等方式,实现二者的互利合作共享,这既是脱贫攻坚的重点组织形式,并衔接延续到了乡村振兴战略,江苏省对口帮扶陕西省形成了富有特色的立体化的"苏陕协作模式";又是生态环境保护与生态补偿的重要实现模式,南水北调中线工程水源区,通过天津市对陕西省、北京市对河南省和湖北省的对口协作,以生态基础设施建设、污染治理设备设施投资和横向生态补偿等方式实现了对水源保护与水源区发展的重要支持。同样,行政部门或事业单位的结对帮扶、企业对农户的产业帮扶或用工倾斜、社会组织对低收入者的资助等是全社会助力脱贫攻坚的重要成功经验,在"脱贫不脱帮扶"要求下,也衔接延续到了乡村振兴重点帮扶,该机制同样可以复制到脆弱生态修复等工作中,从而形成生态环境保护与乡村振兴和农业农村现代化建设协同推进的格局。

---

① 李盛刚:《"五级书记一起抓"工作机制:从脱贫攻坚实践到乡村振兴再实践》,《甘肃理论学刊》2022年第5期。
② 《十九大以来重要文献选编》(上),中央文献出版社2019年版,第86页。

（三）实施路径上的融合性

2016 年,国家实施"五个一批"脱贫攻坚策略,其中,生态补偿脱贫一批、易地搬迁脱贫一批都具有和谐人地关系、人与自然关系的重要意义,从而把生态环境保护与脱贫发展和乡村振兴有机结合起来。在实践中,西藏通过建立健全生态扶贫体制机制,大力发展绿色产业、推动生态补偿、提高生态价值,实现了助力脱贫、推动发展、稳固生态安全屏障①;探索了赤水河流域的资金补偿、政策补偿、实物补偿、项目补偿和技术补偿等助力脱贫攻坚的生态补偿模式②。脱贫攻坚和乡村振兴有机衔接及其以生态补偿为纽带协同推进生态环境保护,探索了发展生态农业、乡村旅游③,助力被帮扶户就业、发展产业、易地搬迁等措施④,创新生态补偿模式,实现其"输血式"补偿逐步向技术补偿、产业补偿、项目补偿等"造血式"补偿转变,在重点生态功能区统筹使用"天保工程""退耕还林还草"等资金,并把重大生态工程建设、增加生态公益岗位等措施向乡村振兴重点帮扶户倾斜,提高生态建设与生态补偿资金效率,更能与当地群众的发展紧密结合起来,透过实施路径的融合性实现二者的同步推进。生态补偿内在协同生态环境保护与乡村振兴协同推进的逻辑关系如图 5-2 所示。

从逻辑关系图 5-2 可看出,生态补偿和乡村振兴重点帮扶主客体的各个要素存在高度的契合性,区位重合、主体同一、对象一致使二者在要素上形成了相同、相似、重合或互补情形;在组织形式上,无论是纵向运行机制还是横向

---

① 蒋永穆、王丽萍:《西藏生态扶贫的生成逻辑、实践成效及路径优化》,《西藏大学学报（社会科学版）》2020 年第 4 期。

② 邱凉、郑艳霞、翟红娟等:《赤水河流域生态补偿机制研究》,《人民长江》2013 年第 13 期。

③ 王习明、张鹏程:《国家重点生态功能区贫困县的精准扶贫之道》,《海南师范大学学报（社会科学版）》2018 年第 2 期。

④ 刘格格、葛颜祥、张化楠:《生态补偿助力脱贫攻坚:协同、拮抗与对接》,《中国环境管理》2020 年第 5 期。

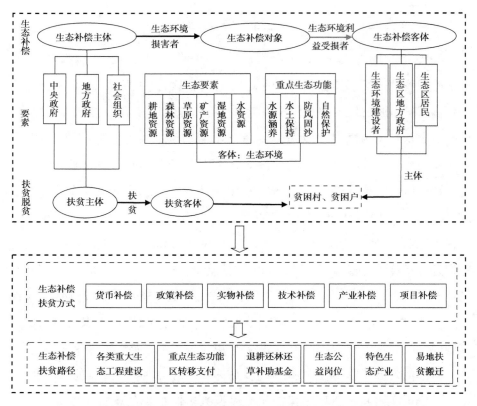

图 5-2　生态补偿内在协同生态环境保护与乡村振兴协同推进的逻辑关系图

运行机制,都存在帮扶推进机制的重合叠加情形;在实施路径上存在融合性,实施项目、支持方式的融合可以相互整合统筹,进行系统推进,从而实现西部地区生态补偿与乡村振兴相关政策和措施的高效衔接、相互支撑、相融互促,形成协同推进的良性互动格局。

三、生态环境保护与乡村振兴协同推进多元利益补偿机制的主体

按照"主体是人,客体是自然"理念①,西部地区生态环境保护与乡村振

————————

① 《马克思恩格斯选集》第 2 卷,人民出版社 1995 年版,第 3 页。

兴协同推进利益补偿机制的主体就是参与协同推进利益补偿的各关系人（自然人、法人）。① 生态补偿和乡村振兴重点帮扶主客体相互耦合，使二者能够协同于一身，从而能产生协同推进效应。② 主体不足或参与度低是制约生态补偿的重要原因，必须构建多元利益补偿主体参与的机制，逐步形成全社会共同参与生态补偿的氛围。根据主体与补偿资金的关系可分为生态补偿资金的支付主体、接受主体和管理主体；这里主要是按照主体的性质不同进行考察，可分为政府补偿主体、企业补偿主体和社会补偿主体三种类型。

（一）　协同推进的政府补偿主体

西部地区生态环境保护与乡村振兴协同推进利益补偿机制的政府补偿主体是多元补偿主体中最重要的主体，具有统筹、协调各方的效能，对协同推进及其利益补偿起到把握方向、指导操作、引领发展、试验示范与推广的作用。其具体补偿方式可以分为纵向补偿和横向补偿两种，相应地其主体也就包括纵向补偿的政府主体和横向补偿的政府主体两类。

所谓纵向政府补偿是指具有行政隶属关系的上级政府部门对下级政府部门的补偿，如我国大规模实施的天然林保护工程、退耕还林还草工程、耕地保护补偿等属于典型的纵向政府补偿形式。根据有关调研，生态补偿在各收入层次贫困人口中获得政策支持占获取的所有政策支持的比重分别为极度贫困占 9.3%、一般贫困占 13.55%、轻度贫困占 16.67%③，说明生态补偿政策曾经在助力脱贫上发挥了极其重要的政策效力，同样是乡村振兴帮扶的巨大助力，有力地助推了脱贫攻坚和乡村振兴帮扶。云南省的实证研究发现"生态补偿

---

① 胡仪元:《西部生态经济开发的利益补偿机制》,《社会科学辑刊》2005 年第 2 期。
② 刘格格、葛颜祥、张化楠:《生态补偿助力脱贫攻坚:协同、拮抗与对接》,《中国环境管理》2020 年第 5 期。
③ 黄林秀、邹冬寒、陈祥等:《财政扶贫政策精准减贫绩效研究》,《西南大学学报(社会科学版)》2019 年第 5 期。

政策有助于降低贫困发生率"①;有助于建设宜居宜业美丽乡村,满足农村居民美好生活追求,实现乡村生态振兴②。但是,纵向政府补偿实践中仍然面临一些具体问题,如补偿标准偏低,不同补偿形式不匹配、不协调,尚未构建起完善的纵向政府补偿体系等。纵向政府补偿必须通过纵向补偿政府主体实现。所谓纵向补偿的政府主体就是支付或接受协同推进利益补偿的上下级政府及其相应的政府部门机构。支付生态补偿的政府补偿主体构成政府生态补偿支付主体,接受生态补偿的政府补偿主体构成政府生态补偿接受主体,一般而言政府生态补偿支付主体是上级机构,而政府生态补偿接受主体则是具有隶属关系的下级机构。

所谓横向政府补偿是指生态补偿主体与生态补偿客体具有平等行政地位的两个政府机构之间的补偿(也可能存在非平等的两个政府机构之间,如某省对另一个省的市县级政府的补偿),通常发生在经济社会发展与生态关系密切的两个区域(流域、行业等)的政府机构之间,由生态功能受益区(或行业)向生态功能提供区(或行业)支付一定的补偿资金或其他方式的补偿。③从性质上讲,横向政府生态补偿也是政府性质的补偿,用的是财政资金。与纵向政府生态补偿相比较,横向政府生态补偿的最大特点是平等对话与相互协商,并具有灵活性、多样性、可持续性等优点,在生态补偿中的地位与作用越来越凸显④;而最大区别则是不能使用政策补偿这一工具,因为一个区域的政策无法约束与自己拥有平等地位的另一个区域,政策补偿只能是具有上下级隶属关系的纵向政府生态补偿才能实现。从补偿实践看,横向政府补偿已经有了许多成功的实践案例,北京密云水库的跨区生态补偿、绍兴—慈溪水权交易

---

① 索朗杰措:《我国生态补偿政策减贫效应研究》,中国财政科学研究院硕士学位论文,2021年。

② 包晓斌:《乡村生态振兴:总体目标、重点任务与推进对策》,《湖湘论坛》2023年第5期。

③ 杨中文、刘虹利、许新宜等:《水生态补充财政转移支付制度设计》,《北京师范大学学报(自然科学版)》2013年第2期。

④ 李飞:《构建助力精准脱贫攻坚的横向生态补偿机制》,《新视野》2019年第3期。

补偿、东江源水源地的跨区生态补偿、新安江流域的综合生态补偿、南水北调中线工程的对口协作补偿等都是典型的横向政府生态补偿案例①,发挥了非常重要的示范作用,并在实践探索中不断完善和丰富,但是,西部地区的横向政府生态补偿总体上开展不足,未能充分体现出横向政府补偿在绿色发展、乡村振兴中的重要作用,尤其在推动其协同发展上还存在较多不足。

从补偿的具体方式来看,一般包括了资金补偿、政策补偿、实物补偿和智力补偿四种类型。政府补偿具有同时采用这四种补偿方式的条件,但在政府纵向补偿和横向补偿上又略有区别,具有约束力的政策补偿一般只能在具有上下级隶属关系的政府纵向生态补偿中才能实现,政府横向生态补偿中只能通过附属职能或条件来实现,如飞地模式下给予的政策优惠等。在资金补偿上,纵向政府生态补偿主要是通过国家或省级政策,以财政转移支付的方式给予补偿或补助;而横向政府生态补偿则是在相互协商的基础上,受益方以财政转移方式对生态保护方或生态资源(产品)供给方给予的补偿或补助,其依据是两个具有关联关系的政府机构之间平等协商后所形成的协议、合同等,其关联关系既可能是自然形成的上下游关系、邻域关系,还可能是上级政府部门确定或指定的帮扶关系或协作关系。除财政转移支付外,还可以采用生态补偿专项基金形式进行纵横向的政府补偿,一般是指国家或区域为生态建设和自然生态环境保护专门设立的专项财政资金②,生态补偿专项基金可以由国家财政资金拨款、地方政府配套,也可以由生态功能受益区提取一定比例的生态功能服务费形成,还可以由生态环境保护组织、非政府组织积极参与设立。例如,黄山市建立的新安江绿色发展基金,通过市场机制,引入社会资本服务生态建设和经济社会发展;云贵川赤水河流域的 PPP 水基金,不仅通过下游企

① 胡仪元等:《流域生态补偿模式、核算标准与分配模型研究——以汉江水源地生态补偿为例》,人民出版社 2016 年版,第 146—169 页。
② 郑云辰:《流域生态补偿多元主体责任分担及其协同效应研究》,山东农业大学博士学位论文,2019 年。

业与上游农户签订生态保护补偿协议,还积极探索政府、企业、社会组织和公众共同参与筹资。① 同时,一个区域可以给予另一个区域的地方政府以实物补偿和智力补偿,实物补偿如物质捐赠、树种树苗赠送、污染处理设备设施投资或赠送、保水护水设施的援建等,陕西省水务局一次性投资南水北调中线工程水源涵养地宁强县污水处理设施,以折旧费形式逐步回收其投资成本,这对于资金极为缺乏却又急需投资的欠发达县区来说无疑是一个很好的解决办法;智力补偿中主要是技术支持和人才支撑,如对技术人员的培训、培养,派送技术专家或管理人员的现场管理与服务,接收被帮扶区人员的挂职锻炼,直接的技术、产业转移转让等,苏陕合作中互派人员学习、锻炼,联合设立产业发展基金就是成功的实践经验。

(二) 协同推进的企业补偿主体

企业是西部地区生态环境保护与乡村振兴协同推进利益补偿的重要主体,也就成为最重要的生态补偿市场主体。企业作为生态补偿主体包括两个层面:一是法律政策的强制补偿。按照"污染者治理、破坏者修复、受益者补偿"原则,企业对生态资源的使用、开发、破坏或污染都负有应有的生态责任,必须加入生态环境保护、修复和污染治理的行列,履行生态补偿义务与责任,实现生态资源的社会总成本与总收益的平衡,落实生态环境保护政策要求和生态文明建设任务,如企业污水、固体废弃物的处理费用投入,矿山修复保证金等。二是市场交易的自愿补偿。生态资源的开发能带来效益、带来利润,农户可以把生态环境保护行为变成工作、变成职业,如护林员等生态保护岗位成为"生态补偿脱贫一批"的受益者;企业更能通过生态资源培植,进而开展生态产品开发实现产业化生产,其利得源自生态资源,因此也愿意对生态环境保护进行投入,为保护者提供补偿,如保护水源开发瓶装水、开发水电、航运和水上乐

① 靳乐山:《中国生态保护补偿机制政策框架的新扩展——〈建立市场化、多元化生态保护补偿机制行动计划〉的解读》,《环境保护》2019 年第 2 期。

园,就需要为保水、护水、节水居民给予补偿,以及对水污染进行治理投入,从而形成双赢格局,否则,如果水质出现下降甚至不合格,企业也就无法获得收益。

在市场机制下,企业的自愿补偿机制难以实现,他们更倾向于搭便车,免费享受生态服务,或在其他利益相关者的监督下,按照较低标准被动参与到生态补偿进程中。事实上,企业是享受生态服务的主体,理应成为推动生态补偿政策实施、促进生态环境建设的重要力量。在推进形成现代治理体系的进程中,政府部门的监督管理持续加强,企业的环境责任意识增强,积极进行生态补偿的意愿不断提升。企业作为市场补偿机制运行的主体,在西部地区生态环境保护与乡村振兴协同推进过程中应发挥重要作用,需要积极促进中央所属企业、国有企业对其协同推进进行利益补偿的引领、带动作用,通过税收减免、政策优惠等措施充分激发民营企业进行利益补偿的积极性,推动生态服务受益企业对西部地区进行多种形式的利益补偿。

西部地区生态环境保护与乡村振兴协同推进企业补偿的具体形式包括碳排放权交易、排污权交易、水权交易等。从碳排放权交易来看,西部的大部分地区是我国重要的生态功能区,森林覆盖率高、植被茂盛,发挥着极为重要的碳储功能,大规模碳排放企业应补偿发挥碳汇功能的区域,依据碳排放总量控制要求,做好碳排放权进行初始分配和市场交易制度建设,构建碳排放权交易体系[1],通过代际补偿实现"代际贴现效用之和最大化"的减排总量约束[2]。排污权交易是基于污染物排放总量控制的需要,对排污企业的可排污量进行核定、授权,以激励企业开展内部排污治理,从而把剩余排污权出售给其他企业,逐步形成污水集中处理、规模处理的局面。水权交易主要发挥市场机制的作用,对水的使用权进行交易,由水资源产出区域有偿转让给水资源使用区域

---

[1]　胡珺、方祺、龙文滨:《碳排放规制、企业减排激励与全要素生产率——基于中国碳排放权交易机制的自然实验》,《经济研究》2023 年第 4 期。
[2]　郑新业、吴施美、郭伯威:《碳减排成本代际均等化:理论与证据》,《经济研究》2023 年第 2 期。

或企业,提高水资源的利用效率,用水企业、用水户对水资源输出地区进行有效补偿。通过这些方式,彻底改变"资源无价低价"现象,把资源保护、污染治理、生态修复与企业主体的利益挂钩,形成更为有效的激励与约束机制。

(三) 协同推进的社会补偿主体

社会补偿主体是西部地区生态环境保护与乡村振兴协同推进多元补偿体系的重要补充力量,主要是参与生态补偿的各社会组织和个人。作为社会补偿主体的社会组织机构主要有两种产生途径:一是执行政府部门某一职能或某一公共目标而产生的具有非营利性质特征的社会组织,如中华环境联合会、中华环境保护产业协会等;二是在自发基础上产生的具有营利性质或非营利性质的社会组织,如爱鸟协会、农业合作社等。这些具有公共属性的社会补偿主体发挥了政府与市场、企业联结的桥梁纽带作用,在接受政府宏观政策指导的前提下,为各类企业提供生态服务或有助于生态保护的辅助性服务。特别是这些社会组织对维护社会公正和社会公利,弥补市场缺陷和政府宏观调控的不足发挥了重要作用。社会补偿主体中的个人主要是热心生态环境保护的自然人,为保护生态所作出的直接和间接补偿,如实物补偿下捐赠树种树苗、蚂蚁森林"碳账户"客户等,以及为生态保护、生态修复所做的捐资捐助等工作。[1]

社会补偿主体对西部地区生态环境保护与乡村振兴协同推进的利益补偿是在政府引导下发挥补偿主体效能的,这种引导主要是通过政策导向和国家发展战略的自觉、主动适应来实现,对引领、凝聚全社会力量形成生态保护合力具有十分重要的意义,尤其是对营造社会生态文明建设氛围具有直接的推动效力。非营利性社会补偿主体和营利性社会补偿主体都是协同推进利益补偿体系中的重要主体,是生态补偿资金筹集的重要渠道,对生态环境保护、治理、修复与生态资源培植具有重要的助力作用;其区别主要在于是否存在利益

---

① 胡仪元:《生态经济开发的运行机制探析》,《求实》2005 年第 5 期。

导引,也就是是否是为了未来的收益而进行的生态保护助益,今天的生态保护投入就成了生态资源培植,成了谋取未来收益的投资性行为。

　　一般情况下,社会补偿主体是由社会公众组织通过签订相关协议进行的补偿,主要包括 NGO 参与型补偿、环境责任保险、农户补偿等形式。[①] 其中,NGO 参与型补偿,是由一种非政府组织倡导、实施的补偿,可以有效联结政府部门、被补偿主体,充分发挥第三方的力量;环境责任保险,是以被保险人因从事保险单约定的业务活动导致环境污染而应当承担的环境赔偿或治理责任为标的的责任保险,如可以实施生态补偿强制责任保险,确保补偿的稳定支付和被补偿人及时地获得补偿[②];农户补偿,作为补偿主体的农户往往具有较为丰富的致富经验,具有与农户交流的便利性和良好氛围,能够激发农户致富的愿望和积极性,一定程度上能够带动、促进低收入群众脱离乡村振兴帮扶、走上自我发展道路,有助于充分发挥基层群众的带头作用。社会补偿模式具有一定的优势,既可以弥补政府补偿效率不高的问题,又可以在一定程度上克服企业补偿存在的市场失灵问题。但同时,社会补偿模式也存在一些问题,如补偿资金规模较小、补偿行为不稳定等,也就只能作为政府补偿方式和企业补偿方式的补充形式出现。

四、生态环境保护与乡村振兴协同推进利益补偿机制的理论构建

　　脱贫攻坚战消除了我国大规模的贫困人口群体,实现了全面小康社会目标,但是,不平衡不充分发展的现实和人们对美好生活的向往依然存在,那些在小康社会里依然处于发展滞后状态的人口由贫困帮扶转入乡村振兴帮扶,由同步小康转向为共同富裕和中国式现代化奋斗,这对西部地区而言依然是

---

　　①　郑云辰:《流域生态补偿多元主体责任分担及其协同效应研究》,山东农业大学博士学位论文,2019 年。

　　②　刘桂环、张惠远:《流域生态补偿理论与实践研究》,中国环境出版社 2015 年版。

一场攻坚战,因此需要通过生态补偿增强其内生发展动能,形成包括动力机制、运行机制、评估机制、管理机制、保障机制五方面内容的协同推进利益补偿实现机制。其中,动力机制在生态补偿初期是确保生态补偿政策落实的基础动力,提高生态保护者的积极性、主动性和能动性,是其利益补偿长效机制构建的基础;运行机制是确保生态补偿实现的重要基础,使生态补偿主体作用于客体,实现生态补偿主体预期目标的保障;评估机制是对生态补偿及其绩效动态反映、投入与绩效直接挂钩的桥梁;管理机制是生态补偿管理主体依法依规管理生态补偿资金及其要素,实现其合法合规、高效运行的组织保证;保障机制就是为整个生态补偿实现的组织保障、资金保障和法律保障,通过五个机制为西部地区生态补偿实现提高全面的保障体系,见图5-3。

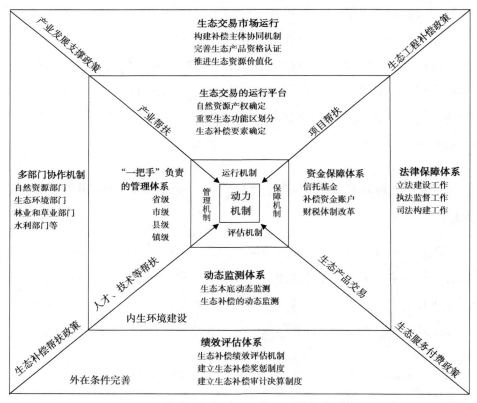

图5-3 西部协同推进利益补偿实现机制框架图

（一）西部地区协同推进利益补偿的动力机制

协同推进利益补偿的动力机制就是激发各级各类主体从事生态环境保护和生态补偿的积极性，通过"输血式"生态补偿向"造血式"生态补偿转变，并不断完善生态补偿的政策体系，形成生态补偿外驱力和内动力的"双力驱动"，实现生态环境保护与乡村振兴的协同推进、同步发展。

1. 加大"造血式"生态补偿力度

在脱贫攻坚战中，包括生态补偿脱贫在内的脱贫帮扶主要是"输血式"补偿和帮扶，也就在后期产生了一些不良现象，如"懒人经济"坐等帮扶和救济、对扶贫资金和补偿资金需求欲望强劲、注重当前收入和补偿资金获得而对生态保护投入与长远发展建设关注不足等，降低了资金使用效率和发展成效。因此，需要加大"造血式"补偿力度，把人们的收益与其生态环境保护投入程度、贡献大小结合起来，把生态补偿分配份额与其生态保护投入贡献绑定，以增强其持续发展动能。一是参与生态工程。让生态建设资金通过居民对生态工程建设的参与获得劳动报酬而产生收入效应，生态建设必须纳入公共建设范畴，通过政府投资来解决，因其投资大回收慢，公共性、外部性等特性使私人投资困难。政府生态建设投资可以把乡村振兴帮扶结合起来，让低收入者或被帮扶户承担相应的建设任务，如设置护林员等公益性岗位提高其收入，让生态建设吸纳被帮扶户就业并解决其收入水平低下问题。二是发展生态产业。依托区域生态资源禀赋和特色资源优势，因地制宜发展特色林产品、特色农产品、特色水产品和乡村生态旅游，推动多种经营和产业融合发展，推动科技创新驱动助力产业发展，推动产业链建设和现代产业体系建设，把生态产业做大做强，以产业发展带动农户走上共同富裕道路。三是扶技扶智扶志相结合。缺技术、缺能力、缺发展斗志是西部地区发展滞后的重要原因，对于参与生态功能区建设的被帮扶者，首先要强化技术服务，指导他们引入新技术、学习新技术、使用新技术，通过技术变革实现效率提升、收益提升；其次是要加强教育,加强政策和规划指导,提高智能化水平,阻断贫困落后代际传递链条;最后还必须要扶志,解决人们自我发展动力不足问题,无论是生态环境保护、乡村振兴、农业农村现代化建设,还是生态环境保护与乡村振兴的协同推进都必须依靠群众的主动作为、积极参与,这才是持续、长效发展的根本动力。

2.完善"造血式"生态补偿政策体系

建立协同推进利益补偿机制需要强有力的政策推动,建立并完善"造血式"生态补偿的配套政策,在推动生态环境保护实现绿色发展的同时,实现乡村振兴、共同富裕和现代化建设,以强化发展内生动力,把生态环境保护与乡村振兴发展两个积极性都调动起来、结合起来推进。一是完善国家重点生态工程补偿政策。健全林业生态补偿制度、流域生态保护补偿机制、退耕还林还草生态补偿制度、国家公园建设生态补偿制度等,通过系统的生态环境保护与补偿政策,形成全面的生态大保护,提高被帮扶群众生态保护参与度、生态补偿受惠面和乡村振兴生态帮扶对农户收入增长的影响强度。二是完善西部地区产业发展政策。通过产业发展奖励力度的提高,税费减免和投融资倾斜等制度措施,提高西部地区产业帮扶和产业发展的积极性,以产业发展支撑区域发展,推动产业转型、提质和更新。三是完善西部地区生态补偿助力乡村振兴政策。通过技术培训、就业指导、人才保障、规划引领等智力帮扶政策,把人们向生态环境保护与生态文明建设上引导,向生态环境保护与乡村振兴协同推进的绿色发展上引导,提高人们参与西部经济建设和生态保护的积极性、主动性和能动性,实现西部区域发展的追赶超越。四是完善生态服务付费政策。坚持"谁受益谁补偿"原则,通过中央、省级财政转移支付、市场交易、信托基金等多种付费方式,以不同生态产品为补偿对象,分类分级建立生态服务补偿政策①,保障生态保护主体利益,形成生态、经济与社会三种效益的有机统一。五是完善对口协作帮扶政策。按照"脱贫不脱帮扶"要求,深化对

---

① 延军平、徐小玲、刘晓琼等:《基于生态购买的西部经济与生态良性互动发展模式研究》,《陕西师范大学学报(哲学社会科学版)》2006年第4期。

口协作帮扶措施①,建立跨区域产业协作体系、统一市场体系、人才交流机制,依托南水北调中线工程水源保护强化天津对陕西的对口协作,依托乡村振兴政策强化"(江)苏陕(西)协作",形成跨区域发展的协同推进,实现互利互惠、共建共享发展。

(二) 西部地区协同推进利益补偿的运行机制

西部地区协同推进利益补偿的运行机制就是补偿主体作用于补偿客体,实现主体传导、作用于客体,达成主体预期目标或要求。其机制的良性运行必须着重抓牢生态交易的运行平台体系和生态补偿的市场运行体系建设,以使生态补偿政策能够落地、见效,推动补偿机制高效、持续运行。

1.建立多元分类生态交易的运行平台

中共中央办公厅、国务院办公厅《关于建立健全生态产品价值实现机制的意见》强调,要"充分考虑不同生态产品价值实现路径……充分发挥市场在资源配置中的决定性作用,推动生态产品价值有效转化"②。如何让市场在生态资源配置中起决定性作用,促进协同推进利益补偿机制建立呢? 那就是建立市场化的生态交易平台,以平台交易为生态产品的价值实现提供载体,让人们除了直接的资金补偿外,还能通过生态产品开发、生态资源培植、生态保护相关产权交易等措施获得生态保护收益。除线上线下的公共性交易平台外,要积极组建碳汇交易平台,还要组建水权、林权、碳排放权、排污许可权等交易平台,生态资源的融资交易平台,生态产品交易平台,以及生态资源、资产的评估核算机构等,通过多元分类生态交易平台体系构建,为生态产品价值实现及其多元分类补偿提供强有力的平台支撑。多元分类生态交易平台的运行架构

① 雷明:《持续深化东西协作、推进南北协作、助力乡村协同振兴》,《新疆财经大学学报》2022 年第 4 期。

② 中共中央办公厅、国务院办公厅:《关于建立健全生态产品价值实现机制的意见》,《中华人民共和国国务院公报》2021 年第 14 期。

（见图 5-4），通过八步完成补偿资金从核算到分配的全过程。

图 5-4   多元分类生态交易平台运行框架

2. 完善多元分类补偿的市场运行体系

建立真正的协同推进利益补偿机制必须在平台支撑基础上，建立并完善其市场运行体系，让市场在生态资源调控、价值转化、效益分配等方面发挥基础性作用，让生态资源的资产化、价值化得以实现。一是要建立健全制度体系。对生态补偿机制的高效运行提供制度规范和制度保障，激励人们按照制度规定所形成的理性预期，作出行为选择、得出稳定预期，形成绿色生态利益分享机制。二是要强化两个认证：主体认证和产品认证。前者是指对进行生态产品交易的主体资格进行确认，只有合法合规和具有良好信用的法人或自然人才能取得生态产品经营权利，以规范主体管理；后者就是对具有生态价值的产品进行确认，以地理标志产品认证、有机产品认证、绿色产品认证等方式，让认证了的产品具有特殊标签，获得较高价值，以激励人们更好地从事生态环境保护、生态资源培植和生态产品开发。三是要强化质量监测、产品溯源与保障体系建设。强化生态产品的过程监督，建立产品溯源体系和质量保障体系，让客户能够在可视化状态下监督自己定制产品的生长生产全过程，通过全过程跟踪与监督，实现质量保证和信誉保证。四是要建立完善产品市场交易体系。通过市场交易把生产者和消费者联结起来，让远在西部山区的特色农产品、绿色生态产品能够进到大都市、大市场，解决其好产品卖难、价低的困境。

（三） 西部地区协同推进利益补偿的评估机制

生态补偿必须要有效率，以确保补偿资金使用效率最大最优，西部地区协同推进利益补偿的实现机制必然内含评估机制，其中，最核心的就是动态监测体系和绩效评估体系的构建。

1.建立协同推进利益补偿的动态监测体系

西部地区协同推进利益补偿必须建立动态监测体系,掌握生态变化,为补偿政策的调整优化、生态环境保护政策执行落实、生态补偿资金使用效率评价提供数据支撑。监测体系建设重点包括三个方面:一是动态监测组织体系建设。建立联结全国的网状监测组织体系,形成纵横交错的监测体系,纵向上由国家、省(自治区、直辖市)、市县区组成层级式的监测体系,让监测数据由基层逐级向上汇总到国家层面,形成全国性的数据集;同时,建立横向和垂直数据核实机制,形成相互印证的数据体系。二是生态资源本身的动态监测体系建设。从内容上首要对生态资源本身进行监测,这是整个生态补偿和生态文明建设的数字化基础。生态补偿效率首先应从生态资源变化中考察,否则补偿多少都与生态建设绩效无关或改善成效不大,那补偿的意义也就有限。因此,必须加大生态资源物量监测,以其存量保有为基础进行基本补偿,而对其增量或改善量进行奖励性补偿,为生态资源及生态补偿两个效率评价提供数据支撑。三是生态补偿资金运用的动态监测体系建设。必须全过程监测补偿资金的使用,重点监测其运行是否畅通、使用方向是否合理高效,以及资金使用过程的监管。通过生态资源本身的监测和补偿资金运用的监测,实现生态本身和资金使用效率同步改善,为两个改善的效率评价研究及其实证测算提供数据支撑。

2.建立市场化生态补偿绩效评估评价体系

生态补偿绩效评估是生态补偿运行效率保证与提升的根本前提和核心问题[1],通过评估掌握生态资源和生态补偿现状,提供政策优化、工作改善、激励措施完善路径,促进生态环境改善效率和补偿资金使用效率,形成生态环境保护与生态补偿的长效机制。市场化生态补偿绩效评估体系包括生态补偿绩效

---

[1]　靳乐山、刘晋宏、孔德帅:《将 GEP 纳入生态补偿绩效考核评估分析》,《生态学报》2019年第 1 期。

评估机制、生态补偿奖惩和审计制度。一是建立协同推进利益补偿绩效评估机制。建立涵盖不同区域、不同生态资源,适应不同生态补偿类型或补偿项目的生态补偿绩效评估机制,首先要建立常设性的评价机构,开展专业性、科学化的评估评价;其次要建立全面评价体系,全面评价生态补偿资金的使用效率;再次是开展动态评估评价,从历史演变和长时间周期中寻求生态资源本身的演进规律、生态保护行为规律、生态补偿政策调整规律。二是建立生态补偿奖惩制度。生态补偿必须根据受偿对象的生态保护绩效进行双向激励:当水资源等生态资源质量达到国家标准和协议要求时就给予正向激励,支付生态补偿和相应的奖励绩效,达标补偿是补偿的最低基数;而当不能达到标准和要求时就应该调整补偿额度,并根据其未达标情况给予罚款。通过双向激励激发人们生态环境保护的内在动力,形成长期、持续保护的利益联结机制。三是不断健全补偿资金使用管理的绩效评估机制。建立生态补偿资金使用管理制度、使用决算制度、用后审计制度,开展资金使用绩效评价,让资金预算、使用去向、管理成本和运行情况等透明化,确保生态补偿资金被运用到相关个人、组织和生态项目上[1],实现精确预算、精准投放、见到实效。

(四) 西部地区协同推进利益补偿的管理机制

管理机制是协同推进利益补偿实现机制的重要内容,就是要管好生态补偿资金,让其充分发挥效应,就是通过生态补偿管理主体(机构),依法依规对生态补偿资金及其相应的管理要素进行管理,实现生态补偿资金的合法合规、高效运行。

1.建立高效运行的协同推进利益补偿管理体系

西部地区协同推进利益补偿管理必须建立健全补偿资金管理机构和权责明确的管理体系。一是建立健全生态补偿资金管理机构。管理机制首先必须

---

[1] 郑云辰、葛颜祥、接玉梅等:《流域多元化生态补偿分析框架:补偿主体视角》,《中国人口·资源与环境》2019 年第 7 期。

解决谁来管理的问题,就是要有管理主体,即管理机构和管理者。生态补偿资金应纳入各级财政的专门管理,因此,各级财政部门就是其主管机构,相应的管理人员就是其管理者。要明确管理机构和管理者职责,督促其履职尽责,提高资金管理和使用效率。二是建立生态补偿"一把手"负责的管理体系。因西部地区生态补偿类型多样,涉及到管人(生态补偿支付主体与受偿主体等相关利益者)、管物(生态资源实物和相关管护设备设施等)、管钱(生态补偿资金及其价值核算),使生态补偿管理协调难度增大,因此,可借鉴河(湖、山、林)长制经验,建立生态补偿"一把手"负责制,各省、市、县、镇四级党政领导为第一责任人,具体负责生态补偿工作的沟通与协调、负责生态补偿重大事务决策与协商平台建设、负责补偿资金筹集与分配等,以确保生态补偿工作落实和补偿资金的科学使用。在分级管理中要坚持事权与财权统一原则,属于中央事权的项目,不让地方政府配套,以减轻地方配套的财政压力;确需地方配套的项目,可根据受益范围和受益程度明确中央和地方(省、市、县)各级政府分担比例①,以做到生态补偿资金管理的层级清晰、权责明确、经费得以落实。

2. 完善生态补偿职能管理部门的多机构协作机制

生态补偿实施的权责部门比较多,有财政部门、自然资源部门、水利部门、林业部门和生态环境部门等。财政部门负责生态补偿资金的统筹统管统支;自然资源部门主要涉及矿产修复、湿地保护、退耕还草、易地搬迁等生态资源管理与具体生态补偿;水利部门负责水土流失、水资源保护、重大调水工程与水电开发等项目生态补偿;林业部门主要负责自然保护区、森林保护和退耕还林政策等领域的生态补偿;生态环境部门主要负责污染治理及生态综合治理等领域的生态补偿。多部门管理易出现重复计量或遗漏、资金分配不合理不公平不平衡等现象,以及权责不明和相互掣肘等问题,或者政出多门和一事多

---

① 李宏伟:《生态补偿机制的实施困境与对策》,《中国党政干部论坛》2017 年第 11 期。

窗口办理等不合理现象,因此,需要根据各部门的职能分工建立多部门协作机制,形成统一分工协作、数据共享、标准统一、部门联动的管理机制。

(五) 西部地区协同推进利益补偿的保障机制

西部地区生态补偿的实现机制必须要有保障措施,形成协同推进利益补偿的保障机制,在管理机制的组织机构保障基础上,必须建立资金保障体系和法律保障体系。

1.建立协同推进利益补偿的资金保障体系

西部地区生态补偿资金的主要来源是纵向财政转移支付和生态保护的各类专项基金,横向生态补偿资金不足成生态保护跨区协作的障碍、市场交易不足制约生态产品价值实现、金融支持不足使市场筹资困难,因此,需要建立西部地区协同推进利益补偿的资金保障体系。一是加大横向生态补偿和市场交易筹资力度。横向生态补偿不仅能推动生态补偿多元化,增加生态补偿资金供给,更为重要的是能够通过生态补偿双方的权利义务约定及其履约行动,推动生态环境保护行为,形成生态资源共建共享的大保护格局[1];生态产品需要市场交易来实现,水权林权地权、碳排放权、污染排放权等资源资产权利的交易是生态资源变资产、变资金的重要途径和手段。西部地区甚至整个中国生态补偿实践中,横向生态补偿不足和市场交易体系不成熟,成为生态补偿资金筹集、补偿制度完善和生态产品价值实现的重要约束,必须加大横向生态补偿和市场交易筹资力度,形成功能逐步完善的生态补偿制度体系。二是建立生态补偿信托基金。通过 NGO 投入的信托资本、企业投入的资本、农户的土地经营权、消费者认购的稳定资金流等方式,建立生态补偿信托基金,促进补偿资金的多渠道社会融资,扩大协同推进利益补偿的资金供给渠道。三是建立生态补偿资金账户。建立生态补偿专项经费账户,充分吸纳各级政府转移支

---

① 孔凡斌:《中国生态扶贫共建共享机制研究》,中国农业出版社 2022 年版。

付资金、生态补偿专项资金、汇缴资金和社会捐助资金,通过银行系统直接将补偿资金划入受偿对象账户,减少资金流动的中间环节①,提高补偿资金管理运行效率。四是深化财税体制改革。"推进生态补偿由专项转移支付向一般转移支付转变,推动生态环保领域财政事权和支出责任划分改革"②,让从事生态环境保护并作出贡献的各类主体能得到财政补贴和税收优惠,以进一步调动人们的生态保护积极性,形成人人共建共享格局。

2. 完善协同推进利益补偿的法律保障体系

生态环境保护既要利益激励,更要法律规制约束,形成强约束强激励相结合的局面,因此,需要在完善生态补偿制度基础上,加快生态补偿立法、执法和督察工作,推动生态补偿工作法制化、规范化、制度化和科学化,形成权威、高效、规范的法律保障机制。一是积极推进生态补偿立法工作。在实践探索及其经验总结基础上,探索形成全国性的生态补偿立法,尤其鼓励地方性立法支持探索更加多元多样化的生态补偿规制,形成对生态补偿的对象、范围、方式、标准和考核评价的系统性法制规定,最终形成国家和地方生态补偿立法相互支撑的法制密网。二是积极推进生态补偿执法监督工作。建立生态补偿监督考核机制,对其资金筹集、支付、合规使用等事项进行监督、督察,确保生态补偿资金合规合法、科学高效使用③;组建生态补偿的专门性监察机构,防止生态补偿资金、物资出现中间克扣,或挪作他用,甚至出现腐败现象。三是加强生态补偿司法。强化生态公益诉讼,严格执行生态保护法律法规,加大生态环境保护执法力度,强化司法、执法工作,形成生态补偿立法、司法、监察相互支持的法律保障机制。

① 余维祥:《淮河流域水污染治理与生态补偿机制构建》,《改革与战略》2017年第10期。
② 郑云辰、葛颜祥、接玉梅等:《流域多元化生态补偿分析框架:补偿主体视角》,《中国人口·资源与环境》2019年第7期。
③ 田学斌、赵培红、张永杰:《构建京津冀生态补偿长效机制》,《经济日报》2019年9月11日。

第三节　多层利益补偿方式

《关于深化生态保护补偿制度改革的意见》要求,"建立健全分类补偿制度""探索统筹保护模式""推进多元化补偿",要"建立持续性惠益分享机制""探索危险废物跨区域转移处置补偿机制",形成"多样化补偿方式"。西部地区生态环境保护与乡村振兴协同推进利益补偿主体具有多元性,因此,必须根据主体的不同性质采取最适宜、最有效的补偿方式,从而形成多层次的生态补偿及其各类补偿方式的集合,这些方式主要包括区间对口支援、产业跨区合作、利益跨区共享与生态共建共享四种方式。

一、生态环境保护与乡村振兴协同推进的区间对口支援补偿方式

对口支援既是集结区间或产业优势进行同步发展,更是通过区域或产业帮扶实现协同发展、达成共同富裕的重要举措,尤其是在西部欠发达地区,通过对口支援在打赢脱贫攻坚战和保障重大公共工程持续运行上发挥了重要作用,积累了丰富的实践经验。区间或行业对口支援通常指国家在制定宏观政策时为支持某一区域或某一行业发展,将不同区域、行业进行结对,形成跨区域或跨行业的支援帮扶关系,使双方区位或行业优势得到有效发挥的一种政策性行为。[①]

我国的对口支援政策始于 20 世纪 50 年代中期,70 余年的实施已经形成了多层次、多领域、多方式的援助机制,推动地理区位上非相邻区位间的有效联结,发展成为具有中国特色的横向资源转移和协作发展模式。在高质量发展中促进共同富裕成为新形势下东西部区域间对口支援工作的根本遵循,更是西部地区生态环境保护与乡村振兴协同推进的重要力量。在区间对口支援

---

①　张天悦:《从支援到合作:中国式跨区域协同发展的演进》,《经济学家》2021 年第 11 期。

尚未充分发挥其潜力的条件下,亟须构建起以政府为引领、以企业为主体、以研究机构等社会力量为支撑的西部地区生态环境保护与乡村振兴协同推进体系,充分发挥对口支援的巨大潜力,立足东部地区在资金、技术、人才等方面的优势,充分挖掘欠发达地区或乡村振兴重点帮扶县区在资源方面的优势,推动资源互通、科技互联、人才互学、成果互享、市场互连、人民共富的新格局,有效推动其区间对口支援,及其在协同推进上的高质量、深层次发展。援助主体不局限于省、市(县、区)层面的政府,中央和国家机关各部门、民主党派、人民团体、国有企业和人民军队等积极开展定点帮扶,民营企业、社会组织和公民个人等社会力量热情参与的全面帮扶与支援机制。①

二、生态环境保护与乡村振兴协同推进的产业跨区合作补偿方式

产业跨区合作是区间协同发展的重要形式,更是对西部欠发达地区或乡村振兴重点帮扶县区协同推进的基础性、长效性支撑,没有产业支撑的协同协作都是一句空话。产业跨区合作有多种多样的方式,可以通过产业转移建立产业梯度转移承接机制,把东部或较为先进地区部分产业转移到西部地区或乡村振兴重点帮扶区,以延伸产业存续、发展生命期,奠定欠发达地区产业发展成长的基础;通过产品共同开发把欠发达地区的资源、劳动力优势与先进区的技术、人才、资本优势结合起来,形成规模经济优势,实现共同开发、共享利益;通过企业孵化与培育,培植新企业成为西部欠发达地区提供强大的创新主体,聚集人才、聚集资源、承载就业;创新企业组织,建立总部经济与分部经济模式,延伸先进区企业到欠发达地区开展业务、开发产业,带动被帮扶区域发展致富;创新商业模式实现先进区与欠发达地区在产品、技术、人才、金融等方面直接互联互通,把欠发达地区的绿色健康产品输送到发达地区的餐桌上,把

---

① 张天悦:《从支援到合作:中国式跨区域协同发展的演进》,《经济学家》2021年第11期。

发达地区的先进产品输送到欠发达地区消费,尤其是加大数字经济发展,推动网络贸易和生产生活服务业发展。

在传统理解中,西部欠发达地区特色农牧业资源、矿产资源、旅游资源等比较丰富,具有包括生态在内的资源优势;东部地区科技创新、人力资本、金融资本等处于较高发展水平,有强大的市场需求和供给能力。因此,西部欠发达地区与东部发达地区开展生态环境保护与乡村振兴协同推进的产业跨区合作有助于充分发挥双方优势,实现合作、互利、共赢。西部欠发达地区或乡村振兴重点帮扶区以产业为主导的"造血式"帮扶格局尚未真正形成,内生发展保障能力不足,特色农牧业、旅游资源开发层次较低,缺乏系统规划支撑,龙头企业带动不足、头部企业空白无法形成大企业引领发展的效应效力,与市场联结松散,没有形成完整的产业体系和区域互补的产业网络,产业培育与扶持政策不完善,产业发展能力严重不足。生态环境保护与乡村振兴协同推进的产业跨区域合作链条打造是推动其可持续发展的有效路径,构筑资源、市场、产业紧密结合的经济可持续发展保障体系,创新"造血式"产业发展帮扶模式。不仅要遵循市场经济规律,发挥市场的资源要素配置基础性作用,而且要充分发挥政府部门的宏观调控作用。紧抓数字经济机遇和"双碳战略"发展契机,让生态资源变成资产、变成产品,创造价值,在新起点上跨越传统工业经济发展阶段,走上可持续发展道路;高位植入数字经济发展元素,让数据变成 GDP,作出发展贡献,把落后的发展劣势变成后发优势,有效缩短现代化的区际差距,奠定全面现代化发展的高起点。①

三、生态环境保护与乡村振兴协同推进的利益跨区共享补偿方式

利益永远是主体行为的核心动力,马克思主义认为,追求利益是人类的一

---

① 习近平:《推进中国式现代化需要处理好若干重大关系》,《求是》2023 年第 19 期。

切社会活动的动因,"每一既定社会的经济关系首先表现为利益"①,"每一个社会的经济关系首先是作为利益表现出来"②。马克思引用英国评论家登宁的话说,"资本害怕没有利润,或利润太少,就像自然界害怕真空一样。一旦有适当的利润,资本就胆大起来。如果有10%的利润,它就保证到处被使用;有20%的利润,它就活跃起来;有50%的利润,它就铤而走险;为了100%的利润,它就敢践踏一切人间法律;有300%的利润,它就敢犯任何罪行,甚至冒绞首的危险。如果动乱和纷争能带来利润,它就会鼓励动乱和纷争。走私和贩卖奴隶就是证明"③。主体间、区域间的合作也必须建立在利益保障的基础上,要形成科学合理的利益分享机制,才能保证各参与主体或区域的合作积极性、主动性,没有利益就不会有人参与到合作中来。单方面的利益转移不是区域间横向生态补偿长期、可持续的机制,也不会有长期的合作保障。反之,欠发达地区或被帮扶区域不计利益的资源和生态供给,既不利于其长期帮扶与生态环境保护,更是对生态功能区发展权的削弱和剥夺。

西部欠发达地区和乡村振兴帮扶县集中区大多是国家重要的水源区、能源区、生态功能区,是大江大河的源头区域,发挥着极为重要的生态保障、资源储备和生态建设作用,关系到较大区域乃至全国范围的生态系统安全。作为生态功能区比较集中的区域,补历史欠账形成了较大的额外投入,在南水北调中线工程水源区的陕南,为确保水质水量大规模投建污水处理设施,开展雨污分流设施建设,尤其是关停污染企业造成了巨大的损失。根据调研数据,汉中市在2014年实施"汉江流域污染防治三年行动计划",先后关停小造纸、小化工、小冶炼、小电镀等污染性企业和生产线336家(条);2017年关停并转冶炼、造纸等污染性企业42家;2018年整合矿山企业22家、关停10家;2020年关闭矿山113个,有力地控制住了污染源,但也造成了直接的经济损失。在限

---

① 《马克思恩格斯选集》第3卷,人民出版社1995年版,第209页。
② 《马克思恩格斯选集》第2卷,人民出版社1972年版,第537页。
③ 《资本论》第1卷,人民出版社2004年版,第871页。

制开发、禁止开发政策下丧失了诸多经济发展机会,客观上加剧了其区域发展的落后程度,更严重的是部分群众由于自我发展能力低下,长期处于无法摆脱落后实现自我发展的境地①。西部地区生态环境保护与乡村振兴协同推进的利益跨区共享就是要促进资源使用地区、生态功能受益地区与生态资源供给地区形成利益共享格局,依靠有限的补偿资金充分发挥出"四两拨千斤"的杠杆效应,形成生态资源的持续保护、生态环境保护与乡村振兴持续的协同推进、生态资源的持续供给与人类经济社会的可持续发展,更能通过这种机制形成区域间共生、共融、共富的长期协作机制。

四、生态环境保护与乡村振兴协同推进的生态共建共享补偿方式

《关于深化生态保护补偿制度改革的意见》指出:要"建立健全分类补偿制度。……针对江河源头、重要水源地、水土流失重点防治区、蓄滞洪区、受损河湖等重点区域开展水流生态保护补偿",要"实施纵横结合的综合补偿制度,促进生态受益地区与保护地区利益共享","健全公益林补偿标准动态调整机制"。西部地区尤其是乡村振兴重点帮扶县的生态环境保护与乡村振兴协同推进必须建立完善的纵横向生态补偿制度,并形成动态调整机制,通过物质利益手段把生态效应的外部性内部化,实现总成本与总收益的对等,持续推动生态保护、生态建设工作,有效促进生态生物安全保障,实现生态环境持续向好,保护者能真正地从生态文明建设中分享到全国经济社会发展的效应,突出推进绿色低碳发展,打赢污染防治攻坚战,提升生态管控能力,"构建现代环境治理体系"②。国家发展和改革委员会《生态综合

---

① 李国平、李潇、汪海洲:《国家重点生态功能区转移支付的生态补偿效果分析》,《当代经济科学》2013 年第 5 期。

② 新华社:《生态环境部要求今年要有序推动绿色低碳发展》,《环境与生活》2022 年第 Z1 期。

补偿试点方案》也强调要"增强自我发展能力,提升优质生态产品的供给能力,实现生态保护地区和受益地区的良性互动","鼓励地方探索建立资金补偿之外的其他多元化合作方式"。西部地区生态环境保护与乡村振兴协同推进必须高度重视生态文明建设,彻底改变过去的传统认知,充分认识到自然生态和资源环境对人类可持续发展的意义与重大价值;转变发展理念,由资源利用的粗放式生产向节约、集约性转变,由人对自然的单向度索取向生态培植、生态建设有效回馈的物质交换互动转变,最终形成人与自然的和谐共生与长期持续的动态平衡。西部地区的生态建设是全国生态文明建设不可缺少的组成部分,必须纳入到全国生态文明建设总体布局中,构筑全国性的西部生态安全屏障。就其内部建设而言,必须从国土规划、资源节约、环境保护、制度建设等方面进行系统设计、全面建设,落实"三线一单"要求,把生态文明建设成效的奖惩制度,生态环境损害赔偿与责任追究等制度结合起来,形成完整的制度框架体系,造就全社会人人参与的生态文明建设氛围。

　　构建西部地区生态环境保护与乡村振兴协同推进的纵横向生态补偿体系,加快生态建设步伐,促进自然生态环境稳步改善、生态功能稳定发挥、资源持续供给、低收入群众稳定增收。作为国家重要的水源涵养区、森林生态功能区、草原湿地保护区、沙漠化治理区、石漠化治理区、生物多样性保护区等重点生态功能区的西部地区,承担着涵养水源、保持水土、防风固沙、固碳制氧、净化空气、减轻水旱灾以及保持生物多样性等极为重要的生态服务功能,属于生态环境效益的提供区、保障区与维持区。同时,这些区域的生态环境也存在极度脆弱的状况,生态建设、环境保护与生态修复的任务极其艰巨,是生态补偿的重点区域①,通过完善的纵横向生态补偿体系实现生态环境的持续改善和当地农户持续稳定增收,从而形成真正内在的协同推进机

---

　　① 刘春腊、徐美、周克杨等:《精准扶贫与生态补偿的对接机制及典型途径——基于林业的案例分析》,《自然资源学报》2019 年第 5 期。

制、持续发展机制。

第四节　多种利益补偿模式

　　生态补偿在实践探索中形成了丰富的经验,西部地区生态环境保护与乡村振兴协同推进也在实践中探索出了多种生态补偿模式,尤其是围绕矿山、流域、森林等生态补偿问题,开展了多模式的实践探索和理论总结。《建立市场化、多元化生态保护补偿机制行动计划》是对我国建立和完善市场化、多元化生态补偿制度的顶层设计,形成了资源开发补偿、排污权交易与减排补偿、水权交易与节水补偿、碳交易与碳汇补偿、生态产业、绿色标识、绿色采购、绿色金融、区域多元化补偿等九种形式的生态补偿政策框架体系。[1] 探讨了跨流域、跨区域的生态补偿模式[2],从实践角度探讨了"政府主导、企业和社会参与的生态补偿模式"逐渐形成和"市场化运作、可持续生态补偿模式"正在形成的综合生态补偿模式[3],研讨了流域生态补偿模式[4]、基于"一般流域水污染控制生态补偿和水源地保护生态补偿"的流域生态模式[5],以及政府主导型"造血式"流域生态补偿模式[6]、南水北调中线工程水源区生态补偿的对口协作模式[7]、长江

---

　　① 靳乐山:《中国生态保护补偿机制政策框架的新扩展——〈建立市场化、多元化生态保护补偿机制行动计划〉的解读》,《环境保护》2019 年第 2 期。
　　② 孙翔、王玢、董战峰:《流域生态补偿:理论基础与模式创新》,《改革》2021 年第 8 期。
　　③ 刘桂环、王夏晖、文一惠等:《近 20 年我国生态补偿研究进展与实践模式》,《中国环境管理》2021 年第 5 期。
　　④ 赵晶晶、葛颜祥:《流域生态补偿模式实践、比较与选择》,《山东农业大学学报(社会科学版)》2019 年第 2 期。
　　⑤ 王军锋、吴雅晴、姜银萍等:《基于补偿标准设计的流域生态补偿制度运行机制和补偿模式研究》,《环境保护》2017 年第 7 期。
　　⑥ 高文军、石晓帅:《政府主导型"造血式"流域生态补偿模式研究》,《未来与发展》2015 年第 8 期。
　　⑦ 王艳林、邵锐坤、代依陈:《南水北调中线水源区生态补偿对口协作模式探讨》,《西南林业大学学报(社会科学)》2021 年第 2 期。

流域生态补偿的"苏皖模式"①、九江流域生态补偿的分担模式②、多元协同共治的流域生态补偿模式③、汉江流域的跨流域生态补偿模式④。本课题组以汉江水源地为例,探讨了生态补偿的投入型、效应型、预期型、综合型生态补偿模式,为其生态补偿实践操作构建了一个实现机制。⑤ 根据西部地区生态环境保护与乡村振兴协同推进利益补偿的主体多元性、模式多样性、情形复杂性等现实状态,本节在其协同推进利益补偿模式类型考察的基础上,探讨了具有实践操作可能性的七种补偿模式,即财政转移补偿、政策倾斜补偿、市场交易补偿、移民搬迁补偿、绿色金融补偿、教育人才培训补偿、基础设施建设补偿等实践模式。

一、生态环境保护与乡村振兴协同推进利益补偿的模式类型

西部地区的生态补偿模式可以从不同角度分为不同类型,从补偿主体角度可分为政府补偿、市场补偿和社会补偿三种生态补偿模式;从生态补偿内容角度可以分为资金补偿、政策补偿、实物补偿和智力补偿四种生态补偿模式;从生态补偿标准确定角度可以分为投入型、效应型、预期型和综合型四种生态补偿模式。

(一) 基于补偿主体角度的生态补偿模式

生态补偿主体就是生态补偿相关利益者,从功能角度可区分为管理主体、支付主体和接受主体;从性质角度可区分为政府主体、市场主体和社会主体。

---

① 卢紫毅:《打造长江流域生态补偿的"苏皖模式"》,《群众》2020 年第 21 期。
② 王西琴、高佳、马淑芹等:《流域生态补偿分担模式研究——以九洲江流域为例》,《资源科学》2020 年第 2 期。
③ 邓雪薇、黄志斌、张甜甜:《新时代多元协同共治流域生态补偿模式研究》,《齐齐哈尔大学学报(哲学社会科学版)》2021 年第 8 期。
④ 彭智敏、张斌:《汉江模式:跨流域生态补偿新机制》,光明日报出版社 2011 年版。
⑤ 胡仪元:《区域经济发展的生态补偿模式研究》,《社会科学辑刊》2007 年第 4 期。

相应地生态补偿模式也就可以区分为政府补偿、市场补偿和社会补偿三种模式。

1. 政府补偿模式

政府补偿模式就是以政府为支付主体或受偿主体的生态补偿模式,是政府机构间的补偿,就是"以国家或上级政府为实施和补偿主体,以区域、下级政府或农牧民为补偿对象,以国家生态安全、社会稳定、区域协调发展等为目标,以财政补贴、政策倾斜、项目实施、税费改革和人才技术投入等为手段的生态补偿方式"。政府生态补偿模式是我国西部生态补偿的主要模式,这是由于其发展滞后的现实、市场交易体系不完善和全国生态补偿政策体系不健全等综合因素决定的,也说明地方财力有限不仅制约了经济发展,更制约了生态建设,因此,"在实际操作中,政府既是生态补偿资金的支付者、管理者和接受者(地方政府)的综合体,又是整个国家生态补偿制度的建构者、践行者,也就成为整个生态补偿体系的核心力量和主导力量"[1]。

2. 市场补偿模式

市场补偿模式就是以市场交易为支付主体的生态补偿模式,是市场主体对政府机构或农户的补偿,其补偿的"交易对象可以是生态环境要素的权属,也可以是生态环境服务功能,或者是环境污染治理的绩效或配额。通过市场交易或支付,兑现生态(环境)服务功能的价值。典型的市场补偿机制包括下面几个方面:公共支付,一对一交易,市场贸易,生态(环境)标记等"[2];其实现方式是交易双方讨价还价的协商,能充分尊重补偿双方的意愿,弥补政府财政转移支付补偿的资金不足,弥补西部地区生态环境保护与建设资金的自我积累能力不足,为多元多层生态补偿机制的建立奠定基础。

---

[1] 胡仪元等:《流域生态补偿模式、核算标准与分配模型研究——以汉江水源地生态补偿为例》,人民出版社 2016 年版,第 15—16 页。

[2] 《生态补偿机制课题组报告》,见 http://www.china.com.cn/tech/zhuanti/wyh/2008-02/26/content_10728024.htm。

3. 社会补偿模式

社会补偿模式就是非政府补偿和非市场交易补偿的一种生态补偿模式，是非政府组织或个人参与的一种生态补偿模式。营利或非营利非政府组织参与生态补偿除了生态建设投入、资金资助捐助外，还有树种树苗等生态建设物资捐助等实物性补偿。社会主体参与生态补偿弥补了政府补偿的不足和市场交易补偿的缺陷，对塑造良好的生态建设氛围，更好地倡导社会正义具有十分重要的意义。国内非政府组织参与生态补偿的典型案例如世界自然基金会在洞庭湖实施的长江项目，世界自然基金会在"携手保护生命之河—长江项目"下，"对洞庭湖湿地水资源、流域管理、生物多样性、生态环境和湿地资源可持续利用与替代生态产业设计等方面"①开展探索和合作；国外如"荷兰农民收入的60%以上是通过合作社取得的。合作社在化肥和精饲料市场上占52%，在销售和加工行业中，牛奶占82%、蔬菜占70%、花卉占95%、甜菜占63%、马铃薯达到100%，90%左右的银行信贷也来自于信贷合作社"②。

（二）基于补偿方式角度的生态补偿模式

根据补偿内容不同，生态环境保护与乡村振兴协同推进利益补偿的模式可分为资金补偿、政策补偿、实物补偿和智力补偿等四种模式。

1. 资金补偿模式

协同推进利益补偿的资金补偿模式采取的是现金支付的生态补偿模式，就是生态补偿主体按照生态保护贡献、生态资源效应等，按照一定的补偿标准，以货币资金形式支付给生态补偿受偿主体的补偿模式，实现生态补偿主客体间的权利义务对等或生态资源效益分享。资金补偿模式有三种具体实现方式：一是直接的资金支持，就是以生活补贴、无偿拨款等方式把补偿资金支付

① 湖南省水利厅：《湖南省水利厅与WWF（世界自然基金会）签署合作备忘录》，2010年12月9日，见 http://slt.hunan.gov.cn/slt/xxgk/slxw/slxw_1/201010/t20101018_3337383.html。
② 胡仪元：《西部生态经济开发的利益补偿机制》，《社会科学辑刊》2005年第2期。

给生态补偿受偿主体,其支付主体和受偿主体既可能是个人,又可能是法人企业或政府部门。二是税费和贴息贷款支持,通过税费减免和贴息贷款为生态环境保护作出贡献的个人或企业提供支持。三是市场交易。如排污权、碳汇交易等,以市场交易的方式为丰富生态资源拥有者或生态保护作出贡献者提供资金支持。表面上看,该类补偿的客体是用于生态补偿的现金、转移支付资金、排污许可权证或碳汇交易资金等,实质上则是生态保护绩效的激励,即以生态保护贡献度、污染排放减少或生态修复程度对其贡献者给予的积极评价和正向激励。

2.政策补偿模式

协同推进利益补偿的政策补偿模式就是各级政府对其下级政府、组织或居民户,在生态保护与生态修复上给予的倾斜或优惠政策支持,以对其生态保护行为进行补偿或奖励,这种倾斜或优惠性政策能给其享受者带来直接的或间接的利益。其补偿客体"就是享受政策利益、权力或约束的个人、法人或政府组织,其补偿依据或考核抓手是政策倾斜带来的利益平衡问题,就是政策倾斜所带来的收益能不能抵偿生态保护所耗费的成本,并有一定的盈余,以起到激励和持续保护的效果"①。政策补偿模式有两个突出特点:一是不给钱不给物只有政策支持。政策对辖区各主体具有平等支持效力,而能否得到补偿和补偿多少则取决于辖区主体的政策执行、实施效能,即使再好的政策,没有主体响应和执行,也无法产生效果,如退耕还林还草补偿一视同仁地支持辖区的所有农牧户,但不参与该项政策支持的人就不能得到补偿,相反,退耕、退牧越多的人补偿额度也就越大。二是只对具有隶属关系的下级主体或辖区内的各类主体有效力。政策效力是有范围界限的,超出其所能约束的区域、人员、项目,都不可能构成约束力,每一级政府或组织不能跨区域支持或惩处非辖区的组织与个人,因此,政策补偿必须统筹辖区的生态资源、生态建设项目和生态

---

① 胡仪元等:《流域生态补偿模式、核算标准与分配模型研究——以汉江水源地生态补偿为例》,人民出版社 2016 年版,第 12 页。

保护贡献者,以激励辖区组织和个人积极的政策响应和实践推动。

3. 实物补偿模式

协同推进利益补偿的实物补偿模式也就是物资补偿,就是说生态补偿支付主体和受偿主体间的补偿内容是以实物形式实现的,如给生态保护区居民生产生活资料的捐赠,以实物形式捐助的用于生态建设和生态修复的树苗树种,以及污染防治设备设施,生态环境状况监测系统等。其补偿客体是接受实物补偿的单位或个人,"考核的抓点就是被用于生态补偿的物资是否满足生态保护、生态修复或生态设施运行所需要的物资量与质的要求"[①]。实物补偿能够减少生态保护区居民物资投入的成本,通过投入成本减少以增加保护者的"收益",对促进生态建设和经济发展具有"双重"的重要意义。

4. 智力补偿模式

协同推进利益补偿的智力补偿模式也就是人才补偿和智力支持,就是基于生态环境保护和生态修复的需要,向被保护区域或相关单位和个人提供规划编制、项目策划、技术指导等智力支持,提供人力资源培训、素质教育,或者在项目研究、科研平台建设、人才培养等方面给予某些优先权,甚至特权,如给予发展滞后的生态功能区或水源地以人才或技术援助,提供人才培训和技术服务,甚至在大学录取或毕业生分配等方面提供优惠或倾斜,推动发达地区科研资源与欠发达的生态功能区共享等。其补偿客体是给予援助或支持的人才、技术等,"评价和考核的关键点是受惠人才数量与层次,以及所能得到的技术资源数量和质量"。智力补偿有力地解决了欠发达地区技术、人才短缺问题,在科学保护、科学治污、专业化生态建设方面发挥着不可缺少的作用。

四种补偿方式不是非此即彼的关系,所有补偿最终都要以实实在在的物质利益方式呈现,财政转移支付补偿和资金补偿模式就必不可少,实物补偿与智力补偿只是有益的补充和助力;同样,在物资紧缺不能满足实物投入需要和

---

① 胡仪元等:《流域生态补偿模式、核算标准与分配模型研究——以汉江水源地生态补偿为例》,人民出版社 2016 年版,第 12 页。

统筹规划不足、人才缺乏的情况下,实物补偿和智力补偿又显得极为重要,否则可能就会出现拿着钱也买不到物资,或生态保护投入运行效率低下等情形。因此,四种补偿方式的有机配合能有效地促进生态补偿效益发挥和生态建设成效。

(三) 基于补偿标准确定角度的生态补偿模式

补偿多少,即补偿标准问题始终是生态补偿问题的核心和关键,从生态补偿标准确定角度来看,可以从投入成本、效应分享、预期成本或效应角度入手,把生态补偿区分为投入型生态补偿、效应型生态补偿、预期型生态补偿和综合型生态补偿等四种模式。①

1. 投入型生态补偿模式

生态补偿首先要能弥补生态保护、修复治理与建设的成本投入,这是进行持续性生态保护及其持续投入能力建设的根本前提。投入型生态补偿模式就是以生态保护、生态修复、生态工程建设等的成本投入为生态补偿标准确定依据,补偿额度高于其成本投入,以实现生态保护投入的价值补偿、生态资源的实物替换,确保其可持续投入和有效地激励大家生态保护投入的积极性。生态环境的正负效应都是共享的,好的或坏的效应都会通过其天然的传递渠道让"邻居们"共享,生态资源规模或生态破坏与污染程度使其效应传递或扩散的半径有大有小,影响程度有高有低而已。因此,生态修复、污染治理、持续保护就是必须的,也就有了必然的成本投入,产生了生态环境保护成本,如环境污染治理的成本支出、保护良好生态环境的成本支出、管理生态环境事务的监测监督成本支出等成本内容。

生态环境保护成本主要包括三个方面:一是生态资源正常运行的护持成本,就是确保既有生态资源发挥效应和生态设施正常运行,所需的各种投入和

---

① 胡仪元:《区域经济发展的生态补偿模式研究》,《社会科学辑刊》2007 年第 4 期。

维护费用。按照《陕西省汉江丹江流域水质保护行动方案（2014—2017年）》，汉江出境水质要保持在Ⅱ类，丹江保持在Ⅲ类并向Ⅱ类水质提升。为此必须"杜绝建设无排污指标的生产类项目""严格控制新上造纸、化工、果汁加工、电镀、印染等高耗水、高污染项目"。2020年修订实施的《陕西省汉江丹江流域水污染防治条例》要求："将汉江、丹江流域水污染防治工作和城乡生活污水处理设施、生活垃圾处理设施建设纳入国民经济与社会发展规划和年度计划，将水污染综合性防治费用列入财政预算"。汉中市2021年的节能环保预算支出1.4765亿元，占其当年一般公共预算支出5.95899亿元的24.78%；2022年则上升为1.4863亿元，增加了98万元，增长0.66%，占其当年一般公共预算支出6.18813亿元的24.02%（汉中市财政局数据）。对于国家级乡村振兴重点帮扶县比较集中的汉中市来说，维持汉江水源水质的预算支出是比较巨大的。

二是破坏生态的修复成本。破坏生态必须修复，既可以通过自然力的作用修复如水体自净，又可以通过人力强制修复，如污染治理、沙化治理等。由于破坏生态的自我修复能力下降就需要有人工的强制修复，据此就产生了相应的投入成本。《汉中市"十四五"生态环境保护规划》要求"持续深化水污染治理"，实现"受纳水体—排口—排放通道—排放单位"的全链条管理，分流域排查入河排污口，并对重点排污口进行整治，要求到2025年，"城市、县城污水处理率分别达到95%、93%""城市污泥无害化处理处置率达到95%以上"。2021年，核查和监测了398个入河排污口，治理了78个行政村的生活污水，建成投运5个"秦岭水质自动监测站和水环境热点网格监管平台"，完成全市"'禁燃区'燃煤锅炉和非民用散煤'双清零'，累计完成清洁能源替代27782户"①；发放排污许可证187个；出台并推进《开展"5+1"治水建设幸福河湖三

---

① 汉中市生态环境局：《汉中市生态环境局举办2021年汉中市生态环境状况新闻发布会》，2022年4月27日，见 http://hbj.hanzhong.gov.cn/hzsthjwz/tpxw/202204/89151e4496774d5-da88867816ba5f806.shtml。

年行动计划(2021—2023 年)》,投资 32.75 亿元的 32 个重大治水项目开工实施①。这些巨大而经常性的投入需要有外部注入性补偿以确保生态保护的持续和有序推进。

三是生态开发与培育成本。生态保护、修复的目的还是为了让其发挥效应,以满足人类生存、生产发展需要。其满足人类需要的方式可以是自然资源本身的效应发挥,如森林的释氧、保湿、防风等功能,也可能是人类生产行为开发生态资源的结果,矿产资源开发、水资源开发等。生态资源开发就是要让生态资源变成生态资产,让生态资源资产变成生态产品,通过"两山"转化和生态产品价值实现,促进其经济、社会和生态效应发挥;生态资源的培育实际上就是生态资源的储备,就是为了未来生态资源的使用和开发所采用的增植(新种植、嫁接等)、储存、养护等措施。生态开发与培育必然有成本投入,"栽树得要树苗钱、治污得有污水处理费,以及相应的人工费,这是必不可少的补偿内容"②。

2. 效应型生态补偿模式

效应型生态补偿模式就是以生态资源效应,或没有该生态资源所遭受损失为依据确定补偿标准的生态补偿模式。一般而言,保障生态保护投入是维护生态资源存在的前提,因而其补偿也就只是生态补偿的最低标准限额;生态资源的效应发挥体现在各个方面并具有持续性,其核算出的数额较大,因而其补偿也就成为生态补偿的最高限额。效应型生态补偿反映了自然资源、遗传资源等公共资源的互利共享及其资源配置和利益分割问题,是生态资源区际调配、跨区补偿的重要依据。生态资源的效应体现在经济效应、健康效应和生态平衡效应三个方面。

---

① 汉中市水利局:《汉中推进"5+1"治水　全力建设幸福河湖》,2021 年 12 月 31 日,见 http://www.hanzhong.gov.cn/hzszf/xwzx/bmdt/202112/6f413809bab14e36b3febaa3d9892ea0.shtml。

② 胡仪元等:《流域生态补偿模式、核算标准与分配模型研究——以汉江水源地生态补偿为例》,人民出版社 2016 年版,第 172 页。

一是生态资源的经济效应及其补偿。坚持"两山"理念和绿色发展理念，实现生态资源向生态资本转化，让生态资源产生出良好的经济效应。所谓"生态资源的经济效应是指某区域既定量的生态资源对其所有者、开发利用者带来的直接或间接收益，如优美自然景观的旅游开发收益、水能发电收入、绿色无污染食品的超额收益等，它是生态资源的纯粹所有或利用收益，为培植、储存、保护、开发和增强生态效应所需要的各种投入（资本与劳动投入，及其相应的利息利润应该通过成本补偿或前置扣除）；也包括因生态资源数量增加、生态效应或功能提升所带来的经济损失减少，即负损失，也相当于收益增加"[1]。过孝民等人主编《公元 2000 年中国环境预测与对策研究》，对我国环境污染和生态破坏的经济损失进行估算，发现：1981 — 1985 年的年均损失是 380 亿元，占 1983 年 GNP 的比重为 6. 75%。[2] 中国社科院环境与发展研究中心测算结果表明：我国 1993 年的环境污染损失是 1085 亿元，占当年 GNP 的比重为 3%。[3] 刘珊等人测算出西安市 2009 — 2019 年的 11 年间，水污染造成的经济损失占 GDP 的比重约为 1. 95%。[4] 王艳评估了陕西省 2011 — 2016 年环境污染造成的经济损失，2016 年的损失价值为 78. 833 亿元，其中，大气污染损失价值为 38. 33 亿元，水污染损失价值为 38. 78 亿元，固体废物的污染损失价值为 1. 723 亿元。[5] 陈嫚莉构建了"水环境经济损失计算模型"，实证测算出 2008 — 2012 年陕西水污染环境总成本五年合计约 1515. 02 亿元，据此预测其到 2024 年水环境污染的经济损失约达 402. 49 亿元。[6] 刘叶叶等人测

---

① 胡仪元等：《流域生态补偿模式、核算标准与分配模型研究——以汉江水源地生态补偿为例》，人民出版社 2016 年版，第 173 页。
② 过孝民、张惠勤：《公元 2000 年中国环境预测与对策研究》，清华大学出版社 1990 年版。
③ 祝金甫：《中国环境污染损失趋势估算》，《中国统计》2009 年第 8 期。
④ 刘珊、廖磊、曹磊等：《基于经济损失函数法的城市水环境污染损失分析》，《安全与环境学报》2022 年第 1 期。
⑤ 王艳：《陕西省环境污染损失价值评估——基于 2011 — 2016 年陕西省环境污染排放数据》，《西安石油大学学报（社会科学版）》2019 年第 1 期。
⑥ 陈嫚莉：《陕西省水环境污染经济损失分析与预测》，《环境保护与循环经济》2018 年第 11 期。

算了湘江流域株洲市水污染的经济损失为 2.731 亿元。[1] 刘雁慧等人测算了 2006—2016 年三峡库区水环境污染的平均经济损失达 80 亿元,占年均 GDP 比重约 2.17%。[2] 生态资源的经济效益应得到分享,其损失必须得到补偿,否则就会放大生态负效应,让其污染和破坏越来越严重,对经济社会可持续发展造成严重束缚。

二是生态资源的健康效应及其补偿。生态资源的健康效应是指生态资源的存在本身会对人的健康甚至生存产生影响,其影响主要有三种情况:第一,生态资源的人类生存价值,就是其对人类生存、生产和生活的影响,是人不可或缺的物质条件。物质资料是人存在和发展的基础,通过物质资料的消费消耗才能保证人这个物质体的存在,进而构成生产劳动、价值创造、文学艺术宗教等活动的根本前提。第二,生态资源的健康影响效应,就是生态资源的类别与质量对人的健康会产生很大影响,好的生态环境利于健康,减少疾病,促进病人康复;差的生态环境会带来疾病,造成病患者收入损失。根据相关研究,我国气候变化对人的健康产生巨大影响,"在过去 20 年,热浪相关死亡人数上升了 4 倍,2019 年的死亡人数达到了 2.68 万人,其货币化成本相当于中国 140 万人的年均国民收入"[3]。第三,生态资源对人们生活质量的影响,我党始终坚持"以人民为中心"的执政理念,郑重宣示"人民对美好生活的向往,就是我们的奋斗目标",每个人都在努力追求最美好的生活,其中,"人们对资源占有数量、对生态环境消费的数量与质量是其生活水平高低的标志",健康生活是其美好生活的基本要求,"在当前生态供给越来越困难的条件下,对生态资源的占有、对绿色产品的需求就是生活质

① 刘叶叶、毛德华、宋平等:《基于污染损失和逐级协商的生态补偿量化研究——以湘江流域为例》,《生态科学》2020 年第 4 期。

② 刘雁慧、李阳兵、梁鑫源等:《水体污染造成的水体功能经济损失量核算研究——以三峡库区为例》,《重庆师范大学学报(自然科学版)》2019 年第 3 期。

③ 蔡闻佳、张弛、孙凯平等:《因地而异的气候变化健康影响需要因地而异的应对措施》,《科学通报》2021 年第 31 期。

量提高最集中的体现"①。根据有关调查资料,"当家庭人均月收入在300元以下时,即处于贫困或温饱阶段时,他们对绿色产品的购买欲望很小;而家庭人均月收入大于1000元时,则购买欲望显著增强,选择绿色产品消费的比例上升"②。2021年,全国城镇居民人均可支配收入47412元③,汉中市全年城镇居民人均可支配收入37123元④,按照2021年12月31日1美元兑换6.3757元人民币汇率计算⑤,城镇居民收入水平全国达到7436.36美元,月收入约为619.70美元;汉中也分别达到5822.58美元、485.21美元,月收入早已超过300美元正在向1000美元的目标迈进,正处于小康社会后向绿色产品和生态需求扩张的重要阶段。

三是生态资源的生态平衡效应及其补偿。生态资源的生态平衡效应就是指各生物及其物种间相互依赖、相互依存形成的一种平衡性结构或图式,是其正常运行的一种稳态结构。这种稳态结构或平衡性一旦被打破,就会出现失衡或生态环境灾难,就像食物链的中断造成了某种生物的灭绝,并把这种灭绝和衰退效应传递给下一个区位,从而引起生态环境恶化的连锁反应。因此,破坏生态必须及时修复,良好生态必须长效保护,以使生态资源容量始终保持在可正常运行、可修复的状态,而维持其存在、促进修复,以确保生态资源的生态平衡效应发挥就必须得到生态补偿,这是维系整个生态系统平衡的必然要求。

3.预期型生态补偿模式

预期型生态补偿模式就是根据某生态资源未来将发挥的效应或修复、重

---

① 胡仪元等:《流域生态补偿模式、核算标准与分配模型研究——以汉江水源地生态补偿为例》,人民出版社2016年版,第177页。

② 万后芬等:《绿色营销》,湖北人民出版社2000年版。

③ 中华人民共和国国家统计局:《中华人民共和国2021年国民经济和社会发展统计公报》,《中国统计》2022年第3期。

④ 汉中市统计局:《汉中市2021年国民经济和社会发展统计公报》,2022年4月13日,见http://www.hanzhong.gov.cn/hzszf/zwgk/tjxx/tjgb/202204/7a834f9e878b4a8ba5cad72f2b0730d4.shtml。

⑤ 中国外汇交易中心:《人民币汇率中间价公告》,2021年12月31日,见http://www.pbc.gov.cn/zhengcehuobisi/125207/125217/125925/4436283/index.html。

置成本来确定标准的生态补偿模式,因而也就有预期成本型和预期效益型生态补偿两种子模式。

一是预期成本型生态补偿子模式。就是生态补偿的确定标准以生态资源在当期消费、使用或消耗,甚至破坏后,在未来修复已破坏生态资源到可发挥效应或达到当前水平所需成本的现值,或者重置该生态资源或对其进行实物替换时所需成本的现值,或者寻找、培植、开发可进行功能性替代的新资源、新能源所需成本的现值,也就是说,预期成本补偿可以是修复成本、重置成本或替代成本的现值。马克思说,"每一种商品(因而也包括构成资本的那些商品)的价值,都不是由这种商品本身包含的社会必要劳动时间决定的,而是由它的再生产所需要的社会必要劳动时间决定的。这种再生产可以在和原有生产条件不同的、更困难和更有利的条件下进行。如果在改变了的条件下再生产同一物质资本一般需要加倍的时间,或者相反,只需要一半的时间,那末货币价值不变时,以前值 100 磅的资本,现在则值 200 磅或 50 磅"[1]。生态资源修复、重置和替代所需劳动创造的价值必须得到补偿,因此,"无论是可再生资源还是可耗竭资源,在一定时期和一定范围内,都是有限的。为了维持社会生产的持续进行,消耗掉的自然资源也应该得到补偿或替代"[2],从而使劳动价值论成为生态补偿的重要理论依据[3]。

二是预期效益型生态补偿模式。就是生态补偿标准的确定以生态资源未来预期效益为基本依据。生态资源的培植既要成本投入,又要利益驱动,恩格斯说,"每一个社会的经济关系首先是作为利益表现出来的"[4]。我国生态资源分布存在空间不均衡问题,生态问题也是多因交织,富裕生态需要保护维持,破坏生态需要修复,但是,保护和修复生态都需要成本投入,而这些地方却

① 《资本论》第 3 卷,人民出版社 1975 年版,第 158 页。
② 罗丽艳:《自然资源的代偿价值论》,《学术研究》2005 年第 2 期。
③ 胡仪元:《生态补偿理论基础新探——劳动价值论的视角》,《开发研究》2009 年第 4 期。
④ 《马克思恩格斯选集》第 2 卷,人民出版社 1972 年版,第 537 页。

往往与发展滞后紧密联系,存在投入困难和持续保护动力不足,因此,必须通过生态补偿为其注入持续保护动能,提高当地群众维护、培植、修复生态的积极性。这就需要建立生态资源的共建共享机制,让生态效益共享者给予相应的补偿,以推动生态资源的持续保护,建设人与自然和谐共生的现代化。

4.综合型生态补偿模式

综合型生态补偿模式就是根据成本、效应和预期,以及区位条件等因素,综合性地确定补偿标准的生态补偿模式,从而实现既考虑投入成本又考虑收益、既考虑价值补偿又考虑实物替换、既考虑当前利益又考虑未来公平,还要统筹考虑生态资源不同区位、不同主体之间的共建共享。综合型生态补偿额度由前面三种情况综合考虑即可确定,在实践中必须抓好三个关键。

一是生态资源终端使用者的支付额度确定。所谓终端使用者就是最后使用该生态资源的主体。生态资源消费不同于其他实物消费,因其公共产品特性使其在消费中出现非排他性,一个消费者使用并不排斥其他消费者的使用。生态资源终端使用者,从区域上看,可能是生态资源的供给者,又可能是消费者或效应享用者;从功能上看,可能是产业发展消费,又可能是生活资料消费或满足共同需求的公共消费;从效应上看,可能是生态资源耗损(减少),又可能是生态资源培植或生态资源本身效应的自然发生。因此,从终端使用者的角度看,生态补偿的支付额度至少应包括"生态资源生产与护持的成本补偿,生态资源使用的利益和利润(或损失减少)分成,生态资源公共效应利益的财政转移支付补偿。也就是说生态资源终端使用者的支付额度,作为生态补偿基金的总供给,由三部分组成:投入成本补偿金、利益分成补偿金和公共效应的财政转移支付基金"①。

二是不同位势区的生态补偿利益分割。区际协调是联合国环境规划署《关于可持续发展的声明》的重要原则,但事实上不同区位所拥有的生态资源

---

① 胡仪元等:《流域生态补偿模式、核算标准与分配模型研究——以汉江水源地生态补偿为例》,人民出版社2016年版,第182、183页。

赋存量、资源品质、资源效能是不同的,在区位固定性约束下,使得不同区位拥有了不同的生态位势,从而出现"建设者与受益者经常是两个不同地区的主体"情形①,这就使不同区位有了不同的生态补偿地位和不同的利益诉求,同一生态资源所产生的生态补偿利益就需要在不同区位之间进行利益分割。其中,"生态资源的效应发挥区重在资源的消费与利用,作为生态资源的使用和消费主体,既要注重资源使用上的节约,又要突出付费消费理念,支付相应的生态补偿资金;生态资源的生产区重在资源的保护、培植、护持与开发,作为生态资源的供给主体,既要保护好生态资源,保证所供给生态资源的质与量,又应凭借其供给成本获得生态补偿和资源效益参与生态效应的利益分享。可见,在生态资源的使用区和供应区,生态补偿资金的价值流向是使用区流向供应区,生态资源的生产者处于优势地位"②。

三是生态资源供应区不同相关者的利益分割。无论是生态资源的供给者还是消费者,都存在位势差异和量上的区别。作为消费者以终端消费量即可确定其资源消耗量和应付生态补偿额,我们这里重点讨论供应者的情形。从区位上看,生态资源供给者也存在区位重要性和相关利益者贡献度的差异,就是自己供给的生态资源也存在自己同时享受美好生态的情形,因此,在生态资源供应区既存在消费、开发利用甚至破坏生态资源、污染生态环境的情形,使其成为生态补偿资金的支付主体;也存在培植、保护生态资源,提升其供给质量与容量的情形,也就成为生态补偿资金的接受主体。生态补偿资金的支付主体依据其资源消耗量或破坏(污染)程度来确定其应支付补偿资金额度。作为生态资源供给区的生态补偿资金接受主体如何分割其补偿资金呢? 根据其性质可分为三种类型进行利益分割:"劳动者获得劳动报酬和必要的奖励津贴,

---

① 顾岗、陆根法、蔡邦成:《南水北调东线水源地保护区建设的区际生态补偿研究》,《生态经济》2006 年第 2 期。

② 胡仪元等:《流域生态补偿模式、核算标准与分配模型研究——以汉江水源地生态补偿为例》,人民出版社 2016 年版,第 183 页。

体现出生态保护行为的有偿性和环保劳动的鼓励性;投资者获得利润,并在资本获取(贷款)等方面享受一定的优惠;公共利益主体(政府是集中代表)把生态资源的公共效应利益补偿金集中起来,以投资基金或生态投资奖励基金的形式投放出去,确保生态资源的存在和增长,及补偿基金本身的保值与增值"①。

二、生态环境保护与乡村振兴协同推进的财政转移补偿模式

　　财政转移支付主要是解决两个"不平衡",即中央财政与地方的纵向财政不平衡、不同地区间横向财政的不平衡,通过财政资金转移促进公共服务水平均等化的制度设计。财政转移支付是促进西部地区生态环境保护与乡村振兴协同推进的重要方式,能够有效引领其绿色发展水平提升,直接增加被帮扶群众的收入,实现乡村振兴帮扶和共同富裕目标。从其发展实践看,财政转移支付对促进西部地区生态环境保护、区域协调发展发挥了极为重要的作用,如西藏农牧民年人均可支配收入的 10%来自草原生态补偿,草原生态补偿政策成为西藏农牧民增收的重要途径②;云南省 2014—2016 年财政专项扶贫资金累计投入 40.1 亿元,使 74.21 万户群众受益;陕西省汉中市从 2008 年获得重点生态功能区转移支付 4.4 亿元,其后逐年增长,"十三五"期间,共获得重点生态功能区生态补偿 48.2295 亿元,其中,2016 年 8.7 亿元、2017 年 9.05 亿元、2018 年 8.996 亿元、2019 年 10.0538 亿元、2020 年 11.4297 亿元③。尽管财政转移支付扶贫资金、重点生态功能区转移支付实现了快速增长,达到了较大的总量规模,但在具体实施过程中仍然存在一些不容忽视的问题,包括人均意义上的财政转移支付资金数额较低,财政转移支付结构不合理,一般性财政转移支付占比较低,专项转移支付比重偏高等④,财政转移支付的系统性、制度

　　①　胡仪元:《西部生态经济开发的利益补偿机制》,《社会科学辑刊》2005 年第 2 期。
　　②　冯丹萌、陈洁:《深度贫困地区农业产业扶贫的几个问题》,《开发研究》2019 年第 2 期。
　　③　数据来源:汉中市各年度财政预算执行情况报告。
　　④　刘遗志、胡争艳、汤定娜:《贵州民族地区旅游生态补偿机制研究》,《改革与战略》2019年第 3 期。

性、长效性机制尚须进一步完善,这些问题对西部地区生态环境保护与乡村振兴的协同推动作用产生了一定的制约①。新时期,为进一步推动财政转移支付在促进西部落后地区生态环境保护、巩固脱贫攻坚成果、衔接并推动乡村振兴、绿色发展与农业农村现代化建设等方面发挥了极为重要的促进作用,不仅需要着眼长远、着眼整体,构建其生态环境保护与乡村振兴协同推进的财政转移支付支撑体系,形成财政转移支付促进绿色发展、促进乡村振兴、促进农业强国建设的长效机制,而且要逐步提升转移支付水平,通过形成有效投资支出和精准投资,促进产业结构合理化、高级化,提升地方自我发展能力,促进区域高质量发展。② 此外,需要进一步优化转移支付结构,加强一般性转移支付管理,对专项转移支付进行消减、合并和统筹,规范专项转移支付分配和使用,以发挥出最大的财政支付效应效力。

三、生态环境保护与乡村振兴协同推进的政策倾斜补偿模式

生态环境保护与乡村振兴协同推进的政策倾斜补偿模式主要是在充分考虑西部地区人口、资源环境、经济社会发展实际情况的前提下,制定包括财政税收政策、金融政策、科技创新政策、人才政策等一系列有利于西部地区绿色发展的差异化政策,有效引导资金、技术、人才等社会资源向其汇聚,其本质上是对西部地区生态环境保护与乡村振兴协同推进的政策优惠。当前,西部地区生态环境保护与乡村振兴协同推进尚未完全形成系统化的政策补偿体系,不少方面存在短板。需要营造其协同推进的良好政策环境氛围,设计其协同推进的政策工具体系,有效发挥不同政策的合力效应,释放西部地区生态环境保护与乡村振兴协同推进的巨大潜力。主要措施包括加快西部地区财税制度

---

① 李杰、邓磊、廖慧:《民族地区财政转移支付与乡村振兴:机理与对策》,《广西社会科学》2019年第3期。

② 中国财政科学研究院2018年地方财政经济运行调研课题组:《从转移支付透视区域分化——地方财政经济运行调研报告》,《财政科学》2019年第5期。

改革,提高中央、地方共享税种的地方分享比例,对吸纳被帮扶群众就业的企业给予税收倾斜;推动企业就地登记、注册、纳税和加工转化的本地化政策;对西部地区生态环境保护、巩固脱贫攻坚成果、推动乡村振兴和绿色发展的科技创新政策给予财政贴息、奖励等。但值得注意的是,西部地区不同区域的生态环境、资源禀赋、产业基础、生态效能等实际情况千差万别,需要推动不同区域的生态环境保护与乡村振兴协同推进的差异性政策供给,不能搞“一刀切”的统一性政策倾斜,差异性政策补偿有助于推动其在不同区域的有效落地,同时注重不同政策之间的协调配合,更好地促进生态环境保护与乡村振兴的协同推进,及其效应的持续发挥。

四、生态环境保护与乡村振兴协同推进的市场交易补偿模式

市场交易补偿是指以“受益者付费,受损者补偿”为基本原则,基于市场交易平台,以生态产品与生态服务及其相应产权为交易对象,通过适当价格形成科学的激励机制,推动市场公平的一种补偿形式。当前,我国的市场交易补偿仍然面临一些比较突出的问题,如市场交易补偿主体的权利与责任不清晰;尚未建立起包括资本市场资金、企业与个人资金等在内的多元化补偿资金来源,补偿资金获得渠道较窄;补偿方、受偿方等不同利益相关主体之间的利益分配不明确;市场交易补偿的相关配套法律法规等保障制度仍然比较缺乏等问题。[1] 因此,亟须在西部地区全面开展生态资源、水资源、矿产资源、森林资源、土地资源等的确权登记,编制资产负债表,在摸清其资源存量家底的基础上,构建起西部地区生态环境保护与乡村振兴协同推进的碳排放权交易、排污权交易、水权交易等市场交易补偿体系。

此外,西部地区绿色产业发展的市场培育极为重要,是支撑绿色产业发展的根本力量,但从现实情况看,西部地区人口基数较小,区域消费市场狭小,更

---

① 郑湘萍、何炎龙:《我国生态补偿机制市场化建设面临的问题及对策研究》,《广西社会科学》2020年第4期。

为重要的是其区域人口的可支配收入水平较低,消费能力极为有限,因此,仅仅依靠西部地区的消费市场无法支撑区域的绿色产业发展,容易导致其绿色产业无法实现健康、可持续发展,需要进一步拓展其他区域的消费市场,鼓励、促进西部地区发挥生态功能作用的受益区,输出的矿产资源、水资源的受益区以及对口支援、帮扶地区的企事业单位、居民优先采购西部地区的特色产品,构建西部地区的消费市场和消费基地,加快拉动其绿色产业发展,建设人与自然和谐共生的农业农村现代化。

五、生态环境保护与乡村振兴协同推进的移民搬迁补偿模式

对于生态环境脆弱或因生产生活活动而使生态持续恶化的区域,一方水土不能养育一方人。易地移民搬迁是解决这一问题的根本政策措施,既能帮助西部地区群众改善生产、生活环境,为其产业兴旺、生活富裕、乡村美丽创造基本条件,又能保护西部地区的生态环境,消除生产、生活活动对生态环境恶化的影响,是其生态环境保护与乡村振兴协同推进的有效路径。2015年10月,习近平总书记在减贫与发展高层论坛上提出"五个一批"脱贫措施,其中"易地搬迁脱贫一批"成为解决"一方水土养不起一方人"的重要措施和内容,通过将生存条件恶劣地区的困难群众向生存条件较好的地区搬迁,实现了"易地扶贫搬迁脱贫一批"攻坚战目标。其中易地搬迁补偿机制是推动其改善生产生活条件、促进乡村振兴的重要保障机制,主要体现为通过转移支付的多种补偿方式直接对搬迁户进行补偿。在补偿方式上,分散安置多以货币形式直接补偿,集中安置补偿一般分为住房、基础设施、产业扶持、公共服务等补助形式。[①] 西部地区自然生态环境脆弱,自然灾害构成了生产与发展的重要威胁,由于气象、地质等灾害规避和风险防范缺乏必要的应对体系,山地灾害成为西南地区乡村振兴帮扶顺利推进的巨大障碍。如乌蒙山、武陵山地区地

---

① 白永秀、宁启:《易地扶贫搬迁机制体系研究》,《西北大学学报(哲学社会科学版)》2018年第4期。

质构造活跃、岩层破碎、地形陡峭、暴雨频发,是我国乃至全球滑坡、泥石流、山洪等自然灾害发育、危害最严重的地区;西南地区往往旱灾水灾交替发生,西北地区经常出现"十年九旱",一些山区通常发生泥石流滑坡等地质灾害,高寒地区频繁发生冻灾等。① 不仅如此,极端的自然气候条件还会对西部地区的基础设施及当地居民的生命财产造成极大威胁。② 青藏高原、西南石山区,常年遭受严重自然灾害的村占到40%—50%,成为制约其乡村振兴发展的主要因素。一方面,山地灾害容易造成人员伤亡、房屋倒塌等,使民众多年积累瞬间化为乌有,导致受灾群众陷入困难境地;另一方面,山地灾害也会对巩固脱贫攻坚成果带来破坏。③ 因此,西部地区需要进一步发挥移民搬迁补偿政策工具的作用,构建起移民搬迁补偿的长效机制,不仅包括初期的补偿,还应向中期补偿、后期补偿拓展④,发挥稳定的政策支撑作用。同时,注重构建多元补偿方式,除已经实施的中央与地方专项转移支付外,还需要拓展企业与社会资金,进一步拓宽移民搬迁补偿融资渠道;此外,需要对移民搬迁人口实施就业政策优惠与支持,形成全方位的移民搬迁补偿体系。

六、生态环境保护与乡村振兴协同推进的绿色金融补偿模式

根据G20在2016年发布的《G20绿色金融综合报告》,所谓绿色金融是指能够产生环境效益以支持可持续发展的投融资活动。绿色金融补偿是西部地区生态环境保护与乡村振兴协同推进的重要支撑,不仅能够为其绿色发展提供资本支持,而且能够为被帮扶群众收入增加、乡村振兴、农业农村现代化

---

① 谭清华:《生态扶贫:生态文明视域下精准扶贫新路径》,《福建农林大学学报(哲学社会科学版)》2020年第2期。

② 陈烨烽、王艳慧、赵文吉等:《中国贫困村致贫因素分析与贫困类型划分》,《地理学报》2017年第10期。

③ 柳金峰、王淑新、游勇等:《西南贫困山区扶贫保障的山地灾害风险防控》,《科技促进发展》2017年第6期。

④ 张灵俐:《新疆生态移民补偿机制研究》,石河子大学博士学位论文,2015年。

建设作出重要贡献,还能为其协同推进注入金融要素动能。从当前实际情况看,西部地区生态环境保护与乡村振兴协同推进的绿色金融补偿体系尚不完善,亟须建设西部地区绿色金融基础设施,构建、完善其协同推进的绿色金融体系,具体措施包括,一是加大金融政策倾斜支持力度,适当降低债务性融资工具门槛,推动西部地区融资渠道进一步拓展,促进绿色金融资源向西部地区集聚。二是促进中央财政对西部地区县域金融机构涉农信贷增量奖励、农村金融机构定向费用补贴等政策的倾斜力度,推动西部地区的全国性银行减少资金上存比例,积累更多资金支持西部地区发展,有效发挥金融杠杆作用,缓解其资本短缺局面。三是对西部地区担保机构和融资中介服务体系建设给予资金支持,加快组建西部地区县级政策性融资担保机构,形成稳定的资本金补充机制,通过低息贷款、税收减免、财政补助等措施给予西部地区特殊的优惠政策扶持,鼓励发达地区企事业单位参与其生态环境保护、乡村振兴、绿色发展与农业农村现代化建设投资的热情,开发普惠金融产品、完善普惠金融基础配套设施、拓宽资金来源渠道、加快金融产品供给[①],为西部地区企业、农户贷款提供融资担保和风险补偿。

七、生态环境保护与乡村振兴协同推进的教育人才培训补偿模式

西部地区生态环境保护与乡村振兴协同推进的教育人才培训提升路径,从相关主体看,需要在发挥被帮扶群众个人基础性作用的同时,推动政府、学校、社区、家庭发挥重要的支撑作用;从具体内容看,需要通过教育有效提升被帮扶群众的文化素质,通过专业培训提高农户的非农就业技能。具体措施包括,一是有效提升西部地区群众的文化素质。通过教育有效提高其文化素质是提升就业能力的基础。文化素质教育不仅能有效增加其文化知识储备,而

---

① 罗兴、徐贤焱、何奇龙等:《县域数字普惠金融与数字乡村建设耦合协调发展及其影响因素分析》,《农村金融研究》2023 年第 7 期。

且能有效拓展农户眼界,提高其认知能力,令其拥有更强、更自觉的主观能动性,助力其灵活地处理所面临的问题,通过胜任较为复杂的脑力劳动形成更高的生产力,助力西部地区群众的就业能力提升,在就业机会选择上具有更多的选择权。因此,需要大力提升群众对文化素质教育的重视程度,对其进行终身性、全民性、全面性教育,全面推动小学、初中、高中 12 年免费教育落地实施,支持乡村幼儿园、普通高中、寄宿制学校扩容,确保学生基本教育权利有保障,推动高等教育发展,加大高等学校在西部地区的招生计划,推动高校定向特办西部地区实用人才培养班。[①] 二是开展有针对性的西部地区农户职业技能培训,是提高人力资本水平、提升被帮扶农户就业能力的关键,进而推动被帮扶农户生产与就业的职业化。在职业技能培训过程中,需要充分结合区域发展导向与发展战略,考虑新环境下的市场需求,选择具有较大发展空间和创新能力的培训项目,针对不同特征的被帮扶群体开展相应的职业技能培训,与区域主导产业、支柱产业或适合区域发展的具有比较优势的特色产业、绿色产业实现无缝对接,积极实行订单式培训,形成完善的生态移民非农就业培训体系。通过职业教育和技能培训大力提升农户的劳动能力与素质。如旅游业属于就业吸纳能力极强的产业,在西部地区可加强被帮扶农户的"农家乐"经营管理、旅游服务技能培训,使其能够掌握一技之长,从而提高普通农户就业能力与就业质量。三是建立健全被帮扶户创业培训体系,制定科学、合理、有效的创业培训计划,加强被帮扶户的创业培训,推动各级政府从资金、技术、税收等方面促进西部地区农户从事农产品加工、商品经营、旅游餐饮、客货运输等行业,积极扶持和鼓励被帮扶群众自主创业。[②] 四是全力推动数字经济发展能力培训,让被帮扶户也能掌握数字经济技能,会掌上操作、网络贸易;让西部地区的企业、合作社、个体生产者积极加入数字经济平台,让西部山区的产品进

① 王淑新、胡仪元、唐萍萍:《集中连片特困地区乡村振兴与绿色发展协同推进的长效动力机制构建》,《当代经济管理》2021 年第 4 期。

② 王淑新、何红:《生态移民就业能力提升路径研究》,《安徽农业科学》2016 年第 19 期。

入数字贸易大平台,加入产品质量追溯体系,让其绿色产品在数据库中可查、在网络平台上可买可卖、在生产全过程中可视,对产品质量可质询、可追溯;通过远程对接可进行订单式生产,推动生态产品的标准化、规范化生产与安全供给。

八、生态环境保护与乡村振兴协同推进的基础设施建设补偿模式

西部地区公共服务总体供给能力偏低,尤其是末端基础设施与服务设施供给能力不足。同时,与产业发展配套的基础设施与服务设施不足制约了欠发达地区绿色发展水平提升,有关调查表明,目前农村地区的污水处理率仅为10%,未处理污水排入河湖水系,成为其主要污染源。① 因此,需要加快西部地区的基础设施建设,着力完善基础设施与服务设施保障体系,稳定提升基层公共服务能力,夯实乡村振兴和农业强国建设基础,形成坚实的可持续发展保障。如完善公益性设施,加快电网改造、宽带乡村项目建设,加大安全饮用水、农田灌溉等水利投入,确保群众饮水、用电安全,改善群众生产、生活条件;加强农村地区污水处理设施建设,加大农业农村资源循环利用、低碳发展技术研发,着力解决农村地区环境污染问题;加快民生服务设施建设,实现教育、卫生、文化等重大设施对西部地区全覆盖,构建先进医疗技术共享平台,打造远程医疗救助网络体系。②

同时,西部地区多地是生态环境脆弱地区,山地灾害是乡村振兴和农业农村现代化建设顺利推进的巨大障碍。一方面是严重的直接经济损失,根据四川省西部山区的甘孜和阿坝两地的统计数据显示,自2005—2015年的10年间,大型山地灾害发生20余次,是2005年以前的2.4倍,灾害损失近千亿元。

---

① 覃娟、潘文献、梁艳鸿:《广西深度贫困地区脱贫攻坚困境及路径优化》,《改革与战略》2019年第9期。

② 王淑新、胡仪元、唐萍萍:《集中连片特困地区乡村振兴与绿色发展协同推进的长效动力机制构建》,《当代经济管理》2021年第4期。

仅 2015 年 9 月发生在四川省甘孜州康定市炉城镇的一次泥石流灾害,就造成 300 余户居民房屋被摧毁、1200 余人被困。另一方面是严重的社会经济损失,山地灾害导致区域经济社会发展成果毁于一旦,破坏区域经济社会发展运行系统,丧失未来发展的驱动力。根据应急管理部的通报,2022 年全国自然灾害受灾 1.12 亿人次,直接经济损失 2386.5 亿元,其中"中西部受灾重",地震灾害"主要集中在青海、四川、新疆等西部地区,直接经济损失 224.5 亿元"①。因此,亟须采取以下措施,一是统筹山地灾害风险管理与乡村振兴帮扶开发规划,有效推动山地灾害风险管理与乡村振兴、农业强国建设战略有机结合,坚持规划先行,以专项规划为基础,以综合性规划进行统筹,协调好山地灾害风险管理规划与区域发展规划、乡村振兴规划、产业发展规划、土地利用规划、城镇建设规划等不同规划之间的关系,推动总体规划为山地灾害风险管理规划预留一定的空间和接口。二是完善的山地灾害基础设施建设能有效减少自然灾害侵袭、遏制返贫的巨大作用,有效巩固脱贫攻坚成果。因此,需要调动各方积极性,采用能够保障巩固脱贫攻坚成果的工程、生态、社会等多种手段和方式加强山地灾害治理工作力度。对于高危险区,突出灾害防控以"土木工程措施为主、生态工程措施为辅"原则,如针对灾害严重的泥石流沟,设置谷坊坝和拦沙坝,稳固上游沟床及岸坡,拦截泥石流体,稳固沟床及沟岸,拦蓄部分泥沙,消减泥石流洪峰流量,减少对下游的泥沙输送量,有效拦截泥石流固体物质,使危害严重的重大山地灾害体基本能够得到整治。对于中低危险区,制定灾害防控红线,突出灾害防控以"生态工程措施为主、土木工程措施为辅"原则,如针对灾害程度较轻的泥石流沟,坡面种植林、灌、草植物,提高植被盖度,改善生态环境,固坡护岸②,有效保障、促进区域发展。

①　应急管理部:《2022 年全国自然灾害基本情况》,见 https://www.mem.gov.cn/xw/yjglbg-zdt/202301/t20230113_440478.shtml。

②　柳金峰、王淑新、游勇等:《西南贫困山区扶贫保障的山地灾害风险防控》,《科技促进发展》2017 年第 6 期。

第六章　西部地区生态环境保护与乡村振兴协同推进的政策措施

西部地区生态环境保护与乡村振兴的协同推进必须要有强有力的政策支持,政策措施是推动其协同推进的根本保障。本章从发展理论创新、政策体系创新、投入模式创新和实现机制创新四个方面探究了其协同推进的政策支持措施,把西部地区的生态环境保护、乡村振兴、农业现代化及其长效机制构建落到实处。

第一节　发展理论创新

生态环境保护与乡村振兴协同推进发展理念在西部地区或乡村振兴重点帮扶县区的具体运用、创新实践。本节探讨了其协同推进的内涵、理论逻辑及其实践演变、创新内容与实现措施。

一、生态环境保护与乡村振兴协同推进的内涵解析

生态环境保护与乡村振兴协同推进是将生态环境保护与乡村振兴两大战略深度融合,符合可持续发展的具体要求,符合西部地区的实际情况,是乡村振兴重点帮扶区高质量发展的科学路径。传统经济发展方式过于注重经济增

长单一目标的实现,尽管在经济增长目标实现中客观地推动了人们的收入增长和经济社会发展,但是,量的增长贡献大于了质的提升,使其面临着自然生态环境遭受破坏、环境污染严重的沉重代价,短期的发展或增长成了长期发展的制约,使经济增长出现了不可持续性。尤其值得注意的是,西部地区生态环境脆弱,地质灾害、自然灾害频发,一旦遭受破坏,区域自然生态环境将进一步急剧恶化。一方面,生态治理、生态修复成本极高,更严重的是一些领域的生态环境破坏呈现不可逆性,一旦破坏将无法修复,造成永久性破坏。另一方面,区域特色产业赖以发展的自然生态环境不复存在,特色产业发展受到严重威胁,所提供的就业岗位持续减少,进一步引起西部地区群众的就业机会减少,最终导致当地居民的收入来源减少、收入水平持续下降,进而引起因收入减少而出现的消费不足、市场萎缩,从而形成发展滞后的恶性循环;同时,恶化的自然生态环境直接威胁到西部地区居民的身心健康,引起相关疾病尤其是地方病的发病率上升,增加了当地居民的医疗费用支出,进一步加剧了低收入群众的生活困难程度,加剧了区域经济社会发展的落后恶性循环。

在西部地区特殊的地理空间格局、脆弱的自然生态环境背景下,要走出"经济发展—生态环境"恶性循环怪圈,必须摒弃传统的只注重经济增长单一目标的发展方式,必须以缓解区域自然生态环境恶化为经济发展的出发点①,坚持生态环境保护与乡村振兴协同推进,走出一条符合西部地区实际情况的可持续发展道路。生态环境保护与乡村振兴协同推进,不是二者的简单组合,而是一项系统性工程,要充分重视人与自然生态环境、经济社会发展实现协调的、可持续的发展,要求将西部乡村振兴重点帮扶区生态环境保护与产业发展、全面乡村建设有机结合,在生态环境保护前提下,合理开发利用自然资源,实现其经济社会的绿色发展②,使乡村振兴内生发展的动力发生根本性转变,

① 张琦、冯丹萌:《绿色减贫:可持续扶贫脱贫的理论与实践新探索(2013—2017)》,《福建论坛(人文社会科学版)》2018年第1期。
② 张琦、胡田田:《中国绿色减贫指数研究理论综述》,《经济研究参考》2015年第10期。

365

从以往仅仅依靠物质资源的补给到当前更加依靠绿色产业开发、绿色循环技术创新、社区群众参与、农村人力资源开发等多种方式实现全面的绿色增长。从根本上看,西部地区生态环境保护与乡村振兴协同推进是在精准、有效帮扶中实现生态建设、绿色发展、可持续生计和广大农村区域发展的有机统一。西部地区通过构建其协同推进的长效机制,科学践行新发展理念、推动"双碳"战略目标实施,实现区域协调发展、地区全面发展与可持续发展,推动乡村地区全面振兴和全面现代化。

二、协同推进的理论逻辑及其在我国的实践演变历程

生态环境保护与乡村振兴的协同推进有其内在的理论逻辑,其理论渊源是中国古代的"天人合一"思想,其当代表现就是我党治国理政的科学发展观和"两山"理念,就是要在生态环境保护前提下,实现经济同步增长、人与自然协调发展、代际公平的可持续发展,让乡村振兴重点帮扶的西部地区走上高质量发展轨道,从这个理论逻辑分析入手,考察了自改革开放以来,我国不同阶段协同推进发展的实践。

(一)生态环境保护与乡村振兴协同推进的理论逻辑

1978 年改革开放以来,经济与社会发展均取得了世人瞩目的巨大成就。到 2010 年,我国 GDP 总量超过日本,跃居世界第二位。但值得注意的是,经济快速增长的同时,一些区域出现了自然条件与生态环境恶化、环境污染越来越严重的问题,甚至在部分地区,经济社会发展带来的生态负荷已远远超过生态环境容量阈值,自然生态环境与经济社会发展间的矛盾突出且日渐尖锐。统计数据显示,我国空气质量不容乐观,70%以上的城市空气质量尚未达到新的空气质量标准;土地污染形势严峻,受到重金属污染的耕地达 2000 万公顷,约占我国耕地总面积的 1/5;河流湖泊水质污染比较严重,70%的江河湖泊受到不同程度的污染,57.3%的地下水质监测点其水质标准为"差"和"极差",

经济社会发展与自然生态环境问题形成了鲜明反差,使经济社会的绿色可持续发展受到极为严重的制约。①

面对经济社会发展与自然生态环境愈发凸显的严重矛盾,科学发展观、"两山"理念等科学理论的提出,指导我国生态文明建设,以科学的态度、观念引领经济社会与自然生态环境协调发展。科学发展观的核心思想是"坚持以人为本,树立全面、协调、可持续的发展观,促进经济社会和人的全面发展","统筹城乡发展、统筹区域发展、统筹经济社会发展、统筹人与自然和谐发展、统筹国内发展和对外开放的要求"②。科学发展观强调人与自然的和谐发展,经济社会发展不能以破坏现有自然生态环境为代价,不仅要满足当代人生产生活需求,更要为子孙后代预留足够的生存与发展空间,实现整个人类社会的可持续发展。从这个意义上看,科学发展观要把保护自然环境、维护生态安全、实现可持续增长视为经济社会发展的基本要素,真正实现经济社会发展与自然生态环境的平衡,形成现代意义上的"天人合一",建设具有中国特色的社会主义生态文明。③ 科学发展观突破了以 GDP 为核心的单一经济增长意识,强调自然生态环境在经济社会发展进程中的重要作用。"两山"理念强调"既要绿水青山,也要金山银山。宁要绿水青山,不要金山银山,而且绿水青山就是金山银山"。"两山"理念从经济社会与生态环境的双重视角阐述了经济社会发展与生态环境之间的辩证关系,强调在经济社会健康、持续发展的同时,要树立、强化对自然生态环境的保护意识,进一步将经济社会发展与自然生态资源有效联结,充分发挥自然生态资源的经济价值,开发生态产品实现其价值转化,以绿水青山为基础实现经济社会发展与自然生态资源环境协同推进。

---

① 张琦、冯丹萌:《绿色减贫:可持续扶贫脱贫的理论与实践新探索(2013—2017)》,《福建论坛(人文社会科学版)》2018 年第 1 期。

② 《中共中央关于完善社会主义市场经济体制若干问题的决定》,《中华人民共和国国务院公报》2003 年第 34 期。

③ 俞可平:《科学发展观与生态文明》,《马克思主义与现实》2005 年第 4 期。

科学发展观、"两山"理念的提出将自然生态环境保护上升到前所未有的高度,为经济社会发展设立了基本的环境底线。这意味着西部地区在乡村振兴和农业农村现代化建设过程中必须充分重视生态环境保护,经济社会发展必须建立在生态环境保护的基础上,绝不能以破坏自然生态环境为代价追求单一的、短期的经济增长。生态文明发展范式在自然生态环境优先基础上,要将经济社会发展与自然生态资源的可持续利用密切地结合起来,要求合理开发、科学利用自然生态资源为乡村振兴和乡村现代化建设服务,通过绿色发展充分实现绿水青山的经济价值。① 因此,生态环境保护与乡村振兴协同推进符合生态文明发展、实现绿色增长和发展新方式的落后帮扶发展新要求②,是把生态文明建设与乡村振兴帮扶有机结合起来的新发展战略③,能够在发展过程中实现同步增长、协调发展、代际公平,持续推进西部落后地区的高质量发展。

(二) 我国生态环境保护与乡村振兴协同推进的实践演变逻辑

从实践演进来看,生态环境保护与贫困帮扶都是独立探索的,新中国成立初期就有了救济式扶贫,也开始了生态环境保护的初始探索,因人与自然的矛盾还不突出,生态环境保护与污染治理、生态修复的任务并不紧迫,也就仅仅在各自的领域内初步探索。我国扶贫工作试点最早源于1951年热河省民政厅上报的《扶助困难户生产的报告》,1964年正式提出农村扶贫。④ 1978年《全国民政会议纪要》提出有规划的扶贫及其试点推广问题,随后设立国家

---

① 王晓毅:《绿色减贫:理论、政策与实践》,《兰州大学学报(社会科学版)》2018年第4期。
② 杨庭硕、皇甫睿:《生态扶贫概念内涵的再认识:超越历史与西方的维度》,《云南社会科学》2017年第1期。
③ 张琦、冯丹萌:《绿色减贫:可持续扶贫脱贫的理论与实践新探索(2013—2017)》,《福建论坛(人文社会科学版)》2018年第1期。
④ 吴振磊、刘泽元、王泽润:《中国特色减贫道路的一般框架与经验借鉴》,《中国经济问题》2022年第1期。

"支援经济不发达地区发展资金"（1980年），到1986年成立国务院贫困地区经济开发领导小组，每年拨付专项资金144亿元用于扶贫。从而使我国的扶贫工作有了专责机构、政策保障和资金保障。在实践创新上，1982年的"三西"地区农业扶贫是区域性、开发式扶贫的发端；同年部署了全社会共同参与的贫困帮扶工作。1985年发布了《关于开展科技扶贫工作的通知》，部署了科技扶贫工作；1986年的《中华人民共和国国民经济和社会发展第七个五年计划》中部署了社会保障扶贫；1987年出台《关于加强贫困地区经济开发工作的通知》划定贫困县，确立了"对口帮扶""定点扶贫"策略。《国家八七扶贫攻坚计划》重新调整了贫困重点县、重点镇和重点村，明确了贫困帮扶目标与措施，但还是要求开发利用生态与资源服务于脱贫攻坚需要，要求"充分发挥贫困地区资源优势""加快荒地、荒山、荒坡、荒滩、荒水的开发利用"。1996年，国家《关于尽快解决农村贫困人口温饱问题的决定》强调"温饱第一""解决贫困人口温饱"是首要任务，坚持开发式扶贫，做好科教扶贫；在随后颁布的《1996—2000年全国科技扶贫规划纲要》《关于进一步推动科技扶贫工作的意见》《关于依靠科技进步加速扶贫攻坚进程的意见》等文件中进一步细化了科技扶贫措施。《中共中央办公厅　国务院办公厅关于做好当前农业和农村工作的通知》强调扶贫攻坚战，要求推动定点扶贫、对口扶贫、"小额信贷"扶贫和开发扶贫。2003年出台的《关于建立新型农村合作医疗制度的意见》提出了健康扶贫问题；2008年发布《关于共同促进整村推进扶贫开发工作的意见》安排了整村推进扶贫工作。从而形成了开发式扶贫、科技扶贫、社会保障扶贫、"小额信贷"扶贫、健康扶贫、区域性扶贫、整村推进式扶贫，以及定点扶贫、对口扶贫等措施。

在扶贫政策中也有零星的生态环境保护规定，资源与生态还被作为扶贫的资源条件进行开发使用，1984年的《中共中央　国务院关于帮助贫困地区尽快改变面貌的通知》，虽有25度以上陡坡耕地"要逐步分期退耕""保护资源，永续利用"等要求，但种植的林木"可以折价有偿转让""允许卖'活立木'";1985年1月,国家出台《关于进一步活跃农村经济的十项政策》第三条措施就是"放宽山区、林区政策",允许"木材自由上市";1993年印发《关于当前农业和农村经济发展的若干政策措施》要求,集中力量打好扶贫开发"攻坚战"。同样,在生态环境保护上虽然也有促进经济发展的规定,但更多的是单向度的生态保护,1971年国家成立"三废"综合利用领导小组办公室,这是最早针对污染治理的专门机构;1974年,国务院成立环境保护领导小组办公室,开展有组织的生态环境保护工作;1979年,出台国家《环境保护法(试行)》强调要合理利用环境,防治污染和破坏,随后出台了《中华人民共和国水污染防治法》等系列生态环境保护法律法规。1984年出台《国务院关于环境保护工作的决定》,成立国务院环境保护委员会,确立了生态环境保护基本国策;1990年,《国务院关于进一步加强环境保护工作的决定》要求"在资源开发利用中重视生态环境的保护、实行环境保护目标责任制",以确保"经济持续、稳定、协调发展"。

割裂生态保护与经济发展(脱贫攻坚)使二者都受到了相应的限制,于是逐步开始相互结合与同步发展的探索,1992年,中共中央办公厅、国务院办公厅转发外交部、国家环保局《关于出席联合国环境与发展大会的情况及有关对策的报告》,提出了"我国环境与发展十大对策",强调要"实行持续发展战略",实现"经济建设、城乡建设、环境建设同步规划、同步实施,同步发展",要"积极发展环保产业"和"运用经济手段保护环境"。1994年,国务院发布《中国21世纪议程——中国21世纪人口、环境与发展白皮书》,提出我国可持续发展战略对策和行动方案,强调"中国可持续发展建立在资源的可持续利用和良好的生态环境基础上""保持资源的可持续供给能力""实施消除贫困与可持续发展的优先项目""使贫困地区走向可持续发展的道路""开发高附加值的名优稀特新产品和无污染的'绿色食品'"。

"九五"计划以来,开始统筹考虑生态建设与脱贫攻坚工作。《中共中央关于制定国民经济和社会发展"九五"计划和2010年远景目标的建议》强调既要加强脱贫帮扶工作，"支持中西部不发达地区的开发，支持民族地区、贫困地区脱贫致富和经济发展"，又要"加强环境、生态、资源保护。坚持经济建设、城乡建设与环境建设同步规划、同步实施、同步发展"。《中华人民共和国国民经济和社会发展"九五"计划和2010年远景目标纲要》强调要"加大扶贫工作力度"，同时要求加强生态环境保护，"坚持经济建设、城乡建设与环境建设同步规划、同步实施、同步发展，所有建设项目都要有环境保护的规划和要求"。《中国21世纪人口与发展》强调要"增强人口、资源、环境协调发展意识"，"缓解人口和经济增长同资源有限性之间的矛盾"，推动可持续发展。尤其是2001年出台的《中国农村扶贫开发纲要（2001—2010年）》，明确要求"扶贫开发必须与资源保护、生态建设相结合"，"实现资源、人口和环境的良性循环，提高贫困地区可持续发展的能力"，这标志着可持续发展正式被纳入到扶贫脱贫工作之中。2011年出台《中国农村扶贫开发纲要（2011—2020年）》，确立了"两不愁三保障"的脱贫标准，部署了七个专项扶贫（易地扶贫搬迁、整村推进、以工代赈、产业扶贫、就业促进、扶贫试点、革命老区建设）、七个行业扶贫（特色产业、科技扶贫、完善基础设施、发展教育文化事业、改善公共卫生和人口服务管理、完善社会保障制度、重视能源和生态环境建设）、四个社会扶贫（定点扶贫、东西部扶贫协作、发挥军队和武警部队作用、企业和社会各界参与扶贫），强调要"加快贫困地区可再生能源开发利用""加强草原保护和建设""加大泥石流、山体滑坡、崩塌等地质灾害防治力度"，从而使生态环境保护与脱贫攻坚和区域经济社会发展相结合、融合的倾向更加明显。

　　2012年以来，党中央开始统筹部署脱贫攻坚与生态建设工作，党的十八大作出了"五位一体"总体布局，经济建设与生态文明建设被置于同样重要的高度和位置。2013年的《中共中央关于全面深化改革若干重大问题的决定》和2014的《中共中央关于全面推进依法治国若干重大问题的决定》都强调要用制度保护生态环境，"用严格的法律制度保护生态环境""促进生态文明建设"，建立资源有偿使用和生态补偿制度，以制度安排统筹生态和经济两个建设。2014年出台《关于创新机制扎实推进农村扶贫开发工作的意见》,在安排"消除贫困,改善民生,实现共同富裕"的同时,要求"扎实解决突出问题",继续做好"生态建设",做好"农村环境综合整治、生态搬迁"。国家《关于加快推进生态文明建设的意见》要求"坚持绿水青山就是金山银山"理念,把生态文明建设融入到经济等建设的"各方面和全过程",实现"在发展中保护、在保护中发展",推动绿色产业和循环经济发展;《生态文明体制改革总体方案》全面部署了生态文明建设,推动"人与自然和谐发展的现代化建设"。同样,在脱贫攻坚的制度安排中进一步突出生态环境保护与绿色发展要求,"坚持保护生态,实现绿色发展",既要"特色产业脱贫"又要"生态保护脱贫";既要坚持"精准扶贫、精准脱贫",又要"坚持绿色协调可持续发展""处理好生态保护与扶贫开发的关系",实现"生态保护扶贫"脱贫。2018年修订的宪法增加了生态文明与"和谐美丽"中国建设内容,要求五个文明协同发展。国家"十三五"规划对全面建成小康社会进行了部署,强调要走"生产发展、生活富裕、生态良好"的可持续发展道路,实现"协同推进人民富裕、国家富强、中国美丽";"十四五"规划进一步强调经济发展和生态文明的协同推进,既要"巩固拓展脱贫攻坚成果"衔接乡村振兴战略,推进农业农村现代化,又要"加快发展方式绿色转型",促进"人与自然和谐共生",建设美丽中国,"协同推进经济高质量发展和生态环境高水平保护"。习近平总书记在党的十九大报告中聚焦"生态环境保护任重道远""脱贫攻坚任务艰巨"两大问题,坚持"新发展理念""人与自然和谐共生"方略,要求既要"坚决打赢脱贫攻坚战",又要建设"人与自然和谐共生的现代化";在党的二十大报告中,再次强调了建设"人与自然和谐共生的现代化"的使命任务,既要"巩固拓展脱贫攻坚成果,增强脱贫地区和脱贫群众内生发展动力""推动乡村产业、人才、文化、生态、组织振兴",又要"站在人与自然和谐共生的高度谋划发展",推动绿色转型、推进碳达峰碳中和,实现绿色循环发展。"十三五""十四五"两个五年规划,党的十九大、二十大报告都为生态环境保护与乡村振兴的协同推进做了相关部署。

以此为契机,全国各地在贯彻落实两个规划要求和两次大会精神中,以生态产业开发与美丽中国建设、巩固"生态补偿脱贫一批"成果与生态宜居的乡村振兴建设为抓手,在实践上推动二者同步规划、同步推进,形成了生态环境保护与乡村振兴协同推进的实践演变逻辑。

三、生态环境保护与乡村振兴协同推进的理论创新内容

西部地区在经济发展过程中必须兼顾自然资源与生态环境保护,注重经济效益、生态效益与社会效益的多重实现,通过开发区域优势资源、发展特色产业,如发展有机农业、生态旅游等绿色产业,通过加大生态与环境工程投资促进经济增长等方式促进绿色发展[1][2]。西部地区生态环境保护与乡村振兴协同推进的核心是在保护区域自然生态环境、促进生态功能稳定发挥的前提下,基于利益补偿机制,根据西部地区的资源环境承载能力,科学、适度地开发与利用自然生态资源,积极发展符合区域条件特征、具有一定比较优势的绿色产业。同时,推动传统产业进行绿色化改造与升级,为被帮扶群众创造更多就业机会、提供更加合理的利益补偿,促进发展滞后地区居民在全面小康社会建设的基础上持续发展,推动乡村振兴、农业农村现代化和共同富裕。

生态环境保护与乡村振兴协同推进的利益补偿机制将区域经济社会发展、乡村振兴、农业农村现代化与生态文明建设有机结合,突破了传统上将区域经济社会发展与扶贫脱贫任务割裂的局限性,由单纯地仅仅注重经济增长向注重区域经济社会与生态环境的全面可持续发展转变,将西部地区生态环境保护与促进经济社会发展的乡村振兴战略有效协同。通过可持续的绿色经济社会发展模式促进乡村振兴、全面现代化建设和共同富裕目标的实现,绿色

① 陆汉文:《连片特困地区低碳扶贫道路与政策初探》,《广西大学学报(哲学社会科学版)》2012年第3期。
② 邹波、刘学敏、宋敏等:《"三江并流"及相邻地区绿色贫困问题研究》,《生态经济》2013年第5期。

发展为协同推进及其可持续发展提供了有力抓手。基于利益补偿机制,在改善西部地区被帮扶群众生计的同时,维护好良好的自然生态环境,有效发挥其重要的生态功能,在自然生态环境保护过程中实现乡村振兴和现代化建设,在持续的收入增长过程中推动自然生态环境保护,形成良性循环,将生态资源变成生态资产、生态价值,促进"绿水青山"转化为"金山银山",大力促进西部地区步入生产发展、生活富足、生态优美、身心健康的发展轨道,形成西部地区群众的内生发展动力,这不仅是西部地区可持续发展的基本要求,同时也是实现其低收入者生存生产生活条件持续改善,促进乡村振兴和推进中国式现代化的科学路径。

西部地区生态环境保护与乡村振兴协同推进的利益补偿机制是扶贫开发理论和扶贫开发实践相结合的创新成果,是推动乡村振兴和农业农村现代化建设的科学路径。生态环境保护与乡村振兴协同推进的利益补偿机制的内涵、基本特征、补偿主体、补偿方式、补偿内容均较生态补偿的范围、内涵等有所扩展。实现生态环境保护与乡村振兴协同推进,其实质就是要打破自然生态环境破坏恶化问题与经济社会发展滞后问题的恶性循环怪圈,实现区域经济社会发展的永续性、协调性和长效性,通过大力发展具有区域特色的绿色产业,形成西部地区绿色经济发展模式。同时,加速推动传统产业绿色化,加强自然生态环境保护与修复、资源可持续利用,促进生态功能持续发挥、自然生态环境持续改善。此外,将西部地区群众的收入增长导入绿色发展目标,激发其内生发展动力,形成生态环境保护与乡村振兴协同推进的科学路径,加速实现西部地区生产、生活、生态的融合共生。

生态环境保护与乡村振兴协同推进利益补偿机制存在相关利益主体众多、具体实现形式多样、受益群众广泛、作用发挥长效等突出特征。从补偿方式来看,西部地区生态环境保护与乡村振兴协同推进涉及区间对口支援、产业跨区合作、利益跨区共享、纵横向生态补偿与生态建设等多种补偿方式;从补偿模式来看,涉及包括财政转移支付补偿、政策倾斜补偿、市场交易补偿、绿色金融补偿、移民搬迁补偿、教育人才培训补偿、基础设施建设补偿以及其他补偿模式等多种补偿类型模式。①

　　生态环境保护与乡村振兴协同推进的利益补偿机制通过利益杠杆调节有助于改变生态环境保护、乡村振兴的单线工作机制,打破生态环境保护与乡村振兴间的资源、政策壁垒,在生态环境保护与乡村振兴之间建立具有长效性的耦合工作机制。传统区域经济社会发展模式下,粗放式发展很少顾及生态环境与区域经济社会发展的协调性,容易导致扶贫脱贫、乡村振兴成果与区域生态环境保护的不协调、不匹配现象,不仅造成巨大的资源浪费,而且严重影响了扶贫脱贫和乡村振兴的长期效应。生态环境保护与乡村振兴协同推进,能够充分利用自然生态环境优势,积极发展绿色产业,将生态资源优势转化为经济发展优势②,不仅有助于西部地区群众在小康社会基础上实现乡村振兴,而且能够更好地促进其可持续发展,是在遵循西部地区自然规律、经济规律和社会发展规律基础上,加快实现经济社会发展与自然生态环境保护的双重效益,促进其走出一条可持续的经济社会发展道路。

　　构建西部地区生态环境保护与乡村振兴协同推进的利益补偿机制,涉及不同地区、不同部门和不同主体的直接利益分配,涉及国家经济与管理体制改革的诸多方面,通过社会利益调整、政策制度创新,从根本上维护不同区域、不同行业、不同产业间的利益动态平衡,确保生态环境保护者的个人投入付出与保护贡献以利益补偿方式得以实现,充分调动西部地区利益相关者生态保护的积极性、主动性和创新性。因此,需要推动西部地区生态环境保护与乡村振兴协同推进利益补偿机制的深入实施,省、市(县、区)各级政府部门需要统揽全局,充分发挥政府部门对生态环境保护与乡村振兴协同推进利益补偿机制的引导、监督、管理与调控功能,纠正环境外部性以及市场失灵问题,加强生态

　　①　王淑新、胡仪元、唐萍萍:《集中连片特困地区乡村振兴与绿色发展协同推进的长效动力机制构建》,《当代经济管理》2021 年第 4 期。
　　②　郎秀云:《中国生态扶贫的理论创新、精准方略与实践经验》,《江淮论坛》2021 年第 4 期。

环境保护与乡村振兴协同推进利益补偿机制的宣传教育,营造协同推进的绿色发展良好氛围,以通俗的语言、贴近生活的方式,采用环保宣传画、科普读物、经验交流介绍等形式宣传生态环境保护与乡村振兴协同推进的理论和知识,提升西部地区干部、群众的绿色发展意识,调动市场主体履行环境责任、社会责任的积极性,推动"绿水青山就是金山银山"绿色发展理念深入落实,推动西部地区经济社会实现可持续的高质量发展。

第二节　政策体系创新

在西部地区生态环境保护与乡村振兴协同推进的政策演进、政策借鉴基础上,结合实际提出了构建和完善财税政策体系、绿色金融体系、扶贫政策保障体系、生态利益补偿政策体系等政策创新建议。

一、生态环境保护与乡村振兴协同推进的政策演进

习近平生态文明思想是西部地区生态环境保护与乡村振兴协同推进政策创新的理论基石。2005 年,时任浙江省委书记的习近平同志在安吉县余村考察时首次提出"绿水青山就是金山银山",即"两山"理念,这为西部地区生态环境保护与乡村振兴的协同推进政策创新提供了理论依据。2009 年,党的十七届四中全会首次将生态文明建设纳入经济、政治、文化、社会建设战略布局[1];2012 年,党的十八大报告明确提出并统筹推进经济建设、政治建设、文化建设、社会建设和生态文明建设"五位一体"总体布局;2015 年,党的十八届五中全会正式提出绿色发展理念,形成了"创新、协调、绿色、开放、共享"新发展理念;2015 年,中共中央、国务院制定并发布《关于加快推进生态文明建设的意见》,明确提出完善生态文明制度体系建设要求;2017 年,习近平总书记

---

① 向德平、梅莹莹:《绿色减贫的中国经验:政策演进与实践模式》,《南京农业大学学报(社会科学版)》2021 年第 6 期。

在党的十九大报告中明确提出，把生态文明建设融入经济建设、政治建设、文化建设、社会建设各个方面和全过程。党的二十大报告提出要"坚定不移走生产发展、生活富裕、生态良好的文明发展道路，实现中华民族永续发展"，要坚持"农业农村优先发展"、城乡融合发展，建设农业强国、建设"人与自然和谐共生的现代化"，到 2035 年"广泛形成绿色生产生活方式"，基本实现美丽中国建设目标。在习近平生态文明思想指引下，我国出台了一系列生态环境保护与乡村振兴协同推进的政策措施，从初期在扶贫开发过程中融入绿色发展理念，到推动绿色发展与脱贫攻坚高度融合、互促发展，到最后融入乡村振兴发展战略，实现生态环境保护与乡村振兴的协同推进，形成了持续创新的政策演进。

《中国农村扶贫开发纲要（2001—2010 年）》强调扶贫工作要以有利于改善生态环境为基本原则，在扶贫过程中要加强生态环境保护、建设，在扶贫工作中较早地体现了绿色发展与生态保护的理念；《中国农村扶贫开发纲要（2011—2020 年）》明确提出要把扶贫开发与生态建设、环境保护相结合，充分发挥贫困地区资源优势发展环境友好型产业，促进经济社会发展与人口资源环境相协调。2015 年，正式提出"绿色发展"理念，作为统筹考虑生态环境保护与经济社会发展的标志，推进生态环境保护与乡村振兴的融合，并逐步密集出台了系列政策措施。2015 年，发布《中共中央　国务院关于打赢脱贫攻坚战的决定》明确要求加大落后地区生态保护修复力度，要求通过"生态补偿脱贫一批"把生态环境保护与扶贫脱贫结合起来，为进一步促进生态环境保护与乡村振兴的协同推进奠定基础。2016 年，国务院印发《"十三五"脱贫攻坚规划》，指出脱贫攻坚要贯彻绿色、协调、可持续发展原则，创新生态扶贫新机制；国家林业局印发《关于加强贫困地区生态保护和产业发展促进精准扶贫精准脱贫的通知》指出，贫困地区要通过以生态保护、发展特色产业为主线促进绿色发展与脱贫致富协调推进。2017 年，国家林业局发布《关于加快深度贫困地区生态脱贫工作的意见》，提出深度贫困区通过建立生态脱贫会商机制统筹协调脱贫攻坚工作。2018 年,印发《中共中央　国务院关于打赢脱贫攻坚战三年行动的指导意见》,提出通过加强生态扶贫创新生态扶贫机制,加大贫困地区生态保护、生态修复力度;国家发展和改革委员会员会出台《生态扶贫工作方案》,提出通过生态保护、生态修复工程建设、发展生态产业等方式带动贫困地区贫困户实现增收脱贫;国家发展和改革委员会员会印发《建立市场化、多元化生态保护补偿机制行动计划》,提出通过构建生态补偿体系推动生态保护者、生态受益者实现良性互动。2019 年,国家生态环境部印发《关于生态环境保护助力打赢精准脱贫攻坚战的指导意见》,明确将深度贫困县纳入重点生态功能区转移支付范围,要求加大转移支付力度,加快开展生态环保扶贫效益评估,实现绿水青山向金山银山转化价值的量化表达。一系列政策措施的出台、实施使得绿色发展与脱贫攻坚保障体系进一步完善,为落后地区生态环境保护及其落后治理提供了重要动力。① 脱贫攻坚以来关于生态环境保护与脱贫攻坚统筹考虑、相互结合融合的积极探索,为生态环境保护与乡村振兴协同推进奠定了政策支持和实践创新基础,为建设人与自然和谐共生的现代化作出了前期性探索。

决胜脱贫攻坚、全面建成小康社会以来,国家转向乡村振兴战略,推动脱贫攻坚成果巩固拓展,持续推进落后地区绿色发展,为协同推进的深入探索提供了战略支撑、政策支持和实践推动。2021 年,《中共中央　国务院关于全面推进乡村振兴加快农业农村现代化的意见》要求"补齐农业农村短板弱项",实现巩固拓展脱贫攻坚成果并同乡村振兴有效衔接,同时,要实现乡村"产业、人才、文化、生态、组织"五个振兴,推动农业绿色发展,建设"国家农业绿色发展先行区",推动"绿色农产品、有机农产品和地理标志农产品"发展;2022 年,《中共中央　国务院关于做好二〇二二年全面推进乡村振兴重点工作的意见》要求"坚决守住不发生规模性返贫底线"的同时,"推进农业农村绿

---

① 向德平、梅莹莹:《绿色减贫的中国经验:政策演进与实践模式》,《南京农业大学学报(社会科学版)》2021 年第 6 期。

色发展"，实施"生态保护修复""生物多样性保护"重大工程，"探索建立碳汇产品价值实现机制"，推进乡村生态振兴；2023 年，《中共中央　国务院关于做好二〇二三年全面推进乡村振兴重点工作的意见》要求"巩固拓展脱贫攻坚成果""不发生规模性返贫""增强脱贫地区和脱贫群众内生发展动力""稳定完善帮扶政策"，同时继续要求"推进农业绿色发展"，建设"农业绿色发展先行区和观测试验基地""出台生态保护补偿条例"。建成小康社会以来连续三个中央一号文件都从生态环境保护与乡村振兴协同推进的视角安排、部署了农业绿色发展、乡村生态振兴，打造生态现代化建设的乡村样板。

二、生态环境保护与乡村振兴协同推进的政策创新

顺畅的体制机制是推动生态环境保护与乡村振兴协同推进的基础条件，能够有效促进不同要素间实现高效协同，提升各类资源配置效率。西部地区不断创新体制机制，充分发挥制度变革对生产力的促进作用，通过构建良好的政策制度体系充分释放西部地区生态环境保护与乡村振兴协同推进的巨大潜力。其协同推进利益补偿机制的政策工具及其政策体系主要包括生态环境保护与乡村振兴协同推进的财税体系、绿色金融体系、扶贫政策保障体系和生态利益补偿政策体系。加快政策创新，构建完善的协同推进政策体系，积极优化产业结构和能源利用结构①，转变经济发展方式和能源消费方式，促进绿色产业发展、生产生活方式转变，有效带动被帮扶人口就业，促进低收入群众收入持续增长。

（一）构建生态环境保护与乡村振兴协同推进的财税政策体系

构建、完善西部地区生态环境保护与乡村振兴协同推进的财税政策体系，形成长期持续的财税政策激励机制。具体措施主要包括三个方面：一是加快

---

① 李玲燕、祝永超、宋慧慧等：《西北生态脆弱区农户取暖能源选择行为的空间异质性及其影响因素研究——基于陕西、甘肃、青海、宁夏 1263 户农村家庭的调研数据》，《干旱区资源与环境》2023 年第 1 期。

西部地区财税制度改革。通过提高企业增值税、企业所得税等中央、地方共享税种的地方分享比例,对吸纳西部地区被帮扶群众就业的企业,给予一定比例的所得税返还;推动西部地区矿产资源补偿费、探矿权与采矿权使用费及价款等收入全额归西部地区所有,推行就地登记、注册、纳税、加工转化的本地化政策。二是促进中央财政对西部县域金融机构的涉农涉绿产业信贷增量进行奖励,提升农村金融机构定向费用补贴比例,支持西部地区的担保机构和融资中介服务体系建设、完善。① 三是通过低息贷款、税收减免、财政补助等方式给予西部地区特殊的优惠政策扶持,激发发达地区企事业单位对西部地区生态环境保护与乡村振兴协同推进的投资热情。②

(二) 构建生态环境保护与乡村振兴协同推进的绿色金融体系

构建、完善西部地区生态环境保护与乡村振兴协同推进的绿色金融体系,消解其协同推进的投融资制约瓶颈。具体措施主要包括,一是加大金融政策倾斜支持力度,适当降低债务性融资工具门槛,推动西部地区融资渠道进一步拓宽,促进绿色金融资源向西部地区集聚,促进西部地区全国性银行减少资金上存比例,积累更多资金支持其生态环境保护与乡村振兴的协同推进,有效发挥金融杠杆作用,缓解其资本短缺局面。二是加快组建西部地区县级政策性融资担保机构,形成稳定的资本金补充机制,为西部地区企业、合作社、农户绿色发展贷款提供融资担保和融资风险补偿。三是推动乡村振兴信贷资金、支农贷款向西部地区专业合作社、村集体经济组织、被帮扶农户创业倾斜,大力发展贴近农户的小额贷款,完善农业贴息贷款政策,制定西部地区被帮扶农户和吸纳被帮扶农户就业的企业贷款利息减免办法,通过低息贷款、财政贴息等

① 李吉祥、雷利国:《县域金融服务六盘山连片特困区扶贫开发实证分析》,《发展》2014 年第 9 期。

② 王淑新、胡仪元、谢泽明等:《促进秦巴生态功能区可持续发展的生态补偿体系构建研究》,《生态经济》2021 年第 10 期。

方式向相关企业、低收入群众提供长期性贷款,解决其产业发展过程中的资金短缺问题。

(三) 健全生态环境保护与乡村振兴协同推进的扶贫政策保障体系

健全西部地区生态环境保护与乡村振兴协同推进的扶贫政策保障体系,形成政府兜底保障、外部帮扶助力与农户自我发展紧密结合的帮扶政策保障体系。促进乡村振兴帮扶机制顺畅运行,持续提高帮扶效率,推动区域经济社会绿色循环发展。具体措施主要包括,一是构建以西部地区政府、企业、院校、社会力量共同参与、分工协作的生态环境保护与乡村振兴协同推进的帮扶政策保障体系。增强帮扶主体与帮扶对象有效互动,充分发挥被帮扶农牧民知情权、参与权、选择权和管理监督权。二是完善西部地区生态环境保护与乡村振兴协同推进的协作机制。加强西部地区与对口帮扶地区在资金、技术、人才、产业承接转移、"飞地产业园区"和跨区统一市场建设等方面的协作,推动各类要素在西部地区与对口帮扶的发达地区间进行双向流动。三是健全西部地区生态环境保护与乡村振兴协同推进的保险保障体系。创新符合西部地区特征的农牧业保险产品,构建受灾快速响应机制和异地理赔绿色通道。四是加强医疗报销制度改革,建设全国互联互通医疗服务体系。积极整合社保、医保、专项基金、社会救助等形式,加大对西部地区农牧民救助力度,消除被帮扶群众因病再次陷入落后困境。五是构建西部地区乡村振兴帮扶的科学评估体系。科学构建多维度的乡村振兴帮扶绩效评价体系,完善被帮扶群众精确识别和有效帮扶机制,推动乡村振兴帮扶及其绩效监督的动态化、精准化、科学化和常态化。

(四) 构建生态环境保护与乡村振兴协同推进的生态利益补偿政策体系

构建以能源矿产、林草碳汇、水能水利为基础的西部地区生态利益补偿政策体系,让生态补偿成为乡村振兴的长期激励、助力机制。形成以政府利益补偿为引领、以市场利益补偿为主体的生态补偿政策体系,提升资金、人才、政策等要素协同效能,有效促进其协同推进、同步发展和同质现代化。构建生态补偿标准、补偿制度、补偿资金、市场交易、补偿方式和资金监管六位一体的体系格局,形成不同措施、不同要素协同推动合力,持续助力西部地区长期、持续、稳定发展。其中,生态补偿标准是生态补偿实践顺利实施的前提,科学确定其补偿标准,增强相关利益主体认同感、获得感,形成生态补偿有效实施的前提基础;生态补偿制度是推动生态补偿顺利进行的关键,需要构建完善的生态补偿制度体系,确保其生态补偿规范、有序、高效运行;生态补偿资金多元化是重要条件,需要通过拓展生态补偿资金渠道,构建西部地区多元化生态补偿资金筹措体系;市场交易补偿是有效支撑,需要通过完善的市场交易机制,形成政府补偿和市场补偿、纵向补偿与横向补偿充分发挥效能的合力;生态补偿方式拓展是根本抓手,需要通过进一步拓展生态补偿方式,形成西部地区生态补偿丰富的实践抓手;加强西部地区生态补偿资金使用监管,提高补偿资金使用效率,形成生态补偿制度有效、有序运行的根本保障。①

第三节　投入模式创新

西部地区的生态环境保护与乡村振兴协同推进需要全社会的各类资源助力,包括资金、人力、物力和科学技术的强大支持。从绿色发展角度看,西部地区绿色发展要素缺乏,绿色发展政策尚未有效发挥作用,不同要素之间的配置、协同效率不高,客观上导致其绿色发展动力不足、绿色发展步伐迟缓、绿色发展成效有限。从乡村振兴帮扶角度看,虽然政府部门大力倡导帮扶方式多元化,促进经济发达县和欠发达县区"携手奔小康"、民营企业"万企帮万村"以及东部与西部地区对口协作帮扶,但尚未充分整合各种社会力量形成乡村

---

① 王淑新、胡仪元、谢泽明等:《促进秦巴生态功能区可持续发展的生态补偿体系构建研究》,《生态经济》2021 年第 10 期。

振兴帮扶合力,尚须形成更加系统的政策措施合力,最大限度地引导各类资源要素向西部地区和乡村振兴重点帮扶县区流动①。这些因素导致西部地区生态环境保护与乡村振兴协同推进的发展模式尚未有效建立起来,因此,生态环境保护与乡村振兴协同推进的投入模式创新将为西部地区注入源源不断的活力,加快其绿色发展、乡村振兴和现代化建设进程。从具体内容看,西部地区生态环境保护与乡村振兴协同推进的投入模式创新需要聚合多元补偿主体,形成协同推进合力;构建多层级补偿体系,促进不同方式补偿、不同层级补偿的联动与互补;健全多种补偿模式,形成生态补偿网络格局;健全组织机构,充分发挥组织保障及其协调功能。

一、聚合多元补偿主体,发挥多主体协同助力聚合效应

着力构建西部地区生态环境保护与乡村振兴协同推进的政府、企业和社会的多元补偿主体体系,最大限度地发挥不同补偿主体协同推进的合力作用。

(一) 生态环境保护与乡村振兴协同推进的政府补偿合力

西部地区生态环境保护与乡村振兴协同推进的政府补偿是多元补偿的重要形式,具有重要的指导、引领与示范作用,生态环境保护与乡村振兴协同推进的政府补偿主要通过纵向(具有隶属关系的各级政府部门之间)和横向(不具有隶属关系的不同政府部门之间)两种补偿形式进行,其合力源于不同政府主体补偿效能的相互配合与有效统筹。。

1. 生态环境保护与乡村振兴协同推进的纵向政府补偿合力效能

西部地区生态环境保护与乡村振兴协同推进的纵向政府补偿主要包括两方面内容,一是作为具有社会保障性质的民生支出,政府部门需要进一步适当提高天然林保护工程、退耕还林还草工程对参与生态建设的低收入群众的补

---

① 吴乐:《深度贫困地区脱贫机制构建与路径选择》,《中国软科学》2018 年第 7 期。

助标准,同时采用一贯制的政策对天然林保护工程、退耕还林还草工程进行补贴,增加西部地区群众的转移性收入,有效发挥转移支付助力乡村振兴帮扶的效能。将被帮扶的低收入群众所承包的部分耕地纳入新一轮退耕还林工程,组织实施退耕还林项目等,使低收入者成为退耕还林的贡献者及其优惠政策的享受者,获得生态补偿政策补贴,增加其财产性收入。[①] 实际上,现有退耕还林补偿主要是对退耕所产生机会成本的适度补偿,需要进一步扩大强化效能而形成全要素补偿。除此以外,还应建立和完善林业补偿制度,在退耕补偿结束后,农户向社会提供的森林生态公共服务也应通过林业产权得到适当报酬,通过退耕还林还草常态化补偿促进参与生态建设农户持续获得增收机会。

二是拓展政府纵向补偿形式,构建完善的西部地区纵向生态补偿体系,充分发挥生态环境保护与乡村振兴协同推进的合力作用。具体来说,政府部门需要持续加强产业补偿,基于其区域产业特色,通过资金、政策、信贷等方式重点扶持补偿具有发展潜力的绿色产业[②],同时,加强绿色、循环、低碳创新技术研究和应用推广的支持力度,助推传统产业绿色化、生态化转型,持续推动西部地区的绿色发展;政府部门需要持续推动就业补偿,通过森林草地资源保护、退耕还林还草、沙漠化治理、珍稀动植物保护等生态环境保护、修复工程为西部地区的乡村振兴重点帮扶户提供公益性就业岗位,稳定提升其收入水平和收入保障能力;政府部门需要大力推进教育补偿,促进教育机会均等化,推动西部地区教育水平有效提升,尤其是加强职业教育培训,提高西部乡村振兴重点帮扶群众的职业技能和基本文化素养。

2. 生态环境保护与乡村振兴协同推进的横向政府补偿合力效能

西部地区生态环境保护与乡村振兴协同推进亟须构建起完善的横向政府

① 刘春腊、徐美、周克杨等:《精准扶贫与生态补偿的对接机制及典型途径——基于林业的案例分析》,《自然资源学报》2019 年第 5 期。
② 王淑新、胡仪元、谢泽明等:《促进秦巴生态功能区可持续发展的生态补偿体系构建研究》,《生态经济》2021 年第 10 期。

补偿体系。主要包括两方面内容,一是完善西部地区的水资源横向政府补偿制度,推动流域上下游提高补偿标准,完善补偿措施,强化实践推动,联合共建生态环境保护、污染治理与生态修复设施,合理确定水权分配,促进经济社会发达的下游地区对上游欠发达地区进行补偿和帮扶,推动流域水资源环境的共建共享,促进整个流域的全面绿色发展。在一般意义上,流域可分为跨省流域和省内跨市流域,跨省流域的横向补偿则由省级政府之间进行协商、补偿;省内跨市流域的横向补偿则由省内市级政府之间进行协商、补偿。补偿主体以政府为代表,具体资金来源可通过从享受优质水资源的居民、企事业单位收取水资源补偿费,从而将补偿主体落实到微观经济主体层次。同时,不断完善跨流域调水的生态补偿机制,建立跨流域补偿机制,构建水权交易制度,让水资源受益主体给予水源地常态化、持续化的补偿。同时对补偿标准进行动态化调整,以不断提高生态保护参与主体的收益分享程度。

二是完善西部地区矿产资源横向政府补偿制度。因独特的地质构造及其地形条件,西部地区的不少区域蕴藏着丰富的矿产资源,如滇桂黔地区的锰、铝土、锑、锡、铅锌、磷等矿产资源富集,乌蒙山地区煤、磷等矿产资源丰富,需要围绕西部地区的重要矿产资源,构建资源输出地(西部欠发达地区)与资源输入地(东部发达地区)之间的横向政府补偿机制,把矿产资源开采成本、生态修复成本、环境治理成本纳入资源价格体系进行统一核算,推动矿产资源输入地与输出地之间的飞地园区和统一市场共建,促进西部地区与发达地区的产业合作,将矿产资源优势转换为区域经济社会发展优势,促进西部地区实现绿色、循环、可持续发展。

(二) 生态环境保护与乡村振兴协同推进的企业补偿合力

企业作为市场补偿机制运行的微观主体,在西部地区生态环境保护与乡村振兴协同推进过程中发挥着重要作用,需要积极促进中央所属企业、其他国有企业对西部地区生态环境保护与乡村振兴协同推进进行生态补偿的引领、带动作用,同时,通过税收减免、优惠政策充分激发民营企业对西部地区参与生态补偿的积极性。通过资源使用补偿、环境责任补偿、社会责任补偿形成企业生态补偿合力,主要包括三方面具体内容。

1. 推进不同类型企业主体对西部地区资源的使用补偿

西部地区蕴藏着丰富的煤炭、石油、天然气、稀有金属等矿产资源,以及丰富的水能资源、生态资源等,发达地区的企业在使用这些矿产资源、水能资源、生态资源过程中,应补偿一定比例的资源使用费,集中用于西部地区的环境保护、生态修复、产业转型、乡村振兴与农业强国建设,促进其自然生态环境持续改善,推动乡村振兴重点帮扶群众的收入实现稳定增长。

2. 推动不同类型企业主体对西部地区的环境责任补偿

西部地区有广阔的森林、草原、湿地,是吸纳企业排放的污染物、改善生态环境的重要区域,发挥着极为重要的林草碳汇、空气净化等生态功能,"三北"防护林和卓有成效的治沙工程改善了我国生态环境的整体状况。但企业未对西部地区庞大的生态建设和生态资源的巨大生态功能进行补偿。因此,企业应积极履行对西部地区的环境责任补偿,以使当地群众能够持续护持这些生态资源的存续,履行好守护绿水青山和自然资源的责任,也就是说,西部地区人民履行了生态环境保护责任就应该得到补偿,使用和享受这些生态资源效应的企业就自然成为生态补偿资金支付者,从而形成稳定的生态补偿资金供需关系。

3. 促进不同类型企业主体对西部地区的社会责任补偿

积极推动企业履行生态环境社会责任,利用企业自身的资本优势、管理优势和技术优势,为西部地区经济社会发展注入更多资源,结合西部地区的区域特色,最大限度地聚合全社会的绿色发展要素、全面挖掘绿色发展潜力,促进企业优先吸纳西部地区乡村振兴重点帮扶户就业,创造和扩大就业岗位、增加就业机会,满足被帮扶群众收入增加的迫切需求,持续推进乡村振兴和农业农村现代化建设,形成企业就业补偿;鼓励企业对生态环境保护与修复给予设备设施、实物资源和资金捐助捐赠，提高西部地区生态保护能力，形成企业生态保护与修复的捐助捐赠补偿。

二、构建多层补偿体系，促成各补偿方式联动作用合力

构建西部地区生态环境保护与乡村振兴协同推进的多层补偿方式体系，有助于促进不同补偿方式间的联动支持、补偿资金集汇使用，充分发挥不同补偿方式优势和资金汇聚合力优势，形成生态环境保护与乡村振兴协同推进的合力。

（一）持续支持生态环境保护与乡村振兴协同推进的区间对口支援

西部地区生态环境保护与乡村振兴协同推进的区间对口支援主要包括三方面内容：一是针对重点生态功能区中的禁止、限制开发区域产业的开发限制，可在发达地区设立共建飞地园区，一方面通过税收分割与返还方式，共享产业园区收益，增强西部地区的财力和生态环境保护持续投入能力，以及有更多稳定的、可持续的资金投入乡村振兴、农业强国和美丽乡村建设；另一方面着重吸纳、安排西部欠发达地区被帮扶户在共建飞地产业园区就业、创业和孵化企业[1]，提高被帮扶者收入水平以实现致富和振兴发展。二是推动流域间对口支援，从流域发展的一般特征看，下游地区往往较上游地区更为发达，乡村振兴重点帮扶区往往集中于流域上游地区，需要加强下游地区对上游地区的对口支援，以促进上下游地区同步发展、共同富裕。推动南水北调中线工程受益的北京、天津、河北与水源地河南、湖北、陕西的对口协作，推动水源地生态环境保护与乡村振兴协同推进的绿色发展，是对水源区长效发展的保障，更是通过长期保质保量供水对受水区利益及其长远发展的保障。三是发达地区

---

① 李飞：《构建助力精准脱贫攻坚的横向生态补偿机制》，《新视野》2019年第3期。

对西部欠发达地区的对口支援除可以采取横向的财政转移支付外,还可以向其他多种形式拓展,包括绿色发展的金融信贷支持、绿色创新的技术支持、新型技能人才培训等,促进大型银行金融机构与西部地区的农村中小金融机构开展对口帮扶,形成稳定的金融机构间的互利合作,促进大型金融机构向西部地区中小金融机构提供资金批发,帮助其增加金融产品数量,提供可靠的金融技术支撑。加强西部地区与对口支援地区高等院校进行合作,招收西部地区高中毕业生进行教育、医学、农技、食品等专业的定向订单式免费培养,持续、分批、轮流派出西部地区实用人才到对口支援地区进行中、短期培训,不断提高业务水平,提升为西部地区服务的能力。经济发达地区通过出钱、出物、出人力来解决西部地区在环境保护中遇到的技术难题,所产生的专利或专有技术可供西部地区在一定期限和范围内免费使用,也可由东部经济发达地区每年有针对性地安排一定数量的技术项目,帮助西部地区发展无污染的替代产业或生态产业①。鼓励、促进经济发达地区每年有计划地帮助西部地区培养一批环保技术人员,并组织专家、环保志愿者到西部地区开展各种形式的环保教育,提高当地居民的环保意识,帮助被帮扶群众掌握实用的环保知识和技能。从资金、实物、技术、政策等多要素资源角度给予生态补偿,促进发达地区对西部地区生态建设、水资源管护、尾矿治理、生态修复与美丽乡村建设投资;通过产业转移承接、项目支持合作、资源联合开发、市场联合拓展、公共服务设施共建等多角度对西部地区进行全方位的帮扶,提高西部地区的生态功能区的生态基础设施供给能力、劳动就业能力与创新能力,提高地方经济发展水平和人民群众的安全健康水平,增强当地群众的获得感、安全感和幸福感。②

---

① 郑雪梅、韩旭:《建立横向生态补偿机制的财政思考》,《地方财政研究》2006 年第 10 期。

② 藏秀清、李旭辉:《京津冀财政协同下的生态补偿与扶贫攻坚》,《经济论坛》2017 年第 3 期。

（二）强力推动生态环境保护与乡村振兴协同推进的产业跨区合作

生态环境保护与乡村振兴协同推进的跨区域合作主要包括三方面内容：一是发达地区与西部欠发达地区形成产业跨区域合作。充分发挥西部地区生态资源丰富、自然环境良好的天然优势，因地制宜发展绿色、生态、有机农业，推动有机、绿色农产品生产。通过林下经济、种养结合方式，积极发展特色种植业，开展林下种植养殖业，推动养殖业规模化发展。同时，结合发达地区在品牌管理、集约经营、市场营销方面的经验与优势，促进西部地区发展品牌农业，切实融入国内外大市场，通过税收优惠等措施积极引进、培育龙头企业，创建具有区域特色的"龙头企业+农（牧）户"模式，创新企业和农牧民利益联结机制，加强市场体系培育，推动电商平台与物流配送链条式发展，不仅有效联结消费端市场，而且有效联结生产端农户，实现一体化发展，全程化可视，实现特色产品与国内外市场、生产者与消费者的无缝对接。加快特色资源产业开发，以市场为导向，因地制宜加快发展具有比较优势的特色现代农牧种养业，着力落实"一村一品"和"一县一业"工程，提升农产品质量，增加农产品附加值，促进被帮扶群众持续增收和长效发展。二是跨区合作共建生态旅游示范区。充分利用西部地区良好的自然生态环境、丰富的自然与人文旅游资源得天独厚的优势，依托独特山水风光、民俗资源、工业遗存遗址、传统村落①等旅游资源，加快国家、省级旅游示范区建设，实施全国乡村旅游重点工程，打造西部地区全国优质旅游目的地；充分挖掘发达地区旅游客源市场优势，形成吸引发达地区游客的优质客源基地，让西部地区的被帮扶农户从旅游产业发展中获益。西部地区不少区域为革命老区，红色旅游资源极为丰富，发挥红色旅游资源开发的关联性强、带动性强、受益面广、可持续性强等优势，重点支持红色

---

① 张赫、陈阳、徐莉等：《陕南秦巴山区传统村落旅游潜力评估及开发格局构建》，《现代城市研究》2023年第7期。

文化教育基地建设,不断加强红色革命遗址遗迹保护、修缮,推动红色革命遗址遗迹在爱国主义教育中发挥重要作用,大力发展红色旅游,支持红色旅游基础设施建设,支撑旅游帮扶示范区建设。三是充分利用财税政策优惠鼓励发达地区企业到西部地区投资、发展,建立发达地区的经济"飞地"。充分开发利用具有西部地区的特色生态资源,形成以西部地区良好的生态环境为基础、以国内外两个大市场为导向的、具有较强竞争力的生态产业,通过要素双向流动推动受益地区的技术、人才、信息、资金等要素不断输入到西部生态保护区,着力培育和打造与西部地区资源环境特点相协调的主导产业与新兴产业集群,与生态受益区形成合理的产业分工体系。构筑乡村振兴帮扶产业集群,加大部门、院校对其产业帮扶的规划编制及其实施力度,制定农牧、旅游帮扶产业集群发展规划,着力发展农牧有机产品,塑造绿色品牌,形成农牧精深加工产业集群;加快全域旅游发展,形成具有比较优势的旅游产业集群。

（三）全力实现生态环境保护与乡村振兴协同推进的利益跨区共享

生态资源及其效应发挥是利益跨区共享的重要载体。西部地区充分发挥矿产资源、水资源、生物资源等资源禀赋优势,与发达地区的充裕资本、技术创新、广阔市场等优势有效协同,大力发展有机绿色产业、生态旅游产业、水能水利产业、林草碳汇产业,有助于将西部地区的生态优势、资源优势转化为经济优势、发展优势,促进良好的生态环境、自然资源实现资产化、资本化、价值化转换,为西部地区被帮扶农户提供稳定的就业机会,带动落后地区、低收入农户实现增收发展,推动其乡村振兴和美丽乡村建设;为发达地区提供稳定的资源,实现发达地区与欠发达地区、上游地区与下游地区利益共享的多赢格局。

以南水北调工程为例,水源区在西部地区,是曾经的集中连片特困区,也是革命老区、生态功能区、乡村振兴重点帮扶县集中区域,经济落后、发展受限、人才缺乏和流失同在,履行节水保水护水重责,出现了投入增加、机会成本损失,必须得到相应补偿;同样,受水区多为经济发达的工业经济聚集区、能源生产基地与粮食主产区,输水消除了其发展瓶颈制约产生了巨大的经济、社会和生态效益,应该与供水区进行效益分享。南水北调中线工程五年通水,"改变了北方地区、黄淮河平原的供水格局""改善了供水水质""修复了生态环境""优化了产业结构"①;六年通水,南水北调中线工程供水 348 亿立方米,大约 6900 万人受益;改善了生态环境,"北京市平原区地下水埋深平均为 22.49 米,与 2015 年同期相比回升了 3.68 米"②;七年通水,"累计调水约 494 亿立方米,受益人口达 1.4 亿人。其中,中线一期工程累计调水超 441 亿立方米,东线一期工程累计调水入山东 52.88 亿立方米",改善了居民生活用水水质,"河北省黑龙港流域 500 多万人彻底告别高氟水、苦咸水",成功完成了中线工程 70 多亿立方米的生态补水③;八年通水,东中线"累计向北方调水 586 亿立方米,直接受益人口超过 1.5 亿人,助力沿线 42 座大中城市优化经济发展格局"④。南水北调工程已经成为"优化水资源配置的生命线、保障群众饮水安全的生命线、复苏河湖生态环境的生命线、畅通南北经济循环的生命线"⑤。根据刘楠等人的研究,南水在"水资源安全、居民生活质量改善、城市景观、水电保障和人文环境"五个方面带来了社会效益,在"生态安全和气温调节"两个方面产生了生态效益,南水北调中线工程对北京市的社会效益占 11.968%、生态效益占 34.276%。⑥ 因此,应该建立利益跨区共享机制,跨区

① 吉蕾蕾:《实现经济社会生态效益多赢》,《经济日报》2019 年 12 月 13 日。

② 王浩:《全面通水六年——南水北调东中线调水超三百九十四亿立方米》,《人民日报》2020 年 12 月 13 日。

③ 王浩等:《南水北调工程通水 7 年,约 494 亿立方米"南水"惠泽 1.4 亿人》,《人民日报》2021 年 12 月 13 日。

④ 杨晶:《南水北调工程通水 8 年,向北方调水 586 亿立方米》,《中国水利报》2022 年 12 月 13 日。

⑤ 王慧:《战略布局　优化格局　开启新局　南水北调:筑牢高质量发展"生命线"》,《中国水利》2022 年第 13 期。

⑥ 刘楠、尹茂想、陈忠林等:《南水北调中线工程通水初期北京市产生的社会和生态效益分析》,《北京水务》2019 年第 3 期。

共享的生态效应须在供水区与受水区进行合理分配,以有效保障还处于落后状态的水源区的发展权利、不断提升其保护生态环境的积极性和能力,推进区域间的协同推进和同步发展,实现共同富裕和现代化建设。

（四）有效构建生态环境保护与乡村振兴协同推进的共建共享机制

全力加强西部地区生态环境保护与乡村振兴协同推进的纵横向生态补偿与生态建设,形成生态共建共享机制。主要包括三方面内容:一是持续提高纵向生态补偿强度,发挥政府纵向补偿的引领与示范作用。拓展政府纵向补偿形式,构建完善的西部地区纵向补偿体系,充分发挥促进西部地区生态环境保护与乡村振兴协同推进的合力作用。二是积极开展横向生态补偿,推动横向生态补偿成为生态补偿的主要形式。着力构建包括流域横向生态补偿、矿产资源开发横向生态补偿、重点生态功能区横向生态补偿三大类型的横向生态补偿体系。流域横向生态补偿重点通过调整流域上下游、左右岸的利益关系,将生态保护行为贡献价值量化,促进流域水资源保护,推动流域上游地区履行水生态保护责任、流域下游地区履行补偿责任,实现下游受益地区对上游受损地区进行补偿。受益于流域生态保护的正外部性不仅包括下游居民,还包括电力、水利、旅游等部门,这些受益部门也应进行横向生态补偿,可以从水力发电收入、河运收入和景点门票收入中按比例征收补偿税,补偿上游政府,再由政府统筹安排到生态建设与乡村振兴帮扶项目中①。此外,还包括调水工程的横向生态补偿,如南水北调中线工程水源地的补偿,促进南水北调受益区北京、天津、河北三省(直辖市)对水源地湖北、河南、陕西丹江口库区及汉江上游地区进行补偿。三是以生态项目建设为纽带,持续加强西部地区生态建设。生态建设有效链接生态环境保护与经济社会发展,是当前西部地区受惠面广、

———

① 李飞:《构建助力精准脱贫攻坚的横向生态补偿机制》,《新视野》2019年第3期。

实施力度大,最有潜力和发展前景的建设项目。巩固退耕还林、退牧还草、天然林保护、"三北"防护林、水土保持等重点生态工程的建设成果,继续推进石漠化、沙漠化治理以及采空回填矿区等生态修复工程,以重点生态项目建设为契机,完善生态补偿机制,促进西部地区低收入群众的产业发展与收入增加。生态建设项目修复了受损生态、保证了生态系统运行,也为西部地区带来了生态建设就业机会,生态产业发展抢占高质量发展前位的重大机遇。如宁夏六盘山片区以生态建设为抓手,依托生态补偿工程的大力开展,整合资源并综合利用,初步形成了生态环境改善与林业共同协调发展的新格局,有力地推动了六盘山片区经济社会发展,促进了农户的经济收入增加。从国家政策导向看,"十三五"规划建设时期,就把生态环境保护与建设项目向集中连片的落后地区安排。2016 年,国家林业局贯彻"生态补偿脱贫一批"要求,20 万农村困难户被聘为护林员;退耕还林指标的 80% 分配给了原贫困县。2017 年,国家林业局要求"在深度贫困地区,力争完成营造林面积 80 万公顷,组建 6000 个造林扶贫专业合作社,吸纳 20 万贫困人口参与生态工程建设"。2018 年,国家《生态扶贫工作方案》要求,到 2020 年新增 40 万个生态管护员岗位,组建 1.2 万个生态建设扶贫专业合作社,吸纳 10 万贫困人口参与生态工程建设。[①] 生态建设项目为当地居民提供了就业机会、增加了收入、提高了消费和投资能力,生发、扩容了绿色消费市场,反过来又促进了生态资源开发,形成了生态产品生产供给与消费的同步增长。

三、健全多种补偿模式,形成全方位补偿网络互补格局

进一步健全西部地区生态环境保护与乡村振兴协同推进的补偿体系,形成包括财政转移支付、政策倾斜补偿、市场交易补偿、绿色金融补偿、教育人才培训、基础设施建设、灾害补偿、就业补偿、消费补偿等多种补偿模式体系,全

---

① 谭清华:《生态扶贫:生态文明视域下精准扶贫新路径》,《福建农林大学学报(哲学社会科学版)》2020 年第 2 期。

面推动其协同推进、同步发展和共同富裕。促进其充分发挥地方特色、优势，在绿色发展理念指导下，大力改造传统产业，积极发展新型绿色产业和新兴产业，将一二三产业有机结合、深度融合、有效链接发展，构建绿色产业发展体系，实现资源节约化、产业绿色化、生活健康化发展，实效西部地区经济发展与环境保护的双重获益，为区域经济社会发展提供内生动力，巩固拓展脱贫攻坚成果、有效衔接乡村振兴，推动共同富裕和全面现代化建设。

（一）生态环境保护与乡村振兴协同推进的财政转移支付

为进一步发挥好财政转移支付对西部地区生态环境保护与乡村振兴协同推进的促进作用，主要抓好三方面工作：一是持续加大其协同推进的财政转移支付力度，在科学评估生态、资源、环境价值的基础上，持续、稳定提高西部地区低收入群众的生态补偿标准，造就被帮扶群众的收入稳定增长渠道。同时，加大财政转移支付力度，促进当地群众收入增加，客观上避免传统生产、生活方式对生态环境的破坏，保护自然资源与生态环境，促进西部地区资源的集约节约和循环利用，推动绿色、持续发展。二是持续加大中央财政对西部地区的资金投入，以财政转移支付为引领、示范，充分发挥财政资金对金融资源的引导与撬动作用，促进社会资金参与西部地区生态环境保护与乡村振兴，构建完善的社会资金补偿支持体系。三是向生态受益地区征收环境保护税，构建财政转移支付的税收基础，为财政转移支付提供充足的、可持续的资金供给，通过中央财政转移支付给西部地区专款专用于生态环境综合治理、生态修复、生态建设与绿色发展转型。

（二）生态环境保护与乡村振兴协同推进的政策倾斜补偿

西部地区生态环境保护与乡村振兴协同推进的政策倾斜补偿需要重视三方面的工作：一是促进中央财政对西部地区县域金融机构涉农信贷增量奖励、农村金融机构定向费用补贴等政策的倾斜力度，对西部地区担保机构和融资中介服务体系建设给予资金支持。二是制定、完善西部地区绿色产业发展的财税支持政策,通过低息贷款、税收减免、财政补助、贷款贴息等方式给予西部地区特殊的优惠政策扶持,激发广大企事业单位参与其生态建设、乡村振兴与绿色发展的投资热情,积极优化产业结构,促进绿色产业发展,转变经济发展方式,有效带动当地群众就业,促进被帮扶群众收入持续增长。三是完善西部地区群众的支持政策。推动扶贫信贷资金、支农贷款向西部地区的专业合作社、业主、被帮扶农户倾斜,大力发展贴近农户的小额贷款,继续完善国家贴息贷款政策,制定欠发达地区低收入农户贷款利息减免办法,通过低息贷款、财政贴息等方式向被帮扶农户提供长期性贷款,解决资金短缺问题。持续对当地群众进行种养技术培训,促进名特优经济作物、林下种养等特色产业发展,提高当地群众的自我发展能力。完善林业产权交易制度促进林地流转,让林业经营专业户获得林权,扩大经营形成规模经济优势,又让流转户获得稳定的租金收入。在全面落实土地确权工作的基础上,农村土地征占要确保程序透明公开和农民的参与权,确保农村和农民更多地分享土地增值收益;充分利用森林、草原、荒地等农村集体资产进行农业开发或发展乡村旅游等服务业,促进农村集体资产增值,将集体资产折股量化,让广大群众共享农村集体资产的收益分配,获得更多的财产性收益,鼓励农民通过出租、合作等方式,充分利用农村闲置宅基地和农房获取财产性收入。[①] 政府发放林权证,确保退耕农户林地的使用权、经营权、受益权及林木所有权,筑牢退耕农户收入增长的产权制度保障。当前,我国正在实施的生态工程补偿项目主要是为了解决全国性或重点区域的生态环境问题,如退耕还林(还草)工程、生态公益林保护项目,成为被帮扶农户的重要收入来源。在一些生态脆弱地区,两大工程体现的政策性收入已经占到被帮扶户收入的 50% 以上。进一步推动生态工程建设补偿标准科学体系科学建设,使其真正为生态建设、生态修复和环境保护做出牺

---

① 吴乐:《深度贫困地区脱贫机制构建与路径选择》,《中国软科学》2018 年第 7 期。

牲贡献的当地农户获得有效补偿;中央财政应根据区域生态位势及其经济社会发展不平衡状况进行差异性补偿;制定具有连续性的生态工程建设补偿政策,并持续推进实施以解决人们对政策的不确定性而发生短期行为、顾虑长期投入的问题;拓宽生态工程建设补偿的资金筹集渠道,探索建立不同补偿模式下的奖惩制度。对生态工程建设补偿的科学制度设计,以制度性安排促进当地农户自觉、主动、积极地开展生态建设、生态修复和环境治理,通过获得相应报酬与收益以实现收入增长、条件改善。[①]

(三) 生态环境保护与乡村振兴协同推进的市场交易补偿

西部地区生态环境保护与乡村振兴协同推进的市场交易补偿,其具体实现形式包括三个方面:一是构建碳排放权市场交易补偿。森林碳汇源于国际间的市场化生态补偿,其典型特征是通过经济激励,实现应对全球气候变暖与收入增长的共赢效应。[②] 森林碳汇具有不可忽视的减贫增收潜力[③④],是绿水青山向金山银山转变的重要途经。森林碳汇项目的实施地主要集中在边远山区,其实施不仅能够大力推进西部地区丰富的宜林宜草荒山荒地、碎块化的耕地资源、湿地资源、劳动力资源等向资本转化,促进资金、技术、管理等稀缺资源有效供给、主动联结,并为其打破资源陷阱注入外部资源、激活内部资源、汇集政策资源,提高其资源凝聚力和区域自我发展能力[⑤],降低生态脆弱带来的发展制约[⑥]。因此,亟须加快推进西部地区的碳排放权交易市场建设,构建林

---

① 甘庭宇:《精准扶贫战略下的生态扶贫研究——以川西高原地区为例》,《农村经济》2018 年第 5 期。

② 龚荣发、程荣竺、曾梦双:《基于农户感知的森林碳汇扶贫效应分析》,《南方经济》2019 年第 9 期。

③ Chen C., McCarl B., Chang C., "Evaluation the Potential Economic Impacts of Taiwanese Biomass Energy Production", *Biomass and Bioenergy*, Vol.35, No.5, 2011.

④ 洪玫:《森林碳汇产业化初探》,《生态经济》2011 年第 1 期。

⑤ 丁一、马盼盼:《森林碳汇与川西少数民族地区经济发展研究——以四川省凉山彝族自治州越西县为例》,《农村经济》2013 年第 5 期。

⑥ 许吟隆、居辉:《气候变化与贫困:中国案例研究(摘选)》,《世界环境》2009 年第 4 期。

草碳汇交易机制,促进林草碳汇项目获得碳减排补偿,有力地缓解西部地区的资金短缺问题。二是构建水权市场交易补偿。水权交易主要涉及跨流域调水问题,跨流域调水补偿不同于同流域上下游补偿,同流域的上下游区域作为水资源利益相关主体共同拥有流域水权,而跨流域调水则涉及水权转让,按照水权交易基本规则进行交易转让。以南水北调中线工程水源地丹江口库区及汉江上游为例,当前尚未完全建立起水源地陕西、河南、湖北及受水地区北京、天津、河北之间的横向补偿常态化机制,需要进一步利用水权市场开展客观公正的核算和补偿,为较落后的丹江口库区及汉江上游地区为提供优质水源而丧失的发展机会及保护成本进行补偿,助推秦巴地区实现乡村振兴和农业农村现代化建设。三是构建矿产资源开发市场补偿。乌蒙山片区水能资源蕴藏量大,煤、磷等矿产资源富集,但尚未有效建立资源开发的生态补偿与利益反哺机制。① 西部地区需在明晰矿产资源产权基础上,进一步推动矿产资源开发计提一定比例的补偿资金作为矿产资源开发成本,设立西部地区矿产资源开发补偿基金,为其生态环境保护与乡村振兴提供有效支撑。将林地、草地、耕地、荒地等集体非建设用地作为集体股权入股矿产资源开发,西部地区群众可以通过矿产资源开发分红增加收入。通过市场补偿方式对西部地区外输外供的资源品如东输的西气、北调的南水等加收生态补偿费,或在资源税基础上提高一定的税点。纳入地方财政的资源税可以有效调节资源开发利益的分配格局,向西部的资源型地区进行税收倾斜,以提高其地方财政能力、注入自我发展动能,实质上就是资源受益区向资源提供区的利益补偿。②

（四）生态环境保护与乡村振兴协同推进的绿色金融补偿

促进西部地区生态环境保护与乡村振兴协同推进的绿色金融补偿主要涉

---

① 陈国兰:《云南精准扶贫与生态补偿融合机制的框架及模式探索》,《西南林业大学学报(社会科学版)》2019 年第 3 期。

② 李飞:《构建助力精准脱贫攻坚的横向生态补偿机制》,《新视野》2019 年第 3 期。

及四个方面的内容,首先,促进西部地区绿色金融资源集聚。西部地区自身的造血能力不足、吸纳资金能力弱的局面短期内很难有大的改变,必须加大金融政策倾斜支持力度,适度降低债务性融资门槛,拓宽其融资渠道。组建县级政策性融资担保机构形成稳定资本金补充机制,为当地企业,尤其是中小企业、农村合作社和农户个人贷款提供融资担保和风险补偿,通过农村道德银行机制为农户信用贷款提供担保。促进绿色金融资源向西部集聚,降低西部地区银行资金上存比例,有效撬动更多资本支持西部地区发展,同时鼓励西部地区银行资本加大当地放款比例,以缓解其资本短缺困局。其次,加大金融机构对西部地区绿色产业发展的资本支持力度。加大对当地企业扶贫贴息贷款力度,扩展贴息方式、延长贴息时限;允许实行利率差别和存款准备金差别化支持政策,降低融资成本,弥补金融扶贫开发的高风险溢价;充分利用资本市场,以发行生态补偿基金彩票、中长期环保债券、降低绿色环保型企业上市门槛,在科技板块基础上增加股市"环保板块"等,创新资本市场为生态补偿、生态修复和环保建设注入更多资金。再次,探索西部被帮扶农户补偿收益权界定,明晰其补偿收益权,鼓励支持农户使用补偿收益权质押获得贷款改造传统产业、发展绿色产业,以产业发展保障被帮扶农户收入。建设西部地区农地、宅基地、林地、草地等产权交易平台,为其被帮扶群众获取资金支持创造必要条件,促进西部被帮扶群众平等享受金融服务权。在西部地区开展农业政策性保险业务,适当提高农业保险补贴比率和范围,降低保险费率,扩大其政策性农业保险覆盖面。① 最后,新增金融服务率先服务于乡村振兴重点帮扶区企业和被帮扶农户,大力支持产业帮扶项目、重点帮扶村改造提升工程、基本公共基础设施建设等重点领域,着力培植重点帮扶区、被帮扶户和被帮扶人口自我发展动能,为其巩固脱贫攻坚成果、做好乡村振兴大文

---

① 谭清华:《生态扶贫:生态文明视域下精准扶贫新路径》,《福建农林大学学报(哲学社会科学版)》2020年第2期。

章提供重要支撑。① 提升帮扶资金下达效率,提高高寒、边远地区帮扶项目的建设标准,积极开展互联网金融、小型农业众筹等多种新型农村帮扶金融模式,设立以县级政府为主导的金融助力乡村振兴帮扶的风控基金,为当地农牧民发展绿色产业提供担保增信服务。

(五) 生态环境保护与乡村振兴协同推进的教育人才培训

教育人才培训是促进西部地区生态环境保护与乡村振兴协同推进的重要路径,具体包括以下措施。首先,完善西部地区生态环境保护与乡村振兴协同推进的科教帮扶保障体系。加强基础教育助力帮扶,支持乡村幼儿园、中小学、寄宿制学校扩容提质,拖动15年免费教育落地实施,有效增加重点帮扶区群众知识、素质和能力,有效拓展被帮扶群众的眼界,提高其认知能力,确保重点帮扶区学生基本教育有保障,阻断落后的代际传递链。同时,大力推动西部地区农牧民思想意识转变,办好农牧民夜校,采用喜闻乐见方式宣扬、践行勤劳致富思想,转变墨守成规的陈旧观念,摈除"等靠要"思想。同时,提升西部地区帮扶干部的绿色发展意识,推动帮扶干部在实施乡村振兴重点帮扶过程中践行绿色发展理念。其次,促进西部地区被帮扶群众绿色发展的职业技能培训。通过培训提高他们的非农就业技能,推动被帮扶农户快速适应务工就业地区环境条件,让他们不畏惧出门、适应外部新环境新生活、主动通过劳务输出发家致富;提高他们的就业能力和联动生产率,既有更多的职业选择权,又有更大的职业"含金量"和收入"增量"。积极开展订单式农牧、旅游领域职业技能培训,提高农牧民生产技能,开展脱离帮扶家庭的示范宣传,树立发展典型,带动其他当地农牧民发展,增强他们在自我发展中保护生态环境的主动性、积极性。结合区域发展战略和产业导向,立足资源特色与优势,按照客户

① 中国人民银行、银监会、证监会、保监会:《关于金融支持深度贫困地区脱贫攻坚的意见》,《中华人民共和国国务院公报》2018年第16期。

需求和市场容量,依据适度规模性发展思路,开展创新能力和技术应用培训,按照不同职业要求和岗位技能需要,建立既能适应劳务输出就业需要,又与当地主导或支柱产业相适应的非农就业技能培训体系。如旅游业属于就业吸纳能力极强的产业,在易地移民地区可以加强生态农家乐的经营管理、旅游服务技能培训,使重点帮扶农户能够掌握旅游管理与服务一技之长,从而提高低收入群众的就业能力。持续对被帮扶群众进行种养技术培训,促进名特优经济作物、林下种养等特色产业发展,提高被帮扶农户自我发展致富的能力。再次,建立健全重点帮扶区劳动力就业创业培训体系。有计划、有步骤地安排具有创业和就业意愿的劳动力开展创业培训,提高他们现代技术信息获取能力,能自我发现商机、找到创业项目和技术引入渠道;培训其法律与管理能力,能运用法律武器保护自身合法权益,能有效经营、管理自己的企业;培训其产品开发能力,具备基本的能力素质开发新技术新产品,适应新产业新业态要求;培训其市场预期、商品营销能力,具备市场开拓、稳定和扩张素质,把商品经营好,把企业品牌做好。建立被帮扶农户就业协会,规范被帮扶农户就业市场,以就业协会连接、扩大低收入者同就业市场的双向需求,建立就业信息发布沟通机制,形成被帮扶户就业定制、定向服务,消除信息不对等带来的就业困难、职业能力与就业岗位错位的不适应,实现一个重点帮扶户至少就业一个人目标要求;对被帮扶农户开展具有针对性的学习和培训,降低其个人就业风险,提升就业能力。最后,创新人才队伍建设政策。大力发展稳定的人才队伍,推动部属高校定向特办西部地区实用人才培养班,持续增大专业覆盖面,有效实现人才本地化,创新、完善人才引进政策,加大内地优秀人才对口支援力度,通过优惠待遇、提高补助标准,实施安居工程,改进激励政策,保障人才培养、引进和稳定同步提升。①

---

① 张琦、薛亚硕:《全面推进乡村振兴的人才基础——关于乡村人才振兴的若干思考》,《中国国情国力》2023 年第 4 期。

（六）生态环境保护与乡村振兴协同推进的基础设施建设

在西部地区进行基础设施建设时，应统筹考虑生态环境保护与乡村振兴协同推进，具体路径包括以下内容：一是推动西部地区优先发展绿色交通，破除西部乡村振兴和可持续发展的基础设施瓶颈。通过规划建设一批高速公路、铁路以及民用机场，补齐西部地区区位不佳、交通不畅短板，降低交易成本，提高中央财政对通乡油路、通村公路硬化建设的补助标准，着力推动通村通组通户道路、牧道、旅游公路建设，提高重点帮扶村公路等级、标准、通达深度、路网密度。二是在西部地区兴建公益性基础设施。加快电网改造、宽带乡村项目建设，实现户户通电、村村联网，加大西部重点帮扶村安全饮用水巩固提升、农田灌溉等水利投入，确保被帮扶农户饮水安全、用电安全、住房安全，中小学校和幼儿园基本的基础设施符合规定、满足要求，达到小康社会的生产生活保障条件。建设医疗、卫生、教育等方面的基础设施，为西部地区群众的身体素质提升和文化素质提升提供平台，为生态环境保护、乡村振兴及其协同推进提供硬件保障。强化民生基本服务设施建设，卫生室、文化室建设实现重点帮扶村全覆盖，组建医共体、健联体，打造远程医疗救助、支持网络体系。搭建农村电子商务平台，及时引导农牧民学习、使用相关知识，推动物流配送网点下沉。通过公益性基础设施建设，为其生态环境保护与乡村振兴奠定良好基础，持续提高西部地区的自我发展能力。三是完善西部地区生产发展配套设施建设。配套土地流转、农村水电、数字网络、生产服务等产业配套设施建设政策，提高生产生活服务设施配套水平，加快优势、特色、支柱产业发展，督促各项乡村振兴帮扶政策落得更实。加强高标准农田基本建设，实施新增耕地指标、城乡建设用地、农村腾退宅基地结余指标跨省调剂，切实促进"一方水土不能养活一方人"的易地搬迁发展。① 强化西部地区数字基础设施建设，

---

① 吴乐：《深度贫困地区脱贫机制构建与路径选择》，《中国软科学》2018 年第 7 期。

形成先进、融合、开放、绿色的数字软硬体系,促进西部地区数字经济快速发展。

（七）生态环境保护与乡村振兴协同推进的其他补偿方式

构建西部地区生态环境保护与乡村振兴协同推进的自然灾害补充机制必要而迫切,具体包括以下措施:一是以政府部门为主导,以生态补偿资金为主体,筹建西部地区防灾减灾基金,全面提高灾害预测预防与救治能力。二是有效推动灾害风险管控与产业帮扶开发有机结合,统筹自然灾害风险管控规划、乡村振兴帮扶规划、区域经济社会发展规划、土地利用规划、城镇空间规划等相关规划间的协同,推动西部地区防灾减灾、产业开发与区域经济社会发展的全面融合。[①] 三是构建生态建设、灾害防治与长效帮扶的环境保障体系。有效耦合重点帮扶与生态建设,打造乡村振兴重点帮扶和突破发展的着力点;以地质灾害风险防控为前提,以生态建设、灾害防治为重要着力点,持续提升西部地区生态服务功能,发展生态经济,统筹规划避灾防灾、生态环境保护、移民搬迁、乡村振兴帮扶工程,降低甚至消除自然灾害对西部重点帮扶区发展的制约与影响。

四、健全组织实施机构,充分发挥统筹协调功能与效力

通过构建合理有效的组织机构,进行科学规划、设计与实施,推动生态环境保护与乡村振兴协同推进。如宁夏六盘山片区应根据低碳经济实施方案和相关规划,成立高效的碳汇交易组织机构,明确目标任务,绘制进度表、责任分解表和相关政策支持体系,纳入了六盘山片区区域发展与乡村振兴重点帮扶总体规划布局,指导、协调各县(区)低碳发展工作,推动碳汇交易立法探索,为碳汇交易法制化奠定基础,全面推动其低碳发展、绿色发展、循环发展,形成

---

① 柳金峰、王淑新、游勇等:《西南贫困山区扶贫保障的山地灾害风险防控》,《科技促进发展》2017年第6期。

经济、社会和生态协同发展格局。广泛吸引国内外资金,形成西部地区低碳发展的多元资金供给,建议设立"低碳帮扶"专项资金,用于西部地区碳汇交易试点、创新交易方式等研究与建设,合理而有序地引导金融机构和社会资本参与碳汇交易,将低碳发展与新型城镇化建设、乡村振兴示范镇村建设有机协同[1][2],逐步消除城乡二元结构,缩小地区间、城乡间、农户间的收入差距,实现乡村现代化和共同富裕目标。激励民间资本投资低碳产业,对民间企业低碳产业投融资让利分红,多措并举、多渠道汇集资金,为西部地区碳汇产业发展提供资金保障和政策支持。[3]

　　健全西部地区生态环境保护与乡村振兴协同推进的帮扶政策保障体系,促进乡村振兴帮扶体制机制顺畅运行,持续提高重点帮扶效率,推动区域经济社会绿色循环发展。具体措施包括:一是构建其政策保障体系建设,形成政府、企业、院校、社会力量共同参与、分工协作的协同推进格局,增强帮扶主体与被帮扶对象长期合作、互动,通过"脱贫不脱帮扶"机制巩固脱贫攻坚成果,把帮扶与被帮扶关系延伸到乡村振兴战略下长期的互利合作关系。二是加强其协作机制构建,形成乡村振兴重点帮扶区与对口帮扶单位主体间的相互合作、发展要素的自由流动、协作方式的不断创新。三是健全保险保障体系建设,创新富有区域特色的保险产品,构建快速参保与理赔机制,让保险成为重点帮扶区生态建设、经济发展、乡村振兴、绿色发展和农业农村现代化建设的强大助力。四是加强远程合作医疗及其报销制度改革,加强地方医疗资源建设,引入远程优质医疗资源,实现远程会诊、视频诊治与当地用药治疗相结合,让西部地区居民享受到更好的优质医疗资源服务;加强医疗资源全国共享、费

---

　　① 杨佩卿:《新型城镇化和乡村振兴协同推进路径探析——基于陕西实践探索的案例》,《西北农林科技大学学报(社会科学版)》2022年第1期。

　　② 张明皓:《乡村振兴与新型城镇化的战略耦合及协同推进路径》,《华中农业大学学报(社会科学版)》2022年第1期。

　　③ 王国庆、杨玉锋:《宁夏六盘山集中连片特困地区绿色发展路径研究》,《农业科学研究》2014年第4期。

用标准和报销制度全国互认,甚至全国性联网报销,减轻被帮扶的低收入家庭医疗负担,消除因病再次陷入困境的可能。

第四节   实现机制创新

协同推进必须有强有力的实现机制,本节在其实现机制创新内涵解析和理论逻辑探讨基础上,分析了其协同推进实现机制创新的关键节点,即促进教育发展是基础、创新体制机制是前提条件、发展绿色产业是关键、健全生态补偿机制是抓手、构建灾害风险防治体系是支撑、完善基础设施与服务设施是保障。

一、生态环境保护与乡村振兴协同推进实现机制创新的内涵解析

基于可持续性、绿色性、融合性发展原则,把区域经济社会发展与乡村振兴帮扶有效衔接,推动其高质量发展,发挥政府调控与市场机制相互协同、区域分工协作与利益互惠共享。市场失灵使市场机制无法解决的外部性问题,必须有政府部门对生态公共产品调控和补偿的引导、支持、管理、调控和监督,纠正环境外部性以及由此引起的市场失灵问题,督促市场主体履行环境责任与社会责任、倡引普通民众的生态保护积极性。同理,单纯政府机制也无法实现生态资源最优配置,存在效率损失,需要市场机制在资源配置效率上的协作。因此,西部地区生态补偿体系构建必须深度结合政府调控与市场机制,充分发挥政府征税和转移支付的调控职能,结合市场机制的产权界定、价格调节、效率激励效能,把科斯理论关于外部性的解决方案和庇古理论的税收调节措施深度融合,作为生态补偿政策制定依据,把生态环境的外部性内部化,实现生态资源受益区与供给区的共建共享、互利互惠。

《中共中央   国务院关于建立更加有效的区域协调发展新机制的意见》明确指出,立足发挥各地区比较优势是实现区域协调发展的前提。因此,要大

力推动区域分工协作、风险共担、利益共享。生态功能区有水、森林、土地、矿产、生物等资源优势,具有生态产品与服务供给的比较优势;而其受益区人力资源丰富、产业高质而集聚,一般都位于产业链前端、价值链高端,但却存在生态产品与服务供给不足,生态赤字严重,出现生态受益区对生态功能区的生态占用。必须通过生态补偿制度,让受益区对其生态占用给予补偿,以促进生态供给区与受益区发展权的对等与公平,促进生态功能区的生态资源优势与受益区的人力资源、资本、技术创新和市场优势对接、结合和协同,把生态环境与自然资源转化为资本、转化为价值,实现绿水青山向金山银山转化,让生态资源供给区与享用区结成利益共同体,构筑生态资源、生态效益共享格局。

此外,构建完善的以政府利益补偿为引领、以市场利益补偿为补充的利益补偿体系,能有效促进西部地区生态环境保护与乡村振兴协同推进。在西部地区,协同推进生态环境保护与乡村振兴,需要充分发挥政府部门的引导作用,统筹考虑绿色发展与自然生态环境保护,纠正因环境正外部性出现的市场失灵现象。通过政策、制度设计激发市场主体的参与积极性。

二、生态环境保护与乡村振兴协同推进实现机制创新的理论逻辑

2018 年,印发《中共中央　国务院关于实施乡村振兴战略的意见》,明确提出"推进乡村绿色发展,打造人与自然和谐共生发展新格局"。乡村振兴发展中必须走绿色发展道路,实现人与自然的和谐共生,这是人类命运共同体建设的根本要求。绿色发展是把巩固脱贫攻坚成果、促进乡村振兴推上高质量发展新阶段的根本路径[1][2],是衔接乡村振兴战略、推动农业农村现代化和人

---

① 王宾、于法稳:《基于绿色发展理念的山区精准扶贫路径选择——来自重庆市的调查》,《农村经济》2017 年第 10 期。

② 于法稳:《基于绿色发展理念的精准扶贫策略研究》,《西部论坛》2018 年第 1 期。

与自然和谐共生现代化建设的重要推力①,有助于建立经济、社会、资源与环境和谐的现代化乡村,为全国可持续发展提供后盾和支撑②,助推乡村振兴和农业强国建设的实现③。延续、延伸产业帮扶政策,衔接到乡村振兴战略④,实现乡村振兴重点帮扶区生活富裕和产业兴旺⑤。乡村振兴战略与脱贫攻坚战略具有内容上的延续性、时序上的连续性和战略上的协同性⑥,打赢脱贫攻坚战为乡村振兴战略奠定了厚实的基础,乡村振兴助力脱贫攻坚成果巩固⑦,能够从更高层面、更广领域、更实举措上为经济社会发展提供战略支撑⑧。

如何推动西部地区乡村,尤其是山区实现绿色发展成为研究者关注的焦点和重点领域,乡村振兴着力破解乡村转型发展面临的突出问题和矛盾⑨,其中农村人力资本、技术进步、财政支农和农村金融水平是重要因素,必须以包容性绿色发展为指导⑩,重在通过政治、经济、文化、社会、生态文明五个方面的全面建设,不断增强农村内生发展动能和造血机能⑪,如弘扬生态文化⑫,

---

① 李业芹:《绿色发展助力乡村振兴》,《人民论坛》2018 年第 17 期。

② 王俊:《乡村振兴战略视阈下新时代乡村建设路径与机制研究》,《当代经济管理》2019 年第 7 期。

③ 程莉、文传浩:《乡村绿色发展与乡村振兴:内在机理与实证分析》,《技术经济》2018 年第 10 期。

④ 左停、刘文婧、李博:《梯度推进与优化升级:脱贫攻坚与乡村振兴有效衔接研究》,《华中农业大学学报(社会科学版)》2019 年第 5 期。

⑤ 刘明月、汪三贵:《产业扶贫与产业兴旺的有机衔接:逻辑关系、面临困境及实现路径》,《西北师大学报(社会科学版)》2020 年第 4 期。

⑥ 贺琳凯:《贫困治理与乡村振兴的协同推进:时序、场域、制度与要素》,《思想战线》2022 年第 2 期。

⑦ 贾晋、尹业兴:《脱贫攻坚与乡村振兴有效衔接:内在逻辑、实践路径和机制构建》,《云南民族大学学报(哲学社会科学版)》2020 年第 3 期。

⑧ 程明、钱力、倪修凤等:《深度贫困地区乡村振兴效度评价与影响因素研究——以安徽省金寨县样本数据为例》,《华东经济管理》2020 年第 4 期。

⑨ 刘彦随:《新时代乡村振兴地理学研究》,《地理研究》2019 年第 3 期。

⑩ 郑长德:《基于包容性绿色发展视域的集中连片特困民族地区减贫政策研究》,《中南民族大学学报(人文社会科学版)》2016 年第 1 期。

⑪ 郭远智、周扬、刘彦随:《贫困地区的精准扶贫与乡村振兴:内在逻辑与实现机制》,《地理研究》2019 年第 12 期。

⑫ 曹康康:《"绿色扶贫"的理论意蕴、建构困境及其消解路径》,《理论导刊》2017 年第 6 期。

变革价值观念,推进生产、生活方式的绿色化转型①,振兴乡村人才队伍②,推动绿色金融发展③,以西部地区绿色生态环境为资源基础,大力发展旅游、康养、文化产业④,培育绿色发展优势产业⑤,打造绿色发展特色品牌⑥,健全生态补偿制度与碳汇交易机制⑦,加强环境污染治理与生态修复,通过坚持农民主体地位、尊重农民意愿、提升农民素质激发农户绿色生产行为,构建绿色资源与西部地区经济、社会价值循环机制,高效、合理、有序地利用好区域优势资源,实现生态、经济与社会的协同发展⑧。

　　生态环境保护与乡村振兴协同推进客观上要求其经济系统、社会系统与生态系统高度协同,在生态环境红线约束内,不仅重视经济增长,而且重视低收入群众的发展,突破传统发展模式中"重经济发展轻生态环境保护"或"重生态环境保护轻社会发展"的视域局限,实现经济增长、社会发展和生态环境保护三方同步的绿色高质量发展⑨。在这一目标导向下,西部地区生态环境保护与乡村振兴协同推进必须进行机制创新。一方面,西部地区以生态环境保护为主的环保产业发展有助于推动其乡村振兴和农业农村现代化建设,尤其是在西部乡村振兴重点帮扶区与生态脆弱区高度重合的情况下,生态环境

---

①　段艳丰:《乡村振兴视角下绿色发展的价值意蕴及实践指向》,《重庆社会科学》2019 年第 12 期。

②　王俊:《乡村振兴战略视阈下新时代乡村建设路径与机制研究》,《当代经济管理》2019 年第 7 期。

③　王波、郑联盛:《绿色金融支持乡村振兴的机制路径研究》,《技术经济与管理研究》2019 年第 11 期。

④　周宏春:《乡村振兴背景下的农业农村绿色发展》,《环境保护》2018 年第 7 期。

⑤　谭明交、冯伟林:《中国生态农业发展的理论探析与启示》,《区域经济评论》2019 年第 1 期。

⑥　周莉:《乡村振兴背景下西藏农业绿色发展研究》,《西北民族研究》2019 年第 3 期。

⑦　何寿奎:《农村生态环境补偿与绿色发展协同推进动力机制及政策研究》,《现代经济探讨》2019 年第 6 期。

⑧　张琦、张诗怡:《学习践行习近平绿色减贫思想》,《人民论坛》2017 年第 10 期。

⑨　李雕、赵国友:《论相对贫困的绿色治理——基于"问题—过程—目标"的分析框架》,《长白学刊》2021 年第 6 期。

保护有助于推动经济社会持续发展①,通过大量的生态环境保护项目实施,吸纳被帮扶农户或低收入群众参与森林保护、退耕还林还草、风沙治理等生态建设工程,进而获得稳定的收入②,为西部地区低收入家庭提供生态安全保障和收入消费保证③。同时,环境质量通过影响群众身体健康等间接作用于增收致富。有助于增加低收入群体的健康福利和有效劳动时间,降低因病致困降收风险,提高和稳定其收入水平与生活水平④。另一方面,西部地区绿色高质量发展有助于经济社会的长效、协调、可持续发展。对于西部乡村振兴重点帮扶区而言,经济的快速发展通常依赖资源开发,落后的生产行为和消费方式所造成的生态环境问题⑤,以其生态环境保护与乡村振兴协同推进消解资源依赖型发展带来的生态破坏、环境污染。

　　生态环境保护与乡村振兴协同推进是建设人与自然和谐共生现代化的根本路径,一方面,生态环境保护为乡村振兴、农业强国和农业农村现代化建设等重大建设任务划定了生态红线,保障生态环境保护与乡村振兴协同推进的绿色发展实现长期的可持续发展;另一方面,科学开发西部地区的生态资源,推动其在发挥生态价值的基础上,进一步实现经济价值和社会价值,以生态产品价值实现为抓手推动其绿色产业发展,同时,促进西部地区非环境友好型产业的绿色化改造,形成其可持续发展动力。⑥

---

　　① 索朗杰措:《缓解贫困视域下生态补偿机制的研究——基于国内外的分析》,《西南金融》2020年第7期。

　　② 胡钰、付饶、金书秦:《脱贫攻坚与乡村振兴有机衔接中的生态环境关切》,《改革》2019年第10期。

　　③ Gopal D., Nagendra H., "Vegetation in Bangalore's Slums: Boosting Livelihoods, Well-being and Social Capital", *Sustainability*, 2014, No.5.

　　④ 何雄浪、史世姣:《高质量发展视角下我国环境规制减贫致富效应研究》,《西南民族大学学报(人文社会科学版)》2022年第1期。

　　⑤ 梁流涛、翟彬:《农户行为层面生态环境问题研究进展与评述》,《中国农业资源与区划》2016年第11期。

　　⑥ 赵秋运、万岑、张骞:《比较优势对包容性可持续发展的影响:新结构经济学视角》,《南方经济》2023年第9期。

三、生态环境保护与乡村振兴协同推进实现机制创新的关键节点

西部地区生态环境保护与乡村振兴协同推进具有多维性与复杂性，单一的机制难以实现预期目标，需要构建囊括多种机制、多重要素协同推进的综合体系，发挥不同机制的相互支撑和促进作用，持续增强自我发展能力。根据西部地区面临的主要挑战，构建六位一体的生态环境保护与乡村振兴协同推进的长效动力机制，其中，促进教育发展是基础，创新体制机制是前提条件，发展绿色产业是关键，健全生态补偿机制是抓手，构建灾害风险防治体系是支撑，完善基础设施与服务设施是保障（见图 6-1），最终实现绿色发展，建设人与自然和谐共生的中国式现代化。

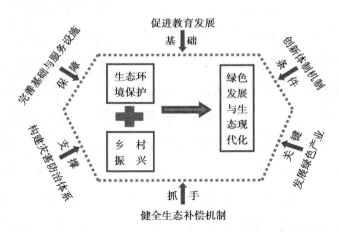

图 6-1　西部地区生态环境保护与乡村振兴协同推进实现机制图

（一）促进教育发展，奠定坚实基础

教育落后是造成西部地区发展滞后及其代际传递的重要原因，并引起了低收入者的能力贫困。① 当前西部地区教育体系仍然存在不少薄弱环节，主

———————————

① 李俊杰、耿新：《民族地区深度贫困现状及治理路径研究——以"三区三州"为例》，《民族研究》2018 年第 1 期。

要表现在乡村基础教育设施落后,教育水平不高,尤其是偏远民族地区,农牧民受教育水平明显偏低,课题组调查表明,四川省甘孜、阿坝藏区平均受教育年限仅为6.4年,比全省平均水平低1.8年。同时,乡村振兴重点帮扶县区职业教育发展滞后,技术培训欠缺,人才培养模式单一,人才队伍发展乏力,可持续发展的支撑能力不足。教育发展滞后直接导致西部地区被帮扶农户思想观念保守,信息获取能力较差,绿色发展意识不强,内生发展能力较弱,长远发展谋划不足。

教育是生态环境保护与乡村振兴协同推进的人力资源保证,乡村振兴战略背景下的西部落后地区需要大力巩固教育扶贫成果、持续提升教育质量、全面拓展教育培训范围,具体措施包括三个方面:一是加强基础教育发展,全面推动小学到高中的免费教育落地,支持农村幼儿园、普通高中、寄宿制学校扩容,确保学龄孩子的基本教育权利,提高西部地区新生代农民的知识文化素质,提高其认知能力、职业从业能力;推动西部地区高等教育发展,提高高校在西部地区招生计划投放比例,鼓励高校定向为西部地区培养实用性人才。二是加强职业技能教育与培训,结合区域发展战略,积极开展订单式农牧、旅游技能培训,提高低收入者就业、执业技能;有计划地开展创新创业培训,拓展西部地区被帮扶群众眼界,对被帮扶户自主创业、再次就业给予倾斜和支持。三是着力营造绿色发展氛围,采用丰富多彩的方式宣传绿色发展理念、新兴产业知识、适用易学技术,把"绿水青山就是金山银山"的绿色发展理念深入西部乡村振兴重大帮扶地区的每一个人心中。

(二) 创新体制机制,创造良好条件

制度建设是西部地区生态环境保护与乡村振兴协同推进的根本保证。习近平总书记指出,"推动绿色发展,建设生态文明,重在建章立制,用最严格的制度、最严密的法治保护生态环境"①。生态环境保护与乡村振兴协同推进

---

① 《习近平关于社会主义生态文明建设论述摘编》,中央文献出版社2017年版,第110页。

体系尚未在西部地区完全建立,参与主体不足,利益相关者的互动性、互促性不强,不同要素间的协同效率不高,资源配置利用效率低。良好的协同推进机制未建立未发挥有效作用,存在协同推进体制机制运行的梗阻,必须形成能聚八方资源、协同各类主体、持续推动的协同推进体制机制创新。

　　体制机制及其顺畅运行是乡村振兴和农业农村现代化建设的基础条件①,有效促进各主体、各要素间的协同协作,才能有效提升资源的整体配置效率,让制度创新成为生产力发展的助力、推力,具体可实施以下措施:一是构建"政产学研用"合力作用机制,让政府、企业、高校院所、社会力量共同参与、分工协作,形成同主体间互动、互促的协同推进机制,解决乡村振兴和农业强国建设进程中绿色发展的技术难题,建设西部地区绿色发展示范区,引领、带动周边及整个西部地区的绿色循环发展。二是强化生态环境保护与乡村振兴不同要素的协同效应,构建县级一体化生态环境保护和乡村振兴开发项目与资金管理平台,提升资金、人才、政策等不同要素的协同效率;建立区内外合作协作机制,通过财税优惠政策鼓励发达地区资源向西部的重点帮扶区倾斜、流动,加强与对口帮扶省(直辖市)协作,争取在资金、人才、技术、"飞地园区"等建设方面得到支持,实现要素的跨区双向流动。三是创新改善人才引进政策,建立引人、用人、留人机制,争取对口协作、帮扶人才支持;鼓励外出创业成功人士返乡创业,带动家乡发展;培育造就一批土专家;加上科技人员技术转化创业,形成四支人才队伍创业、助力乡村振兴发展的格局。四是构建西部地区生态环境保护与乡村振兴协同推进大数据系统,充分利用互联网、物联网、大数据、云计算、人工智能为代表的大数据技术提升综合分析能力、动态监管能力,促进生态环境保护与乡村振兴协同推进的路径革新,提高资源配置效率。②

---

　　① 豆书龙、叶敬忠:《乡村振兴与脱贫攻坚的有机衔接及其机制构建》,《改革》2019年第1期。

　　② 杨水根、何松涛:《数字经济对可持续发展的影响及其耦合关系——基于长江中游城市群的实证分析》,《华东经济管理》2023年第5期。

(三) 发展绿色产业,把握振兴关键

产业兴旺是实施乡村振兴战略的关键"把手",绿色产业发展是其协同推进的关键,须立足西部地区的优势资源,构筑资源、市场、产业紧密结合的绿色可持续发展体系,主要措施包括四个方面:一是因地制宜加快发展具有比较优势的特色现代农牧种养业,着力落实"一村一品""一县一业"工程,实施"一市一策"发展政策,加快绿色农业标准化、透明化、规范化管理,倒逼农业生产主体参与绿色化、产业化经营[①],发展农牧有机产品,塑造绿色品牌,形成农牧精深加工产业集群。二是充分利用西部地区独特的山水风光、良好的自然生态环境、丰富的人文旅游资源得天独厚的优势,加快国家、省级旅游振兴示范区建设,推动健康疗养、休闲观光、民俗风情体验等旅游形式发展,创新开发旅游商品、发展旅游产品,形成绿色旅游产业集群。三是加强市场体系培育,引进、培育龙头企业,充分结合西部地区在农牧有机产品生产、绿色旅游、自然资源等方面的优势与发达地区品牌管理、市场营销、先进技术与数字化水平高等优势,打造生态环境保护与乡村振兴协同推进的产业跨区合作链条;建立产品生产全程监控体系,形成产品质量追溯体系;构建具有区域特色的"公司+农(牧)户"模式,形成前连市场、后连农户的完整产业链,推动电商平台、物流配送发展,加快实现特色产品与国内外市场无缝对接,切实融入国内外市场。四是改造与绿色发展方向不相适应的传统产业,推动一二三产融合、"工业化、信息化、城镇化、农业现代化"四化融合、"生产、生活、生态"三生融合,着力培育和打造与西部地区资源环境特点相协调的主导产业与新兴产业集群,促进循环、低碳模式发展,布局数字经济发展,推动西部地区实现经济发展与环境保护双重效益,为区域经济社会长期、持续发展提供内生动力。

---

① 周宏春:《乡村振兴背景下的农业农村绿色发展》,《环境保护》2018 年第 7 期。

（四）健全生态补偿机制，形成重要抓手

绿水青山是西部地区最宝贵的资源，守护好绿水青山是生态环境保护与乡村振兴协同推进的前提。西部地区与退耕还林还草地区、生态脆弱地区、国家重点生态功能区中的限制和禁止开发区域在空间上具有高度重合性，其发挥着极为重要的生态功能，为其他地区提供了大量的生态服务①，但自身的经济社会发展机会受到严重限制，生态环境保护的财政支出严重不足。生态补偿机制是促进西部落后地区生态环境保护与区域经济社会发展的重要推动力量②，但实践中因生态补偿机制不健全，导致其生态环境保护资金投入不足，部分区域的生态破坏、环境污染难以有效遏制，生态环境保护与生态修复推进乏力③。

生态补偿有助于实现西部地区经济增长和生态改善目标④，健全生态补偿机制，构建完善的生态补偿体系，是西部地区生态环境保护与乡村振兴协同推进的重要抓手，具体措施包括三个方面：一是构建基于政府、企业和消费者的多元补偿主体，积极发挥政府补偿的指导、引领与示范作用，促进企业成为市场补偿机制的重要运行主体，尤其是要发挥中央所属企业、国有企业、大型企业集团对其协同推进进行补偿的带动作用，通过税收减免、优惠政策充分激发民营企业进行主动补偿的积极性，同时推动受益地区的消费者积极对所享受的资源消费、生态环境修复与改善进行补偿。二是构建基于财政转移支付、政策倾斜补偿、市场交易补偿、绿色金融补偿、教育人才培训、基础设施建设、

---

① 刘学敏：《从生态贫困到生态扶贫生态脱贫的逻辑——中国生态扶贫生态脱贫的实践探索与理论解读》，《黑龙江社会科学》2023 年第 3 期。

② 何寿奎：《农村生态环境补偿与绿色发展协同推进动力机制及政策研究》，《现代经济探讨》2019 年第 6 期。

③ 吴乐、靳乐山：《贫困地区不同方式生态补偿减贫效果研究——以云南省两贫困县为例》，《农村经济》2019 年第 10 期。

④ 甘庭宇：《精准扶贫战略下的生态扶贫研究——以川西高原地区为例》，《农村经济》2018 年第 5 期。

灾害补偿、就业补偿、消费补偿等多种形式的补偿模式,逐步扩大生态补偿实施范围,提高补偿标准,尤其是加大对森林、草原、湿地等重点生态功能区转移支付力度,建立水电资源开发、流域水资源补偿制度,提高生态补偿综合收益。三是构建以政府为引导、以企业为主体、以社会力量为支撑的协同推进区间对口支援机制,充分发挥发达地区对口支援的巨大潜力,促进资源使用地区、生态功能受益地区与西部地区生态资源供给区形成利益共享格局,加快生态建设、生态修复步伐,实现自然环境稳步改善、生态功能稳定发挥、经济社会持续发展。

(五) 构建灾害风险防治体系,提供稳定支撑

西部地区生态环境极为脆弱,长期以来,干旱洪涝、水土流失、滑坡泥石流等自然灾害、地质灾害频发,青藏高原、西南石山区,常年遭受严重自然灾害的村庄占到40%—50%,加之环境监测力量薄弱[1],缺乏必要的气象、地质等灾害规避和风险防治应对体系。自然灾害和地质灾害成为生态环境保护与乡村振兴协同推进的重大威胁,亟须构建西部地区灾害风险防治体系。

灾害风险防治体系是西部地区生态环境保护与乡村振兴协同推进的重要支撑,在自然灾害频发、灾害风险防治能力比较薄弱的背景下,亟须构建其协同推进的灾害风险防治体系,保障区域经济社会稳定发展,具体措施包括四方面:一是实施西部地区自然灾害风险防治规划,科学协调自然灾害风险管理规划与区域发展规划、土地利用规划、城镇建设规划等不同规划间的关系,推动西部地区灾害风险管理与生态环境保护、乡村振兴和绿色发展有效结合融合。二是以地方政府部门为主导,吸纳企业、研究机构与社会力量等多方共同参与,筹建西部地区防灾减灾基金,以自然灾害风险防控为前提,摸准自然灾害发生、发展规律,以生态建设、灾害防治为重要着力点,研发灾害防治关键技

---

[1]　郭远智、周扬、刘彦随:《贫困地区的精准扶贫与乡村振兴:内在逻辑与实现机制》,《地理研究》2019年第12期。

术,有效耦合区域发展与生态建设,持续提升生态服务功能,全面提高灾害防治、救治能力。三是构建生态环境保护与乡村振兴协同推进的灾害风险防治保险体系,创新农牧业保险、绿色产业保险等符合地域特征的多样化保险产品类型,构建受灾快速响应机制和理赔绿色通道,筑强其协同推进中承受灾害风险的能力。四是广泛应用新技术加强重点生态功能区的环境监测网点与信息化建设,推进生态环境网格化管理,畅通规范信息传输、信息管理机制,提高资源环境管理效率。

（六）完善设施体系,形成可靠保障

西部地区公共服务总体供给能力偏低,尤其是末端基础设施与服务设施供给不足,村级道路、电力、饮水、住房、通信、卫生、文化体育等基础设施与服务设施落后,不能有效发挥基础设施网络的"毛细血管"作用与功能。同时,与产业发展配套的基础设施与服务设施不足制约了其绿色发展水平及其协同推进能力的提升,有调研数据表明,目前农村地区的污水处理率约为 10%,未处理的污水直接排入河湖水系,成为重要污染源。[①]

交通、水电、通信等基础设施与服务设施是区域发展的基础条件,良好的设施能够有效促进区域经济社会发展,相反,设施供给不足将产生阻碍作用[②],加快西部地区的基础设施与服务设施建设,稳定提升基层公共服务能力,为生态环境保护与乡村振兴协同推进提供保障,具体措施包括四个方面:一是优先发展绿色交通。谋划布局高速公路、高速铁路及民用机场建设,让西部地区的人流与物流能进能出,提高人力资源与货物资源对外流动能力;建设生产服务设施,让远距离生产或生活的人们能快速地通达生产场地,节约生产交通成本,实现集约化生产、人的集中化生活,促进城镇化率提升,消解交通对

---

① 周宏春:《乡村振兴背景下的农业农村绿色发展》,《环境保护》2018 年第 7 期。
② 李春根、陈文美、邹亚东:《深度贫困地区的深度贫困:致贫机理与治理路径》,《山东社会科学》2019 年第 4 期。

当地发展的约束。二是完善公益性设施建设。加快电网改造、建设 5G 乡村，加大安全饮用水、农田灌溉等水利投入，确保群众饮水、用电安全，改善群众生产、生活条件；加强农村地区污水处理设施建设，加大农业农村资源循环利用、低碳发展技术研发，着力解决农村地区环境污染问题，建设一批乡村振兴示范园区、示范村、示范镇。三是加强产业发展配套设施建设。推动平川、丘陵地区的土地集中，实现集约化、规模化，再次组建生产资料服务公司，为大规模生产提供技术、人员培训、种养项目及其种子种苗、远距离生产运输、远程生产情况监控、市场销售服务等；推动小块特色区域的"小众产品"生产，做优做强实现以"特"致胜，把农产品或特色养殖物做成"限量版"产品，以质以价以市场占有和客户认同取胜。四是加快民生服务设施建设。实现教育、卫生、文化等重大设施对西部地区的全面覆盖，构建先进医疗技术共享平台，打造远程医疗救助网络体系①。通过强有力的基础实施和服务设施建设，为西部地区的生态环境保护与乡村振兴协同推进提供强有力的设施保障。

---

① 王淑新、胡仪元、唐萍萍:《集中连片特困地区乡村振兴与绿色发展协同推进的长效动力机制构建》,《当代经济管理》2021 年第 4 期。

参考文献

[奥]贝塔朗菲:《一般系统论》,林康义等译,清华大学出版社 1987 年版。

[德]A.施密特:《马克思的自然概念》,吴仲昉译,商务印书馆 1988 年版。

[德]恩格斯:《英国工人阶级状况》,中共中央马克思恩格斯列宁斯大林著作编译局译,人民出版社 1956 年版。

[捷]弗·布罗日克:《价值与评价》,李志林、盛宗范译,知识出版社 1988 年版。

[美]M.P.托达罗:《第三世界的经济发展》,于同申、苏蓉生译,中国人民大学出版社 1988 年版。

[美]奥斯卡·刘易斯:《五个家庭:关于贫困文化的墨西哥人实例研究》,丘延亮译,巨流图书公司 2004 年版。

[美]亨利·乔治:《进步与贫困》,吴良健、王翼龙译,商务印书馆 2021 年版。

[美]雷蒙德·弗农:《产品周期中的国际投资与国际贸易》,《经济学季刊》1966 年第 1 期。

[美]蕾切尔·卡森:《寂静的春天》,熊姣译,商务印书馆 2020 年版。

[美]纳克斯:《不发达国家的资本形成问题》,商务印书馆 1966 年版。

[美]西奥多·W.舒尔茨:《人力资本投资:教育和研究的作用》,蒋斌、张蘅译,商务印书馆 1990 年版。

[孟加拉]穆罕默德·尤努斯:《穷人的银行家——小额贷款与抗击世界性贫穷之战》,吴士宏译,生活·读书·新知三联书店 2015 年版。

[瑞典]冈纳·缪尔达尔:《亚洲的戏剧:南亚国家贫困问题研究》,[美]赛思·金、方福前译,首都经济贸易大学出版社 2001 年版。

[印]阿马蒂亚·森:《以自由看待发展》,任赜、于真译,中国人民大学出版社 2012

年版。

［英］保罗·哈里森：《第三世界：共难·曲折·希望》，钟菲译，新华出版社 1984 年版。

［英］保罗·科利尔：《最底层的 10 亿人》，王涛译，中信出版社 2008 年版。

［英］戴维·皮尔斯、杰瑞米·沃福德：《世界无末日——经济学、环境与可持续发展》，张世秋等译，中国财政经济出版社 1996 年版。

［英］托马斯·罗伯特·马尔萨斯：《人口原理》，杨菊华、杜声红译，中国人民大学出版社 2018 年版。

［英］亚当·斯密：《国民财富的性质和原因的研究》，郭大力、王亚南译，商务印书馆 1997 年版。

《1844 年经济学哲学手稿》，人民出版社 2018 年版。

《邓小平文选》第一、二、三卷，人民出版社 1994、1994、1993 年版。

《国务院关于贯彻实施中国 21 世纪议程——中国 21 世纪人口、环境与发展白皮书的通知》，《中华人民共和国国务院公报》1994 年第 16 期。

《辉煌 70 年》编写组：《辉煌 70 年：新中国经济社会发展成就（1949—2019）》，中国统计出版社 2019 年版。

《列宁选集》第三卷，人民出版社 1995 年版。

《马克思恩格斯全集》第 1、18、24、42、44 卷，人民出版社 1956、1964、1972、1979、1982 年版。

《马克思恩格斯文集》第 1—5 卷，人民出版社 2009 年版。

《马克思恩格斯选集》第 1—4 卷，人民出版社 1972 年版。

《毛泽东文集》第八卷，人民出版社 1999 年版。

《毛泽东选集》第一卷，人民出版社 1991 年版。

《十九大以来重要文献选编》上，中央文献出版社 2019 年版。

《习近平关于社会主义生态文明建设论述摘编》，中央文献出版社 2017 年版。

《习近平谈治国理政》第 1—4 卷，外文出版社 2018、2017、2020、2022 年版。

《习近平著作选读》第 1—2 卷，人民出版社 2023 年版。

《资本论》第 1—3 卷，人民出版社 1972 年版。

G20 绿色金融研究小组：《G20 绿色金融综合报告》，2016 年 9 月。

白丽、赵邦宏：《产业化扶贫模式选择与利益联结机制研究——以河北省易县食用菌产业发展为例》，《河北学刊》2015 年第 4 期。

包晓斌：《乡村生态振兴：总体目标、重点任务与推进对策》，《湖湘论坛》2023 年第 5 期。

曹康康:《"绿色扶贫"的理论意蕴、建构困境及其消解路径》,《理论导刊》2017 年第 6 期。

曹诗颂、王艳慧、段福洲等:《中国贫困地区生态环境脆弱性与经济贫困的耦合关系——基于连片特困区 714 个贫困县的实证分析》,《应用生态学报》2016 年第 8 期。

陈国阶:《生态补偿的理论与实践探索》,《决策参考》2019 年第 6 期。

陈军、王小林:《我国生态文明区域协同发展的动力机制研究》,人民出版社 2020 年版。

陈力、孟子钰:《"双碳"目标和乡村振兴的有效衔接与协同推进》,《当代农村财经》2023 年第 1 期。

陈雨露:《数字经济与实体经济融合发展的理论探索》,《经济研究》,2023 年第 9 期。

陈运平、黄小勇:《生态与经济融合共生的理论与实证研究:以江西省为例》,经济管理出版社 2022 年版。

成金华、王然:《基于共抓大保护视角的长江经济带矿业城市水生态环境质量评价研究》,《中国地质大学学报(社会科学版)》2018 年第 4 期。

程莉、文传浩:《乡村绿色发展与乡村振兴:内在机理与实证分析》,《技术经济》2018 年第 10 期。

程名望、Jin Yanhong、盖庆恩等:《农村减贫:应该更关注教育还是健康?——基于收入增长和差距缩小双重视角的实证》,《经济研究》2014 年第 11 期。

邓雪薇、黄志斌、张甜甜:《新时代多元协同共治流域生态补偿模式研究》,《齐齐哈尔大学学报(哲学社会科学版)》2021 年第 8 期。

丁斐、庄贵阳、朱守先:《"十四五"时期我国生态补偿机制的政策需求与发展方向》,《江西社会科学》2021 年第 3 期。

董帅兵、郝亚光:《后扶贫时代的相对贫困及其治理》,《西北农林科技大学学报(社会科学版)》2020 年第 6 期。

杜莉、马遥遥:《"一带一路"沿线国家的绿色发展绩效及驱动因素研究》,《四川大学学报(哲学社会科学版)》2022 年第 1 期。

杜志雄、金书秦:《从国际经验看中国农业绿色发展》,《世界农业》2021 年第 2 期。

段艳丰:《乡村振兴视角下绿色发展的价值意蕴及实践指向》,《重庆社会科学》2019 年第 12 期。

方世南:《从人与自然和谐共生视角领悟绿色发展的要义》,《观察与思考》2021 年第 5 期。

方忠明、朱铭佳:《改革协同推进　城乡融合发展:乡村振兴的海盐模式》,中国社会科学出版社 2018 年版。

冯骁、东梅:《西北地区经济发展的资源环境影响研究》,《西北民族大学学报(哲学社会科学版)》2018 年第 1 期。

付伟、罗明灿、陈建成:《农业绿色发展演变过程及目标实现路径研究》,《生态经济》2021 年第 7 期。

高玫:《流域生态补偿模式比较与选择》,《江西社会科学》2013 年第 11 期。

高梦滔、姚洋:《农户收入差距的微观基础:物质资本还是人力资本?》,《经济研究》2006 年第 12 期。

高文军、石晓帅:《政府主导型"造血式"流域生态补偿模式研究》,《未来与发展》2015 年第 8 期。

高晓龙、张英魁、马东春等:《生态产品价值实现关键问题解决路径》,《生态学报》2022 年第 20 期。

高赢:《"一带一路"沿线国家低碳绿色发展绩效研究》,《软科学》2019 年第 8 期。

顾岗、陆根法、蔡邦成:《南水北调东线水源地保护区建设的区际生态补偿研究》,《生态经济》2006 年第 2 期。

郭付友、高思齐、佟连军等:《黄河流域绿色发展效率的时空演变特征与影响因素》,《地理研究》2022 年第 1 期。

郭熙保、周强:《长期多维贫困、不平等与致贫因素》,《经济研究》2016 年第 6 期。

郭琰:《中国农村环境保护的正义之维》,人民出版社 2015 年版。

韩纪江、郭熙保:《扩散—回波效应的研究脉络及其新进展》,《经济学动态》2014 年第 2 期。

韩劲:《走出贫困循环,中国贫困山区可持续发展理论与对策》,中国经济出版社 2006 年版。

韩君:《区域生态环境质量的评价模型与测算》,《统计与决策》2016 年第 3 期。

何爱平、安梦天:《地方政府竞争、环境规制与绿色发展效率》,《中国人口·资源与环境》2019 年第 3 期。

何寿奎:《农村生态环境补偿与绿色发展协同推进动力机制及政策研究》,《现代经济探讨》2019 年第 6 期。

洪银兴、刘爱文:《内生性科技创新引领中国式现代化的理论和实践逻辑》,《马克思主义与现实》2023 年第 2 期。

洪银兴:《可持续发展的经济学问题》,《求是学刊》2021 年第 3 期。

洪银兴主编：《可持续发展经济学》，商务印书馆 2000 年版。

侯鹏、高吉喜、陈妍等：《中国生态保护政策发展历程及其演进特征》，《生态学报》2021 年第 4 期。

胡鞍钢、李春波：《新世纪的新贫困：知识贫困》，《中国社会科学》2001 年第 3 期。

胡鞍钢、周绍杰：《绿色发展：功能界定、机制分析与发展战略》，《中国人口·资源与环境》2014 年第 1 期。

胡珺、方祺、龙文滨：《碳排放规制、企业减排激励与全要素生产率——基于中国碳排放权交易机制的自然实验》，《经济研究》2023 年第 4 期。

胡仪元等：《汉水流域生态补偿研究》，人民出版社 2014 年版。

胡仪元等：《流域生态补偿模式、核算标准与分配模型研究——以汉江水源地生态补偿为例》，人民出版社 2016 年版。

胡钰、付饶、金书秦：《脱贫攻坚与乡村振兴有机衔接中的生态环境关切》，《改革》2019 年第 10 期。

黄少坚、冯世艳：《农业绿色发展指标设计及水平测度》，《生态经济》2021 年第 5 期。

贾大周、赵喜鹏、刘少博等：《基于灰色关联度模型的生态敏感区贫困化成因分析——以南水北调中线河南省水源区贾营小流域为例》，《水土保持通报》2020 年第 1 期。

贾云飞、赵勃霖、何泽军等：《河南省农业绿色发展评价及推进方向研究》，《河南农业大学学报》2019 年第 5 期。

蒋永穆、王丽萍：《西藏生态扶贫的生成逻辑、实践成效及路径优化》，《西藏大学学报（社会科学版）》2020 年第 4 期。

靳乐山、刘晋宏、孔德帅：《将 GEP 纳入生态补偿绩效考核评估分析》，《生态学报》2019 年第 1 期。

靳乐山、丘水林：《健全市场化多元化生态保护补偿机制的政策着力点》，《中国环境报》2019 年 6 月 6 日。

靳乐山：《中国生态保护补偿机制政策框架的新扩展——〈建立市场化、多元化生态保护补偿机制行动计划〉的解读》，《环境保护》2019 年第 2 期。

孔凡斌：《中国生态扶贫共建共享机制研究》，中国农业出版社 2022 年版。

李雕、赵国友：《论相对贫困的绿色治理——基于"问题—过程—目标"的分析框架》，《长白学刊》2021 年第 6 期。

李光龙、周云蕾：《环境分权、地方政府竞争与绿色发展》，《财政研究》2019 年第 10 期。

李国平、李潇、汪海洲:《国家重点生态功能区转移支付的生态补偿效果分析》,《当代经济科学》2013 年第 5 期。

李杰、邓磊、廖慧:《民族地区财政转移支付与乡村振兴:机理与对策》,《广西社会科学》2019 年第 3 期。

李琳、楚紫穗:《我国区域产业绿色发展指数评价及动态比较》,《经济问题探索》2015 年第 1 期。

李晓萍、张亿军、江飞涛:《绿色产业政策:理论演进与中国实践》,《财经研究》2019 年第 8 期。

李晓西、刘一萌、宋涛:《人类绿色发展指数的测算》,《中国社会科学》2014 年第 6 期。

李晓西、王佳宁:《绿色产业:怎样发展,如何界定政府角色》,《改革》2018 年第 2 期。

李业芹:《绿色发展助力乡村振兴》,《人民论坛》2018 年第 17 期。

李泽红、柏永青、孙九林等:《西部生态脆弱贫困区生态文明建设战略研究》,《中国工程科学》2019 年第 5 期。

李子豪、毛军:《地方政府税收竞争、产业结构调整与中国区域绿色发展》,《财贸经济》2018 年第 12 期。

梁流涛、翟彬:《农户行为层面生态环境问题研究进展与评述》,《中国农业资源与区划》2016 年第 11 期。

廖文梅、童婷、彭泰中等:《生态补偿政策与减贫效应研究:综述与展望》,《林业经济》2019 年第 6 期。

林璐茜、刘通、高悷:《构建生态保护补偿机制关键要素探讨——以赤水河流域为例》,《开发性金融研究》2021 年第 4 期。

刘芬:《湖北省乡村旅游多元化生态补偿机制构建》,《中国农业资源与区划》2018 年第 6 期。

刘格格、葛颜祥、张化楠:《生态补偿助力脱贫攻坚:协同、抗拒与对接》,《中国环境管理》2020 年第 5 期。

刘桂环、王夏晖、文一惠等:《近 20 年我国生态补偿研究进展与实践模式》,《中国环境管理》2021 年第 5 期。

刘桂环、张惠远:《流域生态补偿理论与实践研究》,中国环境出版社 2015 年版。

刘桂环、朱媛媛、文一惠等:《关于市场化多元化生态补偿的实践基础与推进建议》,《环境与可持续发展》2019 年第 4 期。

刘纪远、邓祥征、刘卫东等:《中国西部绿色发展概念框架》,《中国人口·资源与环境》2013 年第 10 期。

刘金海：《中国式农村现代化道路探索——基于发展观三种理念的分析》，《中国农村经济》2023 年第 6 期。

刘明广：《中国省域绿色发展水平测量与空间演化》，《华南师范大学学报（社会科学版）》2017 年第 3 期。

刘明辉、乔露：《农业强国目标下乡村产业振兴的三重逻辑、现实难题与实践路径》，《当代经济研究》2023 年第 9 期。

刘明月、汪三贵：《产业扶贫与产业兴旺的有机衔接：逻辑关系、面临困境及实现路径》，《西北师大学报（社会科学版）》2020 年第 4 期。

刘某承、白云霄、杨伦等：《生态补偿标准对农户生产行为的影响——以云南省红河县哈尼稻作梯田为例》，《中国生态农业学报》2020 年第 9 期。

刘楠、尹茂想、陈忠林等：《南水北调中线工程通水初期北京市产生的社会和生态效益分析》，《北京水务》2019 年第 3 期。

刘儒、卫离东：《地方政府竞争、产业集聚与区域绿色发展效率——基于空间关联与溢出视角的分析》，《经济问题探索》2022 年第 1 期。

刘若江、金博、贺姣姣：《黄河流域绿色发展战略及其实现机制研究》，《西安财经大学学报》2022 年第 1 期。

刘须宽：《马克思主义生态观研究》，中国社会科学出版社 2023 年版。

刘学敏：《从生态贫困到生态扶贫生态脱贫的逻辑——中国生态扶贫生态脱贫的实践探索与理论解读》，《黑龙江社会科学》2023 年第 3 期。

刘彦随、周扬、刘继来：《中国农村贫困化地域分异特征及其精准扶贫策略》，《中国科学院院刊》2016 年第 3 期。

刘叶叶、毛德华、宋平等：《基于污染损失和逐级协商的生态补偿量化研究——以湘江流域为例》，《生态科学》2020 年第 4 期。

鹿晨昱、成薇、黄萍等：《中国工业绿色发展水平时空综合测度及影响因素分析》，《生态经济》2022 年第 3 期。

吕进鹏、贾晋：《"革命老区+民族地区"叠加区域乡村振兴的多维困囿、现实契机与行动路径》，《中国农村经济》2023 年第 7 期。

牛胜强：《巩固拓展脱贫攻坚成果同乡村振兴有效衔接的战略考量与推进策略——基于农村集体经济与农业数字化转型协同发展》，《东北农业大学学报（社会科学版）》2023 年第 3 期。

欧阳志云、赵娟娟、桂振华等：《中国城市的绿色发展评价》，《中国人口·资源与环境》2009 年第 5 期。

潘家华:《走向人与自然和谐共生的现代化》,《中国党政干部论坛》2020 年第
12 期。

彭峰、刘耀彬:《内源性绿色减贫的治理逻辑与实现路径》,《学术论坛》2020 年第
5 期。

彭智敏、张斌:《汉江模式:跨流域生态补偿新机制》,光明日报出版社 2011 年版。

钱海:《生态文明与中国式现代化》,中国人民大学出版社 2023 年版。

屈波、邹红、谢世友:《中国西部地区生态贫困问题与生态重建》,《国土与自然资源
研究》2004 年第 4 期。

任林静、黎洁:《生态脆弱区退耕还林工程的减贫机制研究》,经济科学出版社
2021 年版。

任阳军、田泽、梁栋等:《产业协同集聚对绿色全要素生产率的空间效应》,《技术经
济与管理研究》2021 年第 9 期。

沈满洪、陈海盛、应瑛:《绿色信用监管制度:理论逻辑、关系演化与实践路径》,《浙
江学刊》2023 年第 2 期。

世界环境与发展委员会编:《我们共同的未来》,王之佳、柯金良译,吉林人民出版
社 1997 年版。

世界银行:《1990 年世界发展报告——贫困问题·社会发展指标》,中国财政经济
出版社 1990 年版。

孙翔、王玢、董战峰:《流域生态补偿:理论基础与模式创新》,《改革》2021 年第
8 期。

索朗杰措:《我国生态补偿政策减贫效应研究》,中国财政科学研究院硕士学位论
文,2021 年。

覃瑞生、温其辉:《西部地区"双碳"目标下乡镇产业绿色发展研究》,《辽宁经济》
2022 年第 1 期。

谭明交、冯伟林:《中国生态农业发展的理论探析与启示》,《区域经济评论》2019
年第 1 期。

谭淑:《黄河流域农业绿色发展效率的水平测度及时空特征分析》,《四川农业与
农机》2022 年第 3 期。

唐萍萍、胡仪元:《绿色发展与脱贫攻坚协同推进的结构效应研究——以西部集中
连片特困区为例》,《人民论坛·学术前沿》2019 年第 7 期。

唐任伍、孟娜、叶天希:《共同富裕思想演进、现实价值与实现路径》,《改革》2022

年第 1 期。

童星、林闽钢:《我国农村贫困标准线研究》,《中国社会科学》1994 年第 3 期。

万健琳、杜其君:《生态扶贫的实践逻辑——经济、生态和民生的三维耦合》,《理论视野》2020 年第 5 期。

王波、郑联盛:《绿色金融支持乡村振兴的机制路径研究》,《技术经济与管理研究》2019 年第 11 期。

王金南、董战峰、蒋洪强等:《中国环境保护战略政策 70 年历史变迁与改革方向》,《环境科学研究》2019 年第 10 期。

王金南:《全面推进美丽中国建设》,《红旗文稿》2023 年第 16 期。

王军锋、吴雅晴、姜银萍等:《基于补偿标准设计的流域生态补偿制度运行机制和补偿模式研究》,《环境保护》2017 年第 7 期。

王淑梅、张远新:《习近平关于促进农民共同富裕的重要论述及其重大价值》,《经济学家》2023 年第 7 期。

王淑新、胡仪元、唐萍萍:《集中连片特困地区乡村振兴与绿色发展协同推进的长效动力机制构建》,《当代经济管理》2021 年第 4 期。

王淑新、胡仪元、谢泽明等:《促进秦巴生态功能区可持续发展的生态补偿体系构建研究》,《生态经济》2021 年第 10 期。

王曙光、王丹莉:《中国扶贫开发政策框架的历史演进与制度创新(1949 —2019)》,《社会科学战线》2019 年第 5 期。

王思博、李冬冬、李婷伟:《新中国 70 年生态环境保护实践进展:由污染治理向生态补偿的演变》,《当代经济管理》2021 年第 6 期。

王西琴、高佳、马淑芹等:《流域生态补偿分担模式研究——以九洲江流域为例》,《资源科学》2020 年第 2 期。

王小林、Sabina Alkire:《中国多维贫困测量:估计和政策含义》,《中国农村经济》2009 年第 12 期。

王艳:《陕西省环境污染损失价值评估——基于 2011 —2016 年陕西省环境污染排放数据》,《西安石油大学学报(社会科学版)》2019 年第 1 期。

王艳林、邵锐坤、代依陈:《南水北调中线水源区生态补偿对口协作模式探讨》,《西南林业大学学报(社会科学)》2021 年第 2 期。

王宇飞、靳彤、张海江:《探索市场化多元化的生态补偿机制》,《中国国土资源经济》2020 年第 4 期。

吴乐、孔德帅、靳乐山:《中国生态保护补偿机制研究进展》,《生态学报》2019 年第

1 期。

吴乐:《深度贫困地区脱贫机制构建与路径选择》,《中国软科学》2018 年第 7 期。

吴振磊、刘泽元、王泽润:《中国特色减贫道路的一般框架与经验借鉴》,《中国经济问题》2022 年第 1 期。

郗永勤、王景群:《市场化、多元化视角下我国流域生态补偿机制研究》,《电子科技大学学报(社科版)》2019 年第 5 期。

习近平:《论"三农"工作》,中央文献出版社 2022 年版。

习近平:《推进中国式现代化需要处理好若干重大关系》,《求是》2023 年第 19 期。

习近平:《以美丽中国建设全面推进人与自然和谐共生的现代化》,《求是》2024 年第 1 期。

向德平、梅莹莹:《绿色减贫的中国经验:政策演进与实践模式》,《南京农业大学学报(社会科学版)》2021 年第 6 期。

谢高地、张彩霞、张昌顺等:《中国生态系统服务的价值》,《资源科学》2015 年第 9 期。

谢婧、文一惠、朱媛媛等:《我国流域生态补偿政策演进及发展建议》,《环境保护》2021 年第 7 期。

熊曦、刘欣婷、段佳龙等:《我国生态产品价值实现政策的配置与优化——基于政策文本分析》,《生态学报》2023 年第 17 期。

徐可轩、秦光远:《协同推进生态产业化和产业生态化的实践与探索——以江苏有机农业发展为例》,《江苏农业科学》2023 年第 14 期。

郇庆治、陈艺文:《生态文明建设视域下的当代中国生态扶贫进路》,《福建师范大学学报(哲学社会科学版)》2021 年第 4 期。

颜德如、张玉强:《脱贫攻坚与乡村振兴的逻辑关系及其衔接》,《社会科学战线》2021 年第 8 期。

颜梅春、王元超:《区域生态环境质量评价研究进展与展望》,《生态环境学报》2012 年第 10 期。

杨世伟:《绿色发展引领乡村振兴:内在意蕴、逻辑机理与实现路径》,《华东理工大学学报(社会科学版)》2020 年第 4 期。

叶兴庆、殷浩栋:《从消除绝对贫困到缓解相对贫困:中国减贫历程与 2020 年后的减贫战略》,《改革》2019 年第 12 期。

岳书敬、邹玉琳、胡姚雨:《产业集聚对中国城市绿色发展效率的影响》,《城市问题》2015 年第 10 期。

张化楠、接玉梅、葛颜祥:《国家重点生态功能区生态补偿扶贫长效机制研究》,《中国农业资源与区划》2018年第12期。

张怀英、苟凯歌、周忠丽:《乡村振兴与绿色发展协同推进的多元机制研究——以武陵山为例》,《南方农机》2022年第20期。

张晖:《在高质量发展中促进共同富裕:演进逻辑、现实阻碍与实践进路》,《北京联合大学学报(人文社会科学版)》2023年第4期。

张继焦:《中国东部与中西部之间的产业转移:影响因素分析》,《贵州社会科学》2011年第1期。

张佳玮、姚柳杨:《绿色经济发展绩效评价体系构建研究——以陕西省研究为例》,《商业会计》2021年第19期。

张明皓:《乡村振兴与新型城镇化的战略耦合及协同推进路径》,《华中农业大学学报(社会科学版)》2022年第1期。

张乃明、张丽、卢维宏等:《区域绿色发展评价指标体系研究与应用》,《生态经济》2019年第12期。

张培刚:《农业与工业化(中下合卷):农业国工业化问题再论》,华中科技大学出版社2009年版。

张琦、胡田田:《中国绿色减贫指数研究理论综述》,《经济研究参考》2015年第10期。

张天悦:《从支援到合作:中国式跨区域协同发展的演进》,《经济学家》2021年第11期。

张晓玲:《可持续发展理论:概念演变、维度与展望》,《中国科学院院刊》2018年第1期。

张旖琳、吴相利:《国家重点生态功能区城市与毗邻非生态功能区城市绿色发展水平测度与时空差异研究》,《生态学报》2022年第14期。

张宇、朱立志:《关于"乡村振兴"战略中绿色发展问题的思考》,《新疆师范大学学报(哲学社会科学版)》2019年第1期。

章元、万广华、史清华:《暂时性贫困与慢性贫困的度量、分解和决定因素分析》,《经济研究》2013年第4期。

赵婕:《中国绿色GDP核算体系基本框架及其分析》,东北财经大学硕士学位论文,2007年。

赵晶晶、葛颜祥:《流域生态补偿模式实践、比较与选择》,《山东农业大学学报(社会科学版)》2019年第2期。

赵领娣、袁田、赵志博：《城镇化对绿色发展绩效的门槛效应研究——以大西北、黄河中游两大经济区城市为例》，《干旱区资源与环境》2019年第9期。

赵秋运、万岑、张骞：《比较优势对包容性可持续发展的影响：新结构经济学视角》，《南方经济》2023年第9期。

郑方辉：《全面乡村振兴：政府绩效目标与农民获得感》，《中国社会科学》2023年第3期。

郑石明、彭芮、高灿玉：《中国环境政策变迁逻辑与展望——基于共词与聚类分析》，《吉首大学学报（社会科学版）》2019年第2期。

郑湘萍、何炎龙：《我国生态补偿机制市场化建设面临的问题及对策研究》，《广西社会科学》2020年第4期。

郑新业、吴施美、郭伯威：《碳减排成本代际均等化：理论与证据》，《经济研究》2023年第2期。

郑云辰、葛颜祥、接玉梅等：《流域多元化生态补偿分析框架：补偿主体视角》，《中国人口·资源与环境》2019年第7期。

郑云辰：《流域生态补偿多元主体责任分担及其协同效应研究》，山东农业大学博士学位论文，2019年。

中共中央文献研究室编：《习近平关于科技创新论述摘编》，中央文献出版社2016年版。

中共中央文献研究室编：《习近平关于社会主义社会建设论述摘编》，中央文献出版社2017年版。

中共中央文献研究室编：《习近平关于社会主义生态文明建设论述摘编》，中央文献出版社2017年版。

中国（海南）改革发展研究院"反贫困研究"课题组：《中国反贫困治理结构》，中国经济出版社1998年版。

钟钰，巴雪真：《农业强国视角下"农民"向"职业农民"的角色转变与路径》，《经济纵横》2023年第9期。

周晨、丁晓辉、李国平等：《南水北调中线工程水源区生态补偿标准研究》，《资源科学》2015年第4期。

周宏春：《乡村振兴背景下的农业农村绿色发展》，《环境保护》2018年第7期。

周杰琦、张莹：《外商直接投资、经济集聚与绿色经济效率——理论分析与中国经验》，《国际经贸探索》2021年第1期。

朱帮助、张梦凡：《绿色发展评价指标体系构建与实证》，《统计与决策》2019年第

17 期。

朱海波、聂凤英:《深度贫困地区脱贫攻坚与乡村振兴有效衔接的逻辑与路径——产业发展的视角》,《南京农业大学学报(社会科学版)》2020 年第 3 期。

朱建华、张惠远、郝海广等:《市场化流域生态补偿机制探索——以贵州省赤水河为例》,《环境保护》2018 年第 24 期。

左停、李世雄、史志乐:《以脱贫攻坚统揽经济社会发展全局——中国脱贫治理经验的基本面》,《湘潭大学学报(哲学社会科学版)》2021 年第 3 期。

左停、刘文婧、李博:《梯度推进与优化升级:脱贫攻坚与乡村振兴有效衔接研究》,《华中农业大学学报(社会科学版)》2019 年第 5 期。

左伟、葛巧玉:《中国特色社会主义共同富裕的理论渊源与历史逻辑》,《学校党建与思想教育》2017 年第 2 期。

Alfsen K.H., Bye T.A., Lorentsen L., *Natural Resource Accounting and Analysis:the Norwegian Experience* 1978–1986, Oslo:Central Bureau of Statistics, 1987.

Alkire S., Foster J., "Counting and Multidimensional Poverty Measurement", *Journal of Public Economics*, Vol.95, No.8, 2007.

Asad K. Ghalib, Issam Malki, Katsushi S. Imai, "Microfinance and Household Poverty Reduction", *Empirical Evidence from Rural Pakistan:Oxford Development Studies*, Vol.43, No.1, 2015.

Astadi Pangarso, Kristina Sisilia, Retno Setyorini, et al., "The Long Path to Achieving Green Economy Performance for Micro Small Medium Enterprise", *Journal of Innovation and Entrepreneurship*, Vol.11, No.1, 2022.

Becker Gary, "An Equilibrum Theory of the Distribution of Income and Intergenerational Mobility", *The Journal of Political Economy*, Vol.56, No.6, 1979.

Borel-Saladin, J.M., Turok, I.N., "The Green Economy:Incremental Change or Transformation?", *Environmental Policy and Governance*, Vol.23, No.4, 2013.

Brian Milani, "Getting Ready for Change:Green Economics and Climate Justice ‖ What Is Green Economics?", *Race, Poverty & the Environment*, Vol.13, No.1, 2006.

Carson C.S., "Integrated Economic and Environmental Satellite Accounts", *Natural Resources Research*, Vol.4, No.1, 1995.

Chen C., McCarl B., Chang C., "Evaluation the Potential Economic Impacts of Taiwanese Biomass Energy Production", *Biomass and Bioenergy*, Vol.35, No5, 2011.

Cheng F.Lee, Sue J.Lin, Charles Lewis, Yih F.Chang, "Effects of Carbon Taxes on Different Industries by Fuzzy Goal Programming: A Case Study of The Petrochemi Cal－related Industries", *Energy Policy*, No.35, 2007.

Crabtree B., Bayfield N., "Developing Sustainability Indicators for Mountain Ecosystems: A Study of the Cairngorms", *Journal of Environmental Management*, Vol.52, No.1, 1998.

DavidBigman, P. V. Srinivasan., "Geographical Targeting of Poverty Alleviation Programs: Methodology and Applications in Rural India", *Journal of Policy Modeling*, Vol.24, No.3, 2002.

Engel S., Pagiola S., Wunder S., "Designing Payments for Environmental Services in Theory and Practice: An Overview of the Issues", *Ecological economics*, Vol.65, No.4, 2008.

Ferng J., "Toward a Scenario Analysis Framework for Energy Footprints", *Ecological Economics*, No.40, 2002.

Goda T., Matsuoka Y., "Synthesis and Analysis of a Comprehensive Lake Model—with the Evaluation of Diversity of Ecosystems", *Ecological Modelling*, Vol.31, No.1－4, 1986.

Gopal D., Nagendra H., "Vegetation in Bangalore's Slums: Boosting livelihoods, Well－being and Social Capital", *Sustainability*, 2014, No5.

HA Nizam, K.Zaman, K. B. Khan, R. Batool, et al., "Achieving Environmental Sustainability Through Information Technology: 'Digital Pakistan' Initiative for Green Development", *Environmental Science and Pollution Research*, Vol.27, No.9, 2020.

Hagenaars, A., "A Class of Poverty Indices", *International Economic Review*, Vol.28, No.3, 1987.

Heggem D.T., Edmonds C.M., Neale A.C., et al., "A Landscape Ecology Assessment of the Tensas River Basin", *Environmental Monitoring and Assessment*, Vol.64, No.1, 2000.

Thompson P.A., Kurias J., Mihok S., "Derivation and Use of Sediment Quality Guidelines for Ecological Risk Assessment of Metals and Radionuclides Released to the Environment from Uranium Mining and Milling Activities in Canada", *Environmental Monitoring and Assessment*, Vol.110, No.1－3, 2005.

Janssen R., Arciniegas G.A., Verhoeven J.T.A., "Spatial Evaluation of Ecological Qualities to Support Interactive Land－Use Planning", *Environment and Planning B: Urban Analytics and City Science*, Vol.40, No.3, 2013.

Junjun Wu, Xin Wang, Bo Zhong, et al., "Ecological Environment Assessment for Greater Mekong Subregion Based on Pressure－State－Response Framework by Remote Sensing",

Ecological Indicators, 2020.

KAY., "Development Strategies and Rural Development: Exploring Synergies", *The Journal of Peasant Studies*, Vol.36, No.5, 2009.

Keith Openshaw, "Biomass Energy: Employment Generation and Its Contribution to Poverty Alleviation", *Biomass and Bioenergy*, Vol.34, No.3, 2010.

Kuznets S., "Economic Growth and Income Inequality", *American Economic Review*, Vol. 45, No.1, 1995.

Langeveld J.W.A., Verhagen A., Neeteson J.J., et al., "Evaluating Farm Performance Using Agri-environmental Indicators: Recent Experiences for Nitrogen Management in The Netherlands", *Journal of Environmental Management*, Vol.82, No.3, 2007.

Lewis, A., "Economic Development With Unlimited Supplies of Labour", *The Manchester School of Economic and Social Studies*, Vol.22, No.2, 1954.

Loiseau E., Saikku L., Antikainen R., et al., "Green Economy and Related Concepts: An Overview", *Journal of Cleaner Production*, No.139, 2016.

Maasoumi, E., M.A.Lugo, *The Information Basis of Multivariate Poverty Assessments. Quantitative Approaches to Multidimensional Poverty Measurement*, London: Palgrave-Macmillan, 2008.

Mapuva Jephias, "Skewed Rural Development Policies and Economic Malaise in Zimbabwe, African", *Journal of History and Culture*, Vol.7, No.7, 2015.

Mclanhan S.S., Booth K., "Mother-only Families: Problem, Prospects and Politics", *Journal of Marriage and the Family*, Vol.51, No.8, 1989.

Md.Rejaur Rahman, Z.H.Shi, Cai Chongfa, "Assessing Regional Environmental Quality by Integrated Use of Remote Sensing, GIS, and Spatial Multi-criteria Evaluation for Prioritization of Environmental Restoration", *Environmental Monitoring and Assessment*, Vol.186, No. 11, 2014.

N.Drostea, B.Hansjürgensa, P.Kuikmanb, et al., "Steering Innovations Towards a Green Economy: Understanding Government Intervention", *Journal of Cleaner Production*, No.135, 2016.

Norouzi Nima, Fani Maryam, Talebi Saeed, "Green Tax As A Path to Greener Economy: A Game Theory Approach on Energy and Final Goods in Lran", *Renewable and Sustainable Energy Reviews*, Vol.156, 2022.

OECD, "Fostering Innovation for Green Growth", *Sourceoecd Environment & Sustainable*

Development, No.12, 2011.

Orshansky, Mollie, "Counting the Poor: Another Look at the Poverty Profile", *Social Security Bulletin*, Vol.28, No.1, 1965.

Pearce D.W., Markandya A., Barbier E.B., *Blueprint for a Green Economy: A Report*, London: Earthscan, 1989.

Pierre-Andre Jouvet, Christian de Perthuis, "Green Growth: From Intention to Implementation", *International Economics*, No.134, 2013.

Qin Liu, Zhaoping Yang, Fang Han, et al., "Ecological Environment Assessment in World Natural Heritage Site Based on Remote-Sensing Data: A Case Study from the Bayinbuluke", *Sustainability*, Vol.11, No.22, 2019.

Reza M.I.H., Abdullaha S.A., "Regional Index of Ecological Integrity: A Need for Sustainable Management of Natural Resources", *Ecological Indicators*, Vol.11, No.2, 2011.

Robert Bogue, "The Role of Robots in the Green", *Industrial Robot: An International Journal*, Vol.49, No.1, 2021.

Rombouts I., Baugrand G., Artigas L.F., et al., "Evaluating Marine Ecosystem Health: Case Studies of Indicators Using Direct Observations and Modeling Methods", *Ecological Indicators*, No.24, 2013.

Seebohm Rowntree, B.Poverty, *A Study of Town Life*, London: Macmillion and Co.Press, 1901.

Shaler N.S., *Man and the Earth*, New York: Fox, Duffield, 1905.

Silva R.M., Santos C.A., et al., "Geospatial Assessment of Eco-environmental Changes in Desertification Area of the Brazilian semi-arid region", *Earth Sciences Research Journal*, Vol.22, No.3, 2018.

Singer H.W., "The Distribution of Trade Between Investing and Borrowing Countries", *American Economic Review*, Vol.40, No.5, 1950.

Staniškis H.J.K., "Green Industry—A New Concept", *Environmental Research, Engineering and Management*, No.56, Vol.2.

Stern, Stern Review, *The Economics of Climate Change*, London: London Economic College Press, 2006.

T.R.Malthus, *An Essay on the Principle of Population*, London: J Johnson, 1798.

Thomas M.Quiqley, Richard W.Haynes, Wendel J.Hann., "Estimating Ecological Integrity in the Interior Columbia River Basin", *Forest Ecology and Management*, Vol.153, No.

1-3,2001.

Townsend,P.,*The International Analysis of Poverty*,New York:Harvester Wheatsheaf, 1993.

UNDP,*Human Development Report*,New York:Oxford University Press,1990.

UNEP,*Measuring Progress Towards an Inclusive Green Economy*,Nairobi:United Nations Environmental Programme,2012.

Veith Cristina,Vasilache Simona Nicoleta,Ciocoiu Carmen Nadia,et al.,"An Empirical Analysis of the Common Factors Influencing the Sharing and Green Economies",*Sustainability*,Vol.14,No.2,2022.

Wackernagel,*Our Ecological Footprint:Reducing Human Impact on The Earth*,Philadelphia,PA:New Society Publishers,1996.

Wagle,U.R.,"Multidimensional Poverty:An Alternative Measurement Approach for the United States?",*Social Science Research*,Vol.37,No.2,2008.

Watanabe M.,Jinji N.,Kurihara M.,"Is the Development of the Agro-processing Industry Propoor? The Case of Thailand",*Journal of Asian Economics*,Vol.20,No.4,2009.

Weaver P.M.,National Systems of Innovation In:Hargroves K.C.,Smith M.H.,eds.,*The Natural Advantage of Nations:Business Opportunities*,Innovation and Governance in the 21st Century,London:Earthscan/James & James,2005.

Weiss,J.,*Explaining Trends in Regional Poverty in China*,Asian Development Bank Institute,2002.

William Blyth,Derek Bunn,"Coevolution of Policy,Market and Techbical Price Risks in the EU ETS",*Eneegy Policy*,Vol.39,No.8,2011.

Woolard I.,Klasen S.,"Determinants of Income Mobility and Household Poverty Dynamics in South Africa",*Journal of Development Studies*,Vol.41,No.5,2005.

Yale Center for Environmental Law and Policy,*Environmental Performance Index*,New Haven:Yale University,2018.

Yu Yuyang,Li Jing,Han Liqin,Zhang Shijie,"Research on Ecological Compensation Based on the Supply and Demand of Ecosystem Services in the Qinling-Daba Mountains",*Ecological Indicators*,Vol.154,2023.

后　记

　　本书是国家社科基金项目《西部集中连片特困区绿色发展与脱贫攻坚协同推进的机制创新与利益补偿研究》结题成果,也是"汉江水源保护与陕南绿色高质量发展"陕西高校青年创新团队、"陕南绿色发展与生态补偿研究中心"陕西(高校)哲学社会科学重点研究基地和"汉江水源保护与陕南绿色发展研究"陕西高校新型智库研究成果。旨在以乡村振兴帮扶区和生态功能区双重属性的陕南地区为视点,探讨西部地区如何通过区域利益补偿机制创新,构建生态环境保护与乡村振兴协同推进机制,推动其同步同质实现乡村现代化。

　　本书是在当前理论研究梳理和实践考察的基础上进行的理论研究。前言、后记、第二章"西部地区生态环境保护与乡村振兴协同推进的理论依据"、第三章"西部地区生态环境保护与乡村振兴协同推进的理论框架"由胡仪元教授撰写;第一章"西部地区生态环境现状与绿色发展绩效评价"由唐萍萍教授撰写;第四章"西部地区生态环境保护与乡村振兴协同推进的机制构建"由胡仪元教授和宋希阳博士合作完成;第五章"西部地区生态环境保护与乡村振兴协同推进的利益补偿"由王淑新教授与张静教授合作完成;第六章"西部地区生态环境保护与乡村振兴协同推进的政策措施"由王淑新教授撰写。全书的统稿工作由胡仪元教授完成。

后　记

　　整个课题研究过程中,得到了陕西省社科规划办领导、陕西理工大学科技处和社科处领导、经济管理与法学学院同事们的关心、支持和指导。研究框架和调研提纲、数据模型得到了原西北大学任保平教授、西安交通大学李国平教授的指导,评价模型及其实证分析得到了陕西理工大学黎延海老师的帮助。本书稿的最后完成与出版得到了陕西理工大学领导和人民出版社的大力支持。在此,对所有指导项目研究、参与课题调研,以及给予帮助和支持的单位与个人表示最诚挚的谢意!

　　本书是基于西部地区生态环境保护与乡村振兴协同推进研究的学术专著,对统筹推进新时代西部大开发新格局构建、乡村振兴战略、农业农村现代化和人与自然和谐共生的中国式现代化建设等重大国家战略的系统思考,期望能为本领域的理论研究和实践探索提供一点思路或启发。由于水平有限,书稿难免存在诸多纰漏和缺憾,敬请给予批评和指正,在此提前致谢。

课题组
2023 年 12 月

责任编辑：张　燕
封面设计：石笑梦
版式设计：胡欣欣
责任校对：东　昌

图书在版编目（CIP）数据

西部地区生态环境保护与乡村振兴协同推进的机制创新研究/胡仪元等
　著. —北京:人民出版社,2024.6
ISBN 978 - 7 - 01 - 026618 - 3

Ⅰ.①西…　Ⅱ.①胡…　Ⅲ.①生态环境保护-研究-中国 ②农村-社会主义
建设-研究-中国　Ⅳ.①X321.2 ②F320.3

中国国家版本馆 CIP 数据核字（2024）第 110314 号

西部地区生态环境保护与乡村振兴协同推进的机制创新研究
XIBU DIQU SHENGTAI HUANJING BAOHU YU XIANGCUN ZHENXING
XIETONG TUIJIN DE JIZHI CHUANGXIN YANJIU

胡仪元　等　著

人民出版社 出版发行
（100706　北京市东城区隆福寺街 99 号）

北京九州迅驰传媒文化有限公司印刷　新华书店经销

2024 年 6 月第 1 版　2024 年 6 月北京第 1 次印刷
开本:710 毫米×1000 毫米 1/16　印张:28.25
字数:400 千字

ISBN 978 - 7 - 01 - 026618 - 3　定价:109.00 元

邮购地址 100706　北京市东城区隆福寺街 99 号
人民东方图书销售中心　电话（010）65250042　65289539